国之重器出版工程

制造强国建设

新型显示技术丛书

3D 显示技术

3D Display Technology

马群刚　夏　军　著

電子工業出版社
Publishing House of Electronics Industry
北京 · BEIJING

内 容 简 介

3D 显示是显示的未来，是大数据时代显示巨量信息的载体，是实现健康显示的有效途径。本书在结合政、产、学、研多年科研成果和工程实践的基础上，系统地介绍了 3D 显示的基本原理、实现技术，以及存在的问题与对策。全书分为四部分：第一部分包括第 1 章和第 2 章，介绍 3D 显示技术的基本概念；第二部分包括第 3～6 章，介绍基于眼镜、光栅、指向背光等传统光学元件的 2 视点与多视点 3D 显示技术；第三部分包括第 7～9 章，介绍光场 3D、体 3D、全息 3D 等真 3D 显示技术；第四部分包括第 10～12 章，介绍视错觉 3D 显示技术、AR/VR 中的 3D 显示技术及应用，以及 3D 显示的画质提升与视疲劳对策。

本书可作为高校、科研单位、企业、政府等理解、应用和发展 3D 显示技术的重要参考资料。

图书在版编目（CIP）数据

3D 显示技术/马群刚，夏军著. —北京：电子工业出版社，2020.1（2024.7 重印）

（新型显示技术丛书）

ISBN 978-7-121-35298-0

Ⅰ. ①3… Ⅱ. ①马… ②夏… Ⅲ. ①三座标显示器 Ⅳ. ①TN873

中国版本图书馆 CIP 数据核字（2019）第 007164 号

策划编辑：徐蕾薇
责任编辑：徐蕾薇　　文字编辑：赵　娜
印　　刷：固安县铭成印刷有限公司
装　　订：固安县铭成印刷有限公司
出版发行：电子工业出版社
　　　　　北京市海淀区万寿路 173 信箱　　邮编：100036
开　　本：720×1000　1/16　印张：26.25　字数：472 千字
版　　次：2020 年 1 月第 1 版
印　　次：2024 年 7 月第 4 次印刷
定　　价：139.00 元

凡所购买电子工业出版社图书有缺损问题，请向购买书店调换。若书店售缺，请与本社发行部联系，联系及邮购电话：（010）88254888，88258888。

质量投诉请发邮件至 zlts@phei.com.cn，盗版侵权举报请发邮件至 dbqq@phei.com.cn。

本书咨询联系方式：xuqw@phei.com.cn。

《国之重器出版工程》
编 辑 委 员 会

专家委员会委员（按姓氏笔画排列）：

于　全	中国工程院院士
王　越	中国科学院院士、中国工程院院士
王小谟	中国工程院院士
王少萍	“长江学者奖励计划”特聘教授
王建民	清华大学软件学院院长
王哲荣	中国工程院院士
尤肖虎	“长江学者奖励计划”特聘教授
邓玉林	国际宇航科学院院士
邓宗全	中国工程院院士
甘晓华	中国工程院院士
叶培建	人民科学家、中国科学院院士
朱英富	中国工程院院士
朵英贤	中国工程院院士
邬贺铨	中国工程院院士
刘大响	中国工程院院士
刘辛军	“长江学者奖励计划”特聘教授
刘怡昕	中国工程院院士
刘韵洁	中国工程院院士
孙逢春	中国工程院院士
苏东林	中国工程院院士
苏彦庆	“长江学者奖励计划”特聘教授
苏哲子	中国工程院院士
李寿平	国际宇航科学院院士

郑纬民 中国工程院院士
郑建华 中国科学院院士
屈贤明 国家制造强国建设战略咨询委员会委员、工业和信息化部智能制造专家咨询委员会副主任
项昌乐 中国工程院院士
赵沁平 中国工程院院士
郝　跃 中国科学院院士
柳百成 中国工程院院士
段海滨 “长江学者奖励计划”特聘教授
侯增广 国家杰出青年科学基金获得者
闻雪友 中国工程院院士
姜会林 中国工程院院士
徐德民 中国工程院院士
唐长红 中国工程院院士
黄　维 中国科学院院士
黄卫东 “长江学者奖励计划”特聘教授
黄先祥 中国工程院院士
康　锐 “长江学者奖励计划”特聘教授
董景辰 工业和信息化部智能制造专家咨询委员会委员
焦宗夏 “长江学者奖励计划”特聘教授
谭春林 航天系统开发总师

总序

新型显示产业是国民经济和社会发展的战略性和基础性产业，加快发展新型显示产业对促进我国产业结构调整，实施创新驱动发展战略，推动经济提质增效升级具有重要意义。新型显示产业具有投资规模大、技术进步快、辐射范围广、产业集聚度高等特点，是一个年产值超过千亿美元的新兴产业。为了贯彻党中央、国务院提出的“加快实施科技创新和制造强国的发展战略”，促进政府引导下产、学、研的结合和全产业链的合作，推动我国新型显示技术和产业的创新升级与发展，把握下一代新型显示技术和产业的发展趋势，对于实现政府、产业、技术、市场和用户的良性互动并打破国外技术垄断，实现我国新型显示产业链条的延伸和产业升级，具有现实和长远的战略意义。

国家领导人高度重视我国新型显示产业的发展。习近平总书记先后于2007年6月19日视察上海广电的中国大陆地区第一条G5液晶面板生产线，2011年4月9日视察合肥京东方的中国大陆地区第一条G6液晶面板生产线，2016年1月4日视察重庆京东方的G8.5液晶面板生产线，2018年2月11日视察成都中电熊猫的世界第一条G8.6 IGZO液晶面板生产线。在合肥京东方，习近平总书记指出：显示产业作为战略性新兴产业代表着科技创新和产业升级的方向，决定着未来经济发展的制高点，一定要大力培育和发展。在

成都中电熊猫，习近平总书记勉励企业抢抓机遇，提高企业自主创新能力和国际竞争力，推动中国制造向中国创造转变、中国速度向中国质量转变、中国产品向中国品牌转变。

短短十多年来，在政策推动及产业链相关企业的共同努力下，我国新型显示产业取得了跨越式发展。2017 年，我国大陆地区 TFT-LCD 面板出货量和出货金额双双跃居世界第一。2018 年，我国大陆地区面板出货量稳居世界第一，营收规模居世界第二。截至 2019 年 8 月，我国已建成显示面板生产线 43 条，规划或在建显示面板生产线 17 条，全球建成或在建的 6 条 G10 以上超高世代液晶面板生产线都在中国。显示面板生产线的投资总额已超过 1 万亿元。2020 年，我国在全球面板市场的占比将超过 50%。

在我国面板规模稳居世界第一的当下，如何引领产业继续向前发展是我们面临的新课题。未来几年是我国新型显示产业进入由大到强、由并跑到领跑的关键时期，面临着产能规模大与创新能力不足、产业配套能力薄弱之间的不平衡，技术储备和前瞻技术布局不充分，资源分散与集聚发展的要求不协调等诸多问题和挑战。深刻认识新型显示技术的原理内涵和显示产业的发展规律，利用并坚持按发展规律指导显示产业布局，关系到我们是否能够引领整个显示产业的发展，是否能够推动信息产业的转型升级。为了系统呈现当代新型显示技术的发展全貌及其进程，总结和探索新型显示领域已有的和潜在的研究成果，服务我国新型显示产业的持续发展，电子工业出版社组织编写了新型显示技术丛书。

本丛书共 7 册，具有以下特点：

（1）系统创新性。《主动发光显示技术》和《非主动发光显示技术》概述了等离子体显示、半导体发光二极管显示、液晶显示、投影显示等全部新型显示技术，《TFT-LCD 原理与设计（第二版）》和《OLED 显示技术》系统介绍了目前具备规模量产的 TFT-LCD 和 OLED 两大显示产业，《3D 显示技术》和《柔性显示技术》完整介绍了最具潜力的两种新型显示形态，《触控显示技术》全面介绍了显示终端界面实现人机交互的支撑技术。

（2）实践应用性。本丛书基于新型显示的生产实践，将科学原理与工程应用相结合，主编和执笔者都是国内各相关技术领域的权威人士和一线专家。其中，马群刚博士、闫晓林博士、王保平教授、黄维院士都是工业和信息化部电子科技委委员。工业和信息化部电子科技委致力于电子信息产业发展的科学决策，推动建立以企业为主体、产学研用相结合的技术创新体系，加快新技术推广应用和科研成果产业化，增强自主创新技术和产品的国际竞争力，促进我国电子信息产业由生产大国向制造强国转变。本丛书是产业专家和科研院所研究人员合作的结晶，产业导向明确、实践应用性强，有利于推进新型显示技术的自主创新与产业化应用。

（3）能力提升性。本丛书注重新型显示行业从业人员应用意识、兴趣和能力的培养，强调知识与技术的灵活运用，从而培养和提高新型显示从业人员的实际应用能力和实践创新能力。丛书内容着眼于新型显示行业从业人员所需的专业知识和创新技能，让从业人员学而有用，学而能用，以提升新型显示行业从业人员的能力及工作效率。

培育新型显示人才，提升从业人员对新型显示技术的认识，出版“产学研”结合的科技专著必须先行。希望本丛书的出版，能够为增强产业自主创新能力，推动我国新型显示产业迈向全球价值链中高端贡献一份力量。

王小谟

中国工程院院士

工业和信息化部电子科技委首席顾问

2019 年 10 月 30 日

序言

我们生活在三维空间里面，我们的双眼不仅能够感知物体的明暗、色彩，同时还能够感知物体的远近，感知三维空间中物体的相互位置关系。然而，在信息通信技术高速发展的今天，我们所接触的各种信息显示设备基本都是以二维图像的方式呈现在我们的眼前，我们无法通过双眼的直接观测来感知显示的三维物体。研究和发展一种可直接观看、交互的三维显示技术，一直是信息显示技术领域研究人员长期的奋斗目标。

三维显示技术可以追溯到 100 多年前英国人格林发明的立体电影装置，以及法国科学家 Lippman 发明的集成照相术（Integral Photography）。在此之后，三维显示技术的发展经历了多次起伏，20 世纪 50 年代立体电影迎来了第一个发展高峰，2009 年上映的《阿凡达》推动立体电影发展到又一个高峰。在这 100 多年的发展历程中，虽然用户的三维观影体验获得了极大的提升，但是三维显示技术本身却没有很大的技术突破。用户除需佩戴眼镜而带来不舒适感之外，还存在着屏幕显示亮度下降、立体视觉疲劳等诸多问题。

可实现裸眼观看、交互的三维显示技术经常出现在各种科幻电影当中，如三维空间的悬浮显示、三维全息显示等，如何将科幻电影中的技术转化成现实生活中的真实技术一直是近些年来研究的热点。由于三维显示技术可以采用声、光、电、气等多种形式将影像在三维空间呈现，因此技术种类非常多，经常使初学者摸不着门道，搞混各种定义。

马群刚博士和夏军教授撰写的《3D 显示技术》全面地分类和整理了当前各种三维显示技术。在这里，我真诚地将本书推荐给每位对光电显示技术有兴趣的读者。读者可以通过本书，了解到从传统几何光学的三维光场重建，到基于傅里叶光学的三维波前重建等各种三维显示原理。通过对各种技术的实现方法，以及发展路径的了解，读者可以认识当前三维显示技术存在的优缺点，从而启发更加深入的思考，激发原理性的创新。

信息显示技术涉及信号的采集、存储、处理和显示，是信息通信技术中的人机交互平台，对推动 5G，乃至下一代通信技术的发展都具有指导意义。我也真诚地将本书推荐给每位对信息技术有兴趣的读者，从这本书里你可以了解到信息在人机交互的终端上所呈现的多样性，以及多维度信息在当前和未来所面临的挑战。

三维显示技术涉及光学、电学、材料学、信息学等多个领域，本书以光场再现方式作为主线，对各种三维显示技术进行了分类，并详细描述各种实现方法，有助于初学者在了解各种技术的同时，触类旁通，拓宽视野。

三维显示技术仍然是一个发展中的技术，我们都在殷切期望着科幻电影中炫酷三维显示能够尽早实现。我真诚地推荐这本书给有志于从事三维显示技术的研究人员和学生，它既可以作为一本手册常备身边检索，也可以作为系统学习的教材，通过对现有技术的全面学习，从而能够站在前人研究的基础上，获得灵感，将炫酷的三维显示带到现实中来。

戴琼海

中国工程院院士

2019 年 10 月 30 日

前 言

真实还原三维世界的影像，是信息显示技术发展的终极目标。真实世界的三维信息对视频的采集、处理、传输和显示都提出了更高的要求，当前 5G 通信以及超高分辨率显示屏的发展，为克服传统三维显示分辨率低、立体视觉疲劳、用户体验差等问题带来了契机。

针对目前 3D 显示行业学习资料较少的现实，著者把近十多年来 3D 显示领域的研究成果进行了整理，编写了此书。

本书兼顾 3D 显示技术的科学原理与产业应用，力求全面系统。在介绍 3D 显示的视觉原理和发展概述后，详细介绍了各类 3D 显示技术。其中，眼镜式 3D 显示技术、光遮挡型 3D 显示技术、光折射型 3D 显示技术、指向背光 3D 显示技术都实现了商业化应用，本书分别作为一章进行具体介绍。作为最有希望实现舒适观看体验的 3D 显示方向，光场 3D 显示技术、体 3D 显示技术、全息 3D 显示技术，分别进行了重点介绍。为了保持 3D 显示技术的完整性，随后还介绍了初级的视错觉 3D 显示技术。在介绍了各类 3D 显示技术之后，介绍了 VR/AR 中的 3D 显示技术应用以及改善 3D 显示视疲劳的技术方向。

本书共 12 章，马群刚博士撰写了第 1 章、第 2 章、第 3 章、第 4 章、第 5 章、第 6 章、第 7 章、第 10 章、第 12 章，夏军教授撰写了第 8 章、第

9 章、第 11 章。全书由马群刚博士负责统稿。

本书既可作为电子科学与技术、光学工程、物理学、信息与通信工程、计算机科学与技术等相关专业学生的教材、参考书，也可作为 3D 显示技术相关领域的研究人员、工程师、管理者的自学参考用书。

感谢工业和信息产业科技与教育专著出版资金的支持，感谢在本书撰写过程中给予支持的各位专家。3D 显示技术的发展方向众多、创新层出不穷，由于著者水平和经验有限，书中难免存在不足之处，真诚希望读者批评指正。

作者

2019 年 7 月 1 日

目 录

第1章

绪　论

3D 显示可以呈现虚拟的现实空间。相比 2D 显示，3D 显示能传播更多的信息，给人强烈的视觉冲击和高度的临场感，提高人类的工作效率，改善人类的生活质量。

1.1　3D 显示技术的发展

3D 显示与摄影技术、显示技术同时出现，经历了一个漫长的发展过程。3D 显示是显示的未来,3D 显示技术的发展就是要呈现更自然的 3D 显示效果。

1.1.1　显示技术的发展规律

显示的意义是在最短的时间内传播最多的信息。信息量越大越有助于消除不定性，越有利于认识和改造世界。为了处理越来越大的信息量，人们将信息的存储与显示分开，发明了磁带、软盘、硬盘、光盘等信息存储器件，以及 CRT、PDP、LCD、OLED 等信息显示器件。半导体芯片是现代信息存储与处理的典型代表，摩尔定律揭示的半导体芯片的发展方向就是增加晶体管密度，存储与处理尽可能多的信息。半导体显示是现代信息显示与处理的典型代表，其发展方向是显示尽可能多的信息。

1. 显示的基本原理与信息量模型

根据显示的基本原理，图像信息的三个基本要素是亮度、色彩与像素。显示技术从黑白到彩色，亮度灰阶达到 8bit 后，显示的信息量主要由显示屏上的像素数量决定。像素分布矩阵 $m \times n$ 的显示屏，显示的平面图像 $\boldsymbol{I}$ 信息可以用每个像素的光束信息 $c_i^{(j)}$表示：

$$
\boldsymbol{I}=\begin{pmatrix} c_1^{(1)}\cdots c_1^{(j)}\cdots c_1^{(n)} \\ \vdots \quad \vdots \quad \vdots \quad \vdots \quad \vdots \\ c_i^{(1)}\cdots c_i^{(j)}\cdots c_i^{(n)} \\ \vdots \quad \vdots \quad \vdots \quad \vdots \quad \vdots \\ c_m^{(1)}\cdots c_m^{(j)}\cdots c_m^{(n)} \end{pmatrix}_{m\times n} \tag{1-1}
$$

显示屏上的像素数量是显示面积与显示密度的乘积。显示面积对应显示屏的尺寸，显示密度对应显示屏单位尺寸的像素分辨率，即 PPI 值。显示面积与显示密度的乘积越大，式（1-1）中的像素分布矩阵 $m\times n$ 越大，图像的像素坐标点越多，显示的信息量越大。大数据时代需要显示巨量信息，需要从平面显示上升到立体显示。在超高分辨率显示屏上，立体显示可以全面还原图像的纵深、层次、位置等客观场景信息。立体显示在显示深度上以切片堆叠的效果，呈现指数级增加的信息量，形成体素（Voxel）概念。

用显示面积、显示密度、显示深度表示显示屏呈现的信息量，可以构成一个三阶张量模型，完整地表达显示屏所能显示的全部信息量。把显示屏呈现的显示信息量称为屏幕显示信息量（Display Information Quantity on Screen，Qs），把人眼接收到的显示信息量称为人眼显示信息量（Display Information Quantity into the Eyes，Qe）。等式 Qs =Qe 成立的前提是显示无处不在，即人眼要在最短时间内获取最大的显示信息量（Display Information Quantity，DIQ）。这符合最小作用量原理（Least-Action Principle），即信息场在所有影响因素作用后的信息量聚集过程，沿着作用量取极值的路径进行，在最短的时间内获取最大的信息量。所以，增加显示用途可以建立显示信息量的四阶张量模型。

如图 1-1（a）所示，在三阶张量模型中，显示面积、显示密度、显示深度都可以离散成 n 维，组合成 n 维空间中的三阶张量（多维数组），形成 n 张 $n\times n$ 矩阵平面构成的立方体，如式（1-2）所示。显示用途也可以离散成 n 维，n 个三阶张量构成的立方体排成一列。四阶张量 $\boldsymbol{T}_{ijkl}$ 可以用表示用途的一阶张量 $\boldsymbol{W}$ 与表示显示面积、密度、深度的三阶张量 $\boldsymbol{T}_{ijk}$ 的 Kronecker 积表示：

$$
\boldsymbol{T}_{ijk}=\begin{bmatrix} T_1 & \cdots & T_k & \cdots & T_n \end{bmatrix}\otimes\begin{bmatrix} T_{11} & \cdots & T_{1j} & \cdots & T_{1n} \\ \vdots & \vdots & \vdots & \vdots & \vdots \\ T_{i1} & \cdots & T_{ij} & \cdots & T_{in} \\ \vdots & \vdots & \vdots & \vdots & \vdots \\ T_{n1} & \cdots & T_{nj} & \cdots & T_{nn} \end{bmatrix} \tag{1-2}
$$

式中，$0\leqslant i,j,k\leqslant n$，$\otimes$ 表示 Kronecker 积。

在图 1-1（a）中，张量数组空间不是每个维度的分量上都有一一对应的数据，在张量模型表示的数据空间中，信息是不完整的。为了研究方便，把张量空间包含的所有有效信息填满一个球体，形成如图 1-1（b）所示的信息量球模型。

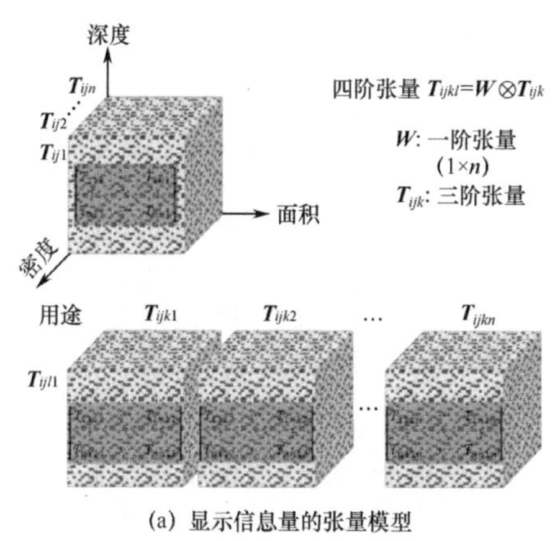

(a) 显示信息量的张量模型

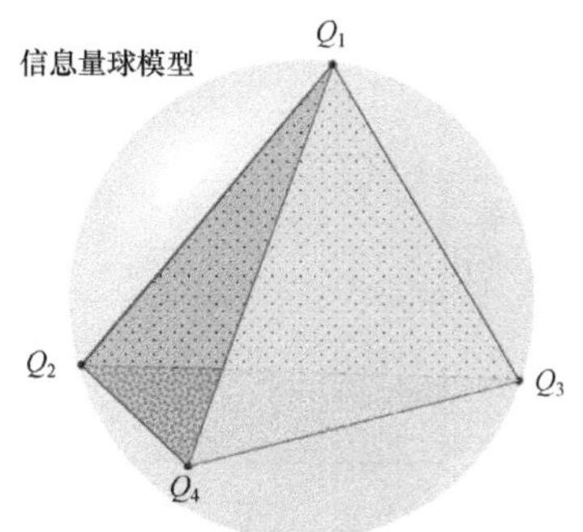

(b) 显示信息量的四面体模型

图 1-1　显示的信息量模型

影响显示用途、显示面积、显示密度、显示深度的因素有很多，这些因素在四阶张量模型和球模型中的影响权重各不相同。产业技术的发展规律研究不在于统计所有的影响因素，而在于明确最核心的影响因素。影响显示用途的因素包括功耗、使用温度、外观等，其中外观，即轻薄化程度的影响权重最高。影响显示面积的因素包括边框尺寸、制造工艺、材料等，核心是大型化程度。影响显示密度的因素包括视野角、响应速度、帧频、亮度、色彩、分辨率等，其中像素的精细化程度，即像素密度 PPI（Pixels Per Inch）的影响权重最高。影响显示深度的因素包括单目深度线索、双目深度线索、位置维度、方向维度等，核心是立体化程度。

分别用轻薄化、大型化、精细化、立体化代表显示用途、显示面积、显示密度、显示深度，构建一个如图 1-1（b）所示的理想信息量球的内接四面体 $Q_1Q_2Q_3Q_4$，用轻薄化截面、大型化截面、精细化截面、立体化截面包围的显示信息量的四面体体积近似显示的完整信息量。

2. 显示技术的进化律

图 1-1（b）所示信息量球的物理量，可以用球坐标系描述。信息量球内接四面体的每个面都对应一个垂直该面的向量：以球心为起点，球半径为大

小，指向球面某点。四个向量的外延对应信息量四面体的扩张，信息量动态增大。以向量替代截面的方法，分别建立轻薄化、大型化、精细化、立体化四个维度，可以总结显示技术的发展历史，预测显示技术的发展趋势。

如图 1-2 所示，显示技术在四个维度上独立进化，相互之间又有明显的产业继承性，呈现出技术的阶梯式发展过程与规律。在每个维度上，显示技术都存在 18 年左右的重点发展阶段。

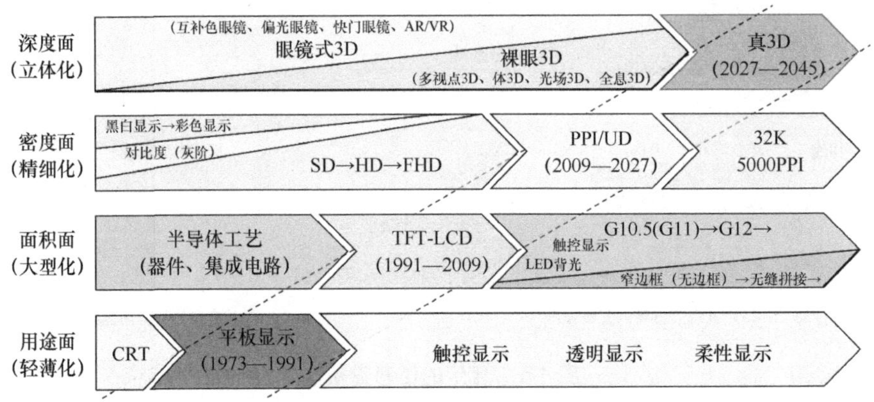

图 1-2　显示技术发展的四个维度与趋势预测

轻薄化重点发展阶段始于 1973 年，标志是搭载 LCD 显示屏的电子表（精工 06LC）和计算器（夏普 EL-805）等产品量产，以及在此前后发明的 PDP（1964 年）、LCD（1968 年）、LED（1977 年）、OLED（1979 年）等平板显示技术。显示屏厚度薄到一定程度（如 0.1mm 以下）就自然进化为柔性显示。

大型化重点发展阶段始于 1991 年，标志是夏普、NEC、东芝的第一代 TFT-LCD（300mm×400mm）量产。成熟的 LCD 显示技术结合成熟的半导体工艺技术，平均两年升级一代，直到 2009 年第十代 TFT-LCD（2880mm×3130mm）量产。同时，小尺寸 LCD 采用触控等技术，大尺寸 LCD 采用 LED 背光等技术，不断地扩大显示面积。

精细化重点发展阶段始于 2009 年，标志是 LTPS 产品（三星 i8910）、IGZO 产品、视网膜手机（苹果 iPhone 4）的量产。六代及以下的生产线转型为 LTPS TFT 驱动，六代以上的生产线转型为 IGZO TFT 驱动，大型化重点发展阶段的 a-Si TFT 技术逐渐被替代。精细化重点发展阶段前半段的发展以智能手机为代表，后半段的发展以超高清电视为代表。

立体化重点发展阶段始于超高清视频产业的全面成熟，所以精细化是立体化的基础，两者的关系如图 1-3 所示。为保证 3D 图像的分辨率，立体显示从 2K（FHD/1080p）起步，最早具备 2K 高分辨率的电影最先导入 3D 显示，后来出现的 FHD 全高清电视促进了眼镜式 3D 显示的普及。裸眼 3D 显示需要更高的显示屏分辨率，以增加视点数（视角）并保证 3D 图像分辨率。为改善调节与辐辏冲突，保证观看的舒适度，要有全高清的 3D 显示图像和自由视场，要求显示屏分辨率持续提高。

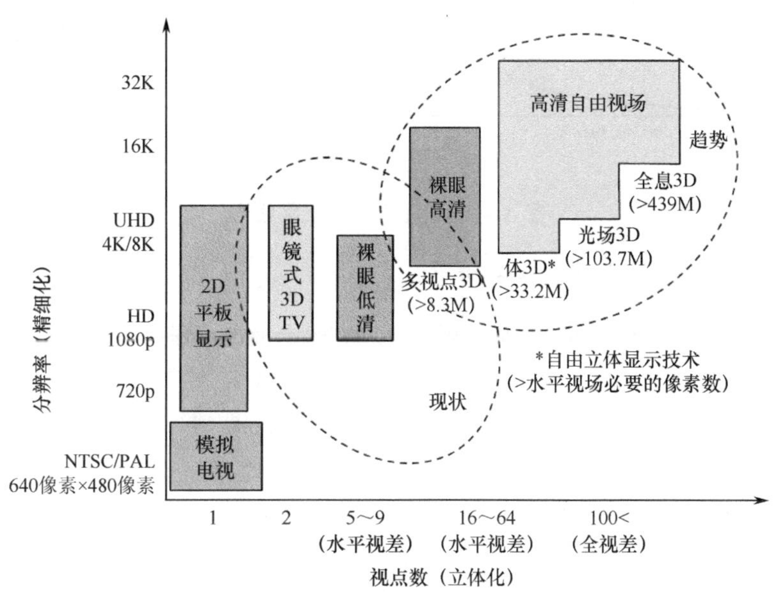

图 1-3　精细化与立体化的关系

目前，制约 3D 显示发展的调节和辐辏冲突、逆视等共性问题都可以通过提高显示屏分辨率加以解决。高精细显示屏上的巨量信息通过自然的 3D 显示不仅能给人类提供巨量信息，还能保证观看的舒适度，实现健康显示。所以，3D 显示是显示的未来。

1.1.2　3D 显示技术的发展历程

如图 1-4 所示，在 3D 显示的发展历程中，经历了漫长的基础 3D 显示技术开发阶段，随后眼镜式 3D 显示技术先后在电影和大尺寸电视上获得产业化，因为电影和大尺寸电视具有高分辨率影像的特点。随着显示屏像素的精细化程度越来越高，不需要佩戴眼镜的自由立体显示技术将获得广泛的应用。

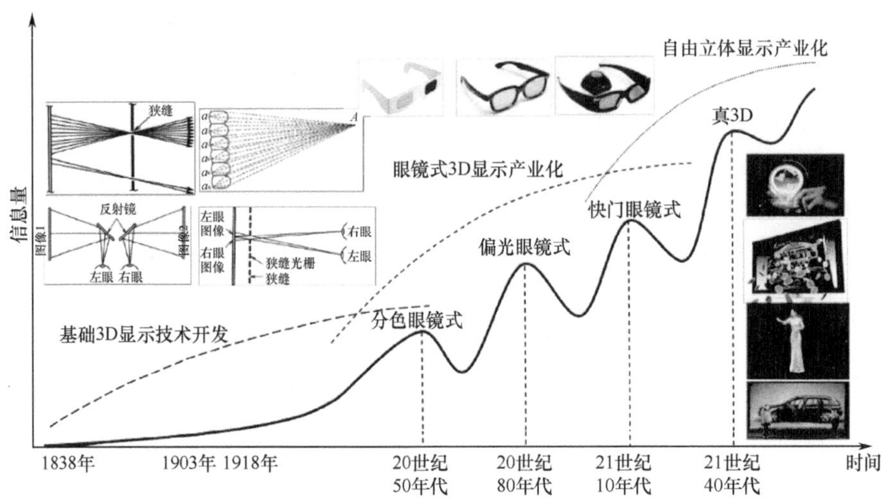

图 1-4　3D 显示的发展路线图

1. 基础 3D 显示技术开发

英国的 C.Wheatstone 最早揭示了左右眼的视觉差异在 3D 显示中的作用。1833 年，他提出了双眼视差所产生的视网膜像的不对应性通过神经系统综合后形成立体视觉机制的学说，并于 1838 年制成象征人的双眼视差的台式实体镜（立体镜）。实体镜由两面彼此垂直的镜子 A′和 A 组成，有相应位移的左右照片 E′和 E 分别放置在照片的夹具 D′和 D 上，转动游戏杆将照片调整至适当位置，左右照片通过左边镜子 A′和右边镜子 A 的反射分别进入左右眼，经过大脑融合后形成深度感知。

3D 显示离不开内容，最早的 3D 影像技术是 1853 年开发的 Anaglyph 技术。1853 年，Rollman 开发了 3D 照片技术。1855 年，第一台可以用来制作 3D 动画的 3D 摄影机问世。1861 年，Scovill 发明了第一台双镜头 3D 相机。1891 年，Anderton 提出了基于偏光技术的 3D 投影概念，并于 1893 年申请了相关专利。

进入 20 世纪，3D 显示技术得到了实质性的发展。1903 年，F. E. Ives 提出了双镜立体成像技术的概念，通过狭缝光栅的分光作用对特制图像成像。1908 年，G. Lippmann 提出了基于微透镜阵列的集成成像技术。1911 年，Sokolov 利用针孔阵列代替微透镜阵列实现了集成成像技术。1918 年，Kanolt 发明了基于视差光栅的全景图显示技术，实现多视点显示。20 世纪 30 年代，基于集成透镜阵列的思想，简化的柱透镜光栅被应用到 3D 显示技术中。

1915 年，第一部 3D 电影诞生，这部电影的播放利用了两种颜色的滤色眼镜片，每种眼镜片对有视差的图像内容滤色后分别进入一只眼，形成 3D 显示效果。1922 年，第一部公开的 3D 电影 *The Power of Love* 上映；1935 年，第一部 3D 彩色电影诞生；1939 年，偏光技术被应用到 3D 电影中。

2. 眼镜式 3D 显示产业化

经历了基础 3D 显示技术开发阶段后，3D 显示的发展进入需要佩戴眼镜观看的 3D 电影时代，先后出现过三波浪潮，每波浪潮之间的间隔在 30 年左右。在眼镜式 3D 显示产业化的同时，学者们陆续开发了一些不需要佩戴眼镜的自由立体显示技术。

第一波 3D 显示浪潮出现在 1952—1954 年，标志是互补色 3D 显示技术在宽银幕电影中的应用。这段时间，共有 40 多部 3D 电影上映。但是，由于左右眼视差图像不能实时同步等原因，这波浪潮没能持续。伴随第一波 3D 显示浪潮，全息技术开始出现。1948 年，Gabor 提出了全息技术的概念。1960 年，由于激光的发明给全息技术提供了条件，全息技术迅速发展并得到应用。

第二波 3D 显示浪潮出现在 1982—1984 年，标志是偏光眼镜式 3D 电影的普及。这段时间，共有 30 多部 3D 电影上市。但是，这些电影大多是低成本的作品，加上有线电视的普及，这波浪潮也没能持续。不过，伴随着这波浪潮，一些基础的 3D 显示技术陆续被提出来。1985 年，基于液晶开关的主动快门式 3D 显示技术开始走向应用。20 世纪 90 年代，随着平板显示技术的发展，狭缝光栅和柱透镜式自由立体显示技术得到迅速发展。1996 年，基于转换荧光材料和激光扫描的体 3D 显示技术被首次提出。

第三波 3D 显示浪潮出现在 2005—2010 年，许多 3D 电影都以 IMAX 3D 的形式上映。IMAX 3D 技术强调数字的精确性，比先前的技术在视觉舒适度方面有很大改善。除 3D 电影外，3D 电视、3D 电脑和 3D 手机也陆续上市。各种 3D 显示技术获得了广泛的研究。眼镜式 3D 显示技术的产业化与自由立体显示技术的研发齐头并进。

从 2010 年开始，随着家用电视尺寸的增大，偏光式与快门式 3D 电视伴随着第三波 3D 显示浪潮出现在普通消费者家庭。但由于电视的分辨率基本局限在 FHD，所以 3D 显示效果欠佳。

3. 自由立体显示产业化

在基础 3D 显示技术开发阶段和眼镜式 3D 显示产业化阶段，先后出现了多种自由立体显示技术。

早期获得实用化的自由立体显示技术是夏普欧洲公司开发的光屏障式 3D 显示技术，该技术通过在 LCD 显示屏和背光源之间增设光栅屏障，将左右眼接收的画面区分开来，实现 3D 显示。为解决光屏障式 3D 显示技术的亮度损失，Philips 等公司开发了柱状透镜 3D 显示技术。该技术是在显示屏幕前面加上一层柱状透镜，构成左右视差图的像素光线通过柱透镜的折射，把视差图像分别投射到人的左右眼，从而使观众获得立体感。其实早在 1985 年，德国海因里希赫兹研究所（HHI）就使用透镜实现了自由立体显示，并于 1990 年开发出支持单个观看者的立体原型机。

此外，美国 3M 公司开发的指向背光 3D 显示技术，英国 Reality Vision 公司提出的全息自由立体显示（Holographic Autostereoscopic Display，HAD）技术，美国 PureDepth 公司开发的多层显示技术（Multi-Layer Display，MLD），都开展了产业化应用的探索。

目前，裸眼 3D 产品在分辨率、可视角度和可视距离方面仍然存在不足，限制了产业化的进一步发展，未来产业要努力突破这些技术难点。

由于技术的原理所限，目前裸眼 3D 显示产品的分辨率普遍不太高，显示效果要进行提升比较困难，这对于习惯了高清节目的观众来说就比较难以忍受。为了在提高分辨率的同时改善可视角度，人们提出了头部（人眼）跟踪技术。

可视角度也是一个亟待解决的问题，目前的产品，人们在观看屏幕时，必须位于一定的范围内才能观看到立体画面，若观看角度太大，3D 显示效果就会弱化。可视角度与分辨率是一对矛盾体。

另外，可视距离也是一个不容忽视的问题，如果观看者距离屏幕位置太远同样会使 3D 显示效果大打折扣，而距离屏幕位置太近的话，人又容易出现明显的头晕现象。裸眼 3D 显示在观看的时候，观众需要和显示设备保持一定的距离才能看到 3D 效果的图像（3D 效果受视角影响较大），3D 画面和常见的眼镜式 3D 显示技术尚有一定的差距。

裸眼 3D 作为显示技术发展的必然趋势，被认为是最有生命力且终将成为下一代显示技术，裸眼 3D 显示关键技术的研究将决定今后显示产业的发展。目前，随着 8K4K 超高清大尺寸电视的出现，多视点和超多视点自由立体（裸眼 3D）将成为 3D 显示的发展方向。整个 3D 显示产业的发展将由 3D 电视主导。

1.2　3D 显示技术的类别

3D 显示技术就是利用各种光学方法，使人的左右眼分别接收不同的视差画面，然后经过大脑合成而感知到立体效果的技术。不同的 3D 显示实现方式，形成了不同的 3D 显示技术。

1.2.1　3D 显示技术的分类

根据 3D 显示实现原理的区别和显示效果的差异，以及支撑光学元件等的不同，形成了类别众多的 3D 显示技术。

1. 根据 3D 显示实现原理分类

如表 1-1 所示，根据 3D 显示实现原理的不同，3D 显示技术可以分别归纳为 2～3 个大类。不同的分类方法之间存在技术方向的重叠。

表 1-1　3D 显示技术的各种分类方法

分类依据	类别 1	类别 2	类别 3
佩戴设备	辅助 3D 显示技术	无辅助 3D 显示技术	—
深度线索	双目视差式 3D 显示技术	双目视差基础上的单目聚焦式 3D 显示技术	单目 3D 显示技术
波粒二象性	光线再现式 3D 显示技术	波动再现式 3D 显示技术	衍射背光基础上的光线再现式 3D 显示技术
光线的位置方向性	位置 3D+方向 0D	位置 2D+方向 2D（位置 2D+方向 1D）	位置 2D+位置 2D

为使人的左右眼分别接收不同的视差画面，如果光学处理元件需要佩戴在头部，则称为辅助 3D 显示技术。辅助 3D 显示技术只能提供一个左眼视差图像和一个右眼视差图像，是典型的双目立体显示技术。如果光学处理元件直接和显示屏集成在一起，观看者不需要佩戴任何辅助元件，则称为无辅助 3D 显示技术。自由立体显示技术是典型的无辅助 3D 显示技术。

人的左右眼分别接收到不同的视差画面后，如果大脑感知到立体效果的深度线索是双目视差，则称为双目视差式 3D 显示技术，也叫立体显示技术。只有双目视差深度线索的 3D 显示技术容易让人产生视疲劳。如果在双目视差深度线索的基础上加上单目聚焦功能，这样的 3D 显示技术就可以改善视疲劳，简称为单目聚焦式 3D 显示技术。此外，给单只眼睛提供辐辏深度线索，而没有双目视差深度线索的单目 3D 显示技术，不属于立体显示技术的范畴。

3D 显示是用光线空间虚拟现实的物质世界，根据光的波粒二象性原理，如果 3D 显示光线空间采用光的直线传播性能，则称为光线再现式 3D 显示技术。绝大部分 3D 显示技术都是光线再现式 3D 显示技术。如果 3D 显示光线空间采用光的波动传播性能，则称为波动再现式 3D 显示技术。光的波动信息包括振幅信息和相位信息。全息 3D 显示技术是典型的波动再现式 3D 显示技术。此外，还可以利用光的波动传播性能，即利用光的衍射原理，形成指向背光，用于光线再现式 3D 显示技术。

3D 显示的光线既有位置依存性，也有方向依存性。根据显示屏幕上发光点的位置信息与方向信息的不同组合，把 3D 显示分为只有 3D 位置的体 3D 显示技术、2D 位置与 2D 方向组合的光场 3D 显示技术和全息 3D 显示技术、2D 位置与 2D 位置组合的景深融合技术。在 2D 位置与 2D 方向组合中，如果只考虑水平视场方向，就是 2D 位置与 1D 方向组合的传统光栅分像技术。

2. 3D 显示技术具体分类

综合以上四种分类方法，3D 显示技术可以细分为图 1-5 所示的各种具体实现方式。

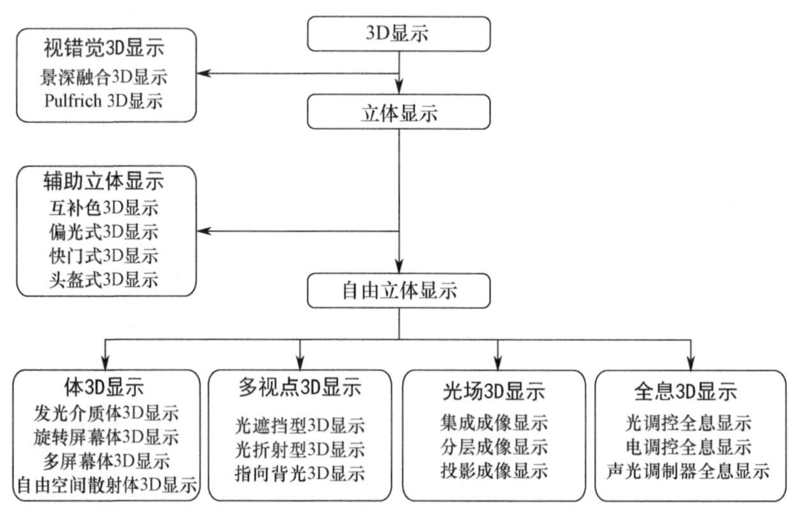

图 1-5　3D 显示技术的具体分类

3D 显示技术按深度线索分为基于双目视差的立体显示技术和不含双目视差的单目 3D 显示技术。视错觉 3D 显示是典型的单目 3D 显示技术，立体显示技术的显示基础是左右眼分别接收到“大同小异”的视差图像。由于视错觉，3D 显示技术的显示效果欠佳，目前仅用于静态 3D 画，极少用于动态显示。所以，3D 显示一般指立体显示。

立体显示技术按照是否需要佩戴辅助设备分为辅助立体显示技术和自由立体显示技术。佩戴眼镜或头盔的双目立体显示技术是典型的辅助立体显示技术。眼镜式 3D 显示技术和早期的头盔式 3D 显示技术只能实现双视点显示。目前，基于头盔式 3D 显示技术发展起来的 AR/VR 技术，一个重要的发展方向就是实现单目聚焦功能。

自由立体显示技术按照光线的位置方向性分为位置 3D 的体 3D 显示技术、位置 2D 与方向 1D 组合的多视点 3D 显示技术、位置 2D 与方向 2D 组合的光场 3D 显示技术和全息 3D 显示技术。体 3D 显示技术、光场 3D 显示技术、全息 3D 显示技术都能实现单目聚焦功能，属于单目聚焦式 3D 显示技术。其中，全息 3D 显示技术属于波动再现式 3D 显示技术。

多视点 3D 显示技术包括传统的两视图双目立体显示技术和多视点 3D 显示技术，由于光线的密集程度不够，所以不足以形成单目聚焦功能。传统双视点 3D 显示技术主要在适合单人观看的移动设备上使用，观看时容易看到重影，所以要和人眼（头部）跟踪技术结合，扩大观看视角。传统多视点 3D 显示技术存在 3D 图像分辨率低、反转区重影严重、用户观看舒适度差等局限性，所以要往密集视点 3D 显示技术的方向发展。密集视点指视点数不少于 28 个的裸眼 3D 显示方式；密集视点在分辨率、弱切变无重影、观看舒适性等方面具有显著优势；随着 LCD 显示屏分辨率的增加，更多视点数的超密集视点、连续视点裸眼 3D 显示方式将实现产业化。

多视点 3D 显示技术可以通过视差光栅等光遮挡型 3D 显示技术、柱透镜等光折射型 3D 显示技术或指向背光 3D 显示技术实现。

3. 本书的 3D 显示技术介绍

本书主要根据图 1-5 所示的分类方法，详细介绍各类 3D 显示技术。

辅助立体显示技术中的互补色、偏光式、快门式等眼镜式 3D 显示技术，作为最早实现产业化的 3D 显示技术，将在第 3 章详细介绍。头盔式 3D 显示技术作为 AR/VR 中的 3D 显示技术，将在第 11 章详细介绍。

多视点 3D 显示技术是实现自由立体显示技术的基础，在第 4～6 章分别介绍光遮挡型 3D 显示技术、光折射型 3D 显示技术、指向背光 3D 显示技术。第 7 章的光场 3D 显示技术是在多视点 3D 显示技术的基础上增加了一个垂直视场方向，所以紧随其后加以介绍。接着在第 8 章和第 9 章分别介绍体 3D 显示技术和全息 3D 显示技术两种自由立体显示技术。

第 10 章的视错觉 3D 显示技术作为完整 3D 显示技术的一部分，供读者学习了解。

3D 显示离不开人眼的视觉功能，所以在第 2 章总体介绍人的立体视觉与 3D 显示的关系。3D 显示的效果要顺应人眼的视觉机理，所以在第 12 章总体介绍 3D 显示画质与视疲劳。

1.2.2 各类 3D 显示技术的优缺点

不同的 3D 显示技术有着各自的优缺点。

1. 单目 3D 显示技术的优缺点

视错觉 3D 显示是利用心理暗示深度线索，实现简单的 3D 显示效果。视错觉 3D 显示的数据量（信息量）相对较少，所以无法再现复杂的 3D 场景，3D 效果欠佳。

2. 双目立体显示技术的优缺点

辅助立体显示属于双视点 3D 显示，显示屏上只显示一幅左眼视差图像和一幅右眼视差图像，利用辅助设备分离后，使左右眼分别接收左眼视差图像和右眼视差图像，形成 3D 显示效果。辅助立体显示分为波长分割的互补色式、空间（偏振光）分割的偏光式、时间分割的快门式等眼镜式 3D 显示。头盔式 3D 显示属于微显示范畴，通过置于左右眼前面的小尺寸显示屏直接对左右眼提供独立的左右视差图像。辅助立体显示需要佩戴眼镜等特殊设备，辐辏与焦点调节不一致，不能表现运动视差。

两视图 3D 显示技术与辅助立体显示技术一样，都属于双目立体显示技术，都无法表现运动视差。它们的区别是，前者的分光元件集成在显示装置上，后者的分光元件佩戴在头部。两视图 3D 显示的观看视角很窄，传统的改进对策是增加视点数。采用人眼跟踪技术，可以实现位置可调的多视点 3D 显示效果。通过人眼跟踪技术跟踪人的位置变化，从而改变视差图像光强的空间分布，使得左右眼观看到相应的视差图像。人眼跟踪技术增加了观看位置的侦测步骤，但减少了数据量的处理工作。

3. 多视点 3D 显示技术的优缺点

自由立体显示技术中的多视点 3D 显示技术在显示屏上显示多个视差图像，多个视差图像在空间的一定区域内处于分离状态，当左右眼视差图像处于左右眼分别对应的区域内时，可以融合形成 3D 显示效果。因为能表现运动视差，人具有一定的观看自由度。除光衍射型 3D 显示技术属于波动光学范畴外，其他多视点 3D 显示技术都属于几何光学范畴。

光遮挡型 3D 显示是通过阻挡空间中某些位置的光实现对应位置的不同视差图像分离。光折射型 3D 显示是通过光学元件的折射改变光的传播路径实现空间中对应位置的不同视差图像分离。光反射型 3D 显示是通过光学元件的反射改变光的传播路径实现空间中对应位置的不同视差图像分离。光衍射型 3D 显示是通过光学元件的衍射改变光强的空间分布实现空间中对应位置的不同视差图像分离。

投影型 3D 显示分为时分法和矩阵法。时分法是在人眼的反应时间内，在空间中投影出足够多的视差图像，通过定向扩散片使得视差图像在相应区域内实现空间分离。矩阵法是通过矩阵分布的投影仪投射足够多的视差图像到定向扩散片，实现密集视差图像的合成与分离。投影型多视点 3D 显示的视点水平间距小于瞳孔直径，使人能够感知到平滑的运动视差。

指向背光 3D 显示通过调节背光的光传播方向来实现空间中不同视差图像的光强对应分布。

多视点 3D 显示可以省去戴眼镜的麻烦，但依然存在辐辏和焦点调节不一致、分辨率提高困难等问题。采用超多视点 3D 显示，可以改善辐辏和焦点调节不一致的问题，但是数据量大，装置复杂。

4. 单目聚焦 3D 显示技术的优缺点

体 3D 显示、光场 3D 显示、全息 3D 显示等单目聚焦 3D 显示技术的一个共同优点是可以解决辐辏和焦点调节不一致的问题，改善视疲劳。

体 3D 显示以体素为单元，通过物理设备在空间中形成 3D 图像。在 3D 空间内，处于相应位置的 3D 图像的每个体素都会反射出全方位散射光，从而使得该设备具有多人、多角度观看特性。体 3D 显示接近实物的观察效果，但遮挡困难、装置复杂。

光场 3D 显示技术通过密集的光线束来近似自然光场，实现 3D 显示，除水平视差信息外，还提供了垂直视差信息。再现自然光场需要非常庞大的数据，这对显示屏的物理像素数量和分光元件的精细度都提出了非常高的要求。如果只是有限的数据量，则光场 3D 的观看视角较小。

全息 3D 显示通过介质记录和再现光波所有的特性，即振幅、相位、波长。理论上，再现的全息影像与真实场景的信息是相同的。全息显示接近实物视觉，能表示垂直视差。但是，动画显示困难，数据量太大，并且需要微米级像素的高分辨率显示屏进行支撑。

1.3 3D 显示技术的应用

3D 显示能提供深度信息，帮助人们更正确地认识事物的形状和运动情形，所以 3D 显示技术在很多行业领域都有所应用。除 3D 电影和 3D 电视外，3D 显示还被广泛地应用于军事、医疗、数据可视化、工程、教育、娱乐、广告等多个领域。

1. 军事领域

3D 显示技术在军事领域应用广泛，如 3D 虚拟军事就是通过虚拟世界进行军事活动，包括军事演习、国防军事飞行模拟、武器的操作与控制、训练宇航员和宇宙航天探测等。例如，在飞行模拟中大量使用立体显示系统，比实际驾驶飞机飞行要经济得多，而且可以通过设定各种条件在短时间内掌握丰富的经验。具体的军事应用还包括潜水艇的水下领航显示、卫星图像分析、座舱/控制显示、夜视侦查、数字化沙盘、飞行模拟、作战模拟训练、风洞试验、航空图像学、图像地理学、痕迹分析（如弹痕）、物证分析对比、夜晚监控、红外监视等。

另外，现代战争对官兵的心理素质提出了更高的要求。为了使官兵适应未来战场，拥有过硬的心理素质，通过引入 3D 显示技术强化心理训练效果，制作出惊险刺激、紧张激烈的画面，剪辑制作成“防暴体验”“战争感受”“心理抗压”等专题，利用 3D 显示技术和环绕立体声技术构建虚拟战场，通过体验逼真战场环境，开展心理训练。

2. 医疗领域

普通的 2D 显示器没有立体深度感，医生判别和确定病灶的形状、大小、精确位置及与周围组织的立体几何关系必须受过专业训练。3D 显示技术用作诊断设备则可使诊断结果更加精确可靠；用作手术辅助设备可使整个手术过程更加精准和快速；用作医学现场教学辅助设备可使整个教学过程更加形象和直观，进而取得更佳的教学效果等。

X 射线 CT（Computed Tomography，计算机断层成像）和 MRI（Magnetic Resonance Imaging，核磁共振）的使用，使得在医疗诊断中可以利用三维数据。医疗用裸眼 3D 显示系统的处理过程如图 1-6 所示。一个典型的三维数据场是医学图像三维数据场，由 CT 或 MRI 扫描获得一系列的医学图像切片数据，把这些切片数据按照位置和角度信息进行规则化处理，就形成一个三维空间中由均匀网格组成的规则数据场，网格上的每个节点描述了对象的密度等属性信息，相邻断层之间对应的 8 个节点包围的小立方体称为体素。体绘制以这种体素为基本操作单位，计算出每个体素对显示图像的影响。多视点体绘制处理好的数据通过裸眼 3D 显示技术呈现具有深度信息的物体内部结构，可以描述定形的物体，如肌肉、骨骼等。缺点是数据存储量大，计算时间较长。

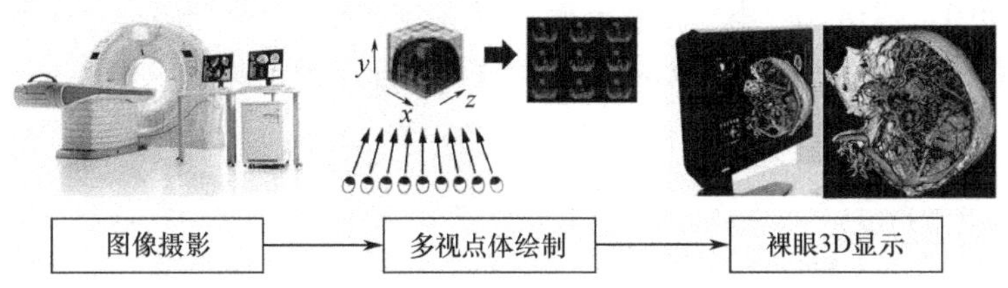

图 1-6　医疗用裸眼 3D 显示系统的处理过程

3. 数据可视化

在大数据时代，理解和处理海量数据的有效途径是数据可视化。数据可视化为大规模海量数据提供了表现的途径及分析数据的工具和方法，使研究者能够更加深刻地理解分析对象的详细信息。传统 2D 显示不能传递立体深度感信息，因而不能充分发挥数据可视化的作用。3D 显示技术能对数据中所蕴含的信息理解得更加准确。如图 1-7 所示为不同区域和不同时段的数据 3D 可视化，由于数据立体可视化的实现，研究者可以通过彩色 3D 显示更直观、更深入地探索不同区域、不同时段的人口流动、商品交易等信息。

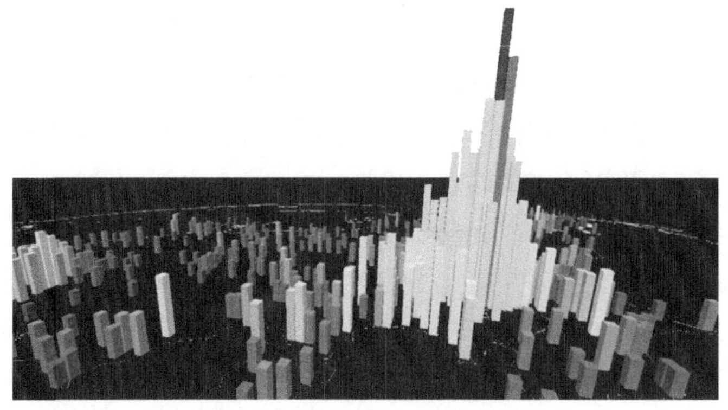

图 1-7　不同区域和不同时段的数据 3D 可视化

4. 工程领域

虚拟现实和增强现实（AR/VR）的 3D 显示被广泛应用到许多工程领域中。例如，在汽车工业中，通过建立虚拟环境 3D 显示设备，可以开展 3D 可视化与虚拟制造等工作。三维信息的获取也广泛应用于产品研究与学习的逆向工程中，用于产品的质量检测等方面。立体视觉技术还能在建筑设计和景观设计中发挥重要作用。随着三维扫描仪、三维打印机的出现，在不远的将来，立体视觉技术必将在实际生产中得到更加广泛的应用。

5. 教育领域

3D 显示技术在教学中可用于提高学习效率。例如，在帮助中小学生理解图形、平面等空间概念知识或物理现象时，利用立体图像要比利用二维图像的认知程度高，理解程度深。在博物馆和美术馆，可以把平时难得一见的高价美术作品、工艺品、文物等制成立体图像节目，通过 3D 显示展现给观众，可以大幅降低举办及管理费用，方便更多的人观赏。

6. 娱乐、广告领域

3D 显示在影视娱乐方面提供了平面显示无法比拟的视觉冲击力和震撼的视觉体验。随着虚拟现实逐步从萌芽状态走向日渐成熟，其改变娱乐方式的能力也逐渐显现，立体视觉技术作为其重要的组成部分也将发挥重要的作用，它将使传统精美的三维画面和身临其境的沉浸感发挥到极致。除此之外，3D 显示在广告传媒领域的应用也开始崭露头角，在各大公共场合作为新型信息载体出现在人们的视野中。

1.4　3D 显示技术的挑战

3D 显示系统及相关技术主要包括 3D 视频采集与处理、编码与传输、描述与显示三个方面。这三个方面需要面对的同一个问题就是海量数据的处理。在 3D 显示方面，还需要解决视觉健康、标准体系等问题。

1．3D 内容的获取

3D 显示产业的健康发展需要更多的内容支持，以及内容和技术的互动。3D 内容的制作很复杂、成本高。目前，3D 内容的素材分为四种：摄像机素材、计算生成素材、2D 转 3D、电影。

3D 显示需要处理的视频图像的数据量是普通平面显示的几倍，甚至几十倍，给 3D 图像的获取、存储、传输和显示提出了巨大的挑战。一般，3D 视频的存储与传输需要采用图像编码技术。因此，在带宽有限的信道中，如何提高视频信号的编码效率，是 3D 显示技术发展必须面对的挑战。多视点 3D 显示的摄像机素材，由于需要多台摄像装置同时拍摄，无论是立体图像实景拍摄还是虚拟场景的生成，图像获取环节的难度都很大，甚至难以实现。计算生成素材不受摄像装置的限制，常用于不需要动漫、科幻等影视题材，制作成本可控。为了有效利用现成的海量 2D 内容，2D 转 3D 是高效的 3D 内容获取技术，制作成本低。

2．海量数据的处理

在多视点 3D 显示方式中，为了能让多用户同时观看到 3D 图像，通常采用同屏显示三幅以上图像的办法。一般采用 9 幅图像，甚至采用 30 幅图像以达到±16° 的视差连续的视角，或者采用 60 幅图像以达到更加连续的立体视角。实现自然的 3D 显示效果所需的像素数，对应的是每一幅视差图像拥有相当于 1920 像素×1080 像素分辨率，不同的 3D 显示技术对显示屏上的像素数的要求不同。如表 1-2 所示，水平视差型多视点 3D 显示所需的像素数在 8.3～33.2M，分辨率为 8K4K 的显示屏才能满足这个像素数的要求；对于水平视差型光场 3D 显示，所需的像素数在 103.7M 以上，分辨率为 16K8K 的显示屏才能满足这个像素数的要求。所以，显示屏像素的精细化发展是 3D 显示（立体化）的重要产业支撑。

表 1-2 自然 3D 显示的指标

3D 显示技术	调节与辐辏的一致性	平滑运动视差的实现	必要的像素数	
			水平视差型	水平垂直视差型
2 视点 3D 显示	×	×	4.1M	—
多视点 3D 显示	×	△	8.3～33.2M	33.2～530.8M
体 3D 显示	○	△	33.2～132.7M	
光场 3D 显示	△～○	△～○	>103.7M	>5184M
全息 3D 显示	○	○	439M	689 265M

像素数越大，3D 显示需要的视频图像信息量越大。由于采用多幅图像同时传输，虽然经过压缩，但视频数据量依然很大，所以需要过大的信道带宽。多视点立体视频图像压缩难度大，在图像采集端难以做到实时编码，在图像接收端也难以做到实时解码。

3. 视觉健康

长时间观看 3D 显示节目有可能导致一系列不适症状，包括视力下降、视线模糊、眼睛干涩、眼睛疼痛、头痛、头晕、乏力、恶心、方位感知障碍等。尤其对儿童和青少年比对成年人的危害更大。解决视觉健康问题，一方面需要通过 3D 显示技术的进步以获取更自然的 3D 显示效果，另一方面还要对 3D 显示技术的舒适度及其对人体视觉健康的影响做一个系统性的评估研究。无论是从产业化的角度，还是从理论研究价值的角度，对 3D 显示技术导致的视觉疲劳研究及相关安全标准的探索都很有必要。

4. 标准

3D 显示涉及 3D 数据和内容格式、3D 信号的编解码和传送方式、3D 接收显示等多个产业环节。所以，推动 3D 显示产业需要多领域行业标准管理部门的协同努力。根据实现 3D 显示方法的不同，形成了种类繁多的 3D 显示技术。这些技术的融合与发展，需要产学研各领域工作者在推进产业发展的过程中，实现 3D 显示技术的标准化。

3D 显示的标准体系总体上可以按照基础类、产品类、测试类三类标准进行划分。其中，基础类标准包含术语、立体内容制作技术要求、传输编码等。产品类标准涵盖 3D 数字电视、3D 摄像机等 3D 设备的参数规格，以及包含 3D 眼镜的参数要求，显示设备的健康和安全要求等。测试类标准包含产品测试方法及 3D 电视画质主观评价和客观评价方法，以及 3D 眼镜测试方法。

本章参考文献

[1] Shannon C. A Mathematical Theory of Communication. The Bell System Technical[J]. 1948, 27: 379-423.

[2] Shannon C. The lattice theory of information[J]. Transactions of the Ire Professional Group on Information Theory, 2003, 1(1): 105-107.

[3] 马於光. OLED: 引领显示技术革命[J]. 科学通报, 2017, 35: 4089.

[4] Moore G E. Cramming more components onto integrated circuits[J]. Proceedings of the IEEE, 2002, 86(1): 82-85.

[5] 马群刚, 杨建飞, 李跃进, 等. 摩尔定律的思想潜力和极限[J]. 中国软科学, 2002, 9: 70-76.

[6] M. Mitchell Waldrop. The chips are down for Moore's law[J]. Nature, 2016, 530: 144-147.

[7] Helmut Tributsch. On the Fundamental Meaning of the Principle of Least Action and Consequences for a Dynamic Quantum Physics[J]. Journal of Modern Physics, 2016, 7: 365-374.

[8] Michał Zwierzyński. The improved isoperimetric inequality and the Wigner caustic of planar ovals[J]. Journal of Mathematical Analysis and Applications, 2016, 442: 726-739.

[9] 马群刚. TFT-LCD 原理与设计[M]. 北京：电子工业出版社, 2011.

[10] Jeevanjee, Nadir. An Introduction to Tensors and Group Theory for Physicists[M]. Birkhäuser Basel, Springer International Publishing Switzerland, 2015.

[11] Tamara G. Kolda, Brett W. Bader. Tensor Decompositions and Applications[J]. Society for Industrial and Applied Mathematics, 2009, 51(3): 455-500.

[12] T. G. Kolda, B. W. Bader. Tensor Decompositions and Applications[J]. SIAM Review, 2009, 51(3): 455-500.

[13] Qun Li, Dan Schonfeld. Multilinear Discriminant Analysis for Higher-Order Tensor Data Classification[J]. IEEE Transactions on Pattern Analysis and Machine Intelligence, 2014, 36(12): 2524-2537.

[14] Helmut Tributsch. On the Fundamental Meaning of the Principle of Least Action and Consequences for a "Dynamic" Quantum Physics[J]. Journal of Modern Physics, 2016, 7: 365-374.

[15] R.W. Hamming. Coding and information theory[M]. Upper Saddle River: Prentice-Hall, 1980.

[16] Yu D S. Planar directed geometry[M]. Beijing: Science Press, 2014.

[17] Schubert, E. Fred. Light-Emitting Diodes[M]. Cambridge, UK: Cambridge University Press, 2006.

[18] 马群刚. 非主动发光平板显示技术[M]. 北京：电子工业出版社, 2013.

[19] Charles Wheatstone. Contributions to the physiology of vision.—Part the First. On the some remarkable, and hitherto unobserved, phenomena of binocular vision[J]. Philosophical Transactions of the Royal Society of London, 2009, 128(6): 371-394.

[20] Rollmann W. Zwei neue stereoskopische Methoden[J]. Annalen Der Physik, 2010, 166(9): 186-187.

[21] John Anderton. Method by which pictures projected upon screens by magic lanterns are seen in relief[P]. Pat. no. 542, 321, 1895.

[22] F. E. Ives. Parallax Stereogram and Process for Making Same[P]. Pat. no. 725,567, 1903.

[23] M. G. Lippmann. Epreuves Reversibles Donnant la Sensation du Relief[J]. de Phys, 1908, 7: 821-825.

[24] A. P. Sokolov. Autostereoscopy and Integral Photography by Professor Lippmann's Method[M]. Moscow State Univ. Press, 1911.

[25] C. W. Kanolt. Photographic Method and Apparatus[P]. Pat. no.1, 260, 682, 1918.

[26] Gabor D. A new microscopic principle[J]. Nature, 1948, 161(4098): 777.

[27] T L Turner, R F Hellbaum. LC shutter glasses provide 3-D display for simulated flight[M]. Information Display archive, 1986, 2(9): 22-24.

[28] Downing E, Hesselink L, Ralston J, et al. A three-color, solid-state, three-dimensional display[J]. Science, 1996, 273: 1185-1189.

[29] Dekker T, Willemsen O H, Hiddink M G H, et al. 2D/3D switchable displays[C]. Society of Photo-optical Instrumentation Engineers Conference Series. SPIE, 2006: 61350K-61350K-11.

[30] John Schultz, Bret Haldin. Market Evolution and Demand for Optical Films[J]. Information Display, 2011, 1(11): 14-17.

[31] Gareth P. Bell, Robert Craig, Robert Paxton, et al. Beyond Flat Panels—Multi Layer Displays with Real Depth[J]. Journal of SID, 2008, 39(1): 352-355.

[32] Neil A. Dodgson. Optical devices: 3D without the glasses[J]. Nature, 2013, 495: 316-317.

[33] Jason Geng. Three-dimensional display technologies[J]. Adv Opt Photonics, 2013, 5(4): 456-535.

[34] 小池崇文. 4 次元光線再生方式ディスプレイに関する理論的検討とその応用[D]. 東京：東京大学, 2009.

[35] Häussler R, Gritsai Y, Zschau E, et al. Large real-time holographic 3D displays: enabling components and results[J]. Appl Opt, 2017, 56(13): F45.

[36] Stadler K L, Ruth J D, Pancotto T E, et al. Computed Tomography and Magnetic Resonance Imaging Are Equivalent in Mensuration and Similarly Inaccurate in Grade and Type Predictability of Canine Intracranial Gliomas.[J]. Frontiers in Veterinary Science, 2017, 4: 157.

[37] Cheng C C, Li C T, Chen L G. A 2D-to-3D conversion system using edge information[C]. International Conference on Consumer Electronics. IEEE, 2010: 377-378.

[38] W.-N. Lie, C.-Y. Chen, W.-C. Chen. 2D to 3D video conversion with key-frame depth propagation and trilateral filtering[J]. Electronics Letters, 2011, 47(5): 319-321.

[39] Chao-Chung Cheng, Chung-Te Li, Liang-Gee Chen. A novel 2D-to-3D conversion system using edge information[J]. IEEE Transactions on Consumer Electronics, 2010, 56(3): 1739-1745.

[40] Liang Zhang, Carlos Vázquez , Sebastian Knorr. 3D-TV Content Creation: Automatic 2D-to-3D Video Conversion[J]. IEEE Transactions on Broadcasting, 2011, 57(2): 372-383.

[41] Ezhov, Vasily. Optical layout of autostereoscopic display that simultaneously reproduces two views each with full-screen resolution[J]. Applied Optics, 2014, 53: 8449-8455.

[42] Kim Sung-Kyu, Yoon Ki-Hyuk, Yoon SeonKyu, et al. Parallax barrier engineering for image quality improvement in an autostereoscopic 3D display[J]. Optics Express, 2015, 23: 13230-13244.

[43] AtanasBoev, Robert Bregovic, AtanasGotchev. Visual-quality evaluation methodology for multiview displays[J]. Displays, 2012, 33: 103-112.

[44] Min-Chul Park, Sungchul Mun. Overview of Measurement Methods for Factors Affecting the Human Visual System in 3D Displays[J]. Journal of Display Technology, 2015, 11(11): 877-888.

[45] Oleeviya Joseph, Lavanya Kalikivayi, Sajeev Cherian Jacob, et al. Orthoptic parameters and asthenopic symptoms analysis after 3D viewing at varying distances[J]. International Eye Science, 2018, 5: 769-774.

[46] Jincheol Park, Heeseok Oh, Sanghoon Lee, et al. 3D Visual Discomfort Predictor: Analysis of Disparity and Neural Activity Statistics[J]. IEEE Transactions on Image Processing, 2015, 24(3): 1101-1114.

[47] 黒田章裕，前田秀一.過去，現在，次世代の 3D 表示技術[J].日本画像学会誌，2017, 56(4): 336-340.

[48] Manuel Martínez-Corral, Bahram Javidi. Fundamentals of 3D imaging and displays: a tutorial on integral imaging, light-field, and plenoptic systems[J]. Advances in Optics and Photonics, 2018, 10(3): 512-566.

[49] Wolfgang Osten, Ahmad Faridian, Peng Gao, et al. Recent advances in digital holography[J]. Applied Optics, 2014, 53(27): G44-G63.

[50] Bahram Javidi, Fumio Okano, Jung-Young Son. Three-Dimensional Imaging, Visualization, and Display[M]. New York: SpringerPress, 2014.

[51] Lingli Zhan, Minggao Li, Bin Xu, et al. Directional Backlight 3D Display System With Wide-Dynamic-Range View Zone, High Brightness and Switchable 2D/3D[J]. Journal of Display Technology, 2016, 12(12): : 1710-1714.

[52] 森本詔三，杉浦和浩，高沖英二. 3D ディスプレイの応用製品[J]. 光アライアンス, 2015, 26(4): 5-9.

[53] Makoto Mizukami, Seung-Il Cho, Kaori Watanabe, et al. Flexible Organic Light-Emitting Diode Displays Driven by Inkjet-Printed High-Mobility Organic Thin-Film Transistors[J]. IEEE Electron Device Letters, 2018, 39: 39-42.

[54] Chih-Lung Lin, Po-Syun Chen, Ming-Yang Deng, et al. UHD AMOLED Driving Scheme of Compensation Pixel and Gate Driver Circuits Achieving High-Speed Operation[J]. IEEE Journal of the Electron Devices Society, 2018, 6: 26-33.

[55] Pan Jiangyong, Huang Qianqian, Zhang Yuning, et al. Application of Solvent Modified PEDOT:PSS in All-Solution-Processed Inverted Quantum Dot Light-Emitting Diodes[J]. Journal of Display Technology, 2016, 12(10): 1157-1161.

[56] Ke Zhang, Deng Peng, Wing Cheung Chong, et al. Investigation of Photon-Generated Leakage Current for High-Performance Active Matrix Micro-LED Displays[J]. IEEE Transactions on Electron Devices, 2016, 63(12): 4832-4838.

[57] Kim Sung-Kyu, Yoon Ki-Hyuk, Yoon SeonKyu, et al. Parallax barrier engineering for image quality improvement in an autostereoscopic 3D display[J]. Optics Express, 2015, 23: 13230-13244.

[58] 佐藤甲癸. 3D ディスプレイ[J]. 画像電子学会誌, 2015, 44(2): 291-293.

[59] Tang C. W., Vanslyke S. A.. Organic electroluminescent diodes[J]. Applied Physics Letters, 1987, 51(12): 913.

[60] Ching W. Tang. Multilayer organic photovoltaic elements[P]. Eastman Kodak Company, US4164431, 1979.

[61] Peter H. Putman. Displays: From Fantasy to Reality in a Century[J]. SMPTE Motion Imaging Journal, 2016, 125: 85-89.

[62] T. Kamiya, K. Nomura, H. Hosono. Present status of In-Ga-Zn-O thin-film transistors[J]. Sci. Technol. Adv. Mater, 2010, 11: 1-23.

[63] Haruki Mizushina, Junya Nakamura, Yasuhiro Takaki, et al. Super multi - view 3D displays reduce conflict between accommodative and vergence responses[J]. Journal of SID, 2016, 24(12): 747-756.

[64] 伊達宗和. 3D 技術[J].映像情報メディア学会技術報告, 2014 ,38(28): 25-28.

[65] Hepeng Jia. Who will win the future of display technologies[J]. National Science Review, 2018, 5(3): 427-431.

[66] Joo-Tae Moon. State of the art technologies and future prospective in display industry[J]. 2012 International Electron Devices Meeting, 2012: 1.2.1-1.2.4.

[67] K. Suzuki. Past and future technologies of information displays[J]. IEEE International Electron Devices Meeting, 2005. IEDM Technical Digest. 2005: 16-21.

[68] S. Uchikoga. Future Trend of Flat Panel Displays and Comparison of its Driving Methods[J]. 2006 IEEE International Symposium on Power Semiconductor Devices and IC's, 2006: 1-5.

[69] Yoochae Chung, Chang-Hyeon Sung, Jin-Ho Kim, et al. Power-efficient drive circuit for plasma display panel[J]. Displays, 2014, 35(2): 66-73.

[70] Han-Ping D. Shieh. Reflective Display Technologies[J]. Encyclopedia of Modern Optics (Second Edition), 2018, 3: 79-85.

[71] Hiroyuki Ohshima.Mobile display technologies: Past, present and future[J]. 2014 IEEE Asian Solid-State Circuits Conference (A-SSCC), 2014: 1-4.

[72] Ouren X. Kuiper, Jelte E. Bos, Cyriel Diels. Looking forward: In-vehicle auxiliary display positioning affects carsickness[J]. Applied Ergonomics, 2018, 68: 169-175.

[73] Jung-Young Son, Hyoung Lee, Beom-Ryeol Lee, et al. Holographic and Light-Field Imaging as Future 3-D Displays[J]. Proceedings of the IEEE, 2017, 105(5): 789-804.

[74] Jesse R. Manders, Lei Qian, Alexandre Titov, et al. Next-Generation Display Technology: Quantum-Dot LEDs[J]. Journal of SID, 2015, 46(1): 73-75.

[75] Y. Choi, W. Szpankowski. Compression of Graphical Structures: Fundamental Limits and Algorithms and Experiment[J]. IEEE Trans. Information Theory, 2012, 58: 620-638.

[76] Erik P. DeBenedictis, Mustafa Badaroglu, An Chen, et al. Sustaining Moore's law with 3D chips[J]. Computer, 2017, 50: 69-73.

[77] M. C. Stone. Representing colors as three numbers [J]. IEEE Computer Graphics and Applications, 2005, 25(4): 78-85.

[78] Kaziev, I. A., Rumyantsev, P. A., Sauta, O. I., et al. Estimating the contrast in metric color space with luminance, saturation, and hue coordinates[J]. Journal of Optical

Technology, 2015, 82(9): 629-633.

[79] Seo C T , Kang S W, Cho M. Three-dimensional free view reconstruction in axially distributed image sensing[J]. Chinese Optics Letters, 2017(8):44-47.

[80] Brues A M. A genetic analysis of human eye color[J]. American Journal of Physical Anthropology, 2010, 4(1):1-36.

[81] Curcio C A, Allen K A. Topography of ganglion cells in human retina.[J]. Journal of Comparative Neurology, 2010, 300(1):5-25.

[82] Jeon S, Lee W K, Lee K, et al. Diminished ciliary muscle movement on accommodation in myopia[J]. Experimental Eye Research, 2012, 105(9):9-14.

[83] Allen P M, Charman W N, Radhakrishnan H. Changes in dynamics of accommodation after accommodative facility training in myopes and emmetropes[J]. Vision Research, 2010, 50(10):947-955.

[84] Qungang Ma. Development Regularity of Display Technology Based on Display Information Quantity[C]. The 14th China Electronic Information Technology Conference, Hefei, China, 20-21, April, 2019.

[85] Ishinabe Takahiro, Kawakami Tohru, Uchida Tatsuo, et al. Floating Autostereoscopic 3D Display with Variable Viewing Area for Multi-View Teleconference System[J]. IEEE Transactions on Electronics Information & Systems, 2014, 134(10):1423-1428.

[86] 野地保, 有野真史周藤安造. 3D画像支援のP2P型医療連携アーキテクチャの構築と評価[J]. Medical Imaging Technology, 2010, 28(4):264-270.

[87] Okada T, Marius G L, Hori M, et al. Abdominal multi-organ segmentation of 3D CT images based on hierarchical statistical modeling of spatial interrelations among organs: Performance evaluation based on exhaustive analysis of spatial interrelations[J]. 電子情報通信学会技術研究報告. mi, 医用画像, 2012, 111:197-201.

[88] Yu X B, Sang X Z, Chen D, et al. Autostereoscopic three-dimensional display with high dense views and the narrow structure pitch[J]. Chinese Optics Letters, 2014, 12(6):30-33.

第2章

立体视觉与 3D 显示

人眼视觉是立体的，立体视觉可以用来判断观看对象的空间状态，是 3D 显示的基础。3D 显示的技术类别繁多，基本原理都是利用人的左右眼分别接收不同图像，经过大脑对视差图像的处理，最后形成一幅具有立体感的图像。

2.1 人眼的视觉功能

视觉是人类从外部世界获取信息的主要方式，人的左右双眼结构是 3D 成像的物质基础，各种心理和生理深度线索造就了不同的立体视觉。其中，双目视差是立体视觉的主要来源。

2.1.1 人眼视觉系统

眼睛、视神经和视觉中枢组成的视觉系统，是人类获得立体视觉的物质保证。人眼成像与凸透镜成像相似，是物体的反射光通过晶状体折射成像于视网膜上（倒立的实像），再经过视神经和视觉中枢（大脑皮层）的调整及生活经验的补正，使人眼看到真实的物体。

1. 人眼视觉与成像

图 2-1 给出了人眼的基本结构，由前房、虹膜、后房和玻璃体共同包围的晶状体，可以在肌肉的作用下改变厚度，调整焦距，使被注视物体的像落在视网膜的表面，保证成像最清晰。视网膜由视锐度极为敏锐的中央凹区、视锐度略差的黄斑区及只对运动图像敏感的周边区构成，相当于照相机里的感光底片，作用是将光信号变换、滤波和编码，形成神经系统的内部表达信号，并传给视觉神经和中枢神经系统。晶状体前面是虹膜，中央是瞳孔，瞳

孔可以张大或缩小，起到类似照相机光圈的作用。玻璃体对光线有一定汇聚作用，可以辅助成像。

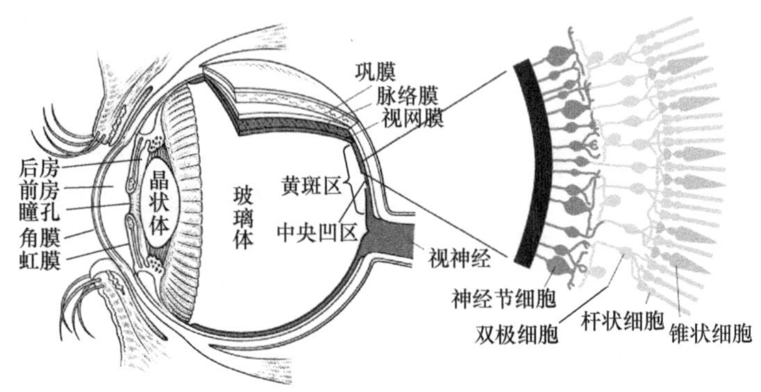

图 2-1　人眼的基本结构

人眼的感光细胞包括锥状细胞和杆状细胞，都分布在视网膜上，如图 2-1 所示。人眼的感光细胞密度约为 200 000 个/mm^2。一只眼睛的杆状细胞将近 1 亿个，锥状细胞只有 500 万～700 万个。杆状细胞对光线的敏感度很高，微量的光就能感应到，这种感光机制称为暗视。不过，杆状细胞不能够分辨颜色。锥状细胞的感光能力比杆状细胞至少弱 4 个量级，需要在明亮一点的环境才会受到刺激，这种感光机制称为明视。

人眼的眼球结构决定了人眼具有两类调节功能：视度调节和瞳孔调节，使单只眼睛能够获取立体信息。视度调节是指人眼自动调节晶状体的焦距，使某一距离内的物体都能清晰地成像于视网膜上。瞳孔调节是指人眼（虹膜）自动调节瞳孔的大小，控制眼睛的进光量，适应周围环境不同亮暗程度。瞳孔除可以调整眼睛的进光量外，还可以改变视野的景深。如图 2-2 所示，在瞳孔直径扩散到 4mm 时，注视无穷远处，景深范围从眼前 3.5m 左右延伸至无穷远处；注视 1m 处，景深范围为 0.8～1.4m。当光线亮度增大，瞳孔直径缩小为 2 mm 时，注视无穷远处，景深范围从眼前 2.3m 左右延伸至无穷远处；注视 1m 处，景深范围为 0.7～1.8m。

瞳孔直径的大小相差 5.6 倍，但进入眼睛的光线相差 30 多倍。眼睛感受亮度的范围，从最亮到最暗的可感受亮度差异可达 10^{13} 倍。在黑暗中逗留 1min 后，眼睛对光的敏感度会提高 10 倍，逗留 20min 后，敏感度会增加为 6000 倍，逗留 40min 后，敏感度会增加为接近极限的 25 000 倍。视觉敏感度与感光细胞的敏感度、感光细胞的数量、感光细胞的密度等密切相关。

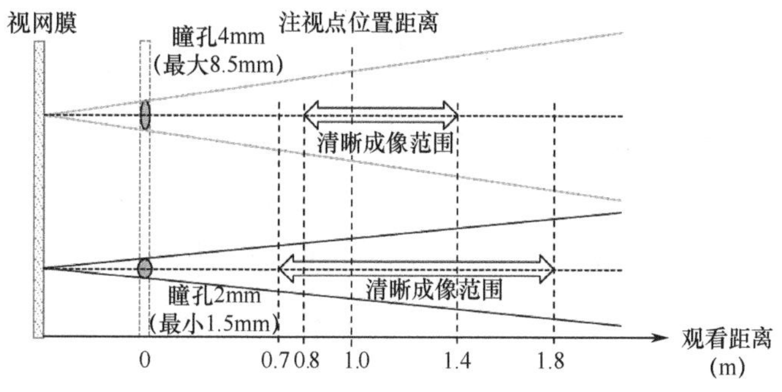

图 2-2　眼睛的景深适应能力

2. 视觉系统与立体视觉

人类的视觉系统是脑神经中枢的重要组成部分。大脑视觉皮层区域通过检测投影在双眼视网膜上二维图像间的细微差别和图像特征等深度相关信息，进行三维数据重建，获得深度认知，最后合成立体视觉。

人类视觉系统架构如图 2-3 所示。在人类的视神经中，只有来自鼻翼的那部分交叉工作，其他部分不交叉，形成了半交叉现象。每只眼睛所看到的视觉信号都会分别送到左右大脑的基本视觉皮质区，来自双眼的不重叠信息最后在基本视觉皮质区汇聚，形成双目视差。在基本视觉皮质区形成的双目视差，将转化为神经冲动传入大脑，经过大脑皮层的分析、综合活动，产生深度知觉，最后合成立体视觉。

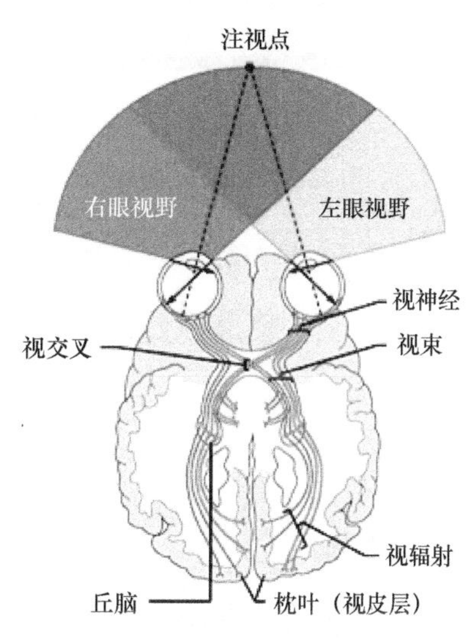

图 2-3　人类视觉系统架构

人类双眼的平均瞳距在 65mm 左右，在观察客观世界的景物（视标）时，双眼会从稍微不同的两个角度去观察。与观察者不同距离的景物会在左右双眼的视网膜上形成位置稍有不同的两个视像，形成双目视差或立体视差。双目视差反映了客观景物的深度，经过大脑加工后可以形成深度知觉。

左右双眼的全视野范围如图 2-4（a）所示：单眼瞬间视角上下约 120°，左右约 150°；双眼视角上下约 120°，左右约 200°；左右双眼除在鼻子一侧的视野中央重叠约 100° 外，还各自存在 40° 左右的独立视野区域。如

图 2-4（b）所示，人单眼的水平视角最大可达 156°，双眼的水平视角最大可达 188°。双眼重合视域为 124°，单眼舒适视域为 60°。人眼观看到的是一个超过 180° 鱼眼镜头的 188° 环形平面，其中只有重合视角内观看到的物体界面超过了 180°，从而形成立体感。对单眼而言，只有舒适视角 60° 范围内的物体才能聚焦看清楚，剩余的 96° 视角范围俗称“余光”，属于无法看清楚的不敏感范围。

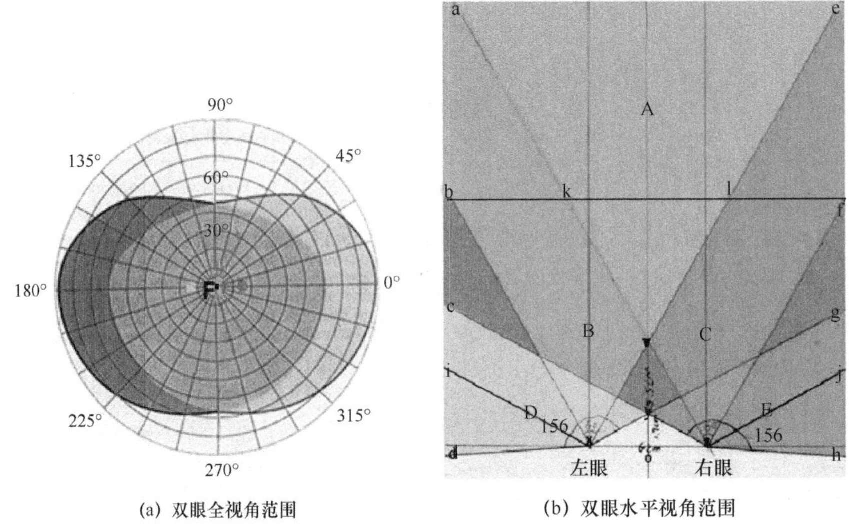

(a) 双眼全视角范围　　(b) 双眼水平视角范围

图 2-4　左右双眼的视野范围

2.1.2　单眼视觉功能

人眼的视觉功能包括光觉、色觉、形觉、动觉和对比觉等。单眼视觉功能是人眼最基本的视觉功能。

1. 光觉

光觉也叫明暗视觉。光线充足时的明视觉，亮度感觉范围在 $3cd/m^2$ 以上，视觉由锥状细胞起作用，对波长 555nm 左右的黄绿光最敏感。暗视觉的亮度感觉范围在 $3\times10^{-5}cd/m^2$ 以下，视觉由杆状细胞起作用，对波长 507nm 左右的蓝绿光最敏感。中间视觉的视场亮度介于明、暗视觉响应之间，视觉响应逐渐由锥状细胞转向杆状细胞起作用。杆状细胞对光的敏感度是锥状细胞的 10 000 倍，但分辨率比较低，而且不能分辨颜色。

人眼的主观亮度感觉并非取决于绝对亮度（光通量）变化，而是取决于相对亮度变化。主观亮度感觉 S 与周围环境有关，在适应某平均亮度后，感觉亮度的对比度不变。主观亮度感觉 S 和亮度 B 的对数呈图 2-5 所示的线性关系，可以用式（2-1）表示：

$$S=K\lg B+K_0 \tag{2-1}$$

式中，K 和 K_0 为常数。在不同的亮度 B 下，人眼能觉察的最小亮度变化 $\Delta B_{\min}$ 并非定值。B 大，$\Delta B_{\min}$ 也大；B 小，$\Delta B_{\min}$ 也小，但对比度灵敏度阈 $\Delta B_{\min}/B$ 大致相同，比值一般为 0.005～0.05。一幅图像只要和原场景的对比度及灰阶相同，就能给人以真实的感觉，实现人眼亮度分辨的重现。

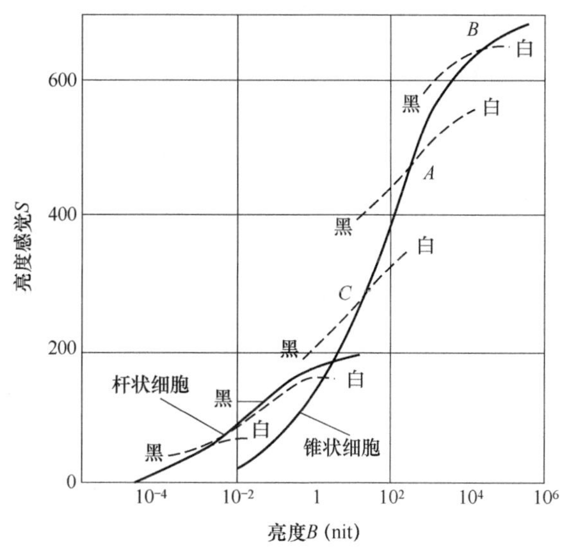

图 2-5　主观亮度感觉和亮度关系

光线照在物体表面的光照度与物体表面到光源的距离成反比，物体表面离光源越近的部分越亮。这种亮度的分布可以使物体产生深度和形状线索：明亮和高光部分突出，离观察者较近；黑暗阴影仿佛后退，离观察者较远。运用明暗色调，把远的部分画得灰暗些，把近的部分画得鲜明些，使之产生明暗对比，可以形成远近的立体感。

2．色觉

色觉也叫彩色视觉，是一种明视觉，可以用亮度、色调和饱和度三个量来描述。亮度是对彩色光所引起的人眼对明亮程度的感觉。色调是视觉系统对一个区域呈现的颜色的感觉，取决于可见光谱中的光波的频率。饱和度是指颜色的纯洁性，用来区别颜色明暗的程度。

彩色视觉的载体是锥状细胞，锥状细胞有三种，分别对红光、绿光、蓝光敏感。如图 2-6 所示，红绿蓝三条曲线叠加便是明视觉视敏曲线。人眼对蓝光的灵敏度远远低于对红光和绿光的灵敏度，人眼对波长为 555nm 左右的黄绿色最为敏感。假定进入人眼的光线光谱分布为 $\Phi_e(\lambda)$，由光敏特性曲线为 $V_R(\lambda)$、$V_G(\lambda)$和 $V_B(\lambda)$的红绿蓝锥状细胞 L、M、S 分别捕获后，分别输出亮度为

$$\begin{cases} \Phi_R = \int_{380}^{780} \Phi_e(\lambda) V_R(\lambda) \mathrm{d}\lambda \\ \Phi_G = \int_{380}^{780} \Phi_e(\lambda) V_G(\lambda) \mathrm{d}\lambda \\ \Phi_B = \int_{380}^{780} \Phi_e(\lambda) V_B(\lambda) \mathrm{d}\lambda \end{cases} \tag{2-2}$$

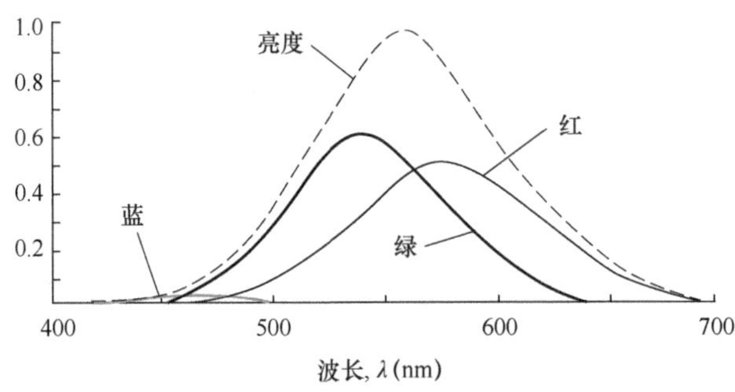

图 2-6　三种锥状细胞的相对视敏函数曲线

由于眼球中的玻璃体等结构对不同波长的光产生的折射角不同，因此即使是同样大小和形状的物体，如果颜色不同，也会给人以不同距离的感觉。较亮的颜色给人的感觉要比较暗的颜色近。亮度相同的颜色，波长较长的光线给人近的感觉。长波长的颜色看起来近，称前进色；短波长的颜色看起来远，称后退色。

3. 形觉

影响形觉的一个重要因素是人眼的视力。视力可分为表示可认清物体形状能力的“中心视力”；表示视网膜周边部分所能感受到的范围的“周边视力”；表示在暗处能辨别物体形状能力的“夜视力”；表示辨别物体大小、远近和空间立体形象的能力的“主体视力”；表示辨别颜色能力的“色视力”。

视力体现了人眼晶状体自动变焦的能力，与有效视角、分辨力、观视位置及心理因素等有关。

人眼刚好能将被观察物体上最近两点分开的视角称为眼睛的极限分辨角或临界视角，记为 θ。视力或人眼的分辨率就是 $1/\theta$。如果被观察物体上能被分开的最近两点的像分别落在被分隔开的两个视网膜细胞上，即得到两个点的视觉。这样，眼睛的分辨率与视网膜上两个像点的距离及视觉细胞的直径大小有关。当两像点的间距不小于视觉细胞的直径时，就认为眼睛可以分辨。一般，在良好的照明条件下，具有正常视力的人眼极限分辨角 $\theta=1'$。若视力下降，则临界视角值增大。当照度太强、太弱或当背景亮度太强，以及视觉目标运动速度加快时，视力下降。

人眼对彩色细节的分辨率比对亮度细节的分辨率要差。

4．动觉

动觉主要是指时间视觉，涉及人眼的视觉惰性与视觉暂留。时间视觉是形成某些体 3D 显示的物质基础。如图 2-7（a）所示，在 t_1 时刻出现实际亮度为 B_0 的光刺激，人眼的亮度感觉 S 要过 0.01～0.1s 才能达到响应的最大值 B_m。并且在 t_2 时刻，实际亮度 B_0 的光刺激消失，人眼的亮度感觉 S 并没有立即消失，仍能继续保留 0.1～0.4s。在不同亮度条件下，亮度感觉随时间的变化如图 2-7（b）所示。

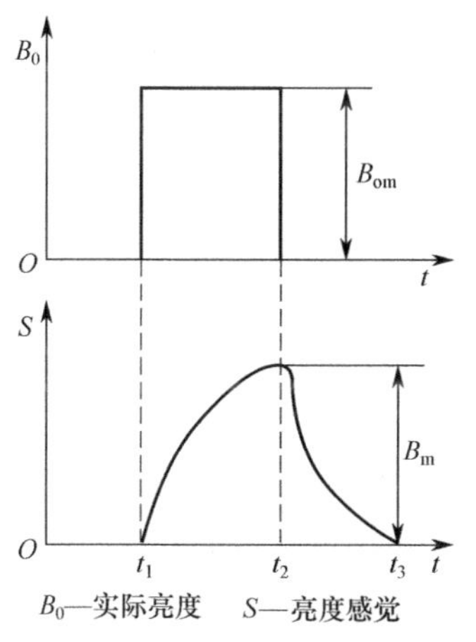

（a）实际亮度与感觉亮度

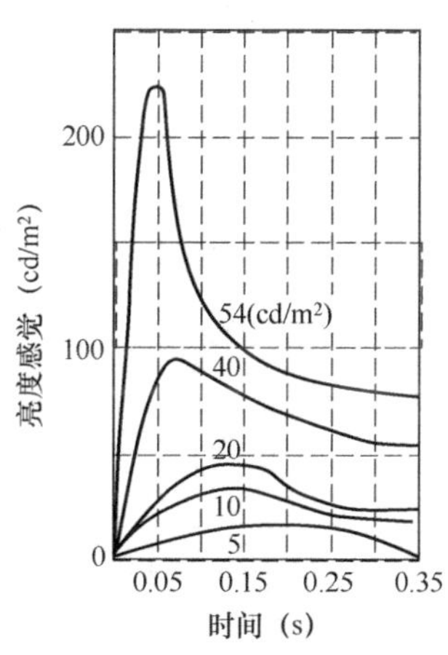

（b）不同亮度条件下亮度感觉随时间的变化

图 2-7　视觉暂留效应示意图

在视觉惰性与视觉暂留的基础上，时间视觉存在一个时间频率响应特性。刚好不引起闪烁感觉的最低频率称为临界闪烁频率，在 46Hz 左右。刷新频率越高，影像越稳定。在临界闪烁频率以上的光脉冲，人眼已经无法觉察到前后光脉冲的存在，主观感觉的亮度等于光脉冲亮度的平均值。

动觉还包括眼球运动。人眼视觉功能的实现往往伴随眼球的运动，注视、跳动和追随运动是眼球运动的三种基本形式。眼睛对准对象的动作叫作注视，根据景物的远近不同，眼睛的睫状肌会调节晶状体的屈度（扁平或凸起），保证被观察的对象在视网膜上清晰成像。为了实现和维持对物体的注视，眼睛必须进行另外两种运动：眼球的跳动和眼球的追随运动。这几种眼球活动最终都是为了保证对物体的清晰视觉。

2.1.3 双眼视觉功能

人的基本视觉功能用单眼视觉即可实现，准确感知三维世界则需要双眼视觉。双眼视觉是指左右双眼同时看到的有轻微位置差异的物像，经大脑加工成有三维空间深度感的单一物像的过程。这个过程含三级双眼视觉功能，等级由低到高依次为同时视、融合和立体视。

1. 同时视

同时视也叫同时知觉，又称黄斑同时知觉，指左右双眼的黄斑中心凹和黄斑外对应的视网膜成分有共同的视觉方向，双眼具有同时注视并感知物体的能力。同时视是 I 级即最初级的双眼视觉功能。

没有同时视就没有融合功能和立体视觉。如果双眼视功能正常，不仅两眼可同时看见同一物体，而且每只眼睛所接收的物像都恰好落在视网膜黄斑区，传入大脑后被感觉成一个物像。可以用同视机检查左右双眼是否对图 2-8 所示的物像有同时接收的能力：左眼看笼子，右眼看猫，推动镜筒，正常的同时视就能看到猫被关进笼子里。

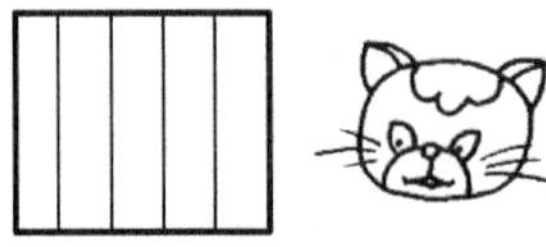

(a) 同视机图片

(b) 重合效果

图 2-8 检查同时视的图片与效果

2. 融合

融合为Ⅱ级双眼视觉功能，在眼肌学上包含知觉融合与运动融合两种含义。

知觉融合是在同时视的基础上，大脑视中枢综合来自左右双眼两个视网膜对应点上的物像，融合成一个完整图像的功能。双眼视网膜对同一个物体的图像必须在大小、形状、明暗方面一致或接近一致。用同视机检查左右眼能将大部分相同、小部分不同的两幅图像融合为一个图像。如图 2-9 所示，检查融合的图片为进入左眼的长尾猫图像与进入右眼的无尾猫图像，融合后形成一幅长尾猫抓老鼠的图像。

(a) 同视机图片　　(b) 融合效果

图 2-9　检查融合的图片与效果

知觉融合的范围和界限以视网膜对应关系和 Panum 氏空间的存在为基础。如图 2-10 所示，固视点（注视点）与双眼结点围成的圆称为视界圆，视界圆上每一点对应的物体，都在双眼视网膜对应点结像，不会形成复视，但所得的图像只是平面感觉。实际上，在左右双眼视网膜上所结的像，即使没有落在视网膜对应点上，只要不偏离黄斑中心的 Panum 区，也不会形成复视。因为左右双眼具有一定范围的融合功能。在视界圆圆周内外有限距离处的物体非但不呈复视，这种轻微差异反而是形成立体感的生理基础。如图 2-11 所示，对应 Panum 区的 Panum 融像空间，不会出现复视的物点离视界圆的距离在双眼的正前方最小，越往周边则越宽。在 Panum 融像空间内的物体可以形成双眼视。

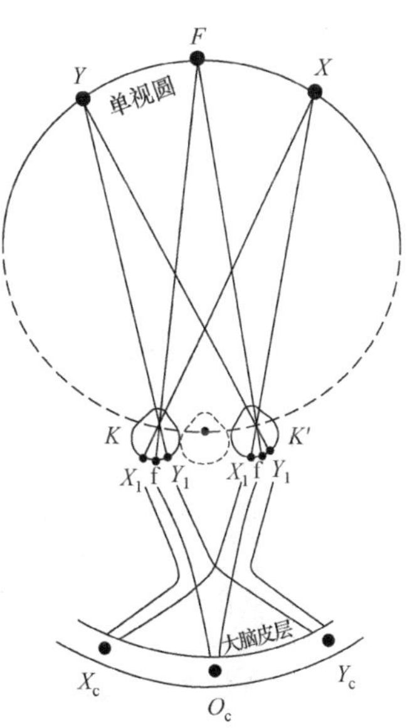

图 2-10　双眼单视圆

运动融合是两眼视网膜物像间的一种定位性眼球运动，使偏离对应点的物像重新回到对应点上来；是一种通过大脑高级中枢所引起的反射性眼球运动，条件性刺激是落于视网膜

非对应点上的两个物像。视功能检查中所测定的融合力基本上是指运动融合，但两者并非截然分开，因为没有矫正性融合反射的存在，知觉融合只能是一瞬间的活动而不能持续不断地保持双眼视觉。

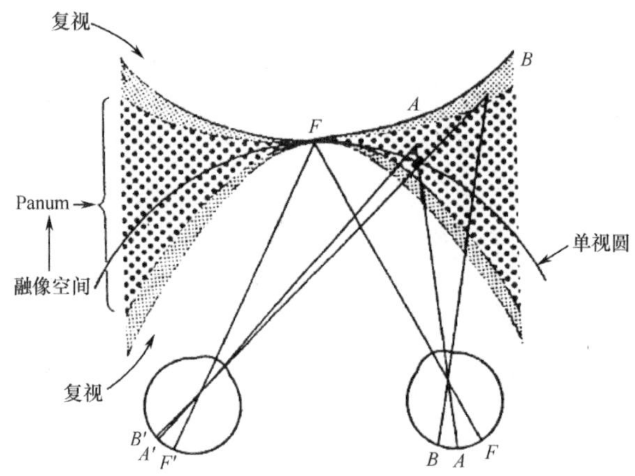

图 2-11 Panum 融像空间

3. 立体视

立体视又称立体视觉或深度觉，是Ⅲ级双眼视觉功能，是在同时视和融合的基础上，建立的具有分辨物体远近、宽窄、前后、高低、深浅和凹凸等三维空间的最高级的双眼视觉功能。立体视是由视界圆内外的物体在视网膜上的轻度水平分离物像而形成的，即 Panum 区的存在是形成立体视的基础。

要产生立体视，知觉上要求视觉知觉正常或相似的两眼可以同时用黄斑注视一个物体；运动上要求两眼可以协调一致，保持注视同一个物体；中枢上要求两眼视野的重叠部分必须够大，可以使同一个物体落在左右眼的视野当中。而且大脑发育正常，具有正常的视觉知觉反射，可以使眼球运动，从而保持正常融合能力，产生立体视。检查立体视的图片与效果如图 2-12 所示，通过偏振眼镜看到左右眼视差图像后能感知苍蝇翅膀浮起。

(a) 左眼视差图像

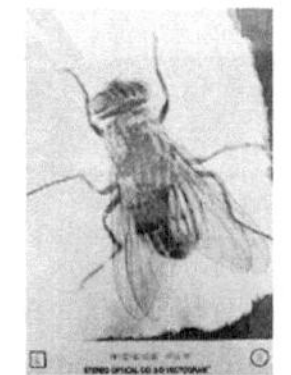

(b) 双眼视觉效果

(c) 右眼视差图像

图 2-12 检查立体视的图片与效果

形成立体视的主要原因是同一被视物体在左右两眼视网膜上的像并不完全相同，左眼从左方看到物体的左侧面较多，而右眼则从右方看到物体的右侧面较多。来自左右眼的图像信息经过视觉高级中枢处理后，产生一个有立体感的物体形象。在单眼视物时产生的立体感觉，主要通过焦点调节和单眼运动获得，与生活经验、物体表面的阴影等也有关。但是，良好的立体视只有在双眼观察时才有可能实现。

2.2　深度线索

形成视觉空间知觉（视空间知觉）需要获取立体感和远近感，即深度知觉。深度知觉是对同一物体的凹凸或对不同物体的远近的反映。不同的深度提取原理形成不同的深度线索，包括心理深度线索、运动深度线索、立体深度线索、生理深度线索等。

2.2.1　心理深度线索

视空间知觉的获得是双眼协调并用的结果，但在很多时候使用单眼仍然可以获得准确的空间知觉，因为通过人的心理作用可以在平面图像上形成深度线索，提取 3D 信息。绝大部分心理深度线索的提取，需要事先对所观察物体有一定的了解。心理深度线索又叫单像深度线索或单眼深度线索。

1. 基于光觉的心理深度线索

基于光觉的心理深度线索包括遮挡、阴影与高光、影子等。

遮挡是指两个或多个物体在同一平面上，其中一个物体的一部分被另一个物体所遮盖，形成的重叠现象。由遮挡或重叠所构成的画面就可以使人产生深度知觉。被遮盖的地方看起来距离较远，全部显露出来的地方看起来距离较近。

投射阴影与反射高光是指人眼的光觉功能通过分析物体表面的光强程度，感知物体的体积、质感和形状。如图 2-13（a）所示，通过阴影与高光的明暗对比，可以感知物体的凹凸感（立体感）。如图 2-13（b）所示，物体投射阴影一面离光源较远，相对较暗，从阴影的后退程度可以提取深度线索。物体反射高光一面离光源较近，相对较亮，从高光，特别是光泽物体的高光突出程度可以提取深度线索。

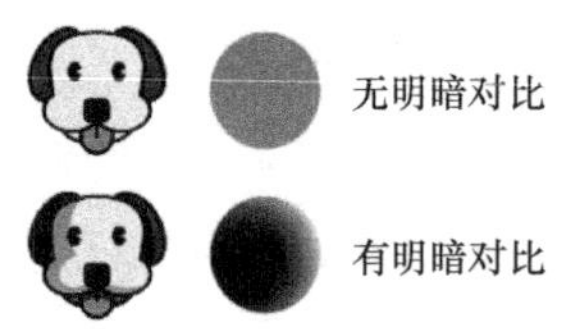

(a) 根据明暗对比提取物体的凹凸感

(b) 根据阴影方向提取距离感和空间位置

图 2-13　阴影与高光

影子的深度线索与阴影几乎一样。通过辨认被光照物体生成的影子，能感受到那个物体的空间位置。如图 2-14 所示，由于影子的存在，右图的花瓶位置比左图的花瓶感觉更靠近观看者。

2. 基于色觉的心理深度线索

人眼的色觉功能使同样大小、同样形状的物体在不同颜色的渲染下会给人以不同距离的感觉：亮度较高的物体给人的感觉要比亮度较低的物体近；亮度相同的颜色，波长较长的光线给人近的感觉；暖色调的物体给人的感觉要比冷色调的物体近。

空气透视是典型的基于色觉的心理深度线索。空气透视是指空气中的微粒对光的散射与吸收使景物的对比度随着距离的增大而下降，导致远处物体在细节、形状和色彩上发生衰变，使人有一种强烈的深度感。由于空气的介质作用，使远处的物体不如近处的物体清晰，所以空气透视也叫空气模糊。如果是水汽扩散形成的空气透视，因为短波长的蓝色光更容易穿透空气抵达视网膜，所以远处的物体颜色一般偏蓝色。如果是灰尘、硫酸、硝酸等污染物形成的空气透视，由于这些污染物在削弱能见度的同时更容易散射波长较长的光，所以远处的物体颜色一般偏灰色或棕色。如图 2-15 所示，通过远景偏灰色、偏蓝色，从而可以判断物体的远近距离。

图 2-14　影子

图 2-15　空气透视

3. 基于形觉的心理深度线索

基于形觉的心理深度线索包括相对大小、纹理梯度、视界高度、线性透视等。

被观察对象的相对大小也叫视网膜像大小，是在确知对象物体大小的前提下，因为物体在视网膜上的成像与距离、几何尺寸等有直接关系，所以距离越近的物体在视网膜上成的像越大，距离越远的物体在视网膜上成的像越小。例如，看到图片上大象和人一样大时，就会认为大象距离观察者更远，因为大象要比人大很多。这种小的物体距离远，大的物体距离近的视觉现象，称为透视现象。

纹理梯度又称质地梯度或结构梯度，指在某个维度上某种物体的递增或递减，相应地表现为物体在视网膜上的投影大小及投影密度上的递增和递减。如图 2-16 所示，站在一条砖块铺的路上观察远处，随着距离的增加产生近处稀疏和远处密集的纹理梯度，由于在视网膜上的远处部分每一单位面积上的砖块影像的数量较多，所以越远的砖块显得越小，于是产生了向远方伸延的距离知觉。

视界高度指受地球重力支配，在视界上方看到的是远景，在视界下方看到的是近景。如图 2-17 所示，根据这个经验，可以判断视界内物体的远近距离。

图 2-16　纹理梯度

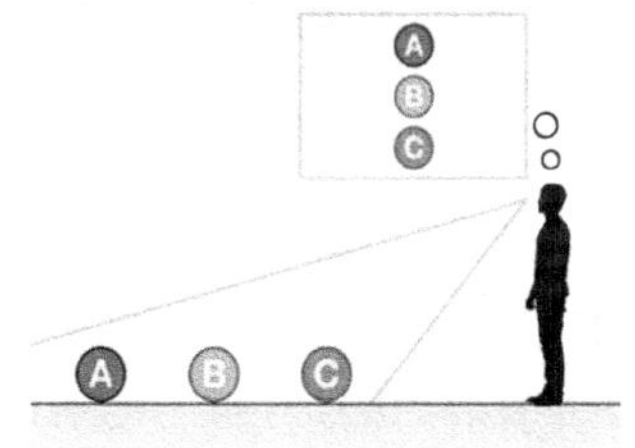

图 2-17　视界高度

线性透视指平面上刺激物本身在面积的大小、线条的长短及线条之间距离远近等特征上，所显示出的能引起深度知觉的线索。同样大小的物体，近大远小。观察景物时，景物的轮廓线条或许多物体纵向排列形成的线条，越远越集中，甚至会聚。这样一组线称为消失线，消失线的会聚点称为消失点（或灭点）。现实环境中的典型消失线为地平线，离地平线越近，物体越远。同样，图像中的物体离消失点越近，感知深度越大，反之越小。如图 2-18

所示，根据消失点数目的不同，线性透视分为一点透视、两点透视和三点透视三种。一点透视看到物体的正面，两点透视看到物体两个以上的面并且面的两侧垂直，三点透视看到物体两个以上的面并且面的两侧不垂直。

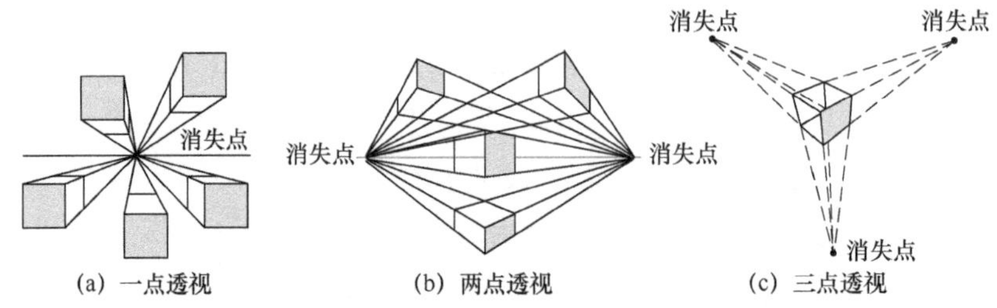

图 2-18 线性透视

在欧几里得（或称笛卡儿）空间永远都不会相交的两条平行线，在投影空间会相交于无限远处，如两条铁轨在地平线处看起来相交于一点。在计算机图形学中，将 3D 场景投影到 2D 平面需要采用齐次坐标。如式（2-3）所示，2D 齐次坐标（x, y, w）中的新分量 w=0 时，对应笛卡儿坐标点（X，Y）移到无限远处。

$$(x,y,w) \Leftrightarrow \left(\frac{x}{w},\frac{y}{w}\right),\ X = x/w,\ Y = y/w \tag{2-3}$$

2.2.2 运动深度线索

运动的物体同时揭示了物体的速度、方向、空间位置。通过运动可以创建影像物体或影像场景的三维模型。因为运动是相对的，根据观察者与物体之间的关系，运动深度线索分为人动而物体不动的视点运动视差、物体动而人不动的物体运动视差及物体相对运动速度。运动视差提取的深度线索比心理深度线索更可靠，因为伪造运动视差的难度很大。

1. 视点运动视差

在无法清晰判断前方多个物体之间的具体深度关系时，人会习惯性地左右移动头部来确定这些物体在场景中的具体位置关系。头部移动引起眼睛移动的视点运动，使头部移动前后在视网膜上接收到的图像存在差异，形成视点运动视差。从行驶的车窗向外看到远近物体的运动，就属于视点运动视差。

头部移动前后获得的两幅图中，同一对象的两个位置的间距就是视差。视差可以用运动矢量表示，矢量的大小与方向通常用于描述所观察物体离开

观察者的深度距离。近处的物体视角大，在视网膜上运动的范围大。远处的物体视角小，在视网膜上运动的范围小。

如图 2-19 所示，观看单个静止对象 A 时，设定头部移动距离为 M，观察对象 A 的运动视差就是头部位置 H_1 和 H_2 在水平方向上的距离。因为观看距离 D 远大于头部移动距离 M，所以角度 θ_A（绝对运动视差）可以表示为

$$\theta_A = \theta_1 + \theta_2 \cong \frac{M}{D} \tag{2-4}$$

根据式（2-4），如果 M 已知，则视觉系统利用绝对运动视差 θ_A，可以估算出距离 D。

如图 2-20 所示，当被观察对象 A 后面还有一个对象 B，到观察者之间的距离为 $D+d$ 时，根据式（2-4）可以求得对象 B 的绝对运动视差 θ_B。对象 A 和 B 的相对运动视差 Ω 为

$$\Omega = \theta_A - \theta_B \cong \frac{M}{D} - \frac{M}{D+d} \cong \frac{Md}{D^2} \tag{2-5}$$

根据式（2-5），有

$$d \cong \frac{\Omega}{M} D^2 \tag{2-6}$$

根据式（2-6），已知相对运动视差 Ω、头部移动距离 M、对象距离 D，可以计算出两个被观察对象的进深 d。如果头部移动距离和运动视差的比值一定，则进深 d 与绝对距离 D 的平方成正比。

2. 物体运动视差

运动物体在不同的时间点上，离观察者的距离不同，呈现的图像信息不同，从而形成不同的视差信息，可以形成立体视觉。物体运动视差提供连续知觉，形成立体视觉所需的信息，所以称为时间轴上的立体视，即时间积分立体视。

通过观察运动物体的运动速度，可以大致判断运动物体的距离。从跑道中央观察飞机的起飞过程，可以看到飞机不断地加速，过了观察点上方速度就降了下来，之后离观察点越远，速度越慢，直到有停止的感觉。在高空飞翔的飞机，如果没有云层的参照，好像停在天空中。所以，运动物体离观察者越远，看起来运动速度越慢。

如图 2-21 所示，设定对象 A 到观察者之间的距离为 D，对象 A 仅移动距离 m，运动的结果是对象 A 在运动方向上变化角度 θ_A。这个绝对的物体运动视差 θ_A 可以表示为

$$\theta_A \cong \frac{m}{D} \tag{2-7}$$

式（2-7）和式（2-4）在计算深度距离 D 的原理是一样的。

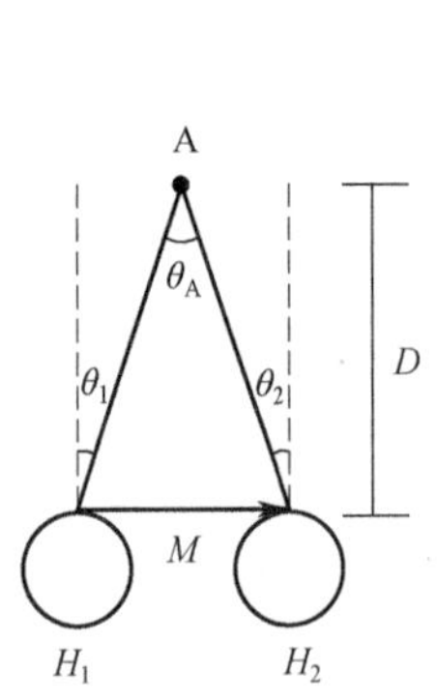

图 2-19　观看单个物体的视点运动视差

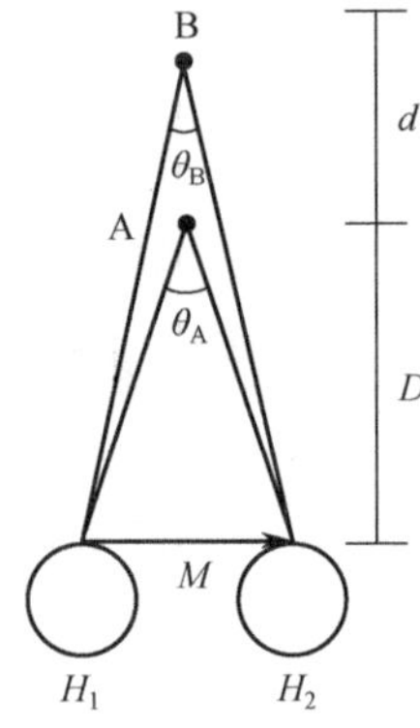

图 2-20　观看多个物体的视点运动视差

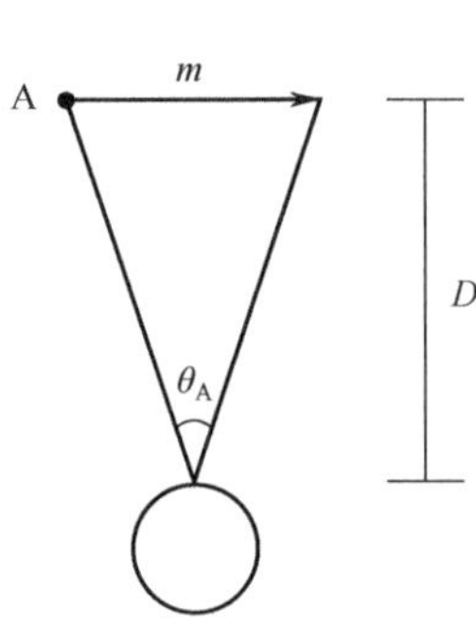

图 2-21　物体运动视差

3．物体相对运动速度

远近不同的物体产生在不同速度下的像，在人脑意识中表现为：近处物体移动得快，远处物体移动得慢。所以，当不同的物体同时运动时，可以从远近物体的运动矢量中提取对应的深度线索。

如图 2-22 所示，两个被观察物体 A 和 B，B 在 A 后面，与观察者之间的距离为 $D+d$，A 和 B 之间的相对运动视差 ω 为

$$\omega = \theta_A - \theta_B \cong \frac{md}{D^2} \tag{2-8}$$

整理式（2-8）可得

$$d \cong \frac{\omega}{m} D^2 \tag{2-9}$$

根据式（2-9），已知运动视差 ω、对象运动距离 m、对象距离 D，可以求出对象进深 d。如果对象运动距离 m 和运动视差 ω 的比值一定，对象进深 d 与距离 D 的平方成正比。此外，如式（2-10）所示，对象进深 d 也可以用对象 A 和 B 的绝对运动视差 θ_A 和 θ_B 表示。

$$d \cong \frac{D(\theta_A - \theta_B)}{\theta_B} \tag{2-10}$$

如果被观察的多个物体运动速度不同，当参照物体的运动速度知道后，另一个物体的相对运动速度就是一个单像深度线索。影视拍摄也常模拟这种

运动视差来营造一种纵深效果。在图 2-23 中，如果知道飞机 A 的速度，通过测量飞机 B、C 与飞机 A 之间的相对速度，就可以大致判断飞机 B、C 与飞机 A 的距离。

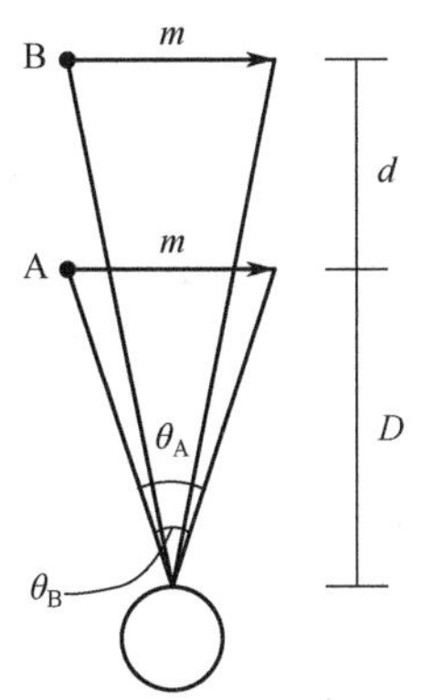

图 2-22　两个物体等速运动视差

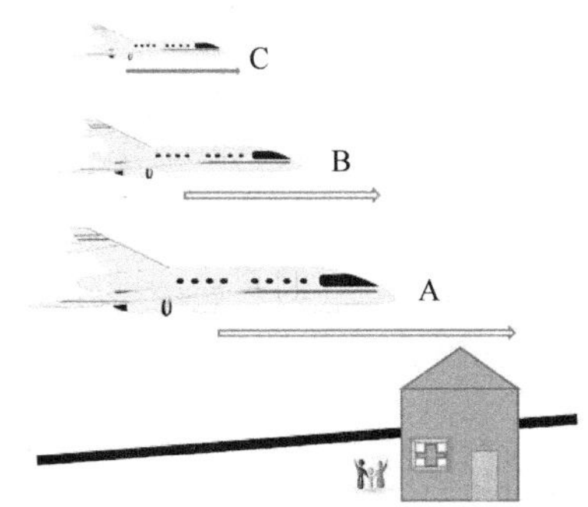

图 2-23　物体相对运动速度

坐火车时，以火车为参照物，无论是近处的还是远处的景物相对于火车来说都是向后运动的。但移动相同的距离，近处的景物对人的眼睛造成的视角大些，所以看起来移动的速度快些。所以在火车上的人看来，近处的景物向后运动得快，而远处的景物向后运动得慢。当人同时看近处和远处的景物时，人会不自觉地以近处的景物为参照物，这样看起来远处的景物就在向前运动了。实际上，过一会儿再看，远处的景物也落到火车后面去了。

2.2.3　立体深度线索

立体深度线索基于双眼视觉功能，利用左右双眼视网膜图像的细微差异创造出深度感。所以，立体深度线索又称为双眼深度线索。其中，左右双眼分别代表一个视点，说明立体深度线索是一种特殊的视点运动视差深度线索。但是，左右双眼属于同时视觉，所以立体深度线索可以获得比运动视差更多、更准确的深度线索。立体深度线索主要包括双目视差、遮挡提示、形变等。

1. 双目视差

双目视差是一个完整的立体视觉生理功能，是人眼最强烈的深度线索与生理立体视觉因素。在排除了其他所有深度线索的条件下，一组完全无意义的视觉刺激，只要具备视差条件，即能产生深度知觉。

在空间场景中，同一物点投影到左右双眼的视差图像所成的像点称为同源像点，而同源像点的位置差异定义为视差。分别向左右双眼投射具有视差的图像对，为双眼提供视差信息，可以在人脑中形成立体视觉。

双目视差产生的前提是双眼存在 6.5cm 左右的瞳距，并且双眼视野存在重叠。这样，左眼看到物体的左边多一些，右眼看到物体的右边多一些，两个视网膜像不完全重合，它们都偏向鼻侧，如图 2-24 所示。观察物体时，左右双眼视网膜上的物像差异就是双目视差。基于双目视差原理的立体显示为观看者的左右双眼提供同一场景的立体图形对，采用光学等手段让观看者的左右双眼分别只能看到对应的左眼视差图像和右眼视差图像，从而使观看者感知到立体图像。

2. 遮挡提示

遮挡是前后物体相互重叠，是最简单也是明显的深度线索。作为单像深度线索，遮挡就是前像挡住后像，把部分背景物体隐藏起来。

作为立体深度线索，如果背景物体还有一小部分能够被一只眼睛看到，则这一小部分就成为大脑重建场景的主要深度线索。如图 2-25 所示，在右眼视网膜的图像中，房子挡住了树，可以获得简单的房子在前树在后的深度线索。在左眼视网膜的图像中，房子与树完全分离，补充提示了右眼不能获得的树的更多、更准确的信息。

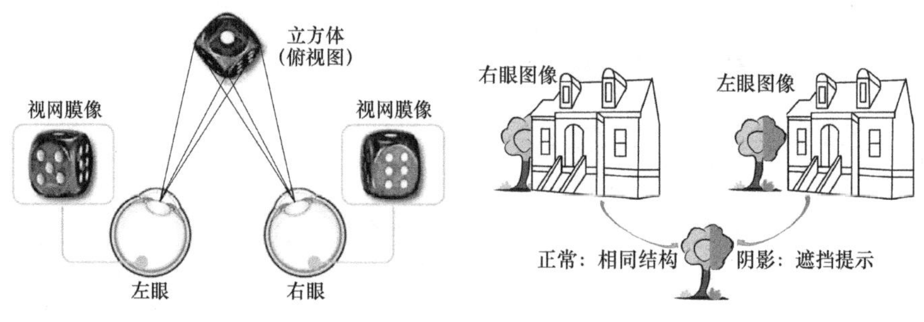

图 2-24　双目视差　　　　图 2-25　遮挡提示

3. 形变

凭借看到物体的多少，或者与一个参考形状相比较，就可以获得足够的信息来推断缺少的信息，如判断物体的距离和形状。如图 2-26 所示的骰子，左侧的左眼图看不到 5 点，右侧的右眼图看不到 3 点。骰子形状没变，但每

只眼睛看到的是不同的面，大脑将两幅图片组合成一个立体的物体。因为左右双眼的距离为 6.5cm 左右，使得每只眼睛看到的物体侧面信息与物体的大小、距离形成关联。拿在手上的骰子看到的侧面要比放在桌上另一端的骰子所看到的侧面多一些。

图 2-26　骰子的形状变化

在双目立体显示中，戴上 3D 眼镜后，观察者从屏幕正前方慢慢移动到屏幕斜方向，3D 场景跟着倾斜。这就是立体深度线索中的形变效应。观察者从屏幕正前方移动到屏幕斜方向，大脑本能地希望能够看到与正前方不同的斜方向 3D 场景。但是，原本静止的正前方 3D 场景并没有发生变化。为了在屏幕斜方向满足大脑的期望，大脑本能地认为 3D 场景跟着双眼移动并发生形变。作为立体深度线索的形变效应，必须双眼协调才能感受到。如果闭上一只眼睛就不能感受到 3D 场景跟着倾斜的现象。

2.2.4　生理深度线索

肌肉、肌腱和关节囊中分布有肌梭与腱梭等本体感受器，能够分别感受肌肉被牵拉的程度及肌肉收缩和关节伸展的程度。这种本体感受器受到刺激所产生的躯体运动觉称为本体感觉。与深度线索有关的本体感觉都要通过眼睛的内部生理结构获得。所以，本体感觉获得的深度线索又称为生理深度线索，包括单眼立体视觉的焦点调节和双眼立体视觉的辐辏。支撑生理深度线索的眼球运动，由六条眼外肌协同完成。所以，同样受到眼外肌控制的单眼焦点调节和双眼辐辏运动具有联动效应。具体地，辐辏角增大的斗鸡眼状态与观看近处物体的晶状体增厚联动发生，辐辏角变小与观看远处物体的晶状体变薄联动发生。

1．焦点调节

人眼的适应性焦点调节指眼睛的睫状肌调节晶状体的屈度使图像落在

视网膜的中央凹上，以保证网膜图像的清晰。焦点调节可以提供单像深度线索。如图 2-27 所示，看远处物体时晶状体较扁平，而看近处物体时晶状体较凸起。通过焦距的变化，可以看清楚远近不同的景物和同一景物的不同部位。

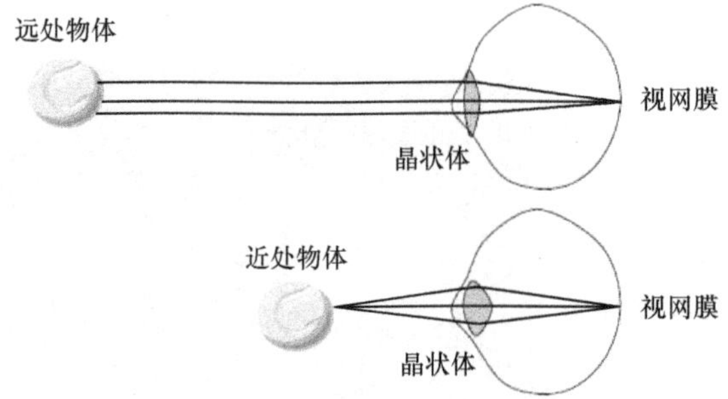

图 2-27　人眼的适应性焦点调节

晶状体的调节是通过其附属肌肉的收缩和舒张来实现的。肌肉的运动信息反馈给大脑，给大脑提供了物体远近的信息，有助于立体感的建立。人眼的最小焦距为 1.7cm，没有上限。一般这种线索所提供的信息只限于距眼睛 10m 以内才有效，并且分辨力较差。设定能够清晰聚焦的最远点为 P_f，最近点为 P_n，P_f-P_n 就是焦点调节的检出深度。调节固定时的聚焦深度 T 为

$$T = \frac{1}{n} - \frac{1}{f} \tag{2-11}$$

式中，n 和 f 分别表示位置 P_n 和 P_f 上的物体能被清晰分辨出来的距离，单位为 m。

2. 辐辏

双眼注视远处物体时，双眼的视轴是平行的，调节是放松的。看近物时，双眼不但产生调节，而且双眼的视轴也要向鼻侧转。这种使两只眼睛的视轴在被观察物体的某一点上相交，该点视像落在两只眼睛中央凹的作用称为辐辏，又称双眼集合。

观看客观景物时，辐辏的同时，晶状体的聚焦点会调节到最适当的位置（注视点）以减轻模糊，即辐辏距离与焦点调节距离是一致的。由于双眼辐辏的会聚程度受到眼外肌的控制，所以在观察近处物体和远处物体时，肌肉紧张程度的差异所产生的本体感觉会给大脑提供物体远近的深度或距离线索。

如图 2-28 所示，辐辏存在一个眼睛休息时的舒适辐辏距离，称为调节休息点（Resting Point of Accommodation，RPA）。当注视物体持续靠近鼻子到达辐辏近点时，辐辏角达到最大值，会聚程度最高，注视物体继续靠近鼻子时两眼放弃会聚而突然转向外侧，形成复视。出现复视前的临界点称为调节近点（Near Point of Accommodation，NPA）。最近点的距离 z_n 一般为 250mm 左右。当注视物体远离鼻子达到一定程度时，双眼辐辏接近平行，辐辏角接近 0°，已不能提供有效的辐辏信息。

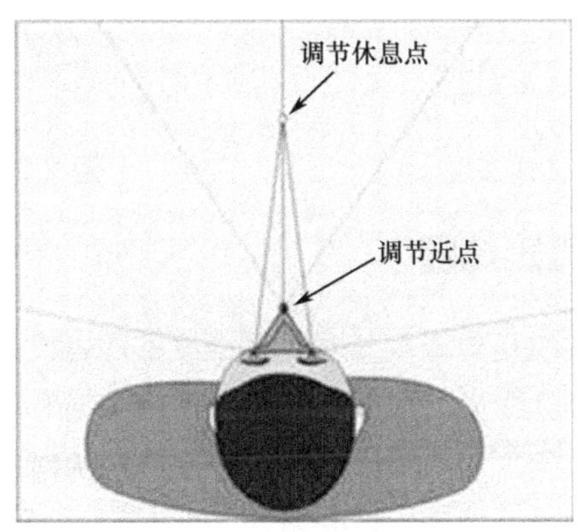

图 2-28　辐辏提供深度线索的原理

双眼图像的融合过程需要双眼的着眼点在同一固定点上，左右眼分别到着眼点的光轴与双眼瞳距线段构成的夹角是确定的，在几何上构成了一个确定的三角形。通过这个三角形可以判断出被观察景物与人眼的距离。根据图 2-29 所示的辐辏立体深度的三角形关系，利用 $\mathrm{d}\theta/\mathrm{d}z$ 的辐辏角 θ 定义，可以推导出景物距离 Δz：

$$\Delta z = -\frac{z^2}{b}\left(1+\frac{b^2}{4z^2}\right)\cdot\Delta\theta \tag{2-12}$$

式中，b 为两眼瞳距，z 为平均对象距离。一般，$4z^2 \gg b^2$，式（2-12）可以简化为

$$\Delta z \approx -z^2\Delta\theta/b \tag{2-13}$$

如图 2-30 所示，当双眼观看物体 P 和 M 时，辐辏使物体图像落在视网膜相对应的位置（p_1/m_1 和 p_2/m_2），角 α 为辐辏角。当观看更远的 Q 点物体时，辐辏角减小为 β，称为“开散”。这种改变由眼部肌肉完成，这种改变的信号传到大脑，便构成一种对深度信息的感知。

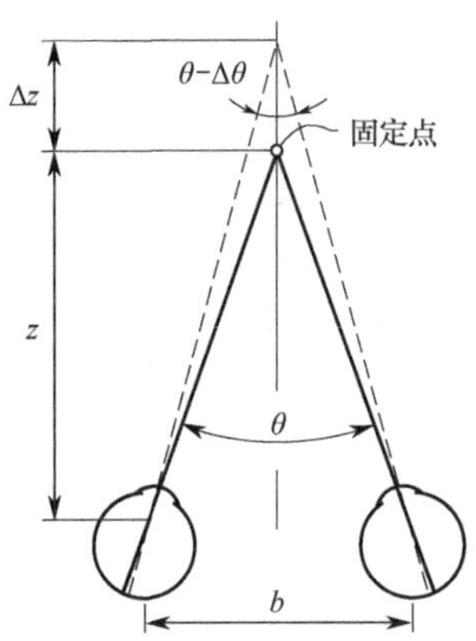

图 2-29　辐辏立体深度

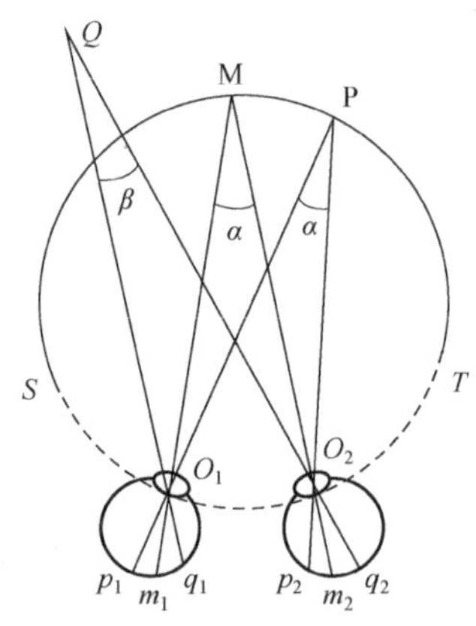

图 2-30　辐辏

2.2.5　深度感知范围

深度知觉的准确性是对深度线索敏感程度的综合测定。观察距离较近的物体，生理方面的深度线索，特别是双眼深度线索起着决定性的作用。观察距离较远的物体，心理方面的深度线索起着决定性的作用。随着被观察对象的距离越远，深度知觉的准确性越低。

1. 深度线索的距离感知范围

人眼视觉是以双眼单视为基础发展起来的立体视觉，该视觉系统需要同时拥有单眼深度线索与双眼深度线索来感知三维信息。

单眼深度线索强调视觉刺激本身的特点，深度知觉的准确性不存在距离上的显著差异。单眼立体视可以根据平面视觉信息判断出立体视，只需单只眼睛就能感知立体信息。单眼深度线索包括运动视差、焦点调节、视界高度、空气透视、遮挡、相对大小、纹理梯度、阴影、影子。

双眼深度线索强调双眼协调活动所产生的反馈信息的作用，深度知觉的准确性随着距离的增加而降低。双眼立体视就是同时使用左右眼获取立体感，立体视一般指双眼立体视。双眼视觉可以实现单眼无法感知的空间知觉，使人能够更准确地获得外界物体形状、方位、距离等概念，从而适应自身在客观环境中的位置。双眼深度线索包括双目视差和辐辏。

单眼立体视与双眼立体视的有效范围关系如图 2-31 所示。图中曲线采用对数刻度，原点相当于观察者站立的位置，横轴表示远处物体距离 D_1 与近处物体距离 D_2 的平均距离，纵轴表示远近物体之间的距离(D_1-D_2)与远近物体平均距离$(D_1+D_2)/2$之比。图中坐标(2m，0.01)的一种可能是：近处物体距离D_2=1.99m，远处物体距离D_1=2.01m，D_1和D_2的平均值为 2m。判别两个被观察物体的前后关系，仅仅相差 2cm(201cm−199cm)，对应的立体视感度用比值 0.01(2cm÷200cm)表示。如果两个被观察物体的平均距离为 200cm，而两者间距缩小为 1cm 时能判断前后关系，对应 0.005(1cm÷200cm)处理论上可以制图，事实上没有，说明没有对应的深度线索。

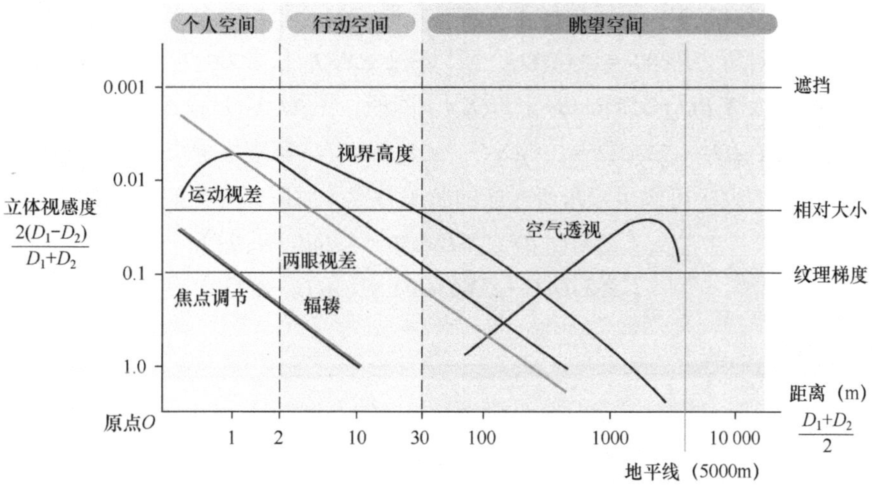

图 2-31　单眼立体视与双眼立体视的有效范围关系

图 2-31 说明，观察一定距离的物体，纵轴数值越小的深度线索越能用于分辨微小的前后关系。在横轴上，综合空间距离相关的各种深度线索，观察不同距离时的贡献程度如下。

（1）近距离（1m 以内）：绝大部分深度线索同时启动，协同作用，相互平衡，起关键作用的深度线索为双目视差、辐辏、焦点调节和运动视差。

（2）中距离（1～3m）：双眼深度线索和单眼深度线索所起的作用此消彼长，起关键作用的深度线索为双目视差、辐辏、焦点调节、运动视差等。

（3）远距离（3m 以上）：以心理方面和经验方面的单眼深度线索为主，起关键作用的深度线索为线性透视、运动视差等。

2. 视差立体视觉的深度感知范围

双目视差是立体视觉的主要深度线索。注视观察对象时，在左右眼视网膜上形成的两幅图像的视差大小可以用被观察对象在视网膜上的投影宽度表示，也可以用双目视差角的大小表示。

如图 2-32 所示，近处像点 A、远处像点 B、最远处像点 C 在左右双眼视网膜上的投影分别为（A_L，A_R）、（B_L，B_R）、（C_L，C_R），左右双眼的水晶体光心分别为 O_L 和 O_R。A、B 像点的视差就是 A_LB_L 与 A_RB_R 的差值，AC 像点的视差就是 A_LC_L 与 A_RC_R 的差值。因为 A、C 像点的距离比 A、B 像点的距离大，所以差值（$A_LC_L-A_RC_R$）比差值（$A_LB_L-A_RB_R$）大。

在图 2-32 中，可以用像点在左右双眼的两个张角之差来表示视差的大小。因为对角 $\angle BX_1O_L=\angle AX_1O_R$，所以在 $\triangle BX_1O_L$ 和 $\triangle AX_1O_R$ 中，存在关系 $\angle X_1AO_R-\angle X_1BO_L=\angle X_1O_LB-\angle X_1O_RA$。同理，在 $\triangle CX_2O_L$ 和 $\triangle AX_2O_R$ 中，存在关系 $\angle X_2AO_R-\angle X_2CO_L=\angle X_2O_LC-\angle X_2O_RA$。实际观察像点，当张角很小时，张角的大小可以用张角所对应的弦来替代，所以，存在如下等式：

$$
\begin{aligned}
(\angle X_1O_LB-\angle X_1O_RA) &= (A_LB_L-A_RB_R) \\
(\angle X_2O_LC-\angle X_2O_RA) &= (A_LC_L-A_RC_R)
\end{aligned}
\tag{2-14}
$$

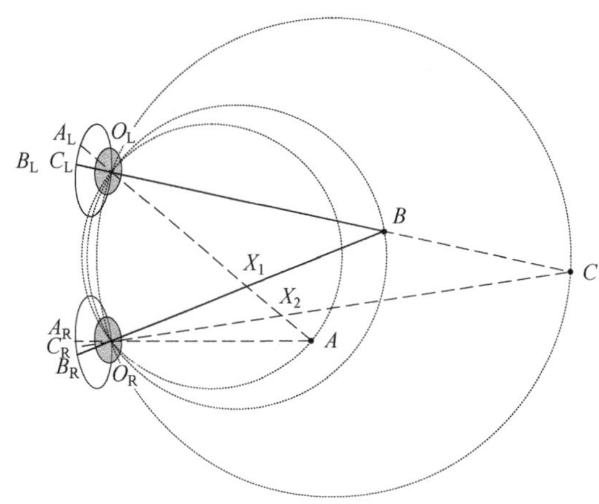

图 2-32　视差大小示意图

当双眼观察不同距离的两个点时，两个点的距离差值必须超过一定的限度，才能辨别出两者的深度差异。能够区分出视野中两个空间距离非常近的物体并感知物体立体感的能力，用视差阈值表示。在图 2-32 中，被观察对象的距离越远，张角越小，立体感趋于模糊。当观察距离非常大时，投影到视网膜上的视差就小于视差阈值，人眼无法分辨物体的深浅程度，立体感消失。最小阈值就是这个最小距离形成的视角，阈值的倒数体现锐度。

在图 2-33 中，双眼瞳距用 $2e$（一般为 65mm）表示，注视点 P_1 和 P_2 在双眼处的张角分别用 θ 和 θ'表示，用 η 表示双目视差。根据双目视差的定义，$\eta=\theta-\theta'$。考虑到观察距离非常远时，张角很小，$\theta=2e/z$，$\theta'=2e/(z+\Delta z)$。把张角 θ 和 θ'的公式代入双目视差 η 的公式，可得

$$\eta=\frac{2e}{z}-\frac{2e}{z+\Delta z}=\frac{2e\left(z+\Delta z\right)-2ez}{z^{2}+z\Delta z} \tag{2-15}$$

存在 η 时的 $z\Delta z$ 远小于 z^2，所以式（2-15）可以简化为

$$\eta=\frac{2e\Delta z}{z^{2}} \tag{2-16}$$

正常视力的视差阈值 $\eta=40''$（弧秒），代入式（2-16），可以建立 z 和 Δz 之间的等式关系。计算不同观看场景的人眼最小分辨尺寸时，张角 θ'在 P_1 位置的宽度 w，可以对应显示屏的像素节距、透镜等光栅节距、三维显示体像素节距等。求得最小可分辨尺寸 w，可以评估显示屏像素最小尺寸、透镜光栅单元的最小节距。

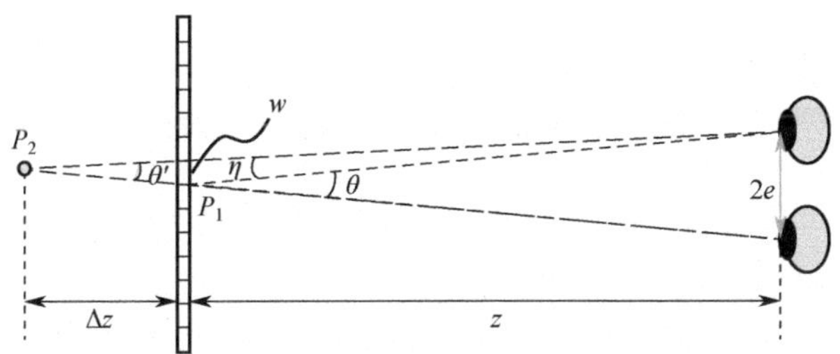

图 2-33　视差阈值示意图

2.3　3D 显示中的视觉线索

3D 显示采用的基本视觉功能主要是双目视差、辐辏和视错觉。其中，双目视差、辐辏等双眼深度线索是实现 3D 显示的关键。

2.3.1　3D 空间再现的基本要素

在 3D 显示中，为了再现接近自然的客观空间，显示技术必须满足图 2-34 所示的视觉功能的空间再现要素，包括检出物体绝对距离的要素、检出物体间相对距离的要素、感知空间范围的要素。

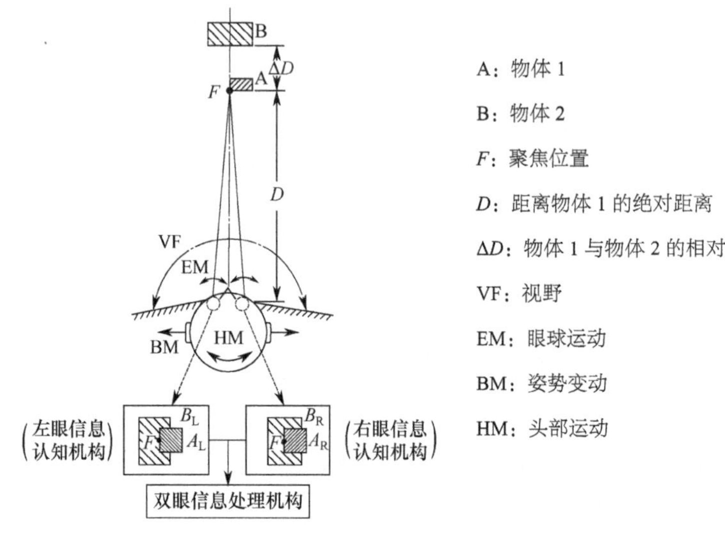

图 2-34 视觉功能的空间再现要素

1. 检出物体绝对距离的要素

焦点调节①：因为眼球接合部的焦点深度特性，要求可在模糊状态检出数米以内的物体距离，可在近距离主动进行焦点调节的显示信息量。在显示分辨率上，需要更高精细度的图像。

辐辏②：从注视物体时的双眼运动到数十米之间的距离检出，因为与要素①联动，近距离显示时两者的平衡成为问题。根据要素①②，近距离安定观察的距离为 40～70cm。

视网膜上的像③：与要素①密切相关，根据物体大小、明暗与颜色的对比，清晰度等图像信息，能感觉到远的、大范围的距离。对物体大小施加规则性的“透视图法”，是表现平面图像景深的代表手法。

2. 检出物体间相对距离的要素

运动视差④：移动观察位置获取物体间相互位置关系（相互重叠或移动速度）的变化，可以感觉到数百米范围的前后位置关系。

双目视差⑤：左右眼分别看到的物体像的偏差（视差），以注视物体为参照物，可以精确地分辨出前后位置关系。双目视差（ΔD:（A_R-A_L）/(B_R-B_L)）感知相对距离。不过，由于双目视差可检出的最大偏差量（融像范围）辨别范围的限制，以及与要素①～④的关系，可以有效辨别 100m 以内的物体前后关系。

要素④和⑤存在继时和同时的差，横向移动时状态一致。

3. 感知空间范围的要素

视野⑥：根据视网膜位置上信息的差异及产生主观坐标轴方向诱导效果的视觉信息提示，可以再现与普通生活状态一样的空间不受限制的状态，即宽视野、大画面显示。

眼球和头部运动特性⑦：积极探索信息时发生的眼球和头部运动不受制约的高精细度和大画面显示效果。

要素⑥和⑦都要求大画面显示，加上视网膜静态特性，要求能够提供信息探索动态特性充足的双方向系统的信息提示。单眼深度线索伴随着眼球运动 EM、头部运动 HM 和姿势变动 BM。

对应图 1-5 所示的 3D 显示技术分类，3D 显示空间再现方式分为视错觉 3D 显示、2 视点及多视点 3D 显示、真三维显示。视错觉 3D 显示是在一幅平面图像上使用构图、大画面、空中像等方式再现景深方向的空间，是一幅景深图像，要素③④⑥的景深效果明显。2 视点及多视点 3D 显示是通过两幅及两幅以上的视差图像再现以显示屏幕为中心，前后呈一定景深的空间，包括眼镜式、光栅式等 3D 显示方式。仅以要素⑤即可形成立体效果，如果要获得更加自然的显示效果，需要增加与要素⑥相关的大画面化，与要素②相关的安定空间显示条件。真三维显示是指超多视点 3D 显示及通过空间扫描和物体波面再现等方式形成的空间像，可以再现绝大部分的视觉空间要素。具体的 3D 显示方式包括光场 3D、体 3D、全息 3D 等。在 2 视点及多视点 3D 显示的基础上，增加要素①②④⑦，可以再现更自然的空间。

2.3.2　双目视差式 3D 显示

由于两眼观察物体的角度不同，两眼所摄取的像在大小和形状方面必然有所差异。这种两眼视网膜上的成像大同小异，是形成立体视觉的基础。多视点 3D 显示技术的基础是双眼立体视，是基于双目视差与辐辏再现的特性化设计构造。

1. 视差与视差角

左右视差图像中的同源像点，在竖直方向的差异称为垂直视差，在水平方向的差异称为水平视差。水平视差是实现 3D 显示的主要因素，3D 显示中所讲的视差一般指水平视差。根据左右视差图像中同源像点视差大小的不同，视差分为正视差、负视差和零视差。

如图 2-35 所示，当左右眼的视差图像所成像点在显示屏上重合时，观看者感知该再现物点位于显示屏上，无立体效果。这时的左右视差大小为零，称为零视差，这种视差效应也叫通常视。当左右眼视差图像的左右位置关系与左右眼的位置关系相同时，视差角为正，称为正视差，这种视差效应也叫平行视。当左右眼视差图像的左右位置关系与左右眼的位置关系相反时，视差角为负，称为负视差，这种视差效应也叫交叉视。3D 显示时，正视差和负视差再现的物点分别位于显示屏的后方和前方，形成立体视觉。

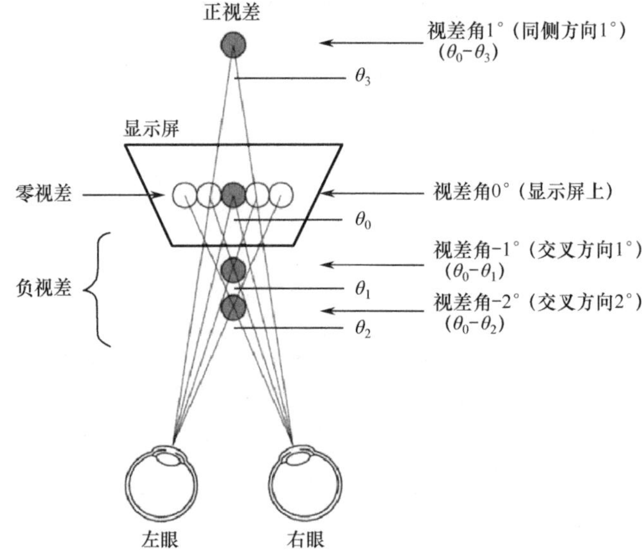

图 2-35　不同视差大小的视差效应

3D 显示的图像物体越近，双目视差越大，双眼辐辏角越大。图像物体越远，双目视差越小，双眼辐辏角越小。如图 2-35 所示，把左右眼同时聚焦在显示屏相同点时的辐辏角定义为 θ_0，相应的视差角为 0，即零视差。如果正视差图像对应的辐辏角 θ_3=1°，则对应的视差角为 1°（$\theta_3-\theta_0$）。如果负视差图像对应的辐辏角 θ_1=1°或 θ_2=2°，则对应的视差角为−1°（$\theta_0-\theta_1$）或者−2°（$\theta_0-\theta_2$）。

2. 双目视差与辐辏

观看现实世界中扑面而来的物体时，与辐辏联动的是晶状体变厚的焦点调节，以减轻模糊，即辐辏距离与焦点调节距离是一致的，如图 2-36（a）

所示。观看普通 3D 显示时，双眼一直聚焦在显示屏上，晶状体的大小不变，没有焦点调节，只存在辐辏运动，如图 2-36（b）所示。

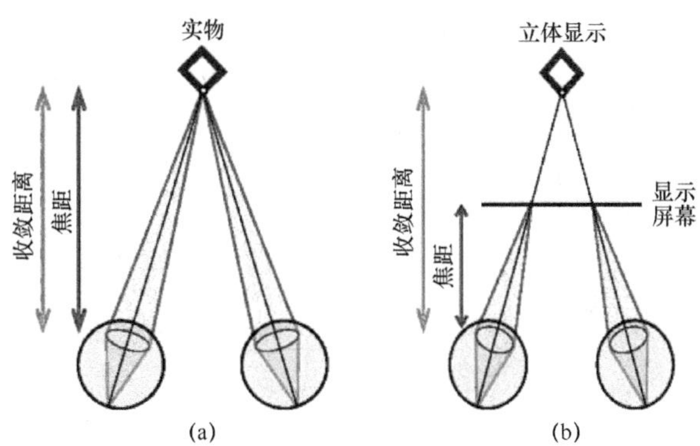

图 2-36　辐辏与焦点调节

当前大部分 3D 显示终端只实现了立体显示所需的双目视差深度线索，由于显示器件空间角度分辨率的限制，无法实现人眼单目聚焦深度线索，人眼在观看基于双目视差线索的 3D 显示时，存在双眼辐辏与单眼焦点不协调的问题，这种辐辏与焦点调节不协调是造成立体视觉疲劳的主要原因。如图 2-36（b）所示双目视差式 3D 显示终端，图像显示在固定位置屏幕上，所以单眼的焦点调节距离（焦距）是固定的，此时当视线聚焦于显示面上时，看到清晰图像。而当人眼观察显示的 3D 物体时，双眼的辐辏角汇聚于 3D 物体的虚拟位置，人眼单目聚焦的平面与双眼汇聚的平面不在同一位置，发生立体视觉冲突。

3. 实现双目视差方式的 3D 显示

基于正视差的 3D 显示，相应的立体视觉原理如图 2-37 所示。以左右双眼之间的连线为 X 轴，双眼中点为原点建立空间坐标系 $OXYZ$。L 和 R 分别代表左眼和右眼的位置坐标，P 为物体空间位置坐标，P_{L} 和 P_{R} 分别表示左右眼在屏幕上看到的点 P 的投影位置，D 为人眼到屏幕的观看距离，e 为双眼瞳距。根据三角形相似原理，可求得双目视差：

$$H = x_{\mathrm{R}} - x_{\mathrm{L}} = \left(\frac{\left(x_P + \frac{e}{2} \right) D}{z_P} - \frac{e}{2} \right) - \left(\frac{\left(x_P - \frac{e}{2} \right) D}{z_P} + \frac{e}{2} \right) = \frac{D - z_P}{z_P} \cdot e \qquad (2\text{-}17)$$

根据式（2-17），通过设置双目视差 H 及观看距离 D，可以获取深度信

息 z_P，从而控制立体深度感。其中，双目视差 H 由拍摄系统决定，观看距离 D 由显示系统决定。

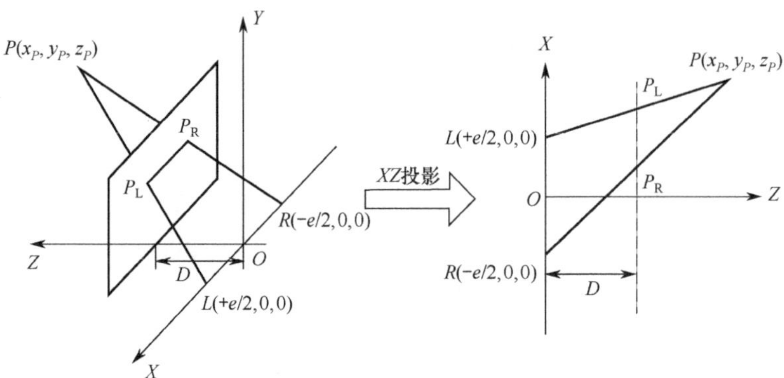

图 2-37　正视差 3D 显示的几何模型

如图 2-38 所示，显示屏上同时显示稍有差异的右眼视差图像和左眼视差图像，如果左眼聚焦左边的视差图像，右眼聚焦右边的视差图像，则两眼呈平行视，形成正视差效果，显示的图像呈“入屏”效果。如果左眼聚焦右边的视差图像，右眼聚焦左边的视差图像，则两眼呈交叉视，形成负视差效果，显示的图像呈“出屏”效果。

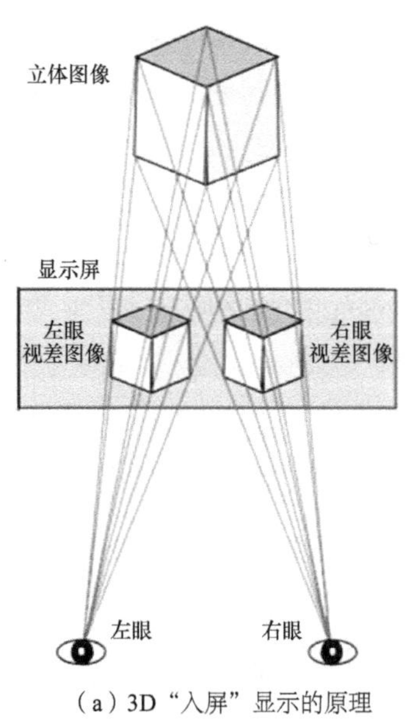

（a）3D“入屏”显示的原理

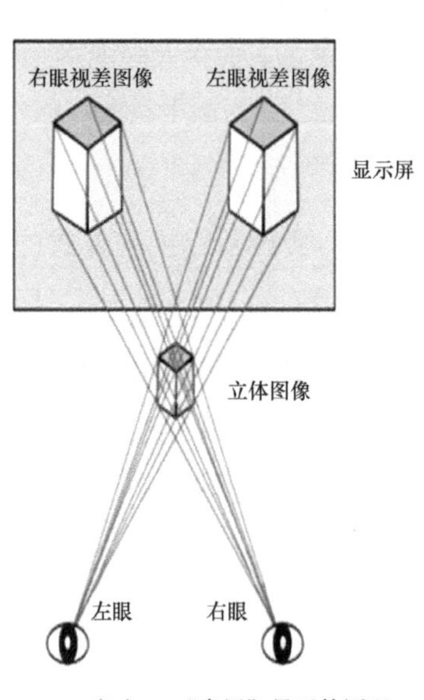

（b）3D“出屏”显示的原理

图 2-38　基于双目视差的 3D 显示

双目视差式 3D 显示，左右眼视差图像的差异不能太大。差异过大，两眼合像困难，甚至不能合像，最终只能放弃双眼单视。一般，图像差异小于 0.25%是感觉不到的，对双眼单视的合像过程也不会产生任何影响。由于立体视觉是高级的视觉功能，除两眼图像之间的几何差异起着最基本的作用外，视觉的高级神经和精神活动也有很大作用。例如，两眼像差为 5%，本来是难以合像的，但可利用视觉知觉过程中的可塑性予以补偿，仍可形成双眼视觉。两眼像差超过 5%，会使双眼视觉发生困难，或者根本丧失。

2.3.3　单目聚焦式 3D 显示

只有双目视差深度线索的 3D 显示，无法有效利用焦点调节深度线索，因为眼睛一直盯着屏幕，眼睛注视的绝对距离不变。在双目视差深度线索的基础上，采用焦点调节深度线索，才能看到更自然的 3D 显示效果。单目聚焦式 3D 显示可以提供较为全面、接近准确的深度线索，包括光场 3D、体 3D 和全息 3D 等显示技术。

1．单目聚焦 3D 显示的意义

观看真实物体和观看 3D 显示时的视网膜成像效果不同。如图 2-39 所示，观看真实物体时，观测点两侧的图像是模糊的，眼睛聚焦在物体上；观看 3D 显示的虚拟物体时，观测点及其两侧的图像同样清晰。这说明 3D 屏幕所发出的光线，并没有因为各个虚拟对象的深度不同，发出具有差异的光线，而是和平面图像一样，相互间基本上是一致的。这样，眼睛的焦点调节与各个虚拟对象的深度不匹配，产生调节辐辏冲突，与人的正常生理规律相违背，带来视觉疲劳和不适感。

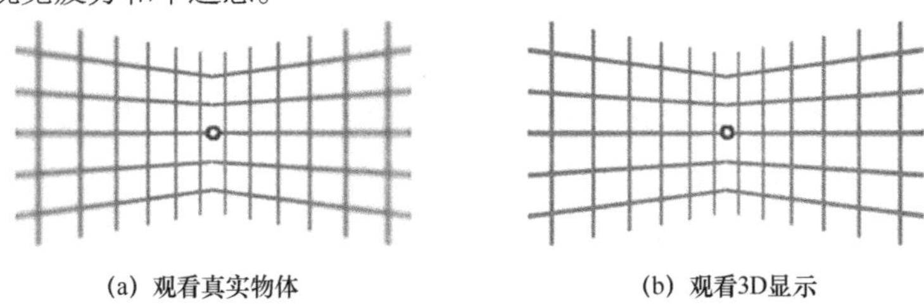

(a) 观看真实物体　　(b) 观看3D显示

图 2-39　观看真实物体和观看 3D 显示时的视网膜成像效果

实现具有单目聚焦功能的 3D 显示，就是要让 3D 显示设备渲染出焦点调节深度线索，创造出场景中相应的深度知觉，近似人眼感知真实空间深度的方式。所以，单目聚焦式 3D 显示也叫真三维显示，可以真实再现物理三维空间。对于所显示物体的每一个物点（x, y, z），在三维空间具有对应的像点（x', y', z'），该对应像点称为体素（Voxel）。即使一个很小、很简单的物体也都包含有大量的数据信息，这对数据存储和处理速度提出很高的要求。

真三维显示通过重建出三维物体表面的体素朝各个方向发出的光线来重建空间三维场景，同一体素发出的光线具有很小的角度间隔，能给周围的所有观察者很好的图像深度暗示，能让人眼聚焦到光线空间的不同距离，不同位置的观察者不需要借助任何助视工具就可以看到相应位置的三维图像，人眼的焦点调节距离与辐辏距离保持一致。

2. 单目聚焦功能的实现方式

在真三维显示系统中，对应每种成像空间的构造方式，有很多种体素生成方式。实现单目聚焦功能的方式有实物散光点连续聚焦方式、虚拟散光点连续聚焦方式和密集几何光线会聚方式。

实物散光点连续聚焦方式就是体 3D 显示技术。体 3D 显示技术大体可分为扫描体 3D 显示和固态体 3D 显示两种。扫描体 3D 显示是在快速移动的镂空或半透明的介质上投射亮点或图像，快速移动的介质把投射过来的光束散射开，在成像空间内部形成散光点，利用视觉暂留效应生成 3D 场景。固态体 3D 显示的介质由 n 个光衰减屏层叠而成，控制光衰减屏的像素透明度。某一时刻的某个像素，其中（n−1）个光衰减屏是透明的，剩下的 1 个屏是不透明的，呈白色的漫反射状态，形成散光点。在这 n 个屏上快速切换，显示 3D 物体截面，从而产生纵深感。体 3D 显示的单目聚焦点是在显示屏幕上真实存在的散光点。

虚拟散光点连续聚焦方式就是全息 3D 显示的波前聚焦方式。全息 3D 显示的基本原理是利用光波干涉法同时记录原物光波的振幅与相位。由于全息再现像光波保留了原物光波的全部振幅与相位的信息，所以再现像与原物有着完全相同的三维特性。观看全息像时会得到与观看原物时完全相同的视觉效果，包括各种位置视差。

密集几何光线会聚方式就是光场 3D 显示技术。经典的光场 3D 显示是从(x,y)平面发出的几何光线经过(u,v)平面的角度调节，重建空间三维场景。如果(x,y)平面发出的几何光线足够密集，经过(u,v)平面角度调节后，空间物点进入单只眼睛的视差图像（视点）数超过 2 个，就可以形成单目聚焦的功能。几何光线的不同会聚位置可以实现在不同景深位置的聚焦功能。

2.3.4　2D 视图转 3D 显示

2D 视图转 3D 显示是通过数字技术对 2D 图像进行后期处理，制作出左眼及右眼用视差图像。运用大量的深度线索，在原来只有 *XY* 关系的平面图上增加一个 *Z* 轴的深度，以增加景深。

1．2D 转 3D 的基本过程

2D 转 3D 的基本过程如下：首先，把 2D 图像进行分割，将图像划分为与其中含有的真实世界的物体或区域有强相关性的组成部分；然后，从分割后的 2D 图像中挖掘深度线索并从中提取深度；最后，根据深度赋值生成 3D 视差图（立体图像对）。

图像分割算法一般基于亮度值不连续性和相似性的两个基本特征之一：分割得越细致，通过后期的深度提取与深度赋值产生的 3D 空间就越有深度感。基于深度提取算法所依赖的深度线索，可以将深度提取算法分为 12 类。表 2-1 给出了深度提取算法参数。

表 2-1　深度提取算法参数

输入图像数	深度线索	绝对深度/相对深度	稠密深度/稀疏深度	实时性/非实时性	全程深度/受限深度	代表性算法
双目视觉或多目视觉	双目视差	绝对	稠密	实时	< 30m	基于相关特性的一致性算法；三角算法
	运动视差	绝对	稠密	实时	< 30m	光流；分解；卡尔曼滤波
	散焦	绝对	稠密	实时	不适用	基于 Hermite 多项式基的图像分解；反向滤波；S-变换
	聚焦	绝对	稠密	非实时	不适用	不同聚焦水平的图像序列及其锐利估计
	轮廓	绝对	稀疏	非实时	室内场景	基于三维像素可变型的网状模型
单目视觉	散焦	相对	稠密	实时	全程	第二高斯导数
	几何透视	相对	稠密	实时	全程	消失线检测与梯度层分配
	大气散射	相对	稠密	不适用	900～8000m	光发散模型
	阴影	相对	稀疏	非实时	全程	能量最小
	图案纹理	相对	稀疏	非实时	全程	正面纹理
	对称模式	相对	稀疏	不适用	全程	综合光度测量与几何约束
	遮挡	—	—	—	—	—

续表

输入图像数	深度线索	绝对深度/相对深度	稠密深度/稀疏深度	实时性/非实时性	全程深度/受限深度	代表性算法
单目视觉	曲率	相对	稠密	实时	全程	平滑曲率与等照度线
	单变换	相对	稠密	实时	全程	最短路径
	统计模式	相对	稠密	实时	全程	基于色彩的启发式；统计估计

从深度图进行 3D 图合成的过程，就是从深度图到立体图像对生成的过程，实际上是从原始图像结合深度图生成左眼图像与右眼图像。而左右眼图像是通过对分割后物体的平移操作获得的。最初，将原始的 2D 图像作为一个眼的图像，再平移得到另一个眼的图像。现在，原始的 2D 素材被当作介于左右图像之间的中间图像，左右眼的图像都是经过其平移得到的。这样减小了因为计算造成的图像变形。

在得到 3D 图像对后，根据 3D 显示效果要对前面的步骤不断地进行微调，以达到最好的 3D 显示效果。

2. 2D 转 3D 的深度线索

在 2D 转 3D 的深度提取算法中，单目深度技术比较困难，有时仅有一幅图像得到的只是深度关系，而不是实际的深度。目前的主流算法是利用双目深度线索，结合多幅图像在空间维度与时间维度上的相关性来获取场景的深度信息。特定环境下采用单目深度技术。

双目视差 通过立体匹配的方法在两幅图像中寻找对应的像素，计算双目视差。视差越大，场景越近；视差越小，场景越远。最后将双目视觉转换为场景深度。常用的立体匹配算法有基于局部窗口相关、基于图像特征点匹配和基于全局优化的方法。基于局部窗口相关的方法得到一幅密集视差图；基于图像特征点匹配的方法得到一幅稀疏视差图；基于全局优化的方法利用平滑约束，最小化一个能量函数来得到最佳的双目视差值。

运动视差 相机与场景间的相对运动提供的运动视差是时间维度上的视差，常用运动场来表示。运动场是场景与相机间相对运动产生的图像点的二维速度矢量。运动场估计常用算法包括基于光流和基于特征的方法。光流是指当观察者和场景目标之间有相对运动时，图像亮度模式的表现运动。基于光流方法得到的是密集深度图，基于特征方法得到的是稀疏深度图。

散焦 在透镜系统中，恰好对焦的物体能够清晰地成像，而其他距离上的物体点就会出现不同程度的散焦现象，表现为以一点为中心的圆形光斑，

光斑的半径越大说明散焦的程度越深。通过相机标定可以得到相机参数，只要调整焦距设置，计算出各个散焦物体对应的光斑半径，就能够得到物体深度。在只有一幅图像的情况下，一种散焦模糊估计的方法是利用高斯滤波器的二阶导数对输入图像进行滤波，由滤波结果计算得到散焦半径，结合相机标定得到的相机参数就能计算出密集深度图。

聚焦　在拍摄一个场景过程中，固定焦平面，不断改变相机与场景的距离，得到一系列不同聚焦水平的图像。记录下每个物体点在最佳聚焦时对应场景相对参平面移动的距离，就能计算出每个物体点的深度，从而得到密集深度图。

轮廓　物体轮廓是将物体从背景中分离出来的周线。这种方法需要从不同视点对同一场景拍摄多幅图像，通过背景剪影的方法，从背景中分离出目标物体，然后利用相机标定时得到的相机参数，将目标物体投影回三维空间。多幅图像向后投影的结果就形成了目标物体在实际空间中的 3D 模型。

几何透视　基于几何透视关系恢复深度的方法首先对输入图像应用边缘检测，定位主要的直线，找出这些直线的交点，将交点密度最大区域的中点作为灭点，灭点周围出现的主要直线作为灭线。然后在相邻灭线之间赋值梯度平面，每一个梯度平面对应一层深度，靠近灭点的梯度平面被赋予较大的深度，梯度平面的密度也较大。沿着灭线往灭点方向，场景深度逐渐加深。

大气散射　大气散射的应用性不强，只能处理特定场景的图像，在计算机视觉领域的研究并不多。

阴影　图像中物体表面阴影的逐次变化包含了物体的形状信息。阴影恢复形状方法就是利用表面几何与图像亮度之间的关系，从亮度图像中恢复出物体三维形状的一种技术。人脑能够非常好地利用阴影及一般情况下明暗度提供的线索。检测到的阴影不仅明确地指示了隐藏边缘的位置和与其邻近的表面的可能方向，而且一般的敏感度性质对于导出深度信息有着重要的价值。

图案纹理　实际大小相同的纹理元在图像中反映为近大远小。通过比较一块纹理区域中不同纹理元的位置和方向，可以估计出这些纹理元的相对位置关系，进而得到它们的深度。纹理恢复形状的方法致力于根据表面法线得出纹理表面的方向。

遮挡　被遮挡的物体离观察者更远一些。一些已有算法通过分割物体，寻找各个分割物体之间的遮挡关系，区别出物体层次，最终得到相对深度图。

统计模式　基于统计模式的 2D 转 3D 技术，通过机器学习的方法，将事先准备好的大量有代表性的训练图像和它们对应的标准深度图输入系统进行有监督的学习，使系统能对实际待处理的输入图像进行准确分类，找到最适合的深度赋值方法。

3. 人工智能 2D 转 3D 技术

将计算机视觉和人工智能技术用于 3D 显示内容制作，实现单视点和多视点重建更多视点的方法逐渐替代了直接拍摄。相比通过计算机软件人工辅助方式实现 2D 转 3D，人工智能 2D 转 3D 技术具有高效、精确等优点。

在传统的 2D 转 3D 技术中，画面生成的立体效果精确度取决于分割层次。通过精选数据集和优化算法，人工智能 2D 转 3D 技术能自动将画面里的每一个物体、元素都精确分割、绘制，最大限度地还原画面的真实立体感。在图 2-40 中，左侧原图用传统手工转 3D 方式绘制深度，很难看到左上角的半张人脸。而人工智能系统在对场景进行三维重建时，能清晰勾勒出左上角的人脸，通过对原图进行调色观察，可看到左上角的人脸。

(a) 原图

(b) 机器三维重建

(c) 调色后原图

图 2-40　人工智能系统高于人眼识别能力

人工智能 2D 转 3D 内容制作，现有效果主要采用人工制作的样本数据对 2D 转 3D 内容制作模型进行训练。通过增加样本数据所包含场景，增加数据量，可以有效地提升模型适用范围。提升模型转换效果，主要采用构建多级时空视差提取神经网络，通过样本数据训练神经网络参数，取得多级时空 2D 转 3D 制作模型。

人工智能自动 2D 转 3D 内容制作技术支持常见 2D 内容 3D 转制后达到 50 视点，实现更为平滑的视点变化，观影效果更加逼真。其解决方式主要采用构建对抗判别深度匹配模型并加入新型针对局部错误区域进行优化判别损失函数，由多视点图像，通过对抗判别深度匹配模型，提取匹配后多视点图像视差信息，进行三维重建模型和重建更多视点。

在传统影视 3D 内容制作中，采用人工方式对图像中对象的深度信息进行设置，给定对象合理的相对深度位置，获取对应原始 2D 图像内容的视差

图像，经过立体渲染，获取 3D 图像。在立体渲染技术中，视差图的质量直接影响着渲染后 3D 图像效果，而视差角度数量也直接对应着转换后 3D 图像空间感。如图 2-41 所示，采用左右 2 视点进行三维重建，重建后随着立体感增大，会出现重影现象，导致空间感受限。解决以上问题，可以通过将已有视点图像进行立体匹配，并结合针对局部错误区域的损失判别方式，提取更多视点、更准确视差信息的方式，转制 3D 显示内容。

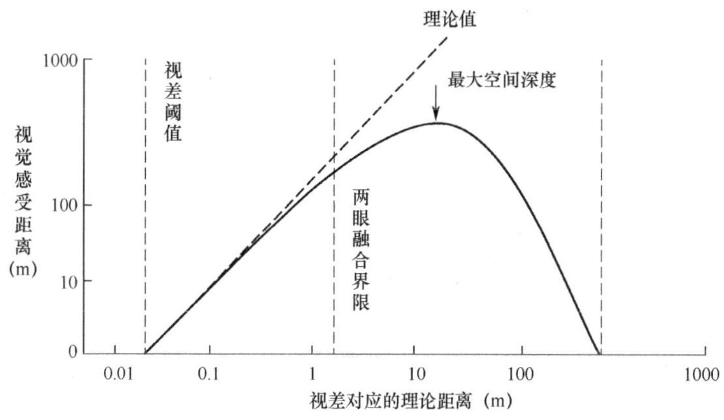

图 2-41　双眼视差观看限制

本章参考文献

[1] 藤田一郎. 脳がつくる 3D 世界: 立体視のなぞとしくみ[M]. 京都: 化学同人, 2015.

[2] Mendiburu B. 3D Movie Making[M]. London: Focal Press, 2009.

[3] 林部敬吉. 3 次元視の知覚科学[M]. ブイツーソリューション, 2015.

[4] Liang Zhang, VazquezC., Knorr,S. 3D-TV Content Creation：Automatic 2D-to-3D Video Conversion[J].IEEE Transactions on Broadcasting, 2011, 57(2): 372-383.

[5] Kyuseo Han, Kihyun Hong.Geometric and Texture Cue Based Depth-map Estimation for 2D to 3D Image Conversion[J].IEEE International Conference on Consumer Electronics(ICCE), 2011: 651-652.

[6] 松下誉志, 林部敬吉, 成田好男, 海野弘志. 3 次元形状の空間構成と認知に関する研究 2[J]. 日本バーチャルリアリティ学会大会論文集(CD-ROM), 2007, 12:1A4-6.

[7] W.-N. Lie, C.-Y. Chen, W.-C. Chen. 2D to 3D video conversion with key-frame depth propagation and trilateral filtering[J]. Electronics Letters, 2011, 47(5): 319-321.

[8] Liang Zhang, Carlos Vázquez, Sebastian Knorr. 3D-TV Content Creation: Automatic

2D-to-3D Video Conversion[J]. IEEE Transactions on Broadcasting, 2011, 57(2): 372-383.

[9] 河合隆史. 今さら聞けない 3D の超基本知識[M]. 東京: CQ 出版「インターフェース」, 2011.

[10] Chao-Chung Cheng, Chung-Te Li, Liang-Gee Chen. Video 2-D-to-3-D conversion based on hybrid depth cueing[J]. Journal of the Society for Information Display, 2010, 18(9): 704-716.

[11] Lie W N, Chen C Y, Chen W C. 2D to 3D video conversion with key-frame depth propagation and trilateral filtering[J]. Electronics Letters, 2011, 47(5): 319-321.

[12] 傍士和輝, 繁桝博昭. 裸眼立体刺激における奥行き定位の検討[J]. Vision, 2014, 26(1): 59.

[13] Janusz Konrad, Meng Wang, Prakash Ishwar, et al. Learning-Based, Automatic 2D-to-3D Image and Video Conversion[J]. IEEE Transactions on Image Processing, 2013, 22(9): 3485-3496.

[14] Chung-Te Li, Yen-Chieh Lai, Chien Wu, et al. Brain-Inspired Framework for Fusion of Multiple Depth Cues[J]. IEEE Transactions on Circuits and Systems for Video Technology, 2013, 23(7): 1137-1149.

[15] 武岡春奈, 田中里枝, 林武文. 色立体視のメカニズムに関する研究-両眼視差の計測と光線追跡シミュレーションによる検討-[J]. 関西大学総合情報学部紀要(情報研究), 2011, 34:21-37.

[16] SaxenaA., Miil Sun,NgA.Y. Make3D：Depth Perception from a Single Still Image[J]. H IEEE Transactions on Pattern Analysis and Machine Intelligence, 2009, 31(5): 824-840.

[17] Cao X, Li Z, Dai Q. Semi-Automatic 2D-to-3D Conversion Using Disparity Propagation[J]. IEEE Transactions on Broadcasting, 2011, 57(2): 491-499.

[18] 于凤利. 2D-3D 视频转换中深度图生成方法研究[D]. 济南: 山东大学, 2012.

[19] J. Gil, M. Kim. Motion depth generation using MHI for 2D-to-3D video conversion[J]. Electronics Letters, 2017, 53(23): 1520-1522.

[20] Yeong-Kang Lai, Yu-Fan Lai, Ying-Chang Chen. An Effective Hybrid Depth-Generation Algorithm for 2D-to-3D Conversion in 3D Displays[J]. Journal of Display Technology, 2013, 9 (3): 154-161.

[21] Heeseok Oh, Jongyoo Kim, Jinwoo Kim, et al. Enhancement of Visual Comfort and Sense of Presence on Stereoscopic 3D Images[J]. IEEE Transactions on Image Processing, 2017, 26(8): 3789-3801.

[22] Yu Xunbo, Sang Xinzhu, Gao Xin, et al. Large viewing angle three-dimensional display with smooth motion parallax and accurate depth cues[J]. Optics Express,

2015, 23(20): 25950-25958.

[23] 小澤勇太, 玉田靖明, 佐藤雅之. 両眼網膜像差,運動視差,相対大きさ手がかりによる大きな奥行きの知覚[J]. 映像情報メディア学会技術報告, 2016, 40(37): 37-40.

[24] Harel Haim, Shay Elmalem, Raja Giryes, et al. Depth Estimation From a Single Image Using Deep Learned Phase Coded Mask[J]. IEEE Transactions on Computational Imaging, 2018, 4(3): 298-310.

[25] Luc Vosters, Gerard de Haan. Efficient and Stable Sparse-to-Dense Conversion for Automatic 2-D to 3-D Conversion[J]. IEEE Transactions on Circuits and Systems for Video Technology, 2013, 23(3): 373-386.

[26] 玉田靖明, 池邊匠, 小澤勇太, 等. 奥行き知覚における運動視差と大きさ手がかりの相互作用[J]. 視覚の科学, 2016, 37(1): 18-23.

[27] Jungjin Lee, Younghui Kim, Sangwoo Lee, et al. High-Quality Depth Estimation Using an Exemplar 3D Model for Stereo Conversion[J]. IEEE Transactions on Visualization and Computer Graphics, 2015, 21(7): 835-847.

[28] Weicheng Huang, Xun Cao, Ke Lu, et al. Toward Naturalistic 2D-to-3D Conversion[J]. IEEE Transactions on Image Processing, 2015, 24(2): 724-733.

[29] 番浩志.ヒトはなぜ 3D を見ることができるのか? —ヒト脳内背側視覚経路に沿った階層的な 3D 情報処理過程[J]. 基礎心理学研究, 2016, 35(1): 59-67.

[30] Thomas Leimkühler, Petr Kellnhofer, Tobias Ritschel, et al. Perceptual Real-Time 2D-to-3D Conversion Using Cue Fusion[J]. IEEE Transactions on Visualization and Computer Graphics, 2018 , 24(6): 2037-2050.

[31] 石井雅博, 安岡晶子.単眼性輪郭情報が両眼立体視に及ぼす影響[J]. 電子情報通信学会技術研究報告 = IEICE technical report: 信学技報, 2014, 114(347): 37-40.

[32] Kwanghyun Lee, Sanghoon Lee. A New Framework for Measuring 2D and 3D Visual Information in Terms of Entropy[J]. IEEE Transactions on Circuits and Systems for Video Technology, 2016 , 26(11): 2015-2027.

[33] 佐藤雅之.立体視における個人差[J].視覚の科学, 2014, 35(2): 33-37.

[34] Caraffa Laurent , Tarel Jean-Philippe. Combining Stereo and Atmospheric Veil Depth Cues for 3D Reconstruction[J]. IPSJ Transactions on Computer Vision and Applications, 2014, 6(0):1-11.

[35] 秋間学尚, 佐藤茂雄.運動視により局所運動を検出する神経回路網モデルの LSI 化[J]. 日本神経回路学会誌, 2015, 22(4): 152-161.

[36] Zhibo Chen, Wei Zhou, Weiping Li. Blind Stereoscopic Video Quality Assessment: From Depth Perception to Overall Experience[J]. IEEE Transactions on Image

Processing, 2018, 27(2): 721-734.

[37] 熊谷洋平, 木原健, 大塚作一.視差と陰影の奥行き手がかりが矛盾する場合の知覚の個人差[J].電気関係学会九州支部連合大会講演論文集, 2014(0): 274.

[38] Kim Sung-Kyu, Kim Dong-Wook, Kwon Yong Moo, et al. Evaluation of the monocular depth cue in 3D displays[J]. Optics Express, 2008, 16(26): 21415-21422.

[39] 勝山成美. 人間の視覚情報処理～陰影による奥行き知覚の例～[J]. 映像情報メディア学会誌, 2014, 68(1): 46-51.

[40] Marín-Franch I., Del Águila-Carrasco A. J., Bernal-Molina P., et al. There is more to accommodation of the eye than simply minimizing retinal blur[J]. Biomedical Optics Express, 2017, 8(10): 4717-4728.

[41] 山下駿登, 木原健, 林孝典, 等.両眼視差と輪郭に基づく奥行き知覚の個人差に関する検討[J]. 電子情報通信学会技術研究報告, 2012, 111(459): 27-32.

[42] Raymond Phan, Dimitrios Androutsos. Robust Semi-Automatic Depth Map Generation in Unconstrained Images and Video Sequences for 2D to Stereoscopic 3D Conversion[J]. IEEE Transactions on Multimedia, 2014, 16(1): 122-136.

[43] 須田健太, 上倉一人. 一点透視画像の自動分割に基づく立体視画像生成[J]. 映像情報メディア学会技術報告, 2018, 42(6): 69-72.

[44] Seungchul Ryu, Kwanghoon Sohn. No-Reference Quality Assessment for Stereoscopic Images Based on Binocular Quality Perception[J]. IEEE Transactions on Circuits and Systems for Video Technology. 2014, 24(4): 591-602.

[45] 濵﨑一郎. 外眼筋固有知覚の役割[J]. 神経眼科, 2018, 35(2): 167-175.

[46] 佐藤雅之, 三木彩香, 玉田靖明, 等. ヘキサゴンドットステレオテストの拡張：立体視の精度と確度[J]. 視覚の科学, 2017, 38(4): 122-127.

[47] Cutting, J E, Armstrong, K L. Facial expression, size, and clutter: Inferences from movie structure to emotion judgments and back[J]. Attention, Perception & Psychophysics, 2016, 78(3): 891-901.

[48] 大口孝之. 3D(立体視)映像の現状と今後の展開[J]. 映像情報, 2015, 47(6): 99-106.

[49] 四宮孝史, 高橋文男, 三宅信行, 等. 立体画像取得のための両眼立体視能評価方法[J]. 日本交通科学学会誌, 2015, 14(3): 3-14.

[50] S. V. Alekseenko. The neural networks that provide stereoscopic vision[J]. Journal of Optical Technology, 2018, 85(8):482-487.

[51] N. N. Krasil'nikov, O. I. Krasil'nikova. Problems of editing 3D images and video[J]. Journal of Optical Technology, 2018, 85(6): 331-337.

[52] Yan Tao, Zhang Fan, Mao Yiming, et al. Depth Estimation from a Light Field Image Pair with a Generative Model[J]. IEEE Access, 2019, 7(1):12768-12778.

[53] Gerig N, Mayo J, Baur K, et al. Missing depth cues in virtual reality limit performance and quality of three dimensional reaching movements[J]. Plos One, 2018, 13(1):e0189275.

[54] Chen Z, Denison, Rachel N, Whitney David, et al. Illusory occlusion affects stereoscopic depth perception[J]. Scientific Reports, 2018, 8(1):5297.

[55] Su Y, Cai Zhijian, Liu Quan, et al. Binocular holographic three-dimensional display using a single spatial light modulator and a grating[J]. Journal of the Optical Society of America A, 2018, 35(8): 1477-1486.

[56] Mercado S J, Ribes E I, Barrera F. Depth cues effects on the perception of visual illusions[J]. Revista Interamericana De Psicologia/interamerican Journal of Psychology, 2017, 1(2):137-142.

[57] Plewan T, Rinkenauer, Gerhard. Surprising depth cue captures attention in visual search[J]. Psychonomic Bulletin & Review, 2017, 17(10):1-7.

[58] Athena B, Yoonessi Ahmad, Baker Curtis L. Dynamic perspective cues enhance depth perception from motion parallax[J]. Journal of Vision, 2017, 17(1):1-19.

[59] Leimkuehler T, Kellnhofer, Petr, Ritschel, Tobias, et al. Perceptual real-time 2D-to-3D Conversion using Cue Fusion[J]. IEEE Transactions on Visualization & Computer Graphics, 2017, 24(6): 2037-2050.

[60] Reichelt S, Häussler R, Fütterer G, et al. Depth cues in human visual perception and their realization in 3D displays[J]. Plant Archives, 2010, 7690(1):281-290.

[61] Welchman A E, Deubelius, Arne, Conrad, Verena, et al. 3D shape perception from combined depth cues in human visual cortex[J]. Nature Neuroscience, 2005, 8(6):820-827.

[62] Kim S K, Kim D W, Kwon Y M, et al. Evaluation of the monocular depth cue in 3D displays.[J]. Optics Express, 2008, 16(26):21415-21422.

[63] Hu B, Knill D C. Binocular and monocular depth cues in online feedback control of 3D pointing movement[J]. Journal of Vision, 2011, 11(7):74-76.

[64] Lai Y K, Lai Y F, Chen Y C. An Effective Hybrid Depth-Generation Algorithm for 2D-to-3D Conversion in 3D Displays[J]. Journal of Display Technology, 2013, 9(3):154-161.

[65] Jung C, Wang Lei, Zhu Xiaohua, et al. 2D to 3D conversion with motion-type adaptive depth estimation[J]. Multimedia Systems, 2015, 21(5):451-464.

[66] Lee H, Chung, Young-Uk. 2D-to-3D conversion based hybrid frame discard method for 3D IPTV systems[J]. IEEE Transactions on Consumer Electronics, 2017, 62(4):463-470.

[67] Liang Zhang, Vazquez Carlos, Knorr Sebastian. 3D-TV Content Creation: Automatic

2D-to-3D Video Conversion[J]. IEEE Transactions on Broadcasting, 2011, 57(2):372-383.

[68] Yin Shouyi, Dong Hao, Jiang Guangli, et al. A Novel 2D-to-3D Video Conversion Method Using, Time-Coherent Depth Maps[J]. Sensors, 2015, 15(7):15246-15264.

[69] Silva V D, Fernando A, Worrall S, et al. Sensitivity Analysis of the Human Visual System for Depth Cues in Stereoscopic 3-D Displays[J]. IEEE Transactions on Multimedia, 2011, 13(3):498-506.

[70] Fulvio J M, Rokers B. Use of cues in virtual reality depends on visual feedback[J]. Scientific Reports, 2017, 7(1):16009,1-13.

[71] 畑田豊彦, 河合隆史, 半田知也. デジタル技術を駆使した映像制作・表示に関する調査研究[R]. 東京: 財団法人デジタルコンテンツ協会, 2010:6-8.

[72] Kitazaki M, Kobiki H, Maloney L T. Effect of Pictorial Depth Cues, Binocular Disparity Cues and Motion Parallax Depth Cues on Lightness Perception in Three-Dimensional Virtual Scenes[J]. Plos One, 2008, 3(9):e3177.

[73] Gerig N, Mayo J, Baur K, et al. Missing depth cues in virtual reality limit performance and quality of three dimensional reaching movements[J]. Plos One, 2018, 13(1):e0189275.

[74] Mather G, Smith D R. Depth cue integration: stereopsis and image blur[J]. Vision Research, 2000, 40(25):3501-3506.

[75] Yu X, Sang X, Gao X, et al. Large viewing angle three-dimensional display with smooth motion parallax and accurate depth cues[J]. Optics Express, 2015, 23(20):25950-25958.

[76] Woldegiorgis B H, Lin C J, Liang W Z. Impact of parallax and interpupillary distance on size judgment performances of virtual objects in stereoscopic displays[J]. Ergonomics, 2018(2):1-31.

[77] Smith G, Atchison D A. The Eye and Visual Optical Instruments[M]. Cambridge, Cambridge University Press, 1997.

第3章 眼镜式 3D 显示技术

眼镜式 3D 显示技术通过眼镜的立体通道分离作用，把屏幕上的立体图像对分割成进入左眼的左眼视差图像与进入右眼的右眼视差图像。根据立体通道具体分离技术的不同，眼镜式 3D 显示技术分为色差式 3D 显示技术、偏光式 3D 显示技术和快门式 3D 显示技术。

3.1 色差式 3D 显示技术

色差式 3D 显示技术处理的是特定波长光线的分离与复合，根据波长分离方法的不同分为宽带分色 3D 显示技术和窄带分色 3D 显示技术。

3.1.1 颜色视觉理论与分色 3D 显示

当眼睛接受光的刺激时，眼睛的生理结构特征会影响人对色彩的感觉，使人眼感知到的色彩未必与客观存在的物理光色相符。这种色彩物理性质之外的色彩视觉生理特征，可以用于 3D 显示。

1. 颜色视觉理论

在视神经系统中有三种反应：光反应、红-绿反应、黄-蓝反应。对于视觉中红-绿、黄-蓝这四种对立色的科学验证符合赫林四色学说。四色学说以视觉现象为依据，曾经以白-黑、红-绿、黄-蓝三对视素对立过程的组合，解释了产生各种颜色感觉和颜色混合现象的原因。红-绿，黄-蓝，一正一负的对立反应，就产生补色反应：红-绿反应分为红兴奋、绿抑制和绿兴奋、红抑制两种反应；黄-蓝反应分为黄兴奋、蓝抑制和蓝兴奋、黄抑制两种反应。

根据补色的视觉原理，如果两种颜色能产生灰色或黑色，则这两种颜色就是互补色。互补色的配合是调和的，因为人在注视某一颜色时，总是欲求与此相对应的补色来取得生理的补充平衡。把某一种颜色称为对比色，完全不含对比色彩的颜色就称为补色。在图 3-1 所示的色相环中，位于直径两端的两种颜色相距 180°，色距最远，对比关系最强烈。这在色彩学中被称为互补色相对比，就视觉来讲则是强对比。对比色与它的补色靠近时，看起来更鲜艳：蓝色显得更蓝，橙色显得更橙。

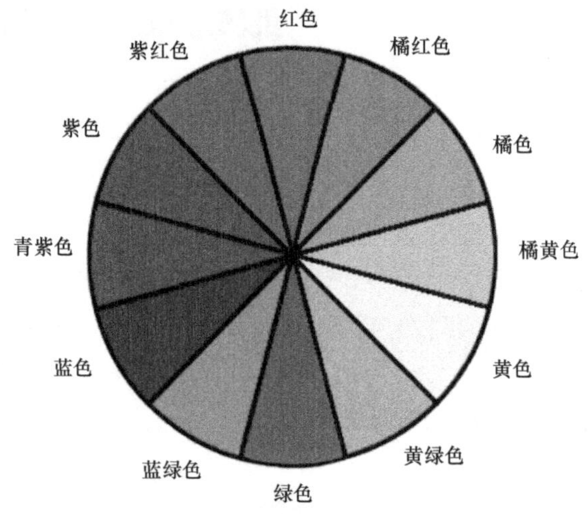

图 3-1　色相环中的互补色

补色的定义是在减色法系统中被其中某种原色吸收的颜色。青的补色是红，品红的补色是绿，而黄的补色是蓝。人眼看到的颜色是经物体反射或透过的色彩，所以把一个品红色滤光片叠加在一个黄色滤光片上，看上去就会呈现红色，因为品红色吸收了绿色并反射或透过红色和蓝色，而黄色吸收了蓝色并反射或透过红色和绿色，它们都可以反射或透过的颜色就是红色，所以看到了红色。

2．分色 3D 显示原理

加色法系统中的 RGB 三原色，或者减色法系统中的 CMY 三原色，每种颜色都具有独立性。三原色可以合成其他任何一种可见光的颜色，三原色中任何一颜色都不能用其余两种颜色合成。基于这种颜色独立性形成的分色 3D 显示技术，其原理与图 3-2 所示的光通信波分复用技术原理类似。对每个独立的颜色（一般为两个互补色）进行数据（文本、视频等）调制后叠加在同一个显示面上，每个独立的颜色数据都在它独有的色带内传输，当用滤波镜片把独立的颜色数据分离出来分别送入左右眼后，根据双目视差原理在大脑中合成一幅 3D 图像。

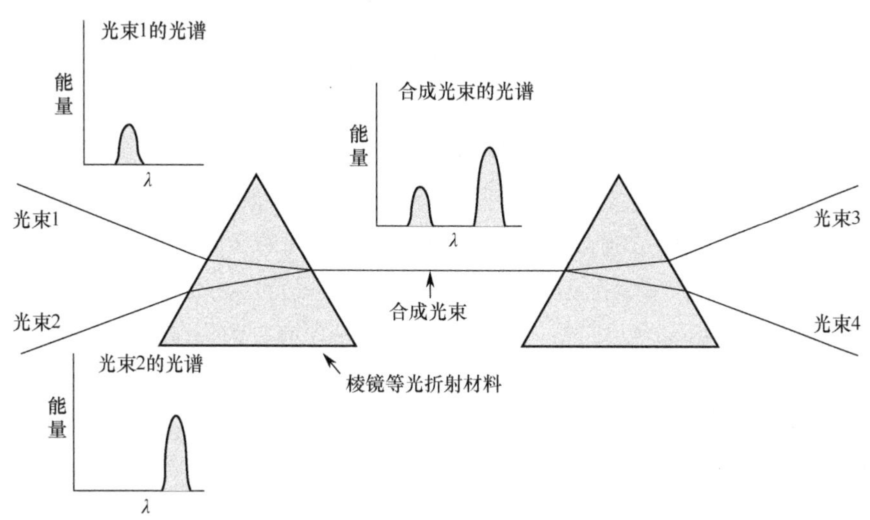

图 3-2　光通信波分复用技术原理

分色 3D 显示技术最常见的应用是利用互补色原理生成红/蓝（青）3D 图像，实现 3D 显示。3D 图像是由显示屏上存在的两幅经过滤光并存在一定位错的图像叠合而成。其中，一幅图像被滤去了红色而呈青色，被左边的青色眼镜片过滤后进入左眼，叠合时稍微偏左（或偏右）；另一幅图像被滤去了蓝色和绿色而呈红色，被右边的红色眼镜片过滤后进入右眼。由于红/青两色为互补色，红色镜片会滤掉画面中的绿色，青色镜片会滤掉画面中的红色，这样就确保了左眼只能看到青色图像，右眼只能看到红色图像。分别进入左右眼的两幅图像，有的成像点重合时为零视差，立体感知位置在显示屏上；有的成像点重合时为正视差，立体感知位置在显示屏后方；有的成像点重合时为负视差，立体感知位置在显示屏前方，综合后就是一幅 3D 图像。

3.1.2　宽带分色 3D 显示技术

宽带分色 3D 显示技术使用两种宽带滤波镜片分别承载颜色互补的左眼图像和右眼图像，叠加复合后形成左右微错的分色图，通过大脑的融合形成 3D 显示效果。根据宽频带分色眼镜使用效果的不同，宽带分色 3D 显示技术分为黑白双色眼镜法和彩色双色眼镜法。

1. 黑白双色眼镜法

根据分色系统的不同，黑白双色眼镜法分为减色法和加色法两种方式。

减色法主要用于印刷图像，也曾经用于 3D 电影。用减色法放映 3D 电影时，把印有视差图像对的左右眼图像的两条胶片分别染成红色和青色（或其他两种互补的颜色），用两台放映机同步地将其叠映成一个画面。也可以将立体图像对中的左右眼视差图像印到同一条胶片的正反两面，并使左右眼视差图像分别为红色和青色，然后用单台放映机放映。观众的眼镜片左眼为青色滤光片，右眼为红色滤光片，即眼镜的颜色和所看图像的颜色互为补色。所以，通过滤光片看到的图像既不是红色，也不是蓝色，而是黑白色。

加色法是用两台放映机同步放映两条分别印有视差图像对的左右眼视差图像的胶片，在银幕上形成叠加的双影图像。在左、右放映机镜头前，分别加装红色和青色滤光片。观众的左眼镜片为红色滤光片，右眼镜片为青色滤光片，使左眼和右眼只能分别看到左机和右机所放映的互补色图像，最后合成 3D 视觉感受。

黑白双色眼镜 3D 显示方法简便易行。但由于红/青眼镜有严重的遮蔽感，同时画面上 3D 纵深感和偏色问题都大大影响了观看效果。如图 3-3 所示，由于每只眼睛接收到的视差图像都经过眼镜的光谱过滤，所以亮度、颜色饱和度都被滤掉了一部分，看到的 3D 图像比实际的 2D 图像亮度要低，颜色要淡，看到的左右眼视差图像存在一定程度的相互串扰，无法还原被显示图像的真实颜色。再加上不同波长的光分别进入两眼，容易造成视疲劳。

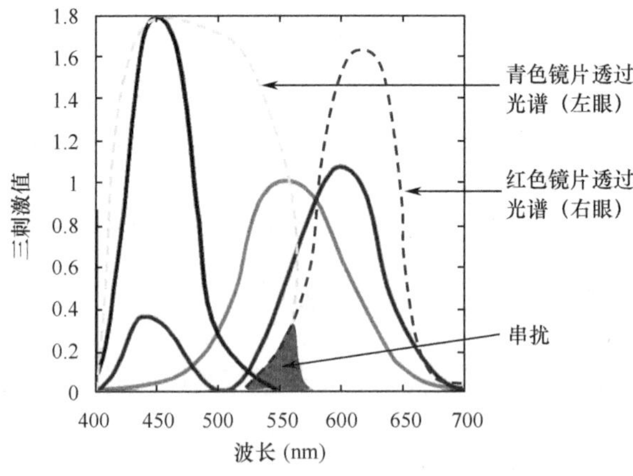

图 3-3　经宽带滤光的双波段光谱

2. 彩色双色眼镜法

人眼的水晶体相当于一块凸透镜，对蓝光的焦距总要比对红光和绿光的焦距短一些。彩色双色眼镜法就是利用红色和绿色图像来抓住景物的细节，把含有景物细节的红/绿视差图像独立地分配给左眼（或右眼），把带有深度线索的蓝色图像分配给右眼（或左眼）。由于右眼几乎看不到红/绿图像，因而可使蓝色图像对焦更精确。

利用这种原理开发的 ColorCode 3D 系统由两个部分组成：一个是图像编码处理工艺，提供符合特定要求的视差图像对，左眼视差图像由红色和绿色两种原色组成，右眼视差图像由蓝色组成；另一个是双色眼镜，由一对相互匹配的具有复合光谱曲线的滤光片构成，左眼镜片为琥珀色（即红绿色光的混合色），右眼镜片为蓝色。

从本质上看，色彩信息通过琥珀色滤光片传递，而视差信息则通过蓝色滤光片传递。当不戴任何滤光片，用裸眼观看 ColorCode 3D 影像时，所看到的图像实质上与普通彩色图像相近，只是其反差略高，并且在远方及边缘明锐的物体周边有模糊的金色及青色水平晕边出现。一旦戴上 ColorCode 观看器则上述晕圈自然消失，色彩平衡重新建立，所见图像立即变为彩色 3D 图像。

3.1.3　窄带分色 3D 显示技术

窄带分色 3D 显示技术使用窄带滤波器分离左右眼图像。基于光谱分离技术的 3D 显示通过窄带三基色分别滤波和复用，可以实现彩色 3D 显示。但是，与其他 3D 显示技术相比，窄带分色 3D 显示技术的色彩饱和度偏低。

1. 光谱分离 3D 显示

人眼对红色、绿色、蓝色光的感知各有一个光谱范围。在表 3-1 所示的以光谱峰值响应波长 λ_{max} 为中心的半峰响应宽度 $\Delta\lambda$ 范围内，人眼都能很好地识别出三原色。即在红、绿、蓝三基色的峰值响应波长上，人眼对三原色的光谱是最敏感的；而在半峰响应宽度内，人眼对三原色是可识别的。

表 3-1　人眼对红、绿、蓝三原色的光谱峰值响应波长和半峰响应宽度

三原色	光谱峰值响应波长 λ_{max}（nm）	半峰响应宽度 $\Delta\lambda$（nm）
红色	600	70
绿色	550	80
蓝色	450	60

光谱分离技术的实现原理如图 3-4 所示。将彩色的图像信号在光谱红色区、绿色区和蓝色区各分出两个更窄的光谱带，峰值波长较短的 RGB 窄带光谱构成一组，作为左眼光谱图；峰值波长较长的 RGB 窄带光谱构成另外一组，作为右眼光谱图。左右眼光谱图上的 RGB 窄带光谱分别对应左右眼视差图像的信息，保证左右眼视差图像对的高度分离。

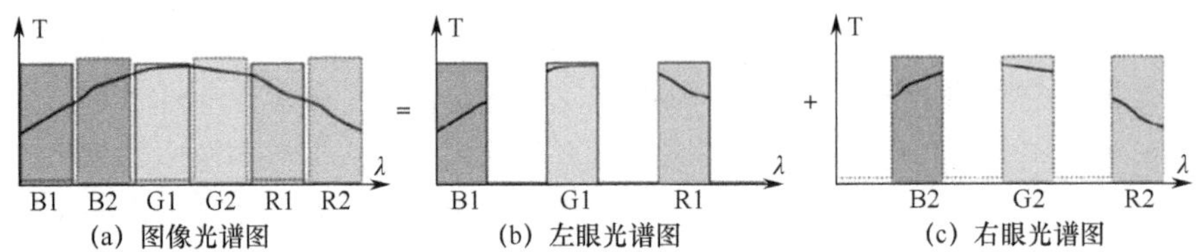

图 3-4　光谱分离技术的实现原理

采用图 3-5 所示的光谱分离技术,分离出来的左右眼光谱都是窄光谱带。实际使用时，为了消除同色干扰，光谱带将更窄。所以，光谱分离 3D 彩色显示技术属于窄带分色 3D 显示技术。如图 3-5 所示，在红、绿、蓝三原色的半峰响应宽度内，对左右眼视差图像的红、绿、蓝光谱进行滤波，分别过滤出对应左右眼视差图像的峰值波长不同的两组透射窄带光谱。例如，在 Δλ 允许的范围内选两组红、绿、蓝窄带光谱，其峰值波长分别为：①红 / 629 nm，绿 / 532 nm，蓝 / 446 nm；②红 / 615 nm，绿 / 518 nm，蓝 / 432 nm。左右视差图像的信息由这两组红、绿、蓝窄带光谱传递，从而实现左右视差图像的高度分离。

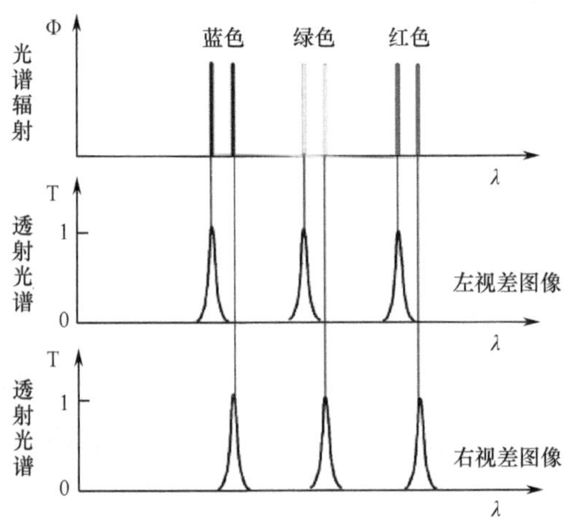

图 3-5　红、绿、蓝三原色的光谱分离技术

采用滤波片和投影机的组合，可以容易地实现光谱分离 3D 显示。通过特定的滤波片对左右眼视差图像进行光谱滤波，从而得到具有特定光谱的左右图像；滤波后的左右图像分别通过两台投影机投射到屏幕上，观看时佩戴对应的窄带滤波眼镜，左右眼就只能看到对应的视差图像，从而形成彩色 3D 图像。

光谱分离 3D 显示技术采用光谱分离的方法实现左右眼立体图像的分离，根据不同色光的波长不同将图像进行区分，没有任何的信号转换处理过程，实现左右眼立体图像的高度分离。

2. 时间分色 3D 显示

除采用两个 RGB 颜色过滤膜片的空间分色法外，还可以采用高速转动 RGB 分色色轮或倍频驱动的时间分色法。

采用 120Hz 或 240Hz 倍频驱动的 LCD 先后显示左右眼视差图像，通过光谱分离原理进行编码，使每幅图像具有 A 组和 B 组两组不同的 RGB 窄带光谱。显示第一帧画面时，LED 背光源先发出对应 A 组的 RGB 窄带光谱光源，经过窄带滤波眼镜的左眼滤波作用，只让左眼视差图像进入左眼。显示第二帧画面时，LED 背光源随后进行切换，发出对应 B 组的 RGB 窄带光谱光源，经过窄带滤波眼镜的右眼滤波作用，只让右眼视差图像进入右眼。在时间上先后分离的左右眼视差图像进入人眼后，形成 3D 图像。

3.2　偏光式 3D 显示技术

偏光式 3D 显示技术是通过偏振光处理结构把显示屏上的视差图像对转换为偏光状态呈正交关系的左右眼视差图像，再使用偏光眼镜把左右眼视差图像分开，分别进入左眼和右眼合成 3D 显示效果。偏光式 3D 显示技术一般用于 LCD，如果用于 PDP 和 OLED 等自发光显示器，需要先贴上偏光板以形成偏振光。根据偏振光的分光方法不同，分为被动偏光式、主动偏光式等偏光式 3D 显示技术。

3.2.1　偏振光与 3D 显示

偏光式 3D 显示的核心是偏光板对偏振光的选择性吸收或透过，从而实现左右眼视差图像的分离。偏振方向与偏光片偏光轴垂直的光被吸收，与偏光片偏光轴平行的光被透过。

1. 光的偏振特性

光分为相互正交的电场和磁场，沿一个方向向前传播，在垂直前进方向的平面上，可以用电场矢量（末端的点）描述的光称为偏振光。如图 3-6（a）所示，光振动方向和前进方向构成的平面叫作振动面，振动面只限于某一固定方向的光叫作线偏振光。普通光源发出的自然光，振动面不只限于一个固定方向，而是在各个方向上均匀分布。除线偏振光外，还有如图 3-6（b）所示的圆偏振光和图 3-6（c）所示的椭圆偏振光。光矢量端点在垂直于光传播方向的截面内描绘出圆形轨迹时，称为圆偏振光。光矢量端点在垂直于光传播方向的截面内描绘出椭圆轨迹时，称为椭圆偏振光。可见，光的偏振状态是由光的电场矢量方向和相位共同决定的。

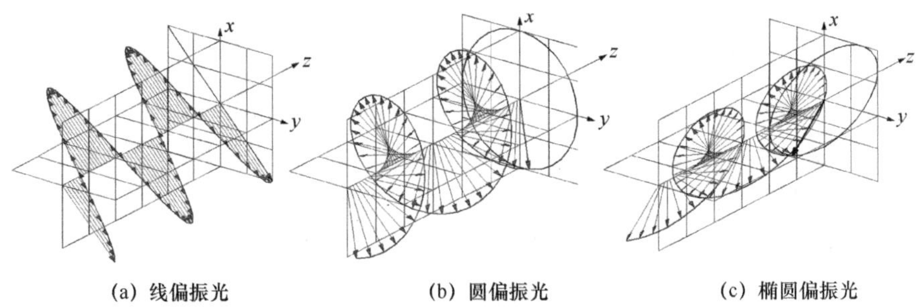

图 3-6 偏振光的分类图解说明

图 3-6（a）所示的直线偏振光在 x 轴和 y 轴上的投影，可以用 E_x 成分和 E_y 成分的波进行定义。如图 3-7（a）所示，相互正交的 E_x 成分的波和 E_y 成分的波以同一个方向传播，相同时间（以 t_1、t_2、t_3、t_4 时间为序）各自对应的 E_x 成分波和 E_y 成分波合成的矢量端点 A、B、C、D 都在同一条直线上，没有相位差。

图 3-6（b）所示的圆偏振光，分解后的 E_x 成分波和 E_y 成分波，振幅相同，相位差为 90°。如图 3-7（b）所示，以 t_1、t_2、t_3、t_4、t_5、t_6、t_7、t_8 时间为序，合成的矢量端点 A、B、C、D、E、F、G、H 连成一个圆形。

图 3-6（c）所示的椭圆偏振光，分解后的 E_x 成分波和 E_y 成分波，振幅不同，相位差为 0°～90°。如图 3-7（c）所示，以 t_1、t_2、t_3、t_4、t_5、t_6、t_7、t_8 时间为序，合成的矢量端点 A、B、C、D、E、F、G、H 连成一个椭圆形。

椭圆偏振光是一般的偏振光，直线偏振光和圆偏振光是两种特殊的偏振

光。圆偏振光和椭圆偏振光都有左旋和右旋之分。在矢量图上，电矢量振动方向逆时针方向旋转的，称为左旋偏振光；反之为右旋偏振光。图 3-7（b）为左旋圆偏振光，图 3-7（c）为左旋椭圆偏振光。

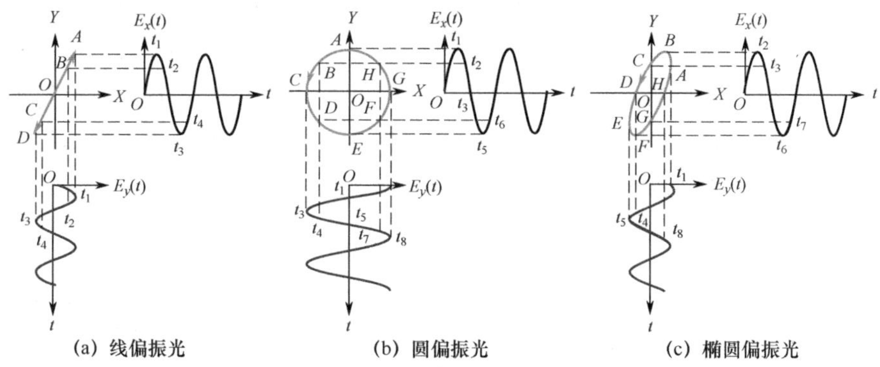

图 3-7　偏振光的分类分解说明

2. 偏光式 3D 显示的发展

偏光式 3D 显示技术有一个从线偏振光 3D 显示到圆偏振光 3D 显示，从 3D 电影到 3D 电视的发展过程。用线偏振光和圆偏振光进行 3D 显示如图 3-8 所示。用线偏振光进行 3D 显示，要求使用者保持左右两眼的视线在同一水平面内，即头部不偏斜，以保证左右眼镜片的偏光状态分别与屏幕上左右眼视差图像的偏光状态保持一致。否则，左右眼视差图像之间会相互串扰，影响 3D 显示效果。采用圆偏振光进行 3D 显示，可以消除线偏振光的上述缺陷。

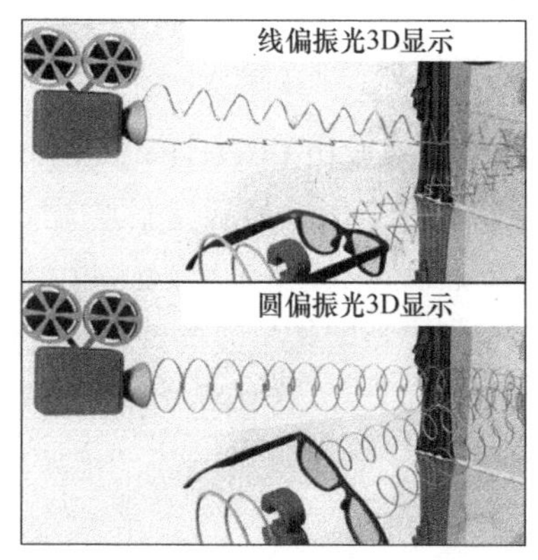

图 3-8　用线偏振光和圆偏振光进行 3D 显示

在 3D 电影中使用的投影型偏光 3D 显示，一般采用单投影机偏振光 3D 显示系统，不但可以避免双投影系统的高成本问题，而且不需要对投影图像进行校正。以 RealD 3D 系统为例，其原理是在一台投影机前放置一个偏振光转换器，投影机以 144（24×3×2）帧/秒的频率交替放映左右眼视差图像，左右眼视差图像通过偏振光转换器后，被逐个变换为左旋或右旋圆偏振光的左眼视差图像和右眼视差图像，依次投向高增益金属银幕。投射到金属银幕上的偏振光经过反射后保持其原有的偏振方向。而观众所佩戴偏振眼镜的左右镜片分别为左旋偏振镜片与右旋偏振镜片。经过偏振镜片的分离，左眼看到左眼视差图像，右眼看到右眼视差图像。经过大脑的合成，最终呈现出来的是一幅 3D 图像。

在偏光式 3D 电视中，一般在 LCD 显示屏上贴条状间隔排布的延迟膜，使奇数行与偶数行分别形成左（右）旋圆偏振状态的视差图像与右（左）旋圆偏振状态的视差图像。经过所佩戴偏振眼镜的左右镜片的分离作用，左眼只能看到左眼视差图像，右眼只能看到右眼视差图像，经过大脑的合成获得 3D 视觉感知。

3.2.2 被动式偏光 3D 显示技术

被动式偏光 3D 显示技术使用图案化的延迟膜分离出左旋和右旋圆偏振光的左右眼视差图像，并同时传输给偏光眼镜。典型的图案化延迟膜是 Pattern Retarder 膜，也称 Micro-Retarder 膜。这种技术使用 Pattern Retarder 膜进行奇偶行空间分割，使左右视差图像的垂直分辨率下降一半，但是 3D 显示无闪烁。

1. 被动式偏光 3D 显示原理

被动式偏光 3D 显示装置主要由 LCD、Pattern Retarder 膜和偏光眼镜组成。如图 3-9 所示，LCD 以隔行的形式显示偏振方向相同的左右眼视差图像。Pattern Retarder 膜由一片 $\lambda/4$ 延迟膜和一片 $\lambda/2$ 与 0λ 间隔排布的延迟膜组合而成。LCD 显示屏上显示的视差图像呈线偏振状态，经过 $\lambda/4$ 波片后呈 45° 的左旋圆偏振状态，再经过 $\lambda/2$ 与 0λ 间隔排布的延迟膜后奇数行组成的视差图像呈 135° 的右旋圆偏振状态，而偶数行组成的视差图像仍然呈 45° 的左旋圆偏振状态。因为左眼镜片的偏光状态为 45° 的左旋圆偏振，所以只有偶数行组成的视差图像才能进入左眼；而右眼镜片的偏光状态为 135° 的右旋圆偏振，所以只有奇数行组成的视差图像才能进入右眼。分别进入左右眼的两幅视差图像合成后在人脑中形成 3D 视觉感受。

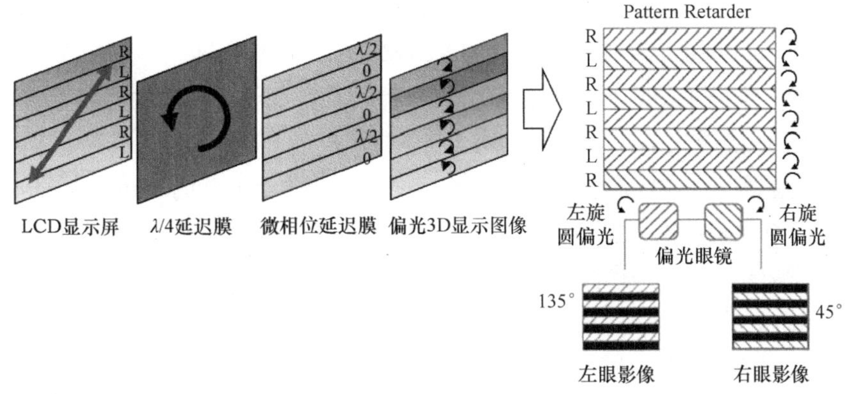

图 3-9　被动式偏光 3D 的分光原理

Pattern Retarder 膜是形成有许多微小而且相间的条状相位延迟膜，每一条相位延迟膜的宽度与 LCD 每一行像素的宽度相同，作用是把 LCD 发出的线偏振光透过上下行相位延迟膜后交替输出右旋圆偏振光和左旋圆偏振光。将 LCD 显示屏上由奇数行和偶数行显示的视差图像的偏振状态转换成正交状态。根据所用基材的不同，Pattern Retarder 膜分为玻璃式和薄膜式两种。

玻璃偏光式 Pattern Retarder 需要在玻璃衬底上依次分布遮光条纹、取向膜和具有偏光功能的液晶层。遮光条纹的制作及功能类似于彩色滤光片上的黑色矩阵。用制作遮光条纹的材料制作微米级的对位标记，可以保证玻璃偏光式 Pattern Retarder 与 LCD 贴合时的微米级精确对位。但是，遮光条纹的存在会牺牲部分开口率，使装置在 2D 和 3D 显示时的亮度分别只有显示屏原有亮度的 65%和 25%左右。并且，玻璃衬底会使整个装置加重加厚。

薄膜偏光式 Pattern Retarder 可以使整个装置更加轻薄。由于在薄膜衬底上不需要设计遮光条纹，所以 2D 显示时的亮度高达 85%，不过 3D 显示时的亮度只有 21%。因为，薄膜偏光式 Pattern Retarder 与 LCD 的贴合原理类似于偏光板与 LCD 的贴合，对位精度在亚毫米级。

2．被动式偏光 3D 显示的品质提升对策

被动式偏光 3D 显示不需要 LCD 倍频驱动，所以 3D 显示没有闪烁感。

在理想的贴合情况下，3D Crosstalk 小于 1%。但是，当 Pattern Retarder 与 LCD 贴附精度发生偏差时，给左眼的视差图像会被右眼看到，或给右眼的视差图像会被左眼看到，导致 3D Crosstalk 加重。改善 3D Crosstalk 的基本对策是在 Pattern Retarder 上下行（$\lambda/4$ Retarder 和 $3\lambda/4$ Retarder）分界处加上遮光条纹，或把 LCD 上下行之间的黑色矩阵加宽。不过，这些对策都会降低 2D 显示时的透光率。

为避免降低 2D 显示时的透光率，可以采用表 3-2 所示的 Pattern Retarder 遮光条纹内置技术，主动选择 2D 和 3D 显示时的黑色矩阵（遮光条纹）宽度。在 2D 显示时，辅助像素 P_1 的显示内容与主像素的显示内容一致，因为在 Pattern Retarder 上不需要设计遮光条纹，所以 2D 显示不会因遮光条纹的存在而影响透光率。进行 3D 显示时，辅助像素 P_1 显示黑态，形成减缓 3D crosstalk 的黑色矩阵（遮光条纹），提升 3D 显示画质。

表 3-2　Pattern Retarder 遮光条纹内置技术

	LCD 像素显示	3D 显示整体效果
2D 显示	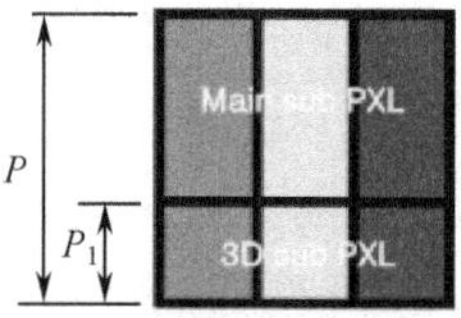 P　P_1　Main sub PXL　3D sub PXL	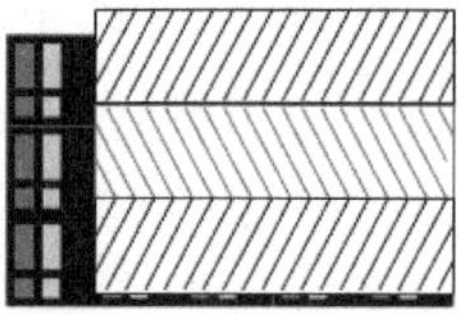
3D 显示	 Main sub PXL	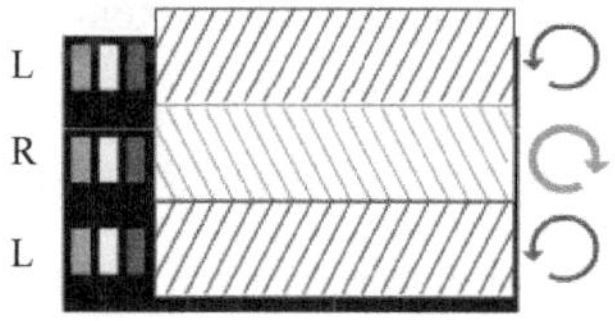 L　R　L

Pattern Retarder 上下分层结构的存在，使偏光式 3D 显示的垂直视角受限。为增加垂直视角和观看距离，一般采用在 Pattern Retarder 条纹间追加黑色矩阵的对策，或采用如图 3-10 所示的玻璃基板减薄对策。在 Pattern Retarder 上追加黑色矩阵对降低 3D Crosstalk 也有帮助，但会降低 2D 显示时的透光率。所以，LCD 玻璃基板薄化是改善垂直视角与 3D Crosstalk 的有效途径。玻璃基板减薄的极致表现就是把 Pattern Retarder 内置于 LCD，因为制作 Pattern Retarder 薄膜的取向膜工艺和液晶工艺与现有的 LCD 工艺兼容。

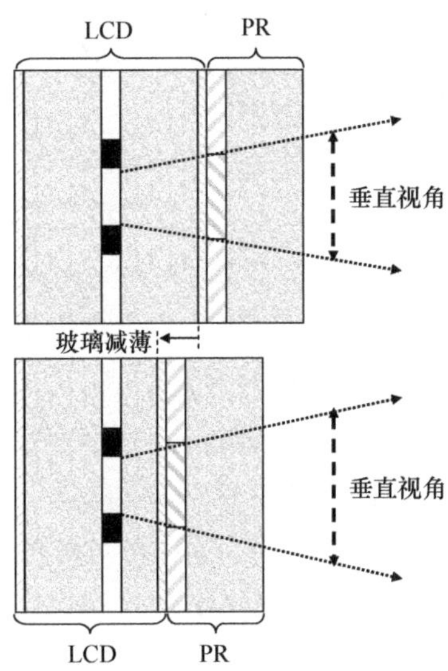

图 3-10　玻璃基板减薄前后比较

3.2.3　主动式偏光 3D 显示技术

主动式偏光 3D 显示技术用具有开关功能的 Active Retarder 面板代替 Pattern Retarder 膜，通过“时间换空间”方式选择性地前后整面输出左旋圆偏振光视差图像和右旋圆偏振光视差图像。从而避免被动式偏光 3D 显示技术出现的垂直分辨率下降问题，以及由于 LCD 黑色矩阵加宽或 Pattern Retarder 追加遮光条纹带来的 2D 显示透光率下降问题。但是，Active Retarder 面板需要与 LCD 同步进行 120Hz 高频驱动，并且面板的偏光角度调整不易，戴上眼镜后容易看到 3D Crosstalk 和色偏。

1．主动式偏光 3D 显示原理

Active Retarder 面板的基本结构由液晶盒 LC Cell 和 λ/4 Retarder 膜贴合而成，相当于一个开关 LCD。LC Cell 的作用是在电压控制下，同步响应 LCD 的显示画面，在时间上把前后两帧视差图像的偏光状态先后转换成互相正交的线偏振状态：上一帧偏振方向保持，下一帧偏振方向偏转 90°。LC Cell 没有偏光板和 CF，要求液晶快速响应，使光线在两帧时间内偏振方向垂直切换。λ/4 Retarder 膜的作用是把从 LC Cell 出来的线偏光分别转换为呈 45° 的左旋圆偏振状态和呈 135° 的右旋圆偏振状态，采用圆偏振光进行 3D 显示。相应地，左右眼镜片的偏光状态分别为 45° 的左旋圆偏振和 135° 的右旋圆偏振。

在主动式偏光 3D 显示技术中，LCD 显示屏与液晶盒 LC Cell 都需要倍频驱动，LC Cell 一般为 TN 或 OCB 显示模式。

图 3-11 给出了主动式偏光 3D 显示的基本原理。在第一帧时间里，TN 模式的 LC Cell 在外加电压作用下使液晶分子垂直玻璃基板站立，LCD 同步显示的线偏振视差图像经过 LC Cell 后没有改变偏振状态，再经过 λ/4 Retarder 膜后呈 45° 的左旋圆偏振状态。由于左眼镜片的偏光状态为 45° 的左旋圆偏振，所以这帧视差图像只能进入左眼。在第二帧时间里，LC Cell 在没有外加电压作用下，使 LCD 显示的右眼视差图像的线偏振被旋转 90°，再经过 λ/4 Retarder 膜后呈 135° 的右旋圆偏振状态。由于右眼镜片的偏光状态为 135° 的右旋圆偏振，所以这帧视差图像只能进入右眼。分别进入左右眼的视差图像在人脑中合成后，形成 3D 视觉感受。

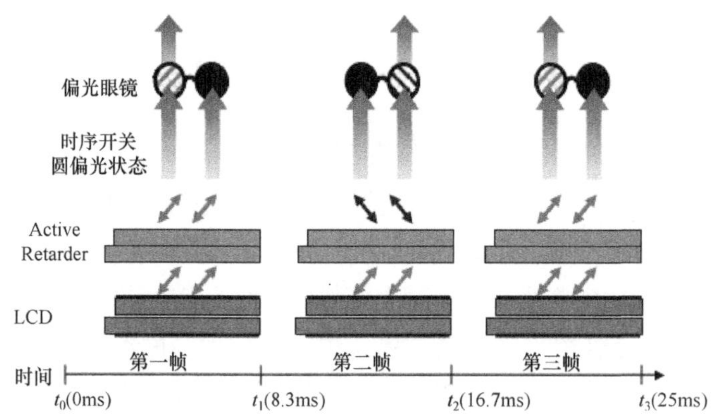

图 3-11　主动式偏光 3D 显示的基本原理

2. Scanning Retarder 模式

在主动式偏光 3D 显示时，输出显示画面的 LCD 与调整 LCD 输出光偏振状态的 LC Cell，必须同步工作。LCD 显示是从上到下逐行扫描，扫描完所有行后才能显示完整的画面。如果等到整个画面扫描结束后再打开 LC Cell 进行偏光状态的调整，画面的亮度将严重下降。并且，对 LC Cell 的液晶响应速度要求也非常高。另外，LCD 和 LC Cell 中液晶响应时间的存在会加重 3D Crosstalk。

为了降低 3D Crosstalk，减少 LC Cell 液晶响应速度的限制，提高 LC Cell 对 LCD 画面偏振光作用时间，可以采用如图 3-12 所示的扫描偏光式（Scanning Retarder）技术：LCD 和 LC Cell 同步，LCD 画面扫过一行，

LC Cell 打开一行，λ/4 Retarder 膜输出一行圆偏振光视差图像。与此同时，LCD 背光源上下分区点亮和熄灭，从上往下依次点亮。一般情况下，LC Cell 是分块驱动的无源矩阵 LCD。

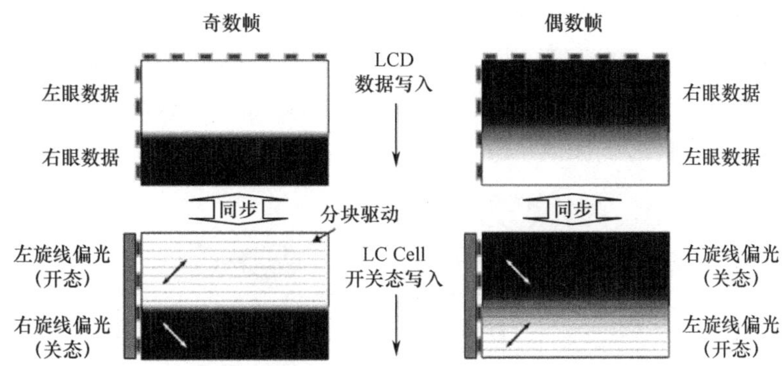

图 3-12　LCD 和 LC Cell 同步工作原理

3.2.4　双屏式偏光 3D 显示技术

为解决偏光 3D 显示图像的垂直分辨率减半问题，发展了双屏式偏光 3D 显示技术。采用上下 LCD 堆叠的 iZ3D 显示技术或采用半反射镜方式合成两块垂直放置的 LCD 显示屏视差图像，都可以实现分辨率没有损失的偏光 3D 显示图像。

1. iZ3D 显示技术

iZ3D 显示采用双 LCD 显示屏上下堆叠技术，上下两个 LCD 分别贴附偏光轴互相垂直的偏光片，下方 LCD 显示屏控制视差图像的亮度，上方 LCD 显示屏控制视差图像的偏光状态。通过偏光眼镜的分离作用，左右眼分别接收下方 LCD 的左右眼视差图像。

如图 3-13 所示，iZ3D 显示技术的下方 LCD 输出左眼视差图像和右眼视差图像的合成画面，上方 LCD 显示屏以子像素为偏光控制单位，把 LCD 输出的线偏振光转为椭圆偏振光，分别把不同的灰阶画面（亮度）分配给左右眼。戴上配套的偏光眼镜，就能看到 3D 显示效果。

在图 3-13（a）中，上方 LCD 显示屏的子像素 A，在灰阶电压 V_A 的控制下转动液晶分子的角度，使出射光线呈 45° 圆偏振状态，透过子像素 A 的灰阶亮度只能透过右眼镜片，所以只能进入右眼，不能进入左眼。

在图 3-13（c）中，上方 LCD 显示屏的子像素 C，在灰阶电压 V_C 的控制下转动液晶分子的角度，使出射光线呈 135° 圆偏振状态，透过子像素 C 的灰阶亮度只能透过左眼镜片，所以只能进入左眼，不能进入右眼。

在图 3-13（b）中，上方 LCD 显示屏的子像素 B，在灰阶电压 V_B 的控制下转动液晶分子的角度，使出射光线呈除 45° 和 135° 之外的偏振状态，透过子像素 B 的灰阶亮度同时透过左眼镜片和右眼镜片，进入左右眼的亮度取决于透过子像素 B 的偏振光与左眼镜片和右眼镜片偏光轴的交叉角度。

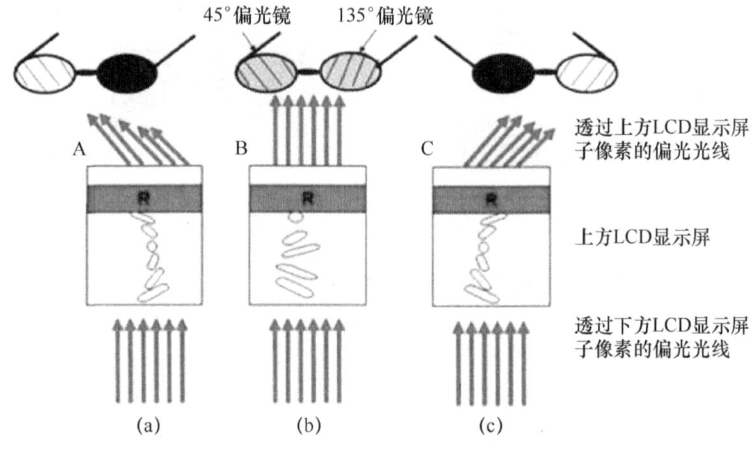

图 3-13　iZ3D 工作原理

iZ3D 显示屏的每个子像素同时给左眼和右眼提供一个灰阶亮度，所以在同一帧显示画面上同时包含了左眼视差图像和右眼视差图像。因此，iZ3D 显示技术的分辨率不会降低，图像也不存在闪烁感。但为了保证能够精确控制透过子像素 B 的偏振光与左眼镜片和右眼镜片偏光轴的交叉角度，iZ3D 显示技术不适用于存在明显色偏现象的显示面板。此外，iZ3D 显示技术以子像素为偏光控制单位，算法复杂。

2. 半反射镜方式的偏光 3D 显示技术

如图 3-14 所示，半反射镜方式的偏光 3D 显示系统使用了两块 LCD 显示屏及一块半反射镜。将拍摄的左眼和右眼视差图像分别显示在两块 LCD 显示屏上，并在两块 LCD 显示屏之间设置半反射镜，用半反射镜区分两块 LCD 显示屏上各自视差图像的偏光角。半反射镜让下侧显示屏的视差图像直接透过，而将上侧显示屏的视差图像像普通镜子一样反射出去。半反射镜反射上侧 LCD 显示屏的图像，所以需要事先使输入视差图像上下反转。半反射镜具有使透射光的偏光轴角度旋转 90° 的功能，便可区分透过半反射镜的图像与反射图像的偏光状态。佩戴左右眼镜片具有不同角度偏光滤光功能的眼镜观看半反射镜，则左眼视差图像进入左眼，右眼视差图像进入右眼，形成 3D 视觉感受。

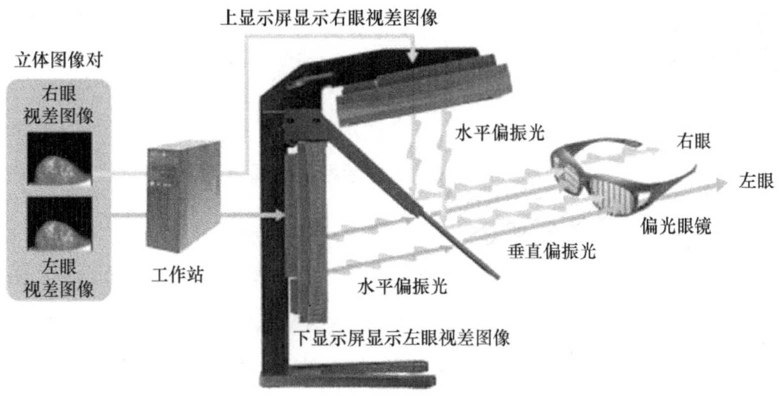

图 3-14　半反射镜方式的偏光 3D 显示原理

资料来源：根据 EIZO 资料整理。

3.3　快门式 3D 显示技术

主动快门式 3D 显示技术以时序交替的方式显示左右眼视差图像，分别通过同步时序的快门眼镜的左右镜片，进入人眼后合成 3D 显示图像，属于时分式 3D 显示技术。

3.3.1　快门式 3D 显示的基本原理

快门式 3D 显示系统的基本结构如图 3-15 所示，主要由高频驱动的显示器、快门眼镜和控制器组成。显示器的画面刷新频率一般为 120Hz，连续交替显示左右眼视差图像。快门眼镜的镜片液晶单元通常采用盒厚只有 2μm 的 TN 液晶显示模式，不加电压时让画面通过镜片，加电压后阻止画面通过。控制器控制左右视差图像以帧频进行切换，并把帧频信号送往快门眼镜以驱动眼镜左右镜片以同步的帧频交替开关，保证快门眼镜的开关状态与左右眼视差图像的切换状态一致。同时，安装在显示器上的红外信号发射器同步控制快门眼镜的左右镜片开关，使左右眼能够在正确的时刻看到相应视差图像，提高观看自由度。

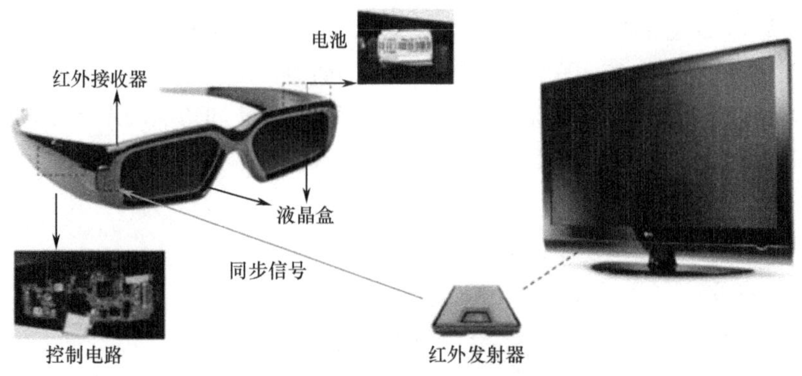

图 3-15　快门式 3D 显示系统的基本结构

快门眼镜的左右镜片是可以分别控制开闭的两扇小窗户。如图 3-16 所示，显示器在第 *n* 帧显示右眼视差图像时，快门眼镜接收来自显示器的同步信号，使右眼镜片透过图像同时遮住左眼；在第 *n*+1 帧显示左眼视差图像时，快门眼镜接收来自显示器的同步信号使左眼镜片透过图像同时遮住右眼。由于左右眼视差图像都在不低于 120Hz 的高频下进入人眼，在视觉暂留作用下，左右眼相当于同时看到对应的视差图像，经过大脑的融合就能看到 3D 图像。

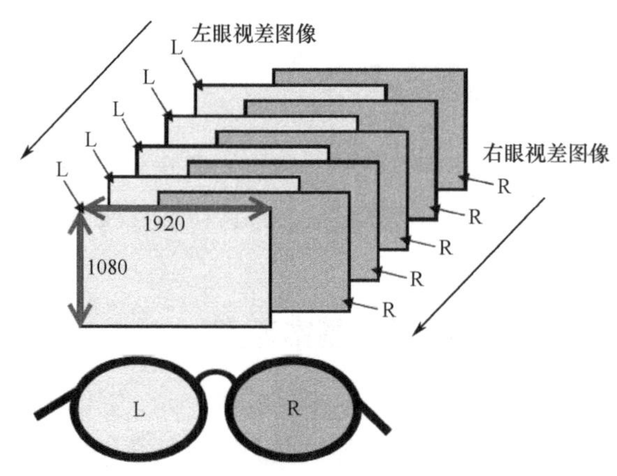

图 3-16　左右眼视差图像时间分离示意图

快门式 3D 显示技术的一个特点是显示器视差图像与快门眼镜的同步工作。图 3-17 给出了一个快门眼镜与显示器的时序同步关系。其中，显示器写入左右眼视差图像之间有一个空闲时间，称为 Blanking 时间。根据 VESA 规格，显示器更新画面前会有一个同步信号 SYNC 发出指令。红外发送与接收系统可以利用 SYNC 指令与快门眼镜的镜片开关切换保持错时同步。视差图像与镜片开关的具体前后时间差，根据不同设计会有差异，所以不同型号的快门眼镜不容易兼容。

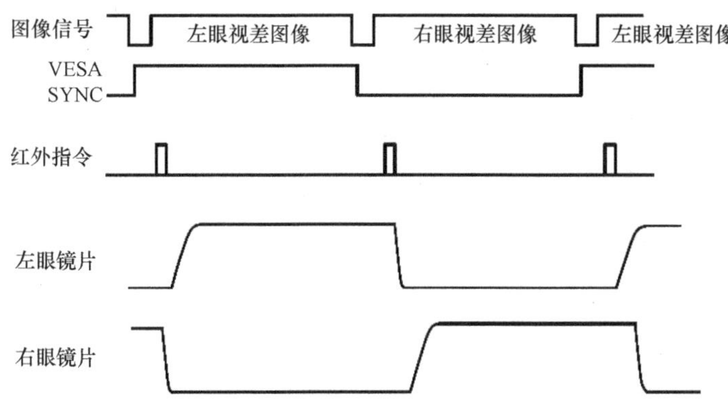

图 3-17　快门眼镜与显示器的时序同步关系

基于快门式 3D 显示系统的特有结构与时序关系，图 3-18 给出了 120Hz 频率驱动下的快门式 3D 显示的基本原理：在第一帧的前段时间，左眼视差图像从显示器第一行依次扫描到最后一行，在第一帧的后段时间，左眼视差图像全屏显示而左眼镜片同步打开使左眼视差图像进入左眼。在第二帧的前段时间，右眼视差图像从显示器的第一行依次扫描到最后一行，在第二帧的后段时间，右眼视差图像全屏显示而右眼镜片同步打开使右眼视差图像进入右眼。

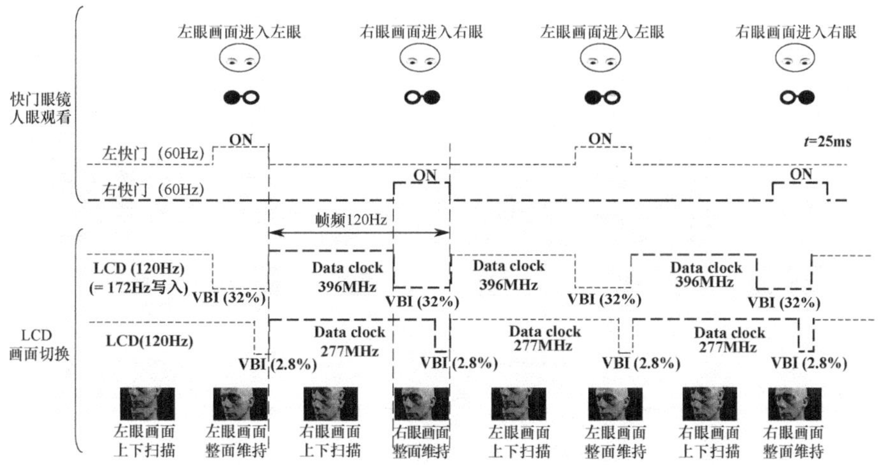

图 3-18　120Hz 频率下的快门式 3D 显示的基本原理

3.3.2 快门式 3D 显示的课题

快门式 3D 显示技术用时间换空间，能够保持 LCD 画面的原始解析度，但会加重 3D 串扰，使亮度明显降低。

1．串扰的形成机理

理想的 3D 显示系统，左眼视差图像只进入左眼，右眼视差图像只进入右眼。但由于显示器和快门眼镜等的物理限制，部分左眼视差图像会进入右眼，部分右眼视差图像会进入左眼，导致眼睛看到的 3D 影像出现重影。

快门式 3D 显示的串扰与显示器的画面响应时间、快门眼镜镜片的开关响应时间及显示器显示与眼镜开关之间的配合等因素相关，是一个综合性问题。如图 3-19 所示，LCD 和快门眼镜都存在液晶响应时间，在驱动电压的作用下不能实现瞬间的画面更新与开关。因为 LCD 液晶延迟效应，左眼视差图像在显示器底部没有完全替换右眼视差图像，就会出现串扰区域 A 所示的左右眼图像重叠显示的现象。因为快门眼镜的液晶延迟效应，右眼视差图像在 LCD 上方开始替换左眼视差图像的时候，就会出现串扰区域 B 所示的左右眼视差图像重叠显示的现象。

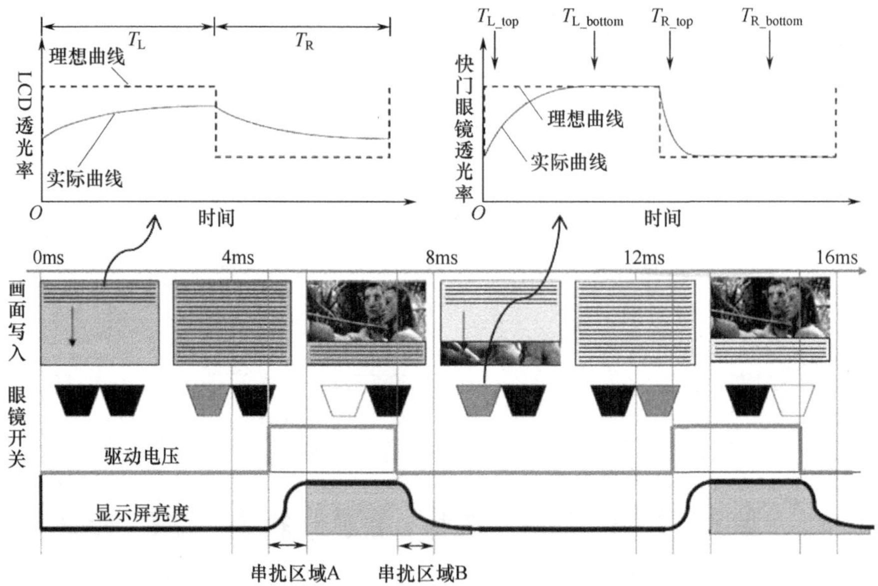

图 3-19　快门式 3D 显示的串扰

在左右眼视差图像更新的过程中，快门式 3D 显示的背光源一般不打开，以避免左右视差图像重叠进入人眼。如图 3-20 所示，在写入左眼视差图像这一帧（对应 T_L 时间）的后期，在左眼视差图像全部代替右眼视差图像后，背光源才打开。在开始写入右眼视差图像（对应 T_R 时间）前，需要关闭背光源。但由于背光光源存在余辉效应，会有一部分右眼视差图像的亮度 L_{eL} 进入左眼，形成漏光串扰。同样，在开始写入左眼视差图像后，也会有一部分左眼视差图像的亮度 L_{eR} 进入右眼，形成漏光串扰。

快门式 3D 显示系统的串扰，包含显示器的串扰和快门眼镜的串扰。3D 串扰是一个亮度关系的比值，所以也叫亮度串扰。快门式 3D 显示的串扰在 2%左右，与普通显示器的亮度规格一样，存在中心值、9 点平均值等表示方式。此外，把 3D 串扰值小于 10%的视野范围定义为显示器串扰限制的可视角。

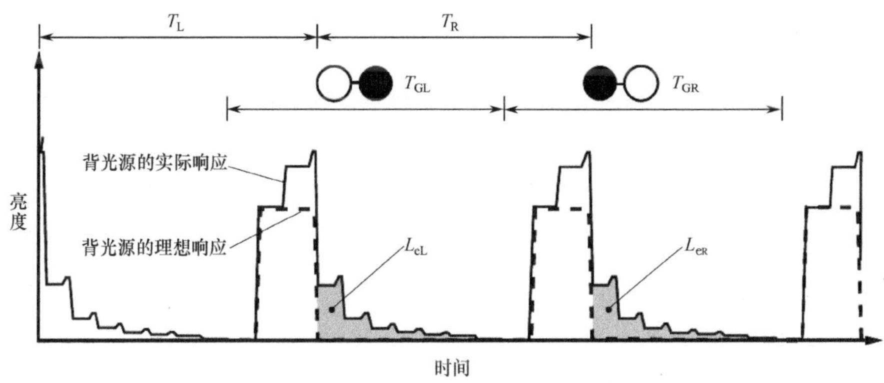

图 3-20　漏光串扰的形成机理

2. 亮度降低的机理

快门式 3D 显示导致亮度下降的因素主要如下。

（1）亮度作为时间积分函数，在对左眼视差图像和右眼视差图像进行时间分割后，各自的显示时间缩短，导致亮度至少下降 50%。

（2）快门眼镜作为液晶盒，偏光板的透光率只有 42%左右，液晶、ITO 电极等其他光路上的材料透光率在 80%左右，所以快门眼镜的综合透光率在 34%左右。

（3）快门眼镜与显示器之间隔着几米远的距离，镜片对接收光的反射会造成亮度 10%左右的损失，能进入快门眼镜的亮度在 90%左右。

（4）如果进行串扰对策，显示器有效点灯时间一般在 50%以内。

综合以上因素，快门式 3D 显示的亮度不到 2D 显示时的 8%。一般，电视的 2D 显示亮度在 500cd/m^2 左右，亮度损失到 8%时只有 40cd/m^2 左右。为保证 3D 显示的亮度达到 50cd/m^2 以上的可视效果，通常在 3D 显示时要提高背光源的亮度，获得与普通 2D 显示相同程度的亮度感觉。

3.3.3 快门式 3D 显示的串扰对策

对基于 LCD 显示器的快门式 3D 显示，解决串扰问题的根本对策是提高显示画面的刷新频率，降低液晶的响应时间。此外，还可以采用在每个左右眼视差图像之间插入全黑画面的点灭（Blinking）技术，以及在特定时间依次打开背光源各区域背光灯的扫描（Scanning）技术。在特定时间打开镜片的眼镜配合技术，也很重要。

1. Blinking 技术

Blinking 技术指背光源以一定的占空比开关点亮或熄灭（点灭）。在基本的 120Hz 驱动频率下，采用 Blinking 背光控制技术的基本原理如图 3-21 所示。在第一帧输入左眼视差图像的过程中，背光源关闭，左眼镜片打开，右眼镜片关闭，透过左眼镜片看不到图像，LCD 相当于插入一个黑画面；当左眼视差图像完全替代前一帧残留的右眼视差图像后，整面的左眼视差图像在 LCD 上存在一个短暂的保持过程，这时打开背光源，透过左眼镜片，可以看到完整的左眼视差图像。左眼视差图像保持的这段时间就是消隐（Blanking）时间，约占一帧时间的 32%。

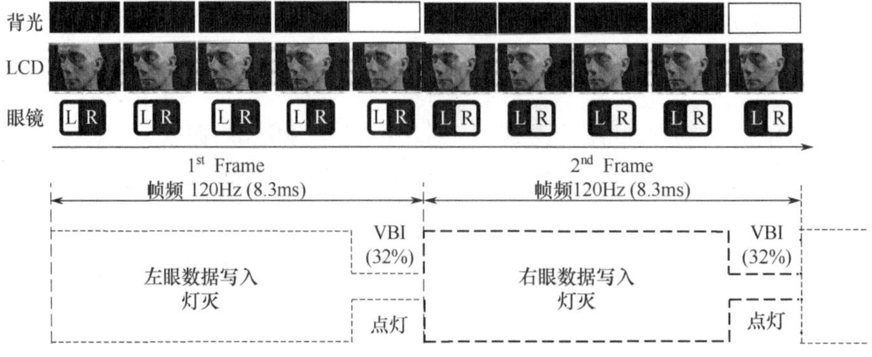

图 3-21　对应 120Hz 驱动的 Blinking 技术

同样，在第二帧输入右眼视差图像和擦除前一帧留下的左眼视差图像的过程中，背光源关闭，透过右眼镜片看不到图像。当右眼视差图像完全代替左眼视差图像后，背光源打开，整面的右眼视差图像在 Blanking 时间内透过右眼镜片，进入右眼。依次进入左右眼的视差图像，经大脑融合后形成 3D 显示效果。

快门式 3D 显示的眼镜一般采用 TN 型液晶盒制作而成，在镜片打开时存在一个液晶转动的响应过程，必须保证在背光源点亮前完全打开相应的镜片。对应 120Hz 驱动的 Blinking 技术，左右眼看到的视差图像时间短、亮度低。为了提高液晶的响应速度，增加人眼感知视差图像的时间，进一步改善串扰现象，可以采用对应 240Hz 驱动的 Blinking 技术。根据 LCD 显示方式的不同，存在如图 3-22 所示的两种方案。

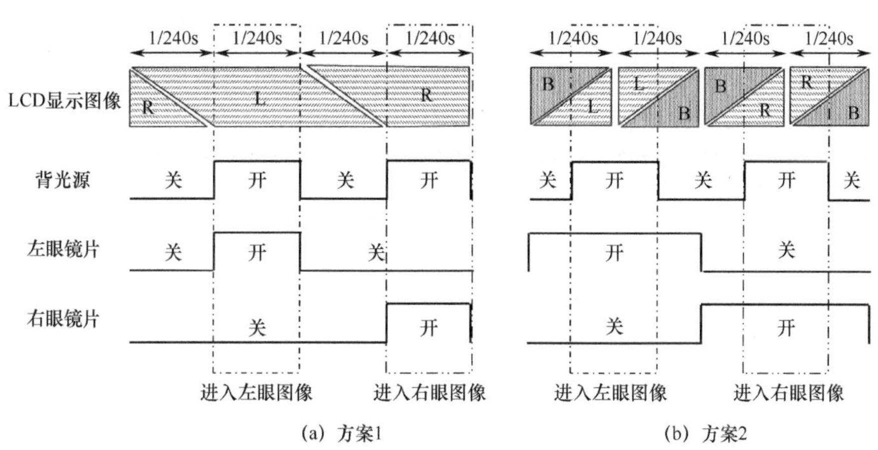

图 3-22　对应 240Hz 驱动的 Blinking 技术

在方案 1 中，第一帧是写入左眼视差图像和擦除右眼视差图像的过程，背光源关闭，相当于插入一帧黑画面。第二帧显示的是完整的左眼视差图像，这时背光源和左眼镜片都打开，右眼镜片关闭，透过左眼镜片可以看到完整的左眼视差图像。第三帧是写入右眼视差图像和擦除左眼视差图像的过程，背光源关闭，相当于插入一帧黑画面。第四帧显示的是完整的右眼视差图像，这时背光源和右眼镜片都打开，左眼镜片关闭，透过右眼镜片可以看到完整的右眼视差图像。依次进入左右眼的视差图像，经大脑融合后形成 3D 显示效果。

在方案 2 中，第一帧是写入左眼视差图像和擦除黑画面的过程，经过半帧时间后背光源打开。第二帧是写入黑画面和擦除左眼视差图像的过程，经过半帧时间后背光源关闭。在第一帧的后半帧和第二帧的前半帧期间，左眼镜片打开，右眼镜片关闭，透过左眼镜片可以看到完整的左眼视差图像。同样，在第三帧的后半帧和第四帧的前半帧期间，右眼镜片打开，左眼镜片关闭，透过右眼镜片可以看到完整的右眼视差图像。

在方案 2 中，LCD 显示左眼视差图像和右眼视差图像的中间，显示的是黑画面，所以可以避免左右眼视差图像之间的串扰。并且，可以实现左右眼镜片交替打开和关闭，保证背光源打开时，对应的视差图像能够完全进入左右眼。采用方案 2，视差图像进入人眼的时间约占一帧时间的 44%。

2．Scanning 技术

采用 Scanning 技术可以改善 Blinking 技术因为用黑画面隔离左右眼视差图像带来的亮度降低问题。Scanning 技术就是在 LCD 从上往下扫描更新视差图像的同时，背光源从上往下依次打开，使视差图像同步地从上往下依次透过相应的左眼或右眼镜片进入人眼。如果是直下式背光源，就沿画面垂直方向分割出 n 个区域控制发光。如果是侧光式背光源，既可以双侧入光，也可以单侧入光，灯条从上到下分成 n 段。

采用 Scanning 技术，只要 LCD 对应背光源第一区域的液晶分子响应完成，趋于稳定后，就可以打开第一区域的背光源，及时地把第一区域对应的显示画面传到人眼。所以，对应 120Hz 驱动技术，可以在 Blanking 时间之前点亮 LCD 上侧的部分视差图像，增加了视差图像的点亮时间。

如图 3-23 所示，对应 240Hz 驱动的 Scanning 技术，在第一帧的 R_1 位置，因为右眼视差图像的上侧部分已经响应完成，这时可以打开背光源上侧的灯条；在第二帧的 R_2 位置，整面的右眼视差图像都已经响应完成，这时可以打开背光源最下侧的灯条；在第三帧的 R_3 位置，左眼视差图像开始写入，为了避免串扰，必须提前关闭背光源上侧的灯条，在此之后必须关闭背光源下侧的灯条。同样的扫描原理，依次在 L_1、L_2 和 L_3 位置处理左眼视差图像。

相比图 3-22 方案 1 所示的 Blinking 技术，图 3-23 所示的 Scanning 技术可以增加视差图像的显示时间，提高 3D 显示图像的亮度。在 Scanning 技术中，必须掌握好背光源各区域灯条的开关时间，背光源上下侧区域的打开和关闭时间会影响 3D 串扰的大小。

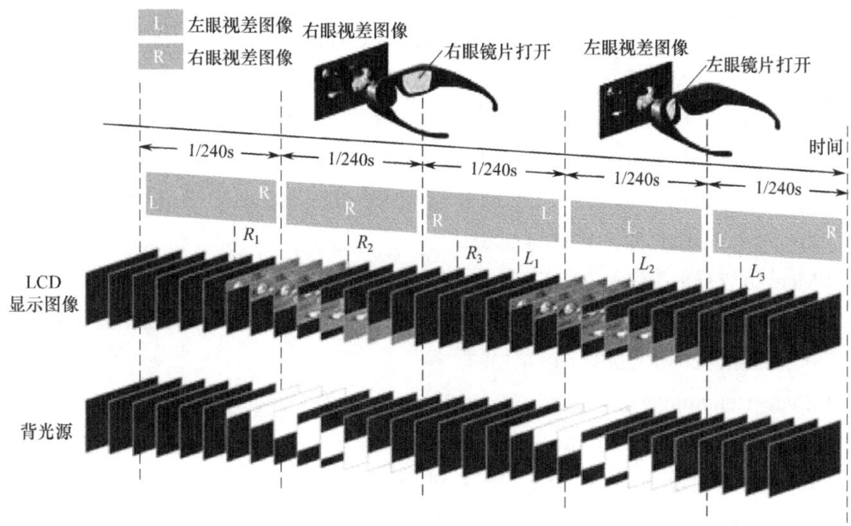

图 3-23　对应 240Hz 驱动的 Scanning 技术

本章参考文献

[1] Maruyama Junichi , Yamashita Hiromasa , Tanioka Kenkichi. 55-in. 8K-3D IPS-LCDs with 3D Polarization Filters[J]. The Journal of The Institute of Image Information and Television Engineers , 2018, 72(10): 136-141.

[2] Watson B, Luebke D. The Ultimate Display: Where Will All the Pixels Come From[J]. Computer, 2005, 38(8): 54-61.

[3] 马群刚. TFT-LCD 原理与设计[M]. 北京：电子工业出版社, 2011.

[4] W.-N. Lie, C.-Y. Chen, W.-C. Chen. 2D to 3D video conversion with key-frame depth propagation and trilateral filtering[J]. Electronics Letters, 2011, 47(5): 319-321.

[5] 吴冬燕，范科峰，卜树坡，赵展. 3D 电视双眼串扰测试方法[J]. 电视技术, 2012,36(6): 93-95.

[6] Pan C C, Lee Y R, Huang K F, et al. 10.3: CrossTalk Evaluation of ShutterType Stereoscopic 3D Display[C]. Sid Symposium Digest of Technical Papers: Blackwell Publishing Ltd, 2010.

[7] Seung-Hyuck Lee, Jong-Man Kim, Seung-Woo Lee. Behavioral Circuit Models of Stereoscopic 3-D Liquid Crystal Displays and Shutter Glasses[J]. IEEE Transactions on Electron Devices, 2015, 62(10): 3302-3307.

[8] Wu Fei, Lv Guo-Jiao, Deng Huan, et.al. Dual-view integral imaging three-dimensional display using polarized glasses[J]. Applied Optics, 2018, 57(6): 1447-1449.

[9] Do-Sung Kim, Hee-Young Chae, Sung-Hak Jo, et al. A 2D-3D Switchable Driving

Method for Reducing Power Consumption of Thin-Film Transistor Liquid Crystal Display TV With Film-Type Patterned Retarder[J]. Journal of Display Technology, 2014, 10(4): 299-307.

[10] Menglin Zeng, Haleh Azartash, Truong Nguyen. Crosstalk modeling in circularly polarized stereoscopic LCDS[J]. 2014 IEEE International Conference on Image Processing (ICIP), 2014: 3464-3468.

[11] Menglin Zeng, Truong Q Nguyen. Analysis of Crosstalk in 3D Circularly Polarized LCDs Depending on the Vertical Viewing Location[J]. IEEE Transactions on Image Processing, 2016 , 25(3): 1070-1083.

[12] Zhan Hongming, Xu Zheng, Lin Lifeng, et al. Novel Estimation Method of Three-Dimensional Vertical View Angle for Polarized Stereoscopic Display[J]. Journal of Display Technology, 2014, 10(10): 871-876.

[13] Lim Young Jin, Yu Ji Hoon, Song Ki Hoon, et al. Film patterned retarder for stereoscopic three-dimensional display using ink-jet printing method[J]. Optics Express, 2014, 22(19):22661-22666.

[14] Bae Kwang-Soo, Cha Uiyeong, Moon Yeon-Kyu, et al. Reflective three-dimensional displays using the cholesteric liquid crystal with an inner patterned retarder[J]. Optics Express, 2012, 20(7): 6927-6931.

[15] Lee Chao-Te, Lin Hoang Yan. Ultra-wide-view patterned polarizer type stereoscopic LCDs using patterned alignment[J]. Optics Express, 2012, 20(2): 1700-1705.

[16] Lee Chao-Te, Lin Hoang-Yan, Tsai Chao-Hsu. Designs of broadband and wide-view patterned polarizers for stereoscopic 3D displays[J]. Optics Express, 2010, 18(26): 27079-27094.

[17] Seung-Hyuck Lee, Jong-Man Kim, Seung-Woo Lee. Behavioral Circuit Models of Stereoscopic 3-D Liquid Crystal Displays and Shutter Glasses[J]. IEEE Transactions on Electron Devices, 2015 , 62(10): 3302-3307.

[18] Youngshin Kwak, Sooyeon Lee, Seungjoon Yang. Crosstalk characterization method for stereoscopic three-dimensional television[J]. IEEE Transactions on Consumer Electronics, 2012, 58(4): 1411-1415.

[19] Wang Lili, Teunissen Kees, Tu Yan, et al. Crosstalk Evaluation in Stereoscopic Displays[J].Journal of Display Technology, 2011, 7(4) : 208-214.

[20] 陈磊，李晓华，夏振平，等. 立体电视中对比灵敏度方程的影响因素[J]. 东南大学学报（自然科学版）, 2014, 44(6): 61-66.

[21] Perry Hoberman, Marientina Gotsis, Andrew Sacher, et al. Using the Phantogram Technique for a Collaborative Stereoscopic Multitouch Tabletop Game[J]. 2012 10th International Conference on Creating, Connecting and Collaborating through

Computing, 2012: 23-28.

[22] Gutiérrez Jesús, Jaureguizar Fernando, Garcı´a Narciso. Subjective Comparison of Consumer Television Technologies for 3D Visualization[J]. Journal of Display Technology, 2015, 11(11): 967-974.

[23] Park Daejin, Kim Tag Gon, Cho Jeonghun. A Low-Power Time-Synchronization Processor With Symmetric Even/Odd Timer for Charge-Shared LCD Driving of 3DTV Active Shutter Glasses[J]. Journal of Display Technology, 2014, 10(12): 1047-1054.

[24] Wang Lili, Teunissen Kees, Tu Yan, et al. Crosstalk Evaluation in Stereoscopic Displays[J].Journal of Display Technology, 2011, 7(4) : 208-214.

[25] 篠原雅彦.偏光方式立体液晶テレビ[J]. 映像情報メディア学会技術報告, 2011, 35 (42): 17.

[26] Y.J Wu, Y.S. Jeng, P.C. Yeh, C.J Hu and W.M. Huang, Stereoscopic 3D Display Using Patterned Retarder[J]. SID 08 Digest, 2008, 39(1): 260-263.

[27] Y. Tamura, M. Oyamada, A. Yoshida, H. Aiba and K. Ohtawara. Full HD 3D Display Using Stripe-patterned Quarter-wave Retarder Array and Retardation-switching Glasses[J]. SID10 Digest, 2010, 41(1): 874-877.

[28] 岩中由紀, 三田雄志, 馬場雅裕. 3D ディスプレイのクロストーク低減技術[J]. 東芝レビュー, 2012, 67(6): 32-35.

[29] Gary D Sharp, Miller H Schuck, Dave Coleman, et al. High Performance Polarization-Based 3D and 2D Presentation[J]. The 2012 Annual Technical Conference & Exhibition, 2012: 1-17.

[30] Zhihan Lu, Shafiq ur Réhman, Muhammad Sikandar Lal Khan, et al. Anaglyph 3D Stereoscopic Visualization of 2D Video Based on Fundamental Matrix[J]. 2013 International Conference on Virtual Reality and Visualization, 2013: 305-308.

[31] S. Volbracht, K. Shahrbabaki, G. Domik, et.al. Perspective viewing, anaglyph stereo or shutter glass stereo[J]. Proceedings 1996 IEEE Symposium on Visual Languages, 1996: 192-193.

[32] 入倉啓輔, 磯野春雄. アナグリフ式立体視メガネで見る色の忠実性[J]. 像情報メディア学会年次大会講演予稿集, 2006(0): 71-72.

[33] Miller Schuck, Pete Lude. An Analysis of System Contrast in Digital Cinema Auditoriums[J]. SMPTE motion imaging journal , 2016,125(4): 40-49.

[34] Hongming Zhan, Zheng Xu, Lifeng Lin, et al. Novel Estimation Method of Three-Dimensional Vertical View Angle for Polarized Stereoscopic Display[J]. Journal of Display Technology, 2014 , 10(10): 899-904.

[35] Zone Ray. 3-D Filmmakers: Conversations with Creators of Stereoscopic Motion

Pictures[M]. Maryland: Scarecrow Press, 2005.

[36] 工藤広太郎, 竹本雅憲, 滝沢大貴, 等.3D テレビの 3 つの表示方式の画質比較[J]. 映像情報メディア学会年次大会講演予稿集, 2013(0): 16101-16102.

[37] S.M. Jung, J.U. Park, S.C. Lee, et al. 25.4L: Late-News Paper: A Novel Polarizer Glasses-Type 3D Displays with an Active Retarder[J]. SID Symposium Digest of Technical Papers, 2009, 40(1):348-351.

[38] H. Kang, S.D. Roh, I.S. Baik, H.J. Jung, W.N. Jeong, J.K. Shin and I.J. Chung. A Novel Polarizer Glasses-type 3D Displays with a Patterned Retarder[J]. SID 10 Digest, 2010, 41(1): 1-4.

[39] C.T. Lee, H.Y. Lin ,C.H. Tsai. Design and Fabrication of Wideview In-cell Microretarder & Polarizer for Stereoscopic LCD[J]. SID 10 Digest, 2010, 41(1): 1260-1603.

[40] 三木啓央, 塚本隆義, 西山和廣,等. OCB 液晶を用いたクロストークフリーな眼鏡式 3D ディスプレイの開発[J]. 日本液晶学会討論会講演予稿集, 2010(0): 1a07-1a07.

[41] Matsuura F., Fujisawa N.. Anaglyph Stereo Visualization by the Use of a Single Image and Depth Information[J]. Journal of visualization, 2008, 11(1): 79-86.

第4章

光遮挡型 3D 显示技术

光遮挡型 3D 显示的分光元件由遮光单元与透光单元间隔排列而成，遮光单元用于遮挡右眼（左眼）视差图像进入左眼（右眼）视差图像投射区，使显示屏上的左右眼视差图像穿过透光单元后各自只进入左眼和右眼，不戴眼镜即可获得 3D 视觉。光遮挡型 3D 显示技术的具体实现方式主要是视差光栅技术。

4.1 视差光栅 3D 显示技术

根据视差光栅与显示屏上下位置关系的不同，视差光栅 3D 显示技术分为上视差光栅 3D 显示技术、下视差光栅 3D 显示技术和双视差光栅 3D 显示技术。视差光栅的遮光条与透光条间隔排列，形成狭缝光栅的透光效果。

4.1.1 上视差光栅 3D 显示技术

上视差光栅 3D 显示技术是在显示屏上方放置作为分光元件的视差挡板（Parallax Barrier），所以也叫视差挡板 3D 显示技术。一般情况下，视差光栅 3D 显示特指上视差光栅 3D 显示。

1. 视差光栅 3D 显示原理

如图 4-1 所示，视差光栅 3D 显示的视差光栅置于观看者一侧，显示屏上所有奇数列像素和所有偶数列像素交互显示右眼视差图像和左眼视差图像，通过视差光栅遮光单元的遮光作用与透光单元的透光作用，限制来自显示屏的光的行进路线，使右眼视差图像只到达右眼，左眼视差图像只到达左眼，形成双目视差，从而获得 3D 视觉。左眼（或右眼）透过视差光栅所能

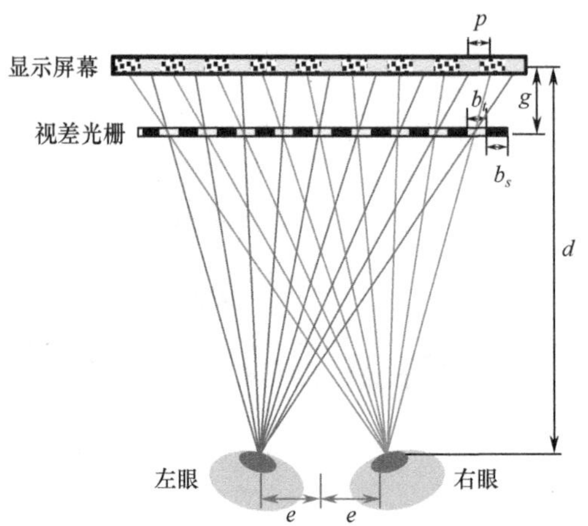

图 4-1　视差光栅 3D 显示原理

看到的视场（视野范围）是固定的和有限的，左右双眼只有分别在左眼视差图像像素光线集中的设定区域与右眼视差图像像素光线集中的设定区域才能获得理想的 3D 视觉。为了形成水平视差，视差光栅的遮光单元与透光单元都垂直双眼瞳距。

图 4-1 标示了视差光栅 3D 显示系统的基本参数：显示屏子像素间距 p、视差光栅遮光单元的宽度 b_s 与透光单元的宽度 b_t、显示屏与视差光栅的间隙 g、显示屏离双眼的距离 d，以及双眼瞳距 $2e$。其中，$b_t/(b_s+b_t)$ 为光栅透光比。根据三角形相似关系，这些参数之间存在如式（4-1）所示的关系式。满足该比例式，便意味着能够在某一固定位置获得 3D 视觉。

$$\begin{gathered}\frac{b_t}{p}=\frac{d-g}{d}\\ \frac{2e}{p}=\frac{d-g}{g}\\ \frac{b_s+b_t}{2p}=\frac{d-g}{d}\end{gathered}\tag{4-1}$$

根据式（4-1），可以求出视差光栅的设计参数 g、b_t、b_s，分别如式（4-2）～式（4-4）所示。

$$g=\frac{pd}{2e+p}\tag{4-2}$$

$$b_t=\frac{p(2e+p-dp)}{2e+p}\tag{4-3}$$

$$b_s=\frac{2ep+dp^2-p^2}{2e+p}\tag{4-4}$$

根据式（4-3）和式（4-4），可以得到视差光栅最小重复单元的间距 b：

$$b=b_s+b_t=\frac{2\times 2ep}{2e+p}\tag{4-5}$$

根据图 4-1 所示的几何光学原理，以子像素间距 p、观看距离 d 等为参数设计的视差光栅，只考虑子像素发光经过单个光栅狭缝的出射光束特性。

在实际的视差光栅制作时，需要在设计参数的基础上进行经验设计，以获取较好的 3D 显示效果。

2．单像素视差光栅光学原理

图 4-1 揭示的是某一观察位置的特殊情况，即单个子像素发光后经过视差光栅中的某一个周期的透光部分刚好到达人眼。显示屏前方的实际视场是由各个子像素发光，经过多个周期光栅后在空间叠加而成的。所以，需要研究单个子像素经过多个周期视差光栅后的出射光束特性。

根据子像素经过多个光栅狭缝后的出射光束特性，构建 3D 显示系统前方的光场，可以得到光栅透光比、子像素发光宽度对视区特性的影响。图 4-2 为单个子像素经过 9 个周期光栅后的出射光束示意图。根据光线的直线传播原理，单个子像素发出的光经过不同狭缝的出射光束，会形成一个发散角。经过每个狭缝后的出射光束夹角 θ_i，大小不同。一般情况下，中间位置的出射光束夹角较大，边缘位置的出射光束夹角较小。在视差光栅 3D 显示系统前方所形成的出射光束的质量决定了 3D 显示的效果。

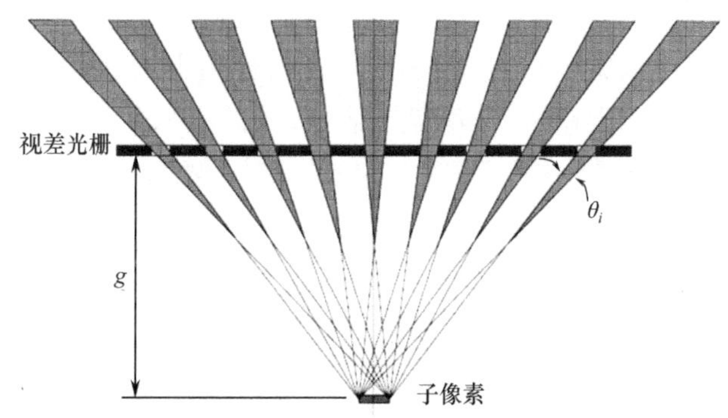

图 4-2　单个子像素经过 9 个周期光栅后的出射光束示意图

图 4-3 为子像素发出的光经过多个周期光栅的数学模型。x 轴位于子像素发光平面，y 轴经过一狭缝中心，AB 为单个子像素的发光面，A 点坐标为（$-p/2, 0$），B 点坐标为（$p/2, 0$）。把穿过 y 轴的狭缝定为序号 0，对应 x 轴正方向的狭缝序号为 $1,2,\cdots,n$，相应序号的狭缝区间标记为（$n_b - b_t/2$, $n_b + b_t/2$）。其中，b=b_s+b_t。

以子像素 AB 为例，研究其经过序号 1 的狭缝的出射光束特性。A 点发出的光经过狭缝 1 后的出射光束为 $A'AA''$，B 点发出的光经过狭缝 1 后的出

射光束为 $B'BB''$。从图 4-3 中可以看出，子像素 AB 的出射光束以 BB'和 AA''为边界。BB'方向角的正切值为 $g/(b-b_t/2-p/2)$，AA''方向角的正切值为 $g/(b+b_t/2+p/2)$。定义该光束的发散角为边界 BB'与边界 AA''的夹角。根据 BB''方向角及 BB''方向角，可以求出子像素 AB 发出的光经过狭缝 1 后的发散角 θ_1。

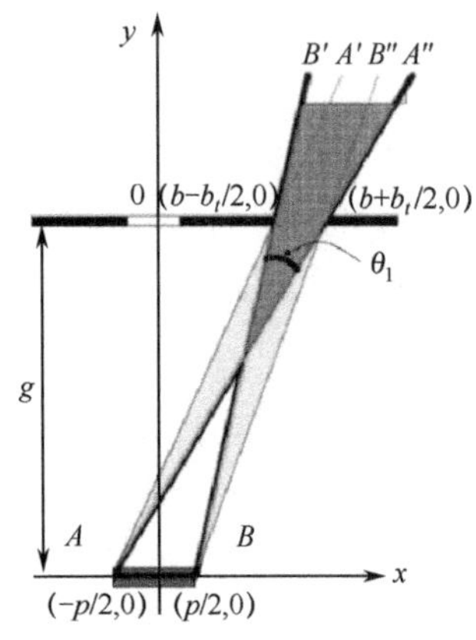

图 4-3　子像素发出的光经过多个周期光栅的数学模型

在 3D 显示系统前方的某个位置观看某一个子像素经过光栅狭缝出射的光束，可以连续观看到这个子像素的发光宽度。这个发光宽度就是对应的视差图像在这个区域的可视区宽度，称为视区宽度。视区宽度越大，3D 显示效果越好。在理论设计值的基础上，通过降低子像素发光宽度等方式降低透光比例，可以改善视区特性，提升 3D 显示效果。

3．多视点 3D 显示技术

在图 4-1 中，只能在两个角度看到具有视差的图像，所以称为 2 视点 3D 显示技术。因为所能看到的两个角度分别对应左右双眼，所以也称为双眼方式。多视点 3D 显示技术需要在显示屏上显示 n（$n \geqslant 3$）幅稍有差异的视差图像，在观看空间至少形成 3 个以上的视点。如图 4-4 所示，在 5 视点的显示屏像素中，

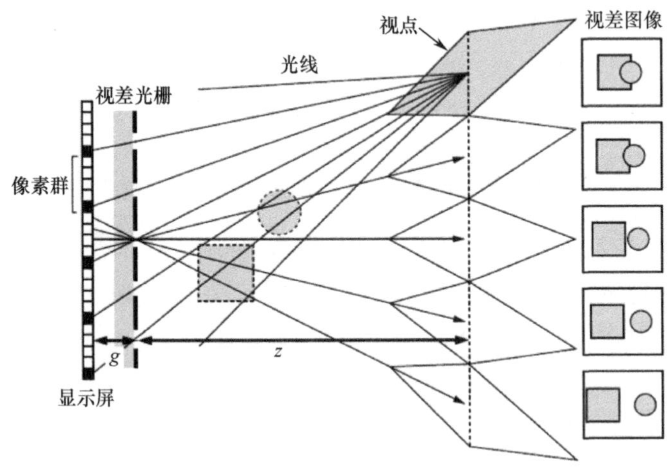

图 4-4　多视点视差光栅 3D 显示原理

共有 5 幅视差图像依次分配给 5 个连续显示的像素。这 5 个像素构成一个像素群，对应视差光栅的一个节距。显示屏幕所有像素群发出的光线经过视差光栅后，在距离视差光栅 z 的位置上形成 5 个视点区域，分别对应 5 幅连续的视差图像。

多视点 3D 显示技术可以在多个观看位置看到多幅视差图像中的两幅，并且当观看者水平移动时，能看到图像物体的不同侧面，从而提供运动视差，增加可视范围。如果视点数增加，则视差光栅的设计参数就会不同。采用图 4-1 所示的参数定义，根据三角形相似原理，可以获得如式（4-6）～式（4-8）所示的视差光栅参数设计值，其中视点数 $n \geqslant 3$。

$$g = \frac{pd}{2e+p} \tag{4-6}$$

$$b_t = \frac{2ep}{2e+p} \tag{4-7}$$

$$b_s = n \cdot \frac{2ep}{2e+p} \tag{4-8}$$

4.1.2　下视差光栅 3D 显示技术

下视差光栅技术是在 LCD 显示屏和背光源之间放置作为分光元件的视差光栅，将面状背光源转换为明暗规则交替的线状背光源，透过视差光栅的线光源分别独立给显示屏上的视差图像提供照明。所以，下视差光栅技术也叫视差背光（Parallax Illumination）技术。

1. 视差背光 3D 显示原理

视差背光 3D 显示的基本结构如图 4-5 所示。在显示屏下方的背光源上，贴上纵条状的黑色遮光条，遮光条与透光狭缝间隔分布，使背光照明区域形成一组以一定间距分开的极细的照明亮线。黑色遮光条一般做在单独的视差光栅板上，在视差光栅板与显示屏之间，间隔一定的距离 g。隔着距离 g，照明亮线分别独立地给显示屏上的视差图像提供照明。所以，视差背光技术又称为线光源照明技术。

视差背光 3D 显示的基本原理如图 4-6 所示。LCD 显示屏上的像素阵列分成奇数列和偶数列，奇数列显示左眼视差图像，偶数列显示右眼视差图像。经过背面线光源照明的分光处理，当观看者位于合适的观看区域时，左眼只能看到 LCD 显示屏的奇数列像素，右眼只能看到 LCD 显示屏的偶数列像素。

这样，左右视差图像的光在空间上实现分离，左右眼只能看到对应的左眼视差图像和右眼视差图像，从而产生 3D 视觉。

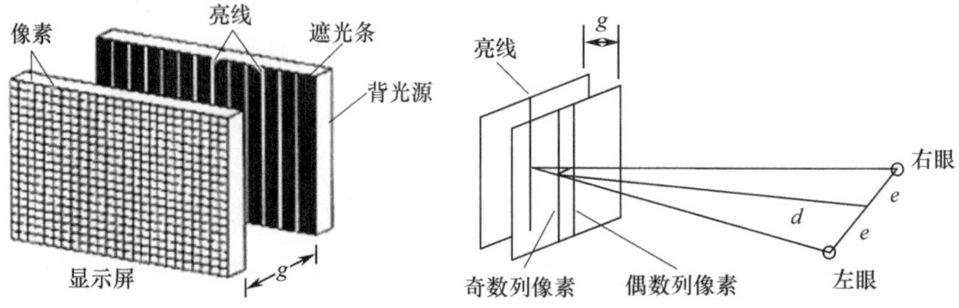

图 4-5　视差背光 3D 显示的基本结构　　　图 4-6　视差背光 3D 显示的基本原理

背光源上的视差光栅板，既可以在 PET 透明树脂上用激光照排机打印光栅图案，形成黑白相间的遮光条和透光条，也可以在透明玻璃上用 BM 材料光刻形成，或用油墨等印刷形成黑白相间的遮光条和透光条。采用不同的视差光栅制造技术，3D 显示的效果会有所差异。

2. 最佳观看距离

图 4-7 标示了视差背光 3D 显示的基本结构参数，g 为 LCD 显示屏与下视差光栅的间距，$2e$ 为左右眼间距，p 为 LCD 显示屏水平像素节距，d 为观看者距离 LCD 显示屏的最佳观看距离，b 为下视差光栅的水平节距，b_t 为下视差光栅的开口宽度，a 为 LCD 显示屏的像素开口宽度。根据几何光学原理，可得

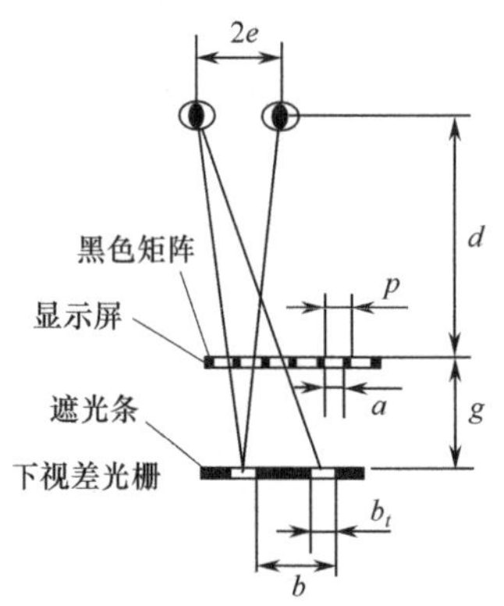

图 4-7　视差背光 3D 显示的结构参数

$$d = \frac{g}{p}(2e - p) \tag{4-9}$$

$$b = \frac{4ep}{2e - p} \tag{4-10}$$

根据式（4-9），最佳观看距离 d 取决于间距 g，因为 LCD 显示屏的水平节距一般是固定的。由于 LCD 液晶层两侧存在玻璃基板与偏光板，间距 g 存在一个最小下限。

3. 下视差光栅的开口率

观看视差背光 3D 显示，人眼通过 LCD 显示屏的像素开口部，看到下视差光栅的狭缝开口区域。所以，下视差光栅的开口率变化影响立体可视范围

和画面亮度。立体可视范围是在最佳观看距离位置上，观看者在水平方向移动过程中能够看到的 3D 显示范围，不包括串扰等无法正常进行 3D 显示的区域。

在立体可视范围中，把能够看到 LCD 显示屏像素的范围设定为 E。如图 4-8（a）所示，当 $0 \leqslant E \leqslant 2e$ 时，任何像素都存在一个无法透光的黑色区域 K。人眼进入这个区域，无法形成立体视觉。这时的 E 满足如下关系式：

$$\frac{E}{d}+\frac{ag}{a+b_t}=\frac{b_t(a+b_t)}{gb_t} \tag{4-11}$$

整理式（4-11）可得

$$E=\frac{a(d+g)+db_t}{g} \tag{4-12}$$

$$K=2e-E \tag{4-13}$$

对应地，立体可视范围 W=E。

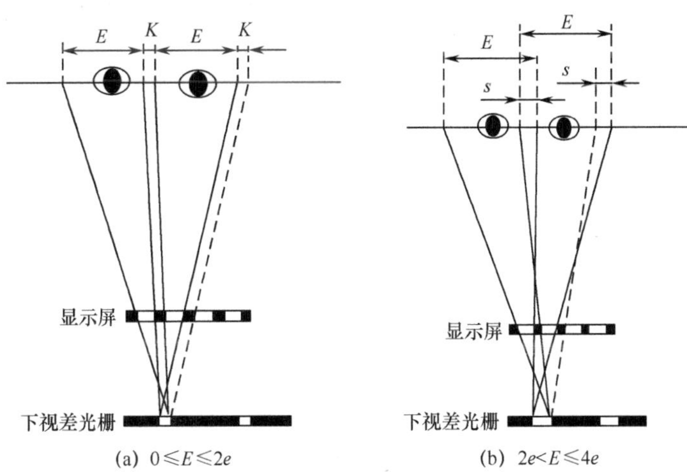

图 4-8　像素可见区域

如图 4-8（b）所示，当 $2e<E \leqslant 4e$ 时，式（4-12）依然成立。图中的范围 s 表示左眼用像素和右眼用像素都能看到的串扰区域，无法形成立体视觉。s 满足如下关系式：

$$s=E-2e=\frac{db_t-(p-a)(d+g)}{g} \tag{4-14}$$

立体可视范围 W 为

$$W=e-2s=\frac{(2p-a)(d+g)-db_t}{g} \tag{4-15}$$

当 E=4e 时，所有的位置都能看到串扰，W=0。

视差照明亮线的形成是实现视差背光 3D 显示的关键。为改善 3D 显示图像的串扰程度，一般的视差照明技术会形成很细的亮线。理想情况下要求照明亮线接近零宽度且与 2D 显示屏之间精确对位。

4.1.3 双视差光栅 3D 显示技术

上视差光栅技术和下视差光栅技术都不能完全分离相邻的左右视差图像，从而导致不同的视差图像光线在空间上有不同程度的亮度重叠，形成串扰。采用双视差光栅技术可以解决以上串扰问题。

双视差光栅 3D 显示的基本结构如图 4-9 所示。在 LCD 显示屏与背光源之间设置一片下视差光栅，在 LCD 显示屏与观看者之间设置一片上视差光栅。双视差光栅 3D 显示系统可以认为是在下视差光栅 3D 显示系统的上方再加一片视差光栅，对来自视差背光 3D 显示器的视差图像的光线做进一步分光，并遮挡住相邻视差图像之间可能发生重叠的光线，使观看者看到无串扰的 3D 图像。

根据如图 4-9 所示的光学几何关系，可以得到式（4-16）～式（4-18）。

$$b_1 = \frac{2p \times 2e}{2e - p} \tag{4-16}$$

$$b_2 = \frac{2p \times 2e}{2e + p} \tag{4-17}$$

$$\frac{d_2}{d_1} = \frac{2e - p}{2e + p} \tag{4-18}$$

式中，b_1 是下视差光栅的节距，b_2 是上视差光栅的节距，g_1 是下视差光栅与 LCD 显示屏的间距，g_2 是上视差光栅与 LCD 显示屏的间距，p 是 LCD 显示屏像素的水平节距，2e 是左右眼间距。一般，$2e >> p$，所以 $g_1 \doteq g_2$。

图 4-10 为观看者在水平方向上移动时，右眼观看到的视差图像（像素）的变化情况。其中，设定上下视差光栅的开口率相等。并且，在最佳观看位置Ⅰ，观看者的右眼不仅能看到 LCD 显示屏上的整个像素开口部分，还能看到像素两侧的黑色矩阵。在从位置Ⅰ移动到位置Ⅱ的过程中，整列像素依然能够被完全看到，画面的亮度不变。在从位置Ⅱ移动到位置Ⅲ的过程中，受到上下视差光栅遮光部位的影响，能够看到的像素区域逐渐减少。在位置Ⅲ，像素不可见。

无论是视差光栅 3D 还是视差背光 3D，当观看者位置水平移动时，只会

在像素的一侧出现遮光现象。而双视差光栅 3D 会在像素的两侧同时出现遮光现象。所以，观看者位置水平移动时，双视差光栅 3D 显示的亮度变化是上视差光栅 3D 和下视差光栅 3D 的 2 倍。利用这个特点，合理设计上下视差光栅的开口率，就可以获得高品质的 3D 显示效果。

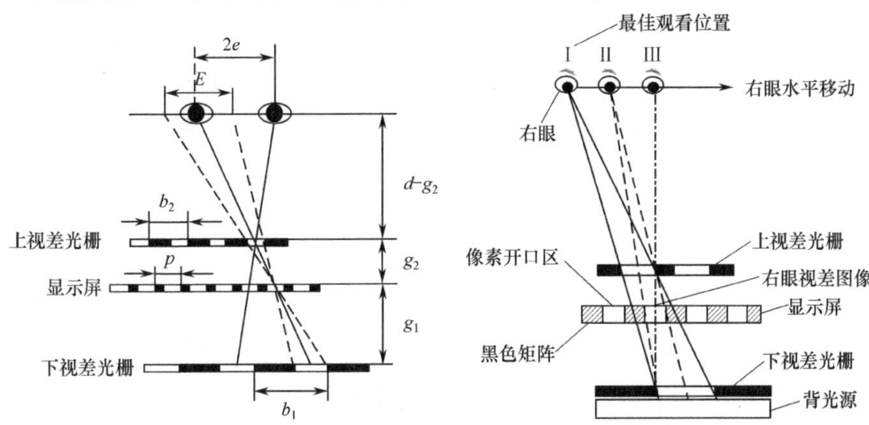

图 4-9　双视差光栅 3D 显示的基本结构　　图 4-10　右眼水平移动时观看到的视差图像变化情况

4.1.4　阶梯视差光栅 3D 显示技术

阶梯视差光栅主要指阶梯状的狭缝光栅。因为大部分视差光栅采用高精度印刷工艺制作，所以阶梯状视差光栅比较容易制作。

1．3D 图像的像素纵横比

阶梯狭缝光栅与显示屏的重叠以及与垂直狭缝光栅的比较如图 4-11 所示。显示屏上的子像素呈矩阵分布，称为视点数矩阵。视点数矩阵根据视差图像个数和光栅斜率将显示屏上的子像素划分成 N 个区域，每个区域代表一个视差图像的子像素。图 4-11（a）～（b）中的标号 1、2，分别代表 2 个视差图像的子像素；图 4-11（c）中的标号 1、2、3、4 分别代表 4 个视差图像的子像素。

图 4-11 所示的狭缝光栅与显示屏重叠状态，表示从某一角度透过光栅观看到显示屏上某一个视差图像的子像素。不同视点观看到的视差图像不同，从而实现多视点自由立体显示的基本功能。如图 4-11（b）～（c）所示，采用阶梯光栅后，3D 图像的分辨率在水平和垂直方向都有合理的降低，避免了常规竖直光栅只在水平方向降低 3D 图像的分辨率，从而保证了较好的 3D 图像显示效果。

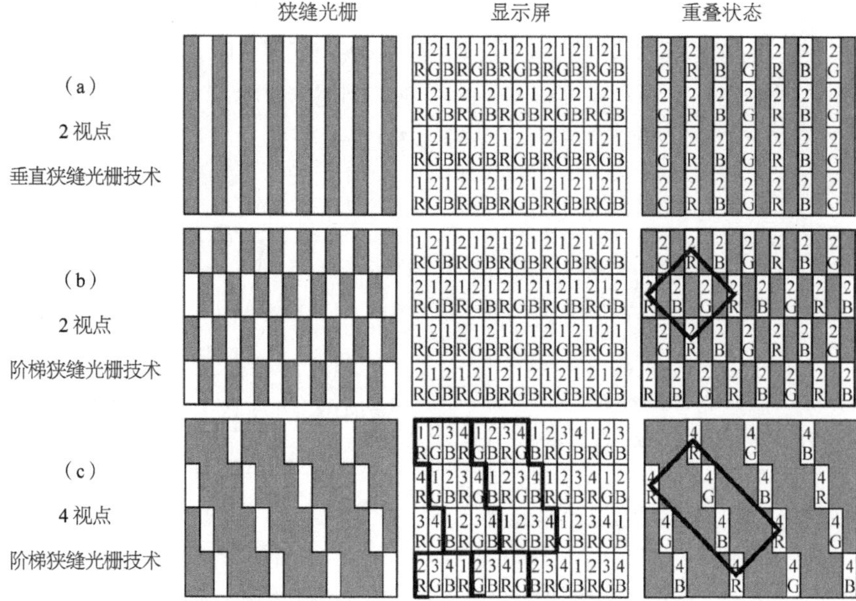

图 4-11　阶梯狭缝光栅与显示屏的重叠以及与垂直狭缝光栅的比较

如图 4-12（a）所示，采用传统直条状视差光栅进行 4 视点 3D 显示，只观看视差图像 4 对应的像素时，对应视点 4 的 3D 图像，像素的横向长度是纵向长度的 4 倍，分辨率只在水平方向上降至 1/4。人眼对水平方向的分辨率较为敏感，因此分辨率变差的感觉明显。如图 4-12（b）所示，采用阶梯视差光栅技术，站在视点 4 的位置观看，RGB 在纵向上错开配置，由 RGB 构成的像素尺寸在纵向变为 3 倍，而横向以 RGBR 为一个像素，长度变为 $4a/3$。水平方向降至 3/4，垂直方向降至 1/3，虽然垂直方向的降低程度较大，但水平方向却控制在了 3/4，因此就图像而言是适当可行的手段。

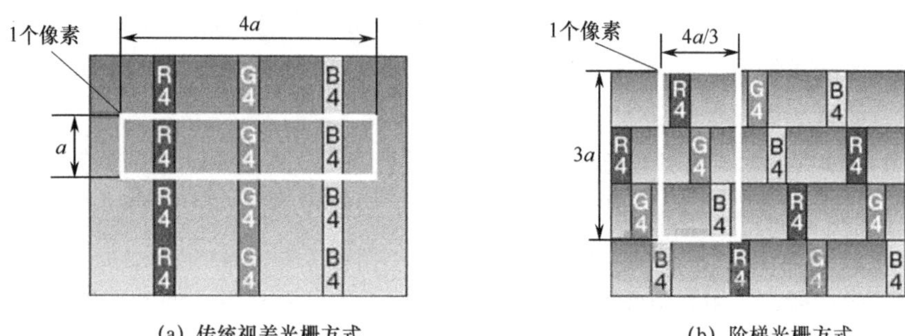

(a) 传统视差光栅方式　　(b) 阶梯光栅方式

图 4-12　4 视点显示的阶梯视差光栅技术

视差光栅以一定角度倾斜放置在显示屏前方，3D 显示的水平分辨率和垂直分辨率同时降低。当两者都降低为显示屏分辨率的 $1/\sqrt{N}$ 时，3D 显示的效果最佳。图 4-11（b）的图像纵横比，相比图 4-11（c），更接近 1∶1 的比例。

2．视点合成图与像素的匹配

在图 4-12（b）中，阶梯光栅竖直方向的倾斜角度设为 A，则 $\tan A = 1/3$。设合成图像相对于视差图像分辨率的放大倍数为 M，M 分解为水平放大率 M_h 和竖直放大率 M_v 两个方向上的乘积，即有 $M = M_h \times M_v$。以 4 视点（$N=4$），$\tan A = 1/3$，$M = 2 \times 2$，像素分辨率为 $R_s = 2\times 3$ 的视差图像为例，根据上述视点数矩阵的子像素排列方法得到它们合成图像的子像素排列结果，如图 4-13 所示。

R	G	B	R	G	B	R	G	B	R	G	B
101	102	103	104	105	106	201	202	203	204	205	206
107	108	109	110	111	112	207	208	209	210	211	212
113	114	115	116	117	118	213	214	215	216	217	218
301	302	303	304	305	306	401	402	403	404	405	406
307	308	309	310	311	312	407	408	409	410	411	412
313	314	315	316	317	318	413	414	415	416	417	418

视差图像

R	G	B	R	G	B	R	G	B	R	G	B
101	202	303	404	105	206	304	405	106	204	305	406
401	102	203	301	402	103	201	302	403	104	205	306
307	408	109	207	308	409	107	208	309	407	108	209
310	411	112	210	311	412	110	211	312	410	111	212
213	314	415	116	217	318	416	117	218	316	417	118
113	214	315	413	114	215	313	414	115	216	317	418

合成图像

图 4-13　4 个视差图像构建合成图像的子像素排列

图 4-13 中的子像素都编上了 101、102、103 等标号，其中，第一位数字代表子像素属于第几个视差图像，后两位数字代表子像素在该视差图像里是第几个子像素。每个视差图像的像素包含 12 个子像素。第一个像素的子像素包括 101、102、103，201、202、203，301、302、303 和 401、402、403，即左图中标有黑色背景的部分。同理，104、105、106，204、205、206，304、305、306 和 404、405、406 这 12 个子像素组成了合成图像第 2 个像素单元，依此类推。从图 4-13 中可以看出，视差图像的像素个数为 6，合成图像的像素单元个数也为 6；而且图中视差图像的像素位置结构与合成图像的像素单元位置结构是一一对应的。

可见，视差图像构建成合成图像的子像素排列规律为：子像素的排列遵循视点数矩阵的划分，这样就确保了合成图像上分散的每个视差图像与光栅透光部分匹配；像素单元在合成图像中的位置结构相似于像素在视差图像中的位置结构。该规律适合各种 N 和 $\tan A$ 的情形。

一般情况下，$\tan A$ 使用[1/6, 1/3]范围的值比较多。光栅的水平和竖直周期最小的情况为 $\tan A = 1/3$，这样能使合成图像上分散的每个视差图像与光栅透光部分在观看位置上最大概率地完全匹配。

4.1.5　偏光光栅 3D 显示技术

偏光光栅 3D 显示技术使用偏光板的偏光原理与透光原理，把与偏光轴正交的偏光条交替排列，对入射的偏振光就可以形成类似透光条和遮光条的效果，实现类似狭缝光栅的 3D 显示效果。

1．被动偏光光栅 3D 显示技术

被动偏光光栅 3D 显示的基础是如图 4-14 所示的使用视差光栅的偏光光栅 3D 显示。两个投影机各自在屏幕上投射偏振状态正交的左眼视差图像和右眼视差图像。在投影屏幕的任一侧，贴附一块偏光轴正交且交替排列的纵条状 FPR（Film Pattern Retarder）偏光板。利用纵条状偏光板让偏振方向正交的不同视差图像间隔排列，通过纵条状视差光栅后，分别进入左眼视点区域与右眼视点区域。使用视差光栅的 3D 显示系统，需要合理设置视差光栅的位置与视差图像的像素配置。在图 4-14 中，最佳的像素配置与投射在屏幕上的视差图像无关，而是取决于纵条状的 FPR 偏光板。纵条状 FPR 偏光板的最小偏光条宽度就是视差图像的最小间距，所以不需要对投影时的左右视差图像的像素位置进行特别对准。

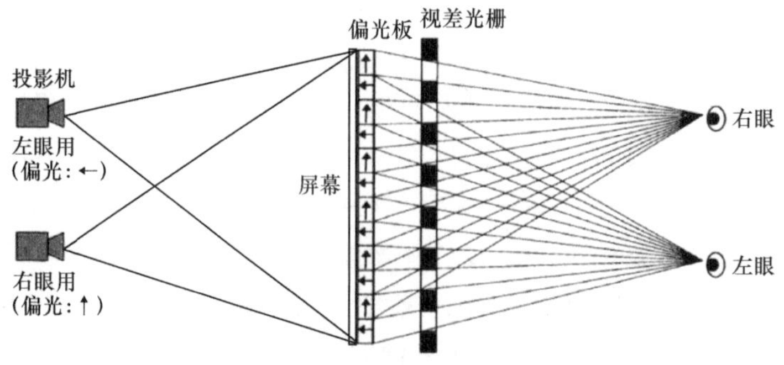

图 4-14　使用视差光栅的偏光光栅 3D 显示

在图 4-14 中，经过纵条状 FPR 偏光板后，带有偏振信息的左右眼视差图像只有一半的图像信息能够透过偏光板，相当于只利用了 1 台投影机的信息量。加上视差光栅的使用，使通过偏光板的图像亮度大幅下降。利用投影屏幕上的视差图像带有偏光性的特点，使用偏光视差光栅分离左右眼视差图像，可以解决分辨率和亮度下降的问题。纵条状 FPR 偏光板对不同偏光方向的光具有选择性透过与吸收的功能，可以起到类似视差光栅的作用，对应的偏光结构就称为偏光视差光栅。

使用 1/2 波长板的偏光光栅 3D 显示如图 4-15 所示。2 台投影机投射到投影屏幕上的为偏振方向正交的 2 个视差图像，在屏幕靠近偏光视差光栅一侧贴有纵条状的 1/2 波长板。经过纵条状 1/2 波长板后，左右眼视差图像的光线都被处理成偏振方向正交且呈纵条状间隔排列的完整视差图像。被旋转 90°的光线与偏光方向没有变化的光线都能透过偏光视差光栅，在保证左右眼视差图像完全分离的同时，还保证了显示图像的分辨率和亮度不下降。

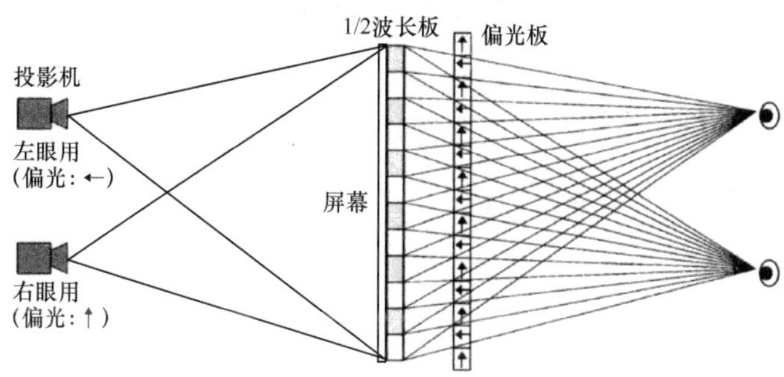

图 4-15　使用 1/2 波长板的偏光光栅 3D 显示

结合图 4-15 中两个投影机投射的水平偏光左眼视差图像与垂直偏光右眼视差图像，图 4-16 分水平方向的偏光与垂直方向的偏光分别介绍被动偏光光栅的 3D 显示原理。

在图 4-16（a）中，偏振方向正交的混合视差图像，水平方向偏光与垂直方向偏光光线经过 1/2 波长板后，全部呈现为水平方向的偏振光，这些光线都能在对应水平透光轴的偏光条上透过，分别进入左右眼。这时，偏光视差光栅上的垂直偏光条相当于遮光条，水平偏光条相当于透光狭缝。

在图 4-16（b）中，偏振方向正交的混合视差图像，垂直方向偏光与水平方向偏光光线经过 1/2 波长板后，全部呈现为垂直方向的偏振光，这些光

线都能在对应垂直透光轴的偏光条上透过，分别进入左右眼。这时，偏光视差光栅上的水平偏光条相当于遮光条，垂直偏光条相当于透光狭缝。

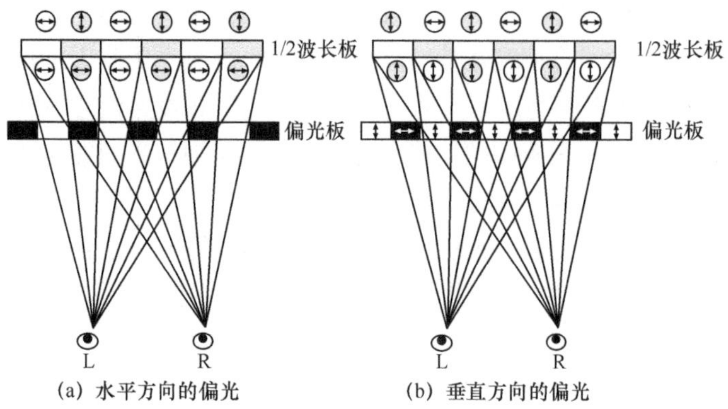

图 4-16　被动偏光光栅的 3D 显示原理

2. 主动偏光光栅 3D 显示技术

主动偏光光栅 3D 显示的基本结构与分光原理如图 4-17 所示。在 LCD 显示屏上方的主动偏光光栅就是在 LCD 彩膜侧偏光板上贴附两块 TN 液晶盒：用作 1/2 波长板的 TN 液晶盒与用作视差光栅的 TN 液晶盒。不加电压时，TN 液晶分子被扭转 90°；施加电压后，TN 液晶分子垂直排列，进入液晶盒的偏振光不改变偏振状态。TN 液晶盒上下玻璃基板上的 ITO 透明电极呈纵条状分布，上下对齐。1/2 波长板的纵条状偏光条宽度对应下方 TN 液晶盒上相同宽度的 ITO 透明电极宽度，视差光栅的纵条状偏光条宽度对应上方 TN 液晶盒上相同宽度的 ITO 透明电极宽度。

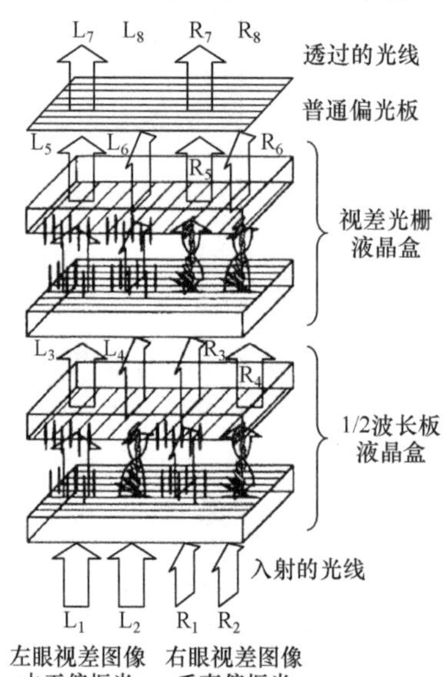

图 4-17　主动偏光光栅 3D 显示的基本结构与分光原理

在图 4-17 中，左眼视差图像的水平偏振光 L_1 和 L_2 经过 1/2 波长板液晶盒调制后，分别出射偏振方向不变的 L_3 和偏振方向被扭转 90° 的 L_4，再经过视差光栅液晶盒后，各自维持原来

的偏振状态。最后，经过普通偏光板后，透过偏光板的 L_5 出射为呈水平偏振光的 L_7，被偏光板吸收的 L_6 等效为 L_8 的亮度为 0。同时，右眼视差图像的垂直偏振光 R_1 和 R_2 分别经过 1/2 波长板液晶盒、视差光栅液晶盒和普通偏光板后，各自输出水平偏振态的 R_7 和被偏光板吸收后亮度为 0 的 R_8。这样，透过偏光板的左眼视差图像和右眼视差图像被区隔出来，各自形成对应左眼与右眼的视区。

左眼视差图像与右眼视差图像的亮度分布存在大面积的重叠，只有在最佳观看位置才存在左眼视差图像最亮且没有右眼视差图像干扰的状态，或者右眼视差图像最亮且没有左眼视差图像干扰的状态。改善左右眼视差图像串扰的对策是缩小 ITO 透明电极的宽度，拉大 ITO 透明电极之间对应的不透光区域。缩小偏光视差光栅的开口率，可以改善串扰，同时也会降低视差图像的亮度。图 4-18 给出了不同 ITO 电极宽度对应的水平方向视点与视差图像亮度关系。

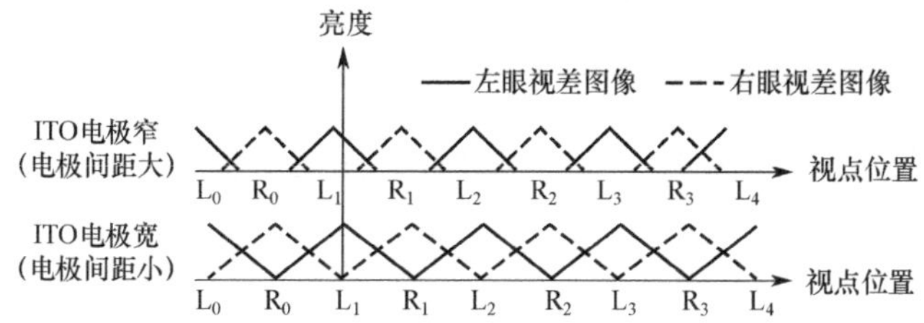

图 4-18　不同 ITO 电极宽度对应的水平方向视点与视差图像亮度关系

4.2　动态视差光栅技术

由于视差光栅遮光单元的光遮挡效应，视差光栅 3D 显示的亮度只有显示屏亮度的 20%左右。为了提高视差光栅 3D 显示的亮度，除使用在遮光单元下面设计反射层的反射式视差光栅技术外，还可以采用动态视差光栅技术。动态视差光栅技术一般采用液晶盒做视差光栅，通过控制液晶分子的转动控制视差光栅遮光部与透光部的交替。采用动态视差光栅技术，还可以克服视差光栅 3D 显示技术分辨率下降等问题。

4.2.1　2D/3D 切换型视差光栅技术

2D/3D 切换型视差光栅技术，一般采用被动矩阵型液晶显示屏作为视差光栅，所以也叫开关液晶技术。根据视差光栅位置的不同，分为动态视差光栅技术和动态视差背光技术。

如图 4-19 所示，动态视差背光技术的开关液晶屏位于背光源与 LCD 显示屏之间，属于下视差光栅 3D 显示技术。开关液晶屏一般使用 TN 液晶盒。为了提高光的利用效率，开关液晶屏只需要在靠近背光源一侧贴一张偏光板，靠近 LCD 显示屏一侧不需要贴偏光板。开关液晶屏下侧的偏光板与 LCD 显示屏下基板一侧的偏光板，偏光轴正交。

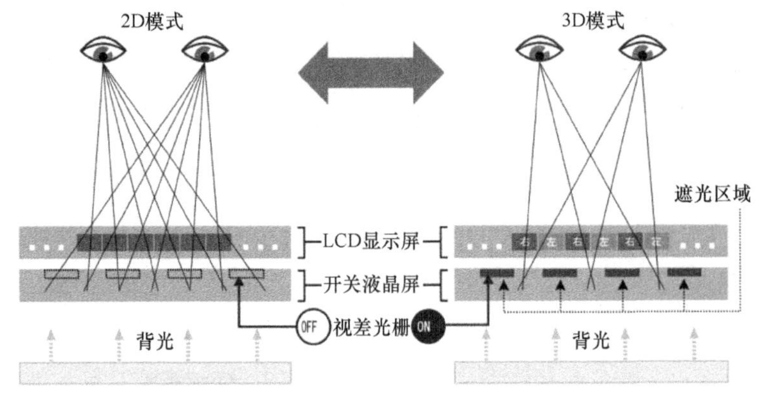

图 4-19　动态视差背光 3D 显示技术

工作在 3D 显示模式时，在开关液晶屏上施加电压，对应遮光部位的区域，TN 液晶分子站立，透过开关液晶屏的光线不改变其偏振状态，被 LCD 显示屏下侧的偏光板吸收，背光不能进入 LCD 显示屏。对应开口部位的区域，在开关液晶屏上没有施加电压，TN 液晶分子不动，透过开关液晶屏的光线偏振方向被扭转 90°，能够全部透过 LCD 显示屏下侧的偏光板，背光进入 LCD 显示屏。通过在开关液晶屏上间隔分布纵条状加电区域，开关液晶屏等效为一块视差背光板，实现光线的空间分离，使左眼只能看到左眼视差图像，右眼只会看到右眼视差图像，在观看者大脑中形成 3D 显示效果。

工作在 2D 显示模式时，去掉开关液晶屏上的电压，所有区域的 TN 液晶分子恢复到初始的 90° 扭曲排列状态，背光整面透过 LCD 显示屏。这时，开关液晶屏等效为一块透明的玻璃板，左右眼同时接受 LCD 显示屏上的显示画面，形成 2D 图像。

与上视差光栅 3D 显示技术一样，可以把开关液晶屏设计在靠近观看者一侧。相应地，开关液晶屏靠近 LCD 显示屏一侧不贴偏光板，靠近观看者一侧贴偏光板。开关液晶屏上侧的偏光板与 LCD 显示屏上侧的偏光板，偏

光轴正交。2D/3D 显示模式的切换与图 4-19 所示的原理相似。把开关液晶屏设计在靠近观看者一侧，LCD 显示屏靠近背光源，可以让 LCD 显示屏 TFT 基板上密集分布的金属线，把光线反射回背光源，起到重复再利用的作用。

开关液晶屏中的液晶是双折射材料，存在正视角与斜视角观看亮度不一致的问题。此外，上下偏光轴正交的两块偏光板，也存在正视角与斜视角观看亮度不一致的问题。在斜视角方向观看时，会存在 3D 显示纵深感不足，并且左右两眼交界的视域模糊等问题。为改善斜视角方向观看时 3D 显示效果下降的问题，可以采用 IPS 液晶盒与 IPS LCD 显示屏组合的视差光栅 3D 显示系统。因为 IPS 液晶显示屏在正视角与斜视角方向观看的色偏不大。

采用如图 4-20 右侧所示的 IPS 液晶盒与 IPS LCD 显示屏组合的 IPS 动态视差光栅技术，可以改善观看者水平方向移动时的观看舒适度。图 4-20 左侧所示的 TN 液晶盒，工作时要尽可能分离左眼视差图像与右眼视差图像的光线：左眼视差图像只能进入右眼，不能进入左眼。而 IPS 动态视差光栅技术通过改进 IPS 液晶驱动电极的构造，让一只眼睛在看到对应画面的同时，还能够隐约看到另一眼画面的虚像。从而，当两眼看到的画面在大脑中成像时，可以降低视点变化时的重影感觉，从而降低视觉疲劳度。

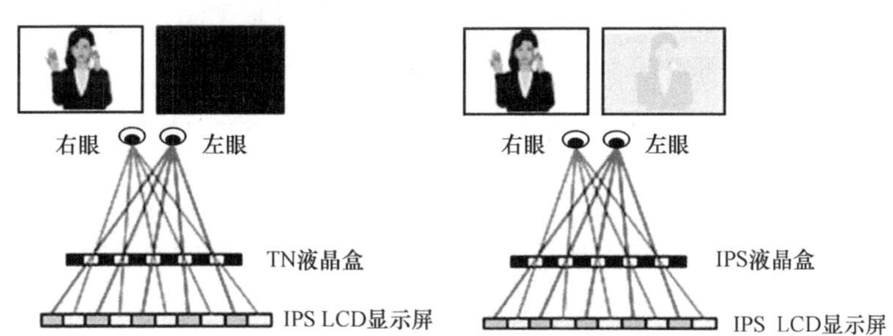

图 4-20 IPS 动态视差光栅技术

4.2.2 时间分割型视差光栅技术

时间分割型视差光栅技术是在时序控制下，通过时间分割型视差光栅与显示屏的快速切换组合，在人眼无法区分的时间段内，连续向左眼投射多个左眼视差图像，向右眼投射多个右眼视差图像。连续投射的多个左（右）眼视差图像组合构成一幅分辨率更高、更完整的左（右）眼视差图像。时间分割型视差光栅一般采用快速响应的液晶光栅。

1. 切换液晶视差光栅技术

切换液晶视差光栅技术类似快门眼镜式 3D 显示技术，快速切换的液晶光栅类似快门眼镜，显示屏上的视差图像同步切换。

如图 4-21 所示为动态 LCD 视差挡板实现全分辨率 3D 显示的原理，切换液晶视差光栅技术的液晶光栅位于观看者与显示屏之间。在第一帧时，液晶光栅的 *A*、*B* 位置分别为遮光区和透光区，显示屏上显示左眼视差图像 L_1 和右眼视差图像 R_1，分别进入左眼和右眼。在第二帧时，液晶光栅的 *A*、*B* 位置互换成透光区和遮光区，同步地，显示屏上原本显示左眼视差图像 L_1 和右眼视差图像 R_1 的区域分别更新为右眼视差图像 R_2 和左眼视差图像 L_2，分别进入右眼和左眼。

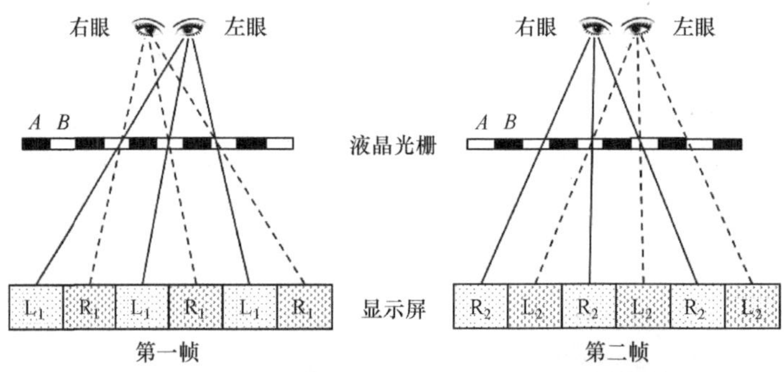

图 4-21 动态 LCD 视差挡板实现全分辨率 3D 显示的原理

左眼视差图像 L_1 和左眼视差图像 L_2 各自承载着一半的左眼视差图像信息，当 L_1 和 L_2 在短时间内都进入左眼后，融合为一幅高分辨率的完整左眼视差图像 L。同样，右眼视差图像 R_1 和右眼视差图像 R_2 各自承载着一半的右眼视差图像信息，当 R_1 和 R_2 在短时间内都进入右眼后，融合为一幅高分辨率的完整右眼视差图像 R。左右眼分别看到高分辨的完整视差图像 L 和 R，融合为高分辨率的 3D 显示效果。

在图 4-21 中，显示屏的左眼视差图像、右眼视差图像的位置互换与液晶光栅的遮光区、透光区的位置互换，必须同步完成。在观看位置不变的情况下，切换前后的左右眼视差图像都要进入左眼和右眼，是光栅设计的一个重要因素。

切换液晶视差光栅技术，液晶光栅与显示屏的驱动频率都要具备高频驱

动能力。对于 2 个视点的视差图像切换，驱动频率都要达到 120Hz。更多视点的视差图像切换，需要更高的驱动频率。

2. 前置扫描视差光栅技术

前置扫描视差光栅技术的光栅开口位置与显示屏上的视差图像一一对应，并且同步进行扫描，在时序控制下向每个视区投射所对应的视差图像的光线。为保证在扫描状态下，把每幅视差图像的光线投射到指定的位置，需要在光路上配置一些透镜单元。

图 4-22 以 6 视点和 50Hz 的 3D 显示图像为例，说明前置扫描视差光栅 3D 显示的原理。在显示屏与物镜之间配置有一个内含液晶光阀的透镜组。液晶光阀分割成 6 个区域，每个区域相当于光栅的一个开口。当显示屏整面显示第 1 幅视差图像时，透镜组中的光阀 1 可以透光，其他 5 个光阀不能透光。透过光阀 1 的光线经过透镜与物镜的光路调整后，定向投射到对应视点 1 的区域。在这个视区，只有一只眼睛能看到第 1 幅视差图像。

当第 1 幅视差图像显示 3.3ms 后，显示屏的画面切换为第 2 幅视差图像，相应地，光阀 2 可以透光，其他 5 个光阀不能透光，透过光阀 2 的光线定向投射到对应视点 2 的区域。同理，以 3.3ms 为时间间隔，依次把第 3、第 4、第 5 和第 6 幅视差图像的光线指向到对应第 3 视点、第 4 视点、第 5 视点和第 6 视点的视区。这样，通过 2D 显示器的视差图像与液晶光阀的对应光阀的同步切换，对应 6 个视点的 6 幅视差图像依次在空间上扫过，双眼在接收其中的两幅视差图像后即可形成 3D 视觉。

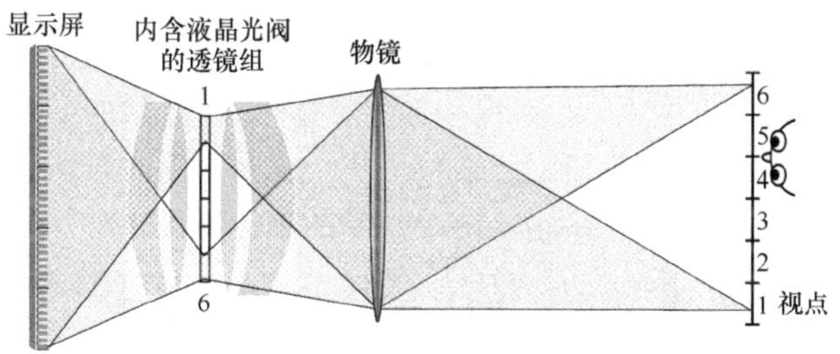

图 4-22　前置扫描视差光栅 3D 显示的原理

以上方式对显示屏与液晶光阀的电光转换能力，即响应速度提出了很高的要求。一般情况下，显示屏可以采用 OLED、PDP 等主动发光显示器，液晶光阀可以采用铁电液晶、蓝相液晶等快速响应液晶材料。

4.2.3 移动型视差光栅技术

移动型视差光栅技术是指通过视差光栅的物理移动及显示屏上左右眼视差图像的同步切换，使观看者在左右移动或前后移动而偏离正视区域后，依然能够看到正常的 3D 显示效果。从而扩大左右方向和前后方向上的 3D 显示观看视野。

1. 左右方向 3D 视野扩大技术

在图 4-23 中，立体视觉区的菱形位于观看者的两眼中央，为正视区，可实现立体视觉。该菱形的旁边有逆视区。正视区与逆视区之间就是串扰区。移动型视差光栅技术就是通过移动视差光栅来移动可观看范围，从而改善这种串扰现象。然而，仅仅移动视差光栅，有可能进入逆视区。因此，显示屏上的左右眼视差图像的显示位置也要进行相应的调整。这样，观看者在左右方向横向移动时，在任何位置几乎都可以实现立体视觉。

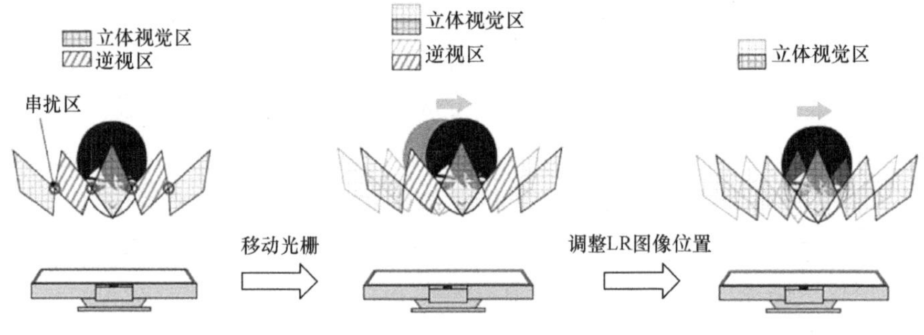

图 4-23 转换光栅方式的效果

如果观看者在左右方向的移动距离小于双眼间距（65mm 左右），则会产生一只眼睛同时看到左右眼视差图像的串扰现象。作为对策，图 4-24 给出了左右方向移动视差光栅位置的系统与工作原理，其基本结构是一个移动图像分配器。头部跟踪控制器通过检测观看者的位置，判断左右眼与视点的关系，进而控制移动视差光栅的位置与显示屏视差图像的信息。视差光栅只有两种位置

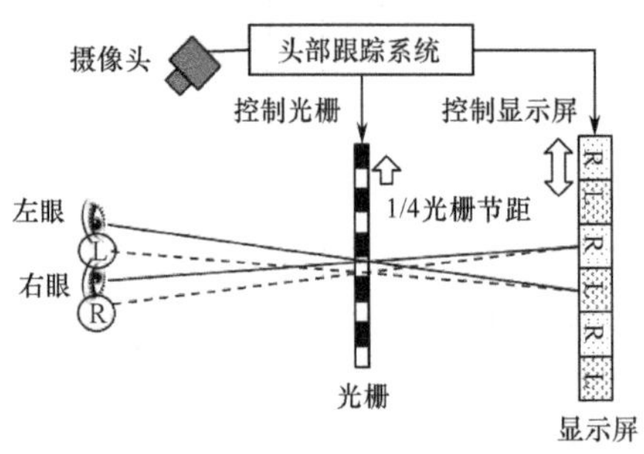

图 4-24 左右方向移动视差光栅位置的系统与工作原理

状态，一种是初始状态，另一种是沿水平方向整体平移 1/4 光栅节距后的状态。这两种位置状态，结合显示屏上左右视差图像的互换，该移动图像分配器可以组合出 4 种工作状态。针对头部跟踪控制器的判断结果，实时对应观看位置，提供一组最佳的组合。

作为一种特例，当观看者在左右方向移动了相当于其双眼间距的距离时，最初看到的右眼用视差图像与左眼用视差图像互换，形成逆视，从而无法产生立体视觉。作为对策，只需切换左眼视差图像和右眼视差图像。如果观看者在左右方向只移动其双眼间距一半（32.5mm 左右）的距离时，只需略微移动视差光栅，就能恢复到正常状态，从而实现立体视觉。

2. 前后方向 3D 视野扩大技术

在 3D 显示的最佳观看距离（适看距离），能够看见右眼视差图像的视点和能够看见左眼视差图像的视点，以 65mm 左右的双眼间距交替分布。左右眼的视点之间是串扰区域，即左右眼视差图像重叠区域。

当观看者从适看距离的位置向后移动时，每只眼睛看到的既有右眼视差图像，也有左眼视差图像，以及左右眼视差图像之间的串扰区域。如图 4-25 所示，右眼看到的是左眼视差图像的一部分、串扰图像、右眼视差图像、串扰图像及左眼视差图像，呈条纹状排列的图像。左眼看到的是右眼视差图像的一部分、串扰图像、左眼视差图像、串扰图像及右眼视差图像。观看者无法看到清晰的 3D 图像。

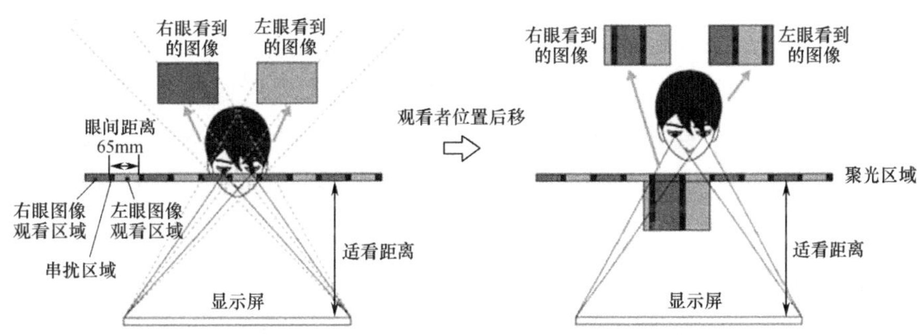

图 4-25　前后方向移动对立体视觉的影响

作为对策，采用将视差光栅与显示屏局部分割的分割型移动视差光栅技术，根据多摄像头装置获取的观看者前后左右的位置坐标，分别控制移动视差光栅的移动量及显示屏上的视差图像信息，实现向左右眼分配对应的视差图像。分割型移动视差光栅技术的工作原理如图 4-26 所示，视差光栅作为图像分割器，被分割成 16 个区块，使视差光栅能够在各自的区域自由移动。同样，显示屏也被分割成 16 个区域。通过细分显示屏和移动视差光栅的各个区块，可以在各个区块对右眼视差图像和左眼视差图像进行优化。

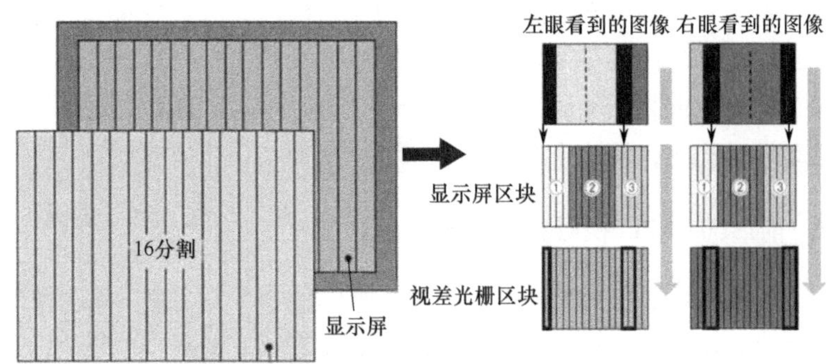

图 4-26　分割型移动视差光栅技术的工作原理

优化视差图像就是把串扰区域从左右眼看到的图像中移出。在图 4-26 中，在距离适看位置稍远的地方观看时，左眼看到串扰图像、右眼视差图像、串扰图像及少许左眼视差图像。右眼也存在类似现象。左眼和右眼视野内的虚线表示左眼视差图像和右眼视差图像的中心位置。在该虚线部位，显示屏和视差光栅的开口位置关系处于理想状态，能够正常看到图像。

串扰最明显的串扰图像中心位置相对于观看者的眼睛，在显示屏区块的边界位置上，存在视差光栅的开口。如果将该区域的开口移动 1/4 节距，使串扰中心移出视点区域，串扰图像的中心就会变为右眼视差图像或左眼视差图像的中心。移动串扰图像附近的光栅，具体方法如下：①区域只移动视差光栅；②区域没有进行任何控制；③区域分别移动视差光栅和左右眼视差图像。这样，右眼视差图像只能右眼看到，左眼视差图像只能左眼看到。

分割型移动视差光栅技术可以在前后方向上，将 3D 显示的观看范围扩大 3 倍左右。不过，在理论计算时，当显示屏边缘的狭窄区域出现逆视现象时，就会被判定为无法正确看到。因此，理论计算的范围要比实际的可观看范围窄。实际上，即使显示屏边缘存在逆视现象，观看者也大都不在意，所以感观上的 3D 视觉范围更大。

4.3　自由立体显示的评价参数

3D 显示的评价参数包括 3D 亮度及其差异性、3D 对比度、3D 串扰、色度及其视角均匀性等。此外，光栅 3D 显示系统还拥有其独特的评价参数：视点、视区、瓣（角）和最佳观看距离等。

4.3.1　视点与瓣

视点和瓣是最基本的两个评价参数，由视点引申出视区，由瓣引申出瓣角。

1. 视点与视区

3D 显示需要将左眼视差图像送到左眼，将右眼视差图像送到右眼。裸眼 3D 显示不能使用眼镜来分离左右眼视差图像，只能在观看空间设定视点。每个视点对应一幅视差图像，人的左眼或右眼进入视点位置就能看到对应的视差图像。

视点是分布在视场空间中的一个小范围区域。在视场空间中，视点的形成原理如图 4-27 所示。显示屏幕上对应某一视差图像的所有像素发出的光线，在距离显示屏幕一定距离的同一位置上多重成像。这个多重成像的区域称为视域。在视域中排列有众多的视点。因为视点是由对应同一视差图像的所有像素的发光光线重叠形成的，所以视点的空间形状是一个类似钻石形状的区域，如图 4-28 所示。

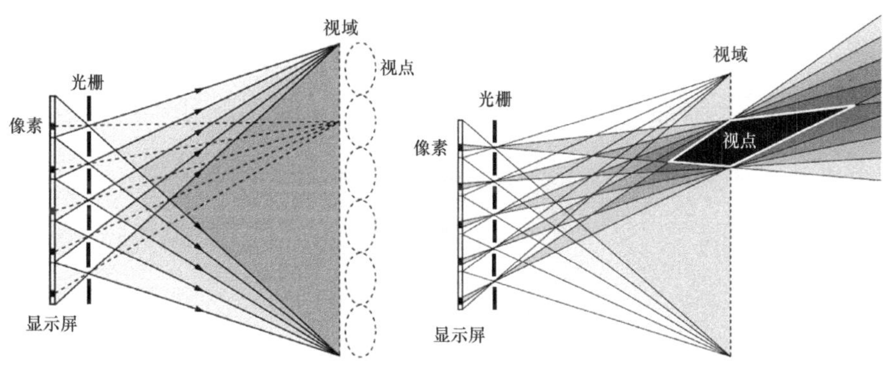

图 4-27　视点的形成原理　　　　图 4-28　视点的空间形状

显示屏幕上每个视点所属的像素（视差图像）可以在屏幕前的空间形成

该视点独立的无串扰可视区域，简称视区。在这个视区里，人眼只能看到一个视点的图像信息。左眼视差图像对应的左视区与右眼视差图像对应的右眼视区相间分布，沿着屏幕前的水平方向，交替出现每一个视点的视区，并只能看到某一个视点的图像信息。只有左眼位于左视区，右眼位于右视区时，才能获得正确的 3D 显示效果。

把前后左右自由移动都能观看到正确 3D 显示效果的连续观看区域称为光栅 3D 显示器的一个立体视区。位于显示屏法线位置上的中央立体视区称为主立体视区，主立体视区两边的立体视区称为边立体视区。

2. 瓣与瓣角

瓣是指一组具有连续视差的视图所形成的显示区域中，其显示区两侧的视图边界的轨迹形成的空间。一般，自由立体显示器的像素组与每个透镜单元或狭缝是相关联的。从每个像素组出射的光线透过柱透镜或狭缝光栅就形成瓣。如图 4-29 所示的基于 2 视点的标准设计对称中心线与显示屏的法线方向相一致或相接近的瓣称为主瓣（Main-Lobe），其他两侧的瓣称为旁瓣（Sub-Lobe）。一个自由立体显示器只有一个主瓣，但可以有多个旁瓣。每个瓣都形成一个观看区域，每个观看区域中左右眼视差图像平分左右眼视空间的范围用左右眼瞳距（Interpupillary Distance，IPD）的中点表示。

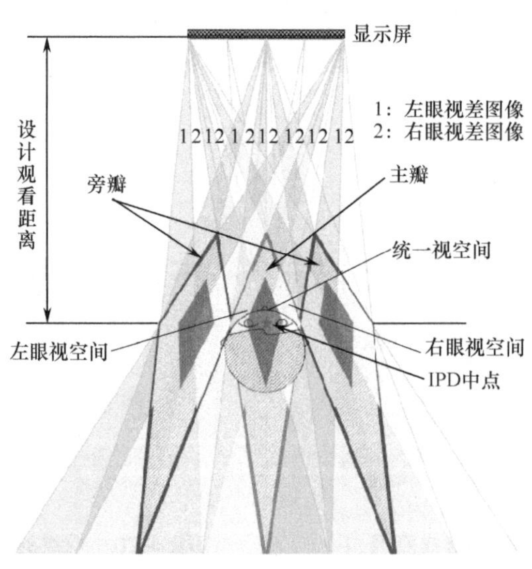

图 4-29　基于 2 视点的标准设计

光遮挡型 3D 显示技术属于光栅分像技术，光栅分离出左右眼视差图像的视空间形成瓣角。瓣角用来表征瓣的大小。一般比较关注 3D 显示的主瓣角。根据前面得到的亮度曲线，可以得到每个视点的最大亮度角度。对于一个 N 视点的自由立体显示器，主瓣角即为视点 1 与视点 N 的最大亮度角之间的角度差值，如图 4-30 所示。旁瓣角与主瓣角的大小，一般是相等的。

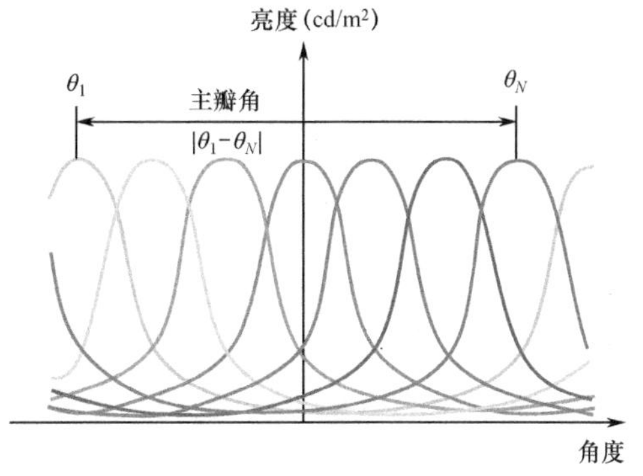

图 4-30　主瓣角计算原理示意图

自由立体显示器瓣的大小，对观看者在感知 3D 图像过程中的观看舒适度有着重要影响。光栅 3D 显示器的标准设计是在一定的观看距离下，使左右眼分别进入各自瓣角所在的视空间。如果观看者的左右两眼处在不同瓣的空间内，就会产生伪立体或图像分裂，而较宽的瓣角则可以减少这些现象。如图 4-31 所示的基于 4 视点的标准设计，增加视点数可以拉宽瓣角，降低观看距离上产生伪立体或图像分裂的概率。

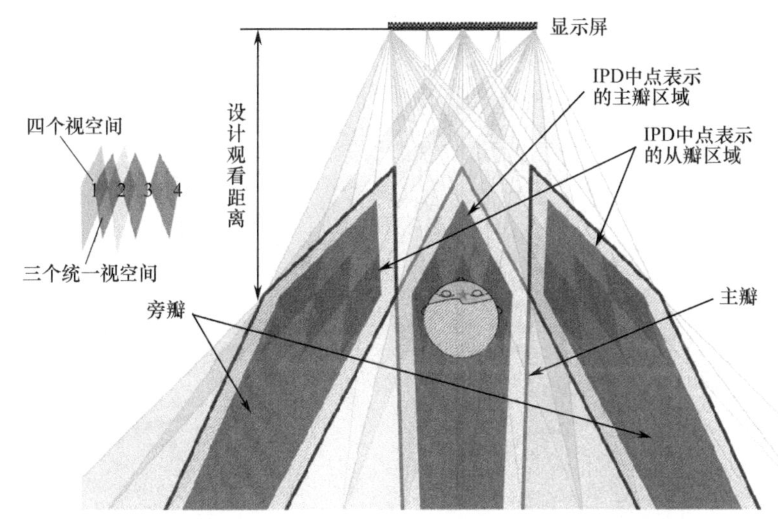

图 4-31　基于 4 视点的标准设计

设计上通过扩大 IPD 也可以降低伪立体或图像分裂的概率。如图 4-32 所示，扩大 IPD 后，统一视空间的大小没变，但左右眼同时观看到左眼视差图像的 2D 视图与右眼视差图像的 2D 视图的概率增加。

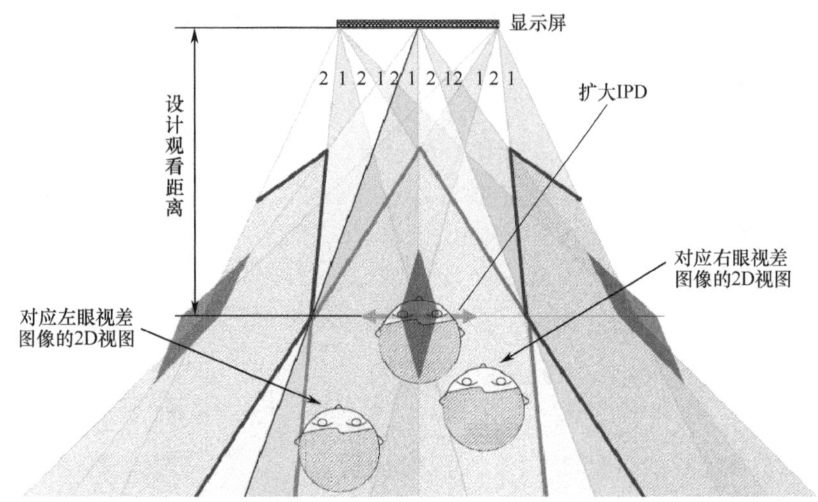

图 4-32　扩大 IPD 效果图

4.3.2　最佳观看距离

最佳观看距离（Optimal Viewing Distance，OVD）是指观看者在屏幕前观看到最佳 3D 图像的距离。当观看者体验自由立体显示器时，需要在一些固定的观看区域进行观看，此时，可以认为该处观察到的 3D 效果是最好的（√），也意味着串扰现象是最轻的；而在另外一些区域观看时，可能感知不到 3D 显示效果或看到伪像（×），如图 4-33 所示。

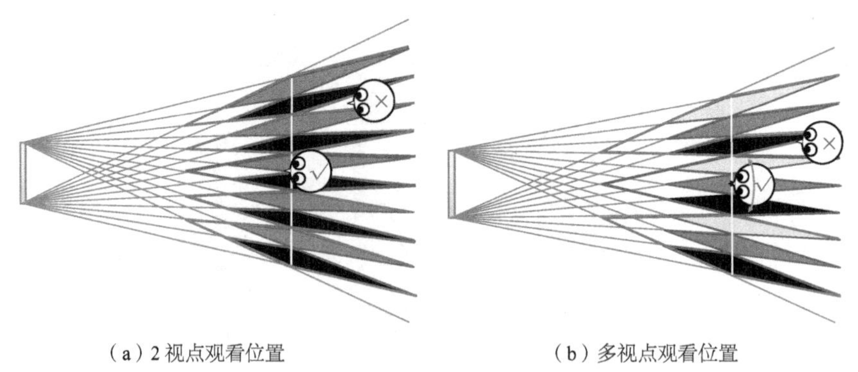

（a）2 视点观看位置　　（b）多视点观看位置

图 4-33　自由立体显示器前不同观看位置示意图

图 4-34 给出了最佳观看距离及观看自由度。瓣的中心线与立体显示器

间的距离即为最佳观看距离。OVD 的计算是与各视点串扰最小的角度 θ_i 及观看者的瞳间距（IPD）相关的。

对于 2 视点显示器，计算 OVD 的几何原理如图 4-35（a）所示，θ_2、θ_1 分别为左右眼在主瓣内的最小串扰角度，假设 IPD 为平均瞳距，一般取 65mm。理想情况下，左右眼所在的位置应该与显示屏的法线方向相对称。根据几何原理，可推导出 OVD 的计算公式：

$$\text{OVD}=\frac{\text{IPD}/2}{\tan[(\theta_2-\theta_1)/2]} \tag{4-19}$$

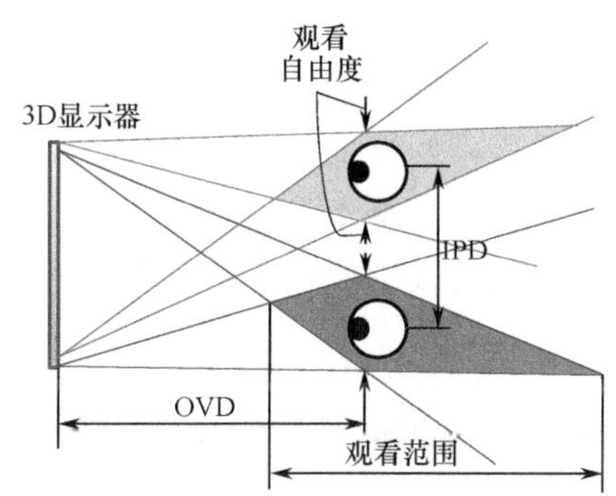

图 4-34　最佳观看距离及观看自由度示意图

对于多视点显示器，观看者在主瓣区域内观看时，其左右眼所在的位置未必与显示屏的法线方向对称，因此 2 视点 OVD 的计算公式不适用于更多视点的自由立体显示器。多视点显示器的 OVD 计算公式可以根据图 4-35（b）推导得到。

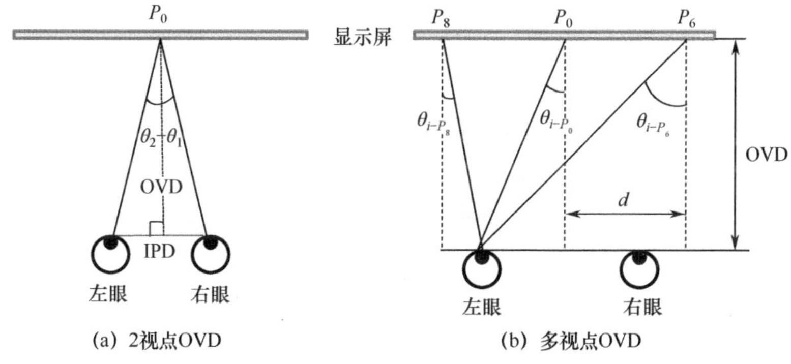

图 4-35　OVD 几何原理图

理论上，在图示的方向及距离上，左眼只能看到视点 i 的图像。图中 θ_{i-P_j}

代表视点 i 在屏幕上 P_j 处的最小串扰角度，以屏幕中间一行上的两点 P_0、P_8 为例，d 为 P_0 与 P_8 两点在水平方向上的距离，可以得到其计算公式如下：

$$\text{OVD} = \frac{d}{\tan\theta_{i-P_8} - \tan\theta_{i-P_0}} \tag{4-20}$$

从图 4-34 中可以看出，观看者的眼睛在瓣内还存在一个左右移动的范围和前后移动的范围。所以引入两个参数来描述这两个特征，即最佳观看范围和观看自由度。

观看自由度（Viewing Freedom，VF）指的是观看者在屏幕前方可以舒适地水平移动的视角范围。如图 4-36 所示，观看自由度与串扰的阈值、最大可接受的串扰大小相关。在该阈值范围内，观看者能够比较舒适地观看 3D 场景。当然，该范围内亮度和色度的变化也不能太大。根据前面得到的各视点随视角变化的串扰曲线，可以通过给定的串扰阈值，得到观看自由度的大小。此外，最佳观看范围也可以通过类似上述的方法得到。

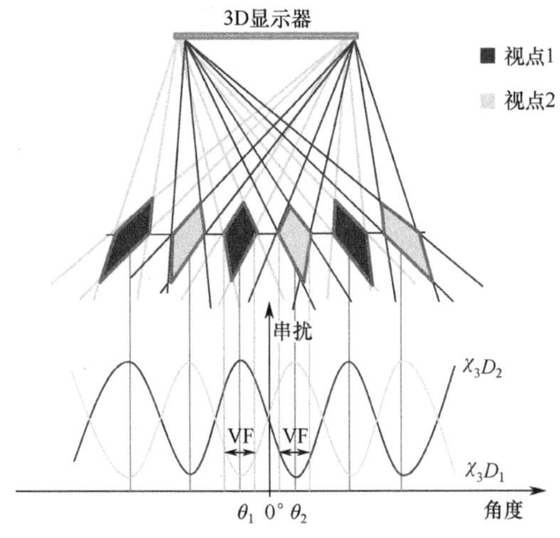

图 4-36　观看自由度计算示意图

本章参考文献

[1] Dodgson N A. Autostereoscopic 3D displays [J]. Computer, 2005, 38(8): 31-36.

[2] Lv Guo-Jiao, Wang Jun, Zhao Wu-Xiang, et al. Three-dimensional display based on dual parallax barriers with uniform resolution[J]. Applied Optics, 2013, 52(24): 6011-6015.

[3] Kim Sung-Kyu, Yoon Ki-Hyuk, Yoon Seon Kyu, et al. Parallax barrier engineering

for image quality improvement in an autostereoscopic 3D display[J]. Optics Express, 2015, 23(10): 13230-13244.

[4] Kim Se-Um, Kim Jiyoon, Suh Jeng-Hun, et al. Concept of active parallax barrier on polarizing interlayer for near-viewing autostereoscopic displays[J]. Optics Express, 2016, 24(22): 25010-25018.

[5] 王琼华. 3D 显示技术与器件[M]. 北京：科学出版社, 2016.

[6] Lambert M Surhone, Mariam T Tennoe, Susan F Henssonow. Parallax Barrier[J]. Betascript Publishing, 2010.

[7] Geng J. Three-dimensional display technologies[J]. Adv Opt Photonics, 2013, 5(4): 456-535.

[8] Takaki Y. Flat panel display with slanted pixel arrangement for 16-view display[J]. Proc Spie, 2009, 7237: 723708-723708-8.

[9] Goulanian and A. F. Zerrouk. Apparatus and system for reproducing 3-dimensional images: 7944465[P]. 2011.

[10] Bogaert L, Meuret Y, Roelandt S, et al. Demonstration of a multiview projection display using decentered microlens arrays[J]. Optics Express, 2010, 18(25): 26092-26106.

[11] 阪本邦夫，木村理恵子. 偏光パララックスバリア方式透過型立体ディスプレイ[J]. 映像情報メディア学会誌, 2005, 59(2): 296-301.

[12] Ezhov Vasily. Phase-polarization parallax barriers for an autostereo/stereo/monoscopic display with full-screen resolution at each operation mode[J]. Applied Optics, 2015, 54(28): 8306-8312.

[13] Yoon Ki-Hyuk, Ju Heongkyu, Park Inkyu, et al. Determination of the optimum viewing distance for a multi-view auto-stereoscopic 3D display[J]. Optics Express, 2014, 22(19): 22616-22631.

[14] Saveljev Vladimir, Kim Sung-Kyu. Experimental observation of moiré angles in parallax barrier 3D displays[J]. Optics Express, 2014, 22(14): 17147-17157.

[15] 阪本邦夫，高木美和. 偏光パララックスバリア方式多視点立体ディスプレイの試作[J]. 映像情報メディア学会誌, 2004, 58(9): 1288-1290.

[16] Chao-Chung Cheng, Chung-Te Li, Liang-Gee Chen. A novel 2D-to-3D conversion system using edge information[J]. IEEE Transactions on Consumer Electronics, 2010, 56(3): 1739-1745.

[17] W.-N. Lie, C.-Y. Chen, W.-C. Chen. 2D to 3D video conversion with key-frame depth propagation and trilateral filtering[J]. Electronics Letters, 2011, 47(5): 319-321.

[18] Liang Zhang, Carlos Vázquez , Sebastian Knorr, 3D-TV Content Creation: Automatic 2D-to-3D Video Conversion[J]. IEEE Transactions on Broadcasting, 2011, 57(2):

372-383.
[19] 阪本邦夫, 高木美和. 偏光スリットを用いた多眼式立体ディスプレイの試作[J]. 映像情報メディア学会誌, 2005, 59(5): 791-793.
[20] 阪本邦夫, 木村理恵子. 解像度劣化のないパララックスバリア方式立体表示の一手法[J]. 映像情報メディア学会誌, 2005, 59(1): 155-157.
[21] Gaudreau J E. Full-resolution autostereoscopic display using an all-electronic tracking/steering system[J]. 2012, 8288(9): 65.
[22] Zhang Q, Kakeya H. An autostereoscopic display system with four viewpoints in full resolution using active anaglyph parallax barrier[C]. Stereoscopic Displays and Applications XXIV. Stereoscopic Displays and Applications XXIV, 2013: 86481R.
[23] 掛谷英紀, 張勆. 時分割型パララックスバリア式裸眼立体映像表示装置[P]. 特開 2015-125407, 2015.
[24] 陈怡鹏. 3D 显示液晶光栅的研制与测试[D]. 成都: 电子科技大学，2013.
[25] Jiang-Yong Luo, Qiong-Hua Wang, Wu-Xiang Zhao, et al. Autostereoscopic three-dimensional display based on two parallax barriers[J]. Applied Optics, 2011, 50(18): 2911-2915.
[26] J. Lee. A high resolution autostereoscopic display employing a time division parallax barrier[J]. Society for Information Display(SID), 2006.
[27] 赵悟翔, 王琼华, 李大海, 等. 阶梯光栅多视点自由立体显示的子像素排列[J]. 工程科学与技术, 2009, 41(6): 219-221, 239.
[28] Geng Lyu, Xukun Shen, Taku Komura, et al. Widening Viewing Angles of Automultiscopic Displays Using Refractive Inserts[J]. IEEE Transactions on Visualization and Computer Graphics, 2018, 24(4): 1554-1563.
[29] Kakeya Hideki, Okada Ken, Takahashi Hayato. Time-Division Quadruplexing Parallax Barrier with Subpixel-Based Slit Control[J]. 映像情報メディア学会英語論文誌, 2018, 6(3): 237-246.
[30] Kakeya Hideki, Yoshida Atsushi, Yang Bin, et al. A Liver Surgery Simulator Using Full HD Autostereoscopic Displays[J]. 映像情報メディア学会英語論文誌, 2018, 6(1): 11-17.
[31] 岡田健, 掛谷英紀. サブピクセル構造を利用した 4 時分割斜めパララックスバリア式裸眼立体表示. 映像情報メディア学会冬季大会講演予稿集, 2015.
[32] Sam H Kaplan. Theory of Parallax Barriers[J]. Journal of the Society of Motion Picture and Television Engineers, 1952, 59(1): 11-21.
[33] Lv Guo-Jiao, Zhao Wu-Xiang, Li Da-Hai, et al. Polarizer Parallax Barrier 3D Display With High Brightness, Resolution and Low Crosstalk[J]. Journal of Display Technology, 2014, 10(2): 120-124.

[34] 河畑則文, 宮尾克. 8 視点パララックスバリア方式における領域別に符号化劣化させた 3DCG 画像中の背景領域がグレースケールである場合の主観品質評価[J]. 電子情報通信学会技術研究報告, 2014, 114(171): 25-30.

[35] Kang Min-Koo, Nguyen Hoang-Phong, Kang Donghoon, et. al. Adaptive viewing distance in super multi-view displays using aperiodic 3-D pixel location and dynamic view indices[J]. Optics Express, 2018, 26(16): 20661-20679.

[36] 潮嘉次郎, 三宅信行, 山広知彦, 等. 千鳥格子バリアを用いた偏光照明制御による大型裸眼立体表示[J]. 映情学技報, 2013, 37 (43): 9-12.

[37] Yu Xunbo, Sang Xinzhu, Chen Duo, et al. 3D display with uniform resolution and low crosstalk based on two parallax interleaved barriers[J]. Chinese Optics Letters, 2014, 12(12): 121001-1−121001-4.

[38] 潮嘉次郎, 三宅信行, 山広知彦, 等. 偏光パターン照明制御による大画面裸眼 3D 表示[J]. 映情学技報, 2013, 37(0): 1-4.

[39] Haowen Liang, Senzhong An, Jiahui Wang, et al. Optimizing Time-Multiplexing Auto-Stereoscopic Displays With a Genetic Algorithm[J]. Journal of Display Technology, 2014, 10(8): 695-699.

[40] Chao Ping Chen, Yishi Wu, Lei Zhou, Keyu Wang, et al. Crosstalk-free dual-view liquid crystal display using patterned E-type polarizer[J]. Applied Optics, 2017, 56(3): 380-384.

[41] K Sakamoto, R Kimura, M Takaki. Parallax polarizer barrier stereoscopic 3D display systems[J]. Proceedings of the 2005 International Conference on Active Media Technology, 2005: 469-474.

[42] 平野雅之, 包躍. バリア式裸眼 3D 表示法のモアレ対策及びバリア作成[J]. 画像工学, 2012, 112(291): 53-58.

[43] Yoon Ki-Hyuk, Ju Heongkyu, Park Inkyu, et al. Determination of the optimum viewing distance for a multi-view auto-stereoscopic 3D display[J]. Optics Express, 2014, 22(19): 22616-22631.

[44] Kang Min-Koo, Nguyen Hoang-Phong, Kang Donghoon, et al. Adaptive viewing distance in super multi-view displays using aperiodic 3-D pixel location and dynamic view indices[J]. Optics Express, 2018, 26(16): 20661-20679.

[45] Zhang Qu , Kakeya Hideki. A High Quality Autostereoscopy System Based on Time-Division Quadplexing Parallax Barrier[J]. IEICE Transactions on Electronics , 2014, E97 C(11): 1074-1080.

[46] 黄羹. 自由立体显示的质量评估方法研究[D]. 南京：东南大学，2013.

[47] Nakamura J , Takahashi T , Chen C W , et al. Analysis of longitudinal viewing freedom of reduced-view super multi-view display and increased longitudinal

viewing freedom using eye-tracking technique[J]. Journal of the Society for Information Display, 2012, 20(4): 228-234.

[48] Smolic A. 3D video and free viewpoint video—From capture to display[J]. Pattern Recognition, 2011, 44(9): 1958-1968.

[49] Heo, Su Y. Design and implementation of an 8-view three-dimensional video player[J]. Optical Engineering, 2012, 51(6): 3201-3207.

[50] Hoshino H, Okano F, Yuyama I. A study on resolution and aliasing for multi-viewpoint image acquisition[J]. IEEE Transactions on Circuits and Systems for Video Technology, 2000, 10(3): 366-375.

[51] 徐永佳，高峰，蒋向前. 立体偏转测量系统几何参数的性能分析与评价[J]. Engineering, 2018, 4(6): 139-158.

[52] Weng Y , Xu D , Zhang Y , et al. Polarization volume grating with high efficiency and large diffraction angle[J]. Optics Express, 2016, 24(16): 17746-17759.

[53] 汤四海. 自由立体显示器质量测量与优化方法的研究[D]. 南京：东南大学，2014.

第5章

光折射型 3D 显示技术

光折射型 3D 显示技术利用透镜和棱镜作为分光元件，通过光的折射原理对光线的传播路径进行控制，使观看者的左右眼分别看到不同的视差图像，形成 3D 视觉。透镜和棱镜都是透明的，所以能够避免像光遮挡型 3D 显示技术那样因光线被遮挡而造成的亮度损失。

5.1 柱透镜光栅 3D 显示技术

柱透镜光栅 3D 显示的基础光学元件包括微柱透镜光栅（Micro-lenticular array）和微透镜阵列（Micro-lens array）。由于大部分 3D 显示的场合只需要呈现水平视差图像，所以只需要使用一维透镜，即柱透镜。采用纵条状的柱透镜光栅技术，横向分辨率下降严重，导致视点数无法进一步增加，采用倾斜光栅技术可以使 3D 图像的水平方向分辨率与垂直方向分辨率尽可能接近。

5.1.1 柱透镜光栅 3D 显示原理

柱透镜光栅 3D 显示技术利用柱透镜光栅板对光的折射，把显示屏上的视差图像，在水平方向上分别投射到各自对应的视区，使观看者的左右眼分别看到不同的视差图像，从而形成立体视觉。

1. 柱透镜光栅 3D 显示系统

柱透镜光栅 3D 显示系统是在显示屏上方贴合柱透镜光栅板，使显示屏的像平面位于柱透镜的焦平面上。显示屏像素位于光栅的焦平面附近，通过光栅后成放大的像。在焦平面内成放大的虚像，在焦平面外成放大倒立的实像。由于每个光栅结构对应的都是像素，显示的是灰度，且又为对称规则图形，正立或倒立对画面的显示没有影响，本节以显示画面位于光栅焦平面内为例进行研究。

如图 5-1 所示，在柱透镜光栅 3D 显示的每个柱透镜单元下面，对应左眼视差图像 L 的一列像素和右眼视差图像 R 的一列像素，在显示屏上间隔排列，形成视图分区。具有一定曲率和折射率的半圆柱状透镜以不同的方向聚光投影每个像素发出的光线，将左侧像素的左眼视差图像折射后送至左眼，同时将右侧像素的右眼视差图像折射后送至右眼，形成 3D 视觉。

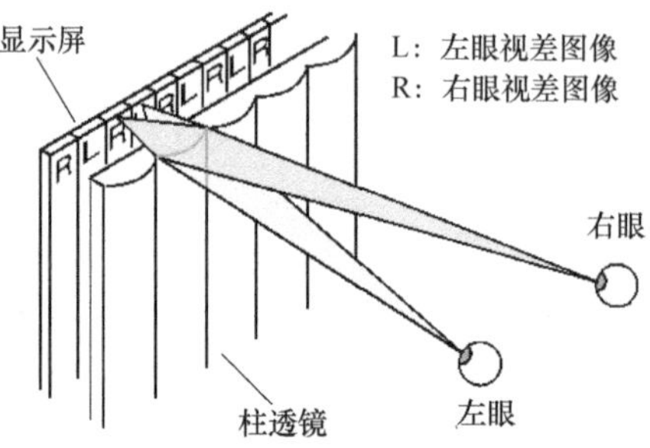

图 5-1　柱透镜光栅 3D 显示的基本结构与分光原理

柱透镜光栅 3D 显示最大的优势是亮度不受影响。但是，显示屏像素之间的黑色矩阵会通过柱透镜被放大成像，导致观看者水平移动时，清晰图像之间的黑色盲区间隔出现，产生不舒适感。对策之一是使显示屏表面与柱透镜成像的焦点不完全重合，从而虚化黑色区域。

2．柱透镜单元光学原理

如图 5-2（a）所示，柱透镜光栅板的柱状透镜单元在平行圆柱轴的垂直方向不聚光，在垂直圆柱轴的水平方向聚光，即每个半圆柱透镜单元相当于会聚透镜。单个柱透镜单元的主要参数包括厚度 d、曲率半径 R、节距 P，以及折射率 n。如图 5-2（b）所示，以光轴 OO'为 x 轴建立坐标系，根据单球面折射系统成像公式，可得

$$\frac{1}{x-d}+\frac{n}{d}=\frac{n-1}{R} \tag{5-1}$$

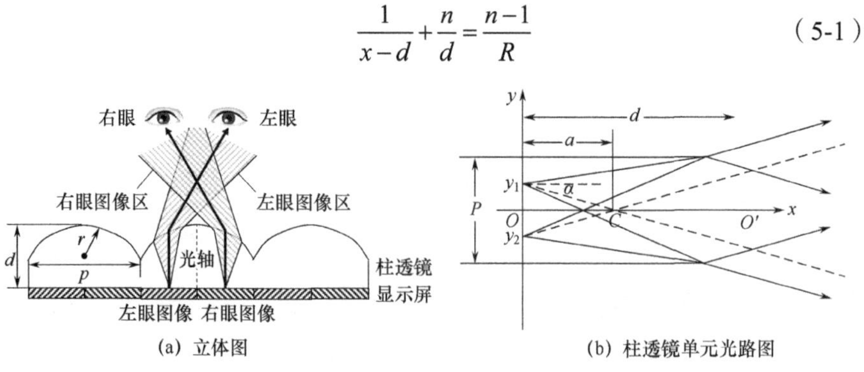

(a) 立体图　　(b) 柱透镜单元光路图

图 5-2　柱透镜单元光学原理

因为观看距离比柱透镜单元厚度大 3 个数量级，认为 $x\to\infty$，可得

$$d = f = \frac{n}{n-1}R \tag{5-2}$$

式中，$R=d-a$，f 为焦距（$f=d$），a 为柱透镜单元节点 C 到焦平面的距离。一般情况下，柱透镜折射率 $n\approx1.5$，则有 $f\approx3R$。

经过 O 点的光束，穿过柱透镜单元后平行光轴出射，传输方向角为 0°。对于 $y\neq0$ 的任一点，经过柱透镜单元后以一定的方向折射，相应的传输方向为

$$\alpha = \arctan\frac{y}{d-R} \tag{5-3}$$

代入式（5-2），得

$$\alpha = \arctan\frac{ny}{f} \tag{5-4}$$

根据式（5-4），以光轴 OO' 为界，$y>0$ 的点形成的平行光束向下传输，$y<0$ 的点形成的平行光束向上传输，每个柱透镜单元都起到了分像作用。

3．柱透镜光栅的设计技术

柱透镜光栅技术的成像效果与柱状透镜的参数相关。柱状透镜的参数分为宏观参数和微观参数，宏观参数包括柱透镜光栅板的线数（LPI 值）、观看距离 D 和视角范围 $\varPhi$；微观参数包括柱透镜光栅板的透镜节距 P、焦距 f、曲率半径 R、厚度 d、折射率 n 及透射率 ψ。其中，由曲率半径 R 和材料折射率 n 可以确定物方焦距 f。折射率 n 由材料决定，是已知参数。厚度 d 由焦距及柱透镜和显示屏的距离决定。因此，柱透镜的设计其实就是设计其曲率半径 R、透镜节距 P 和厚度 d，使其与具体的平面显示屏相匹配，从而得到性能优良的柱透镜光栅 3D 显示器。

柱透镜微观参数与观看距离 D 及视角范围 $\varPhi$ 的关系如图 5-3 所示。图中，θ_1 为双眼所夹视角的半角，θ_2 为柱透镜光栅板栅距与轴上顶点夹角的半角，θ_2 为 θ_1 的折射角。根据三角形关系，可得

$$\begin{cases} \varPhi = 2\theta_1 \\ \theta_2 = \arctan\left(\dfrac{P}{2f}\right) \\ \theta_1 = \arcsin(n\sin\theta_1) \\ D = \dfrac{e}{2\tan\theta_1} \end{cases} \tag{5-5}$$

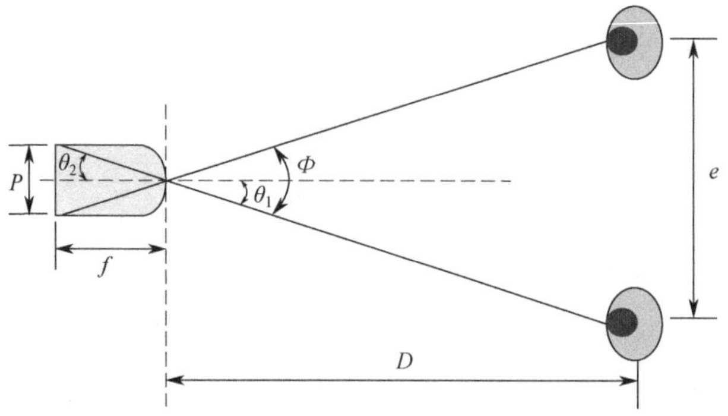

图 5-3　柱透镜微观参数与观看距离及视角范围的关系

整理式（5-5），得到关于视角范围 Φ 与观看距离 D 的关系式：

$$\Phi = 2\theta_1 = 2\arcsin\left\{n\sin\left[\arctan\left(\frac{P}{2f}\right)\right]\right\} \tag{5-6}$$

$$D = \frac{e}{2\tan\left\{\arcsin\left[n\sin\left(\arctan\left(\frac{P}{2f}\right)\right)\right]\right\}} \tag{5-7}$$

根据式（5-6），在透镜节距 P 和焦距 f 一定的情况下，折射率 n 越高，视角越大，分像性越好。根据式（5-7），当折射率 n 一定时，透镜节距 P 越小，焦距 f 越小，观看距离越近；透镜节距 P 越大和焦距 f 越大，观看距离越远。一般情况下，近距离观看用的光栅板应该薄且密，远距离观看用光栅板应该厚且疏。

柱透镜参数设计不仅决定了观看距离，还决定了可视区域大小和空间位置分布。不同的显示屏由于其像素大小等参数不同，柱透镜参数的设计也不同。对于相同的显示屏，如果要求的观看距离、视点数、立体深度感等 3D 显示效果不同，相应的柱透镜参数设计也不同。所以，建立如图 5-4 所示的柱透镜光栅视点区域分布模型，为柱透镜参数设计提供依据。

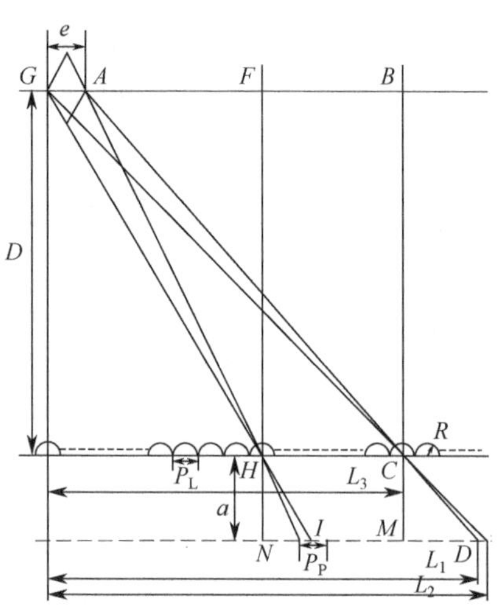

图 5-4　柱透镜光栅视点区域分布模型

在图 5-4 中，P_P 为像素间距，R 为透镜的曲率半径，a 为透镜曲率节点到焦平面的距离，P_L 为透镜栅距，D 为人

眼观看距离，e 为双眼间距。根据三角形相似原理，可以推导得到

$$f = \frac{nP_{\mathrm{P}}D}{2e} \tag{5-8}$$

$$P_{\mathrm{L}} = \frac{2eP_{\mathrm{P}}}{2e + P_{\mathrm{P}}} \tag{5-9}$$

根据式（5-8），确定观看距离、柱透镜折射率、像素单元大小，可以求得柱透镜光栅板厚度。根据式（5-9），已知像素单元大小，可以求得柱透镜栅距。根据这些关系，可以设计柱透镜光栅参数。

5.1.2　倾斜透镜光栅 3D 显示技术

对于 n 视点的视差光栅 3D 显示，需要将对应 n 个视点的 n 幅视差图像同时显示在物理分辨率固定的显示屏上，所以每幅图像只能占用显示屏物理分辨率的 $1/n$。左右双眼只要同时看到对应的左眼视差图像和右眼视差图像，即可形成 3D 视觉，相应的 3D 图像分辨率就是显示屏物理分辨率的 $1/n$。对于竖直光栅 3D 显示，3D 图像的分辨率使显示屏水平分辨率降低为 $1/n$，而垂直方向分辨率却没有变化。这种水平与垂直方向上的分辨率下降不平衡不仅会降低 3D 显示质量，造成观看者的视觉疲劳，还会导致视点数量无法进一步增加。采用倾斜视差光栅技术可以平衡 3D 图像的分辨率，使水平方向的分辨率与垂直方向的分辨率尽可能接近。

1. 垂直像素与倾斜透镜光栅 3D 显示技术

Philips 等公司提出的倾斜透镜光栅技术是指柱透镜阵列与显示屏幕成一定角度倾斜，同时每一组显示屏子像素交叉排列。如图 5-5 所示，通过将光栅按照一定的角度倾斜放置，可以使 3D 图像的分辨率在水平方向和垂直方向都降低。选取合适的光栅倾斜角度 θ，使 3D 图像的分辨率在水平和垂直方向上同时降低为显示屏分辨率的 $1/\sqrt{n}$。显示屏上以子像素为单位显示各个视点的图像，即同一像素中的不同子像素将显示不同视差图像的内容。

图 5-5 中白色椭圆中标号为 1 的 RGB 三个子像素组成视差图像 1 的一个像素。其中一个视差图像的水平与竖直方向分辨率平衡效果如图 5-6 所示。通过计算，人眼接收到的视差图像，相邻像素水平间距为 2.3 个像素距离，垂直间距为 3 个像素距离，即 3D 图像在水平方向上分辨率损失为原来的 1/2.3，竖直方向损失为 1/3，这样，分辨率损失失衡的问题便得到了解决。

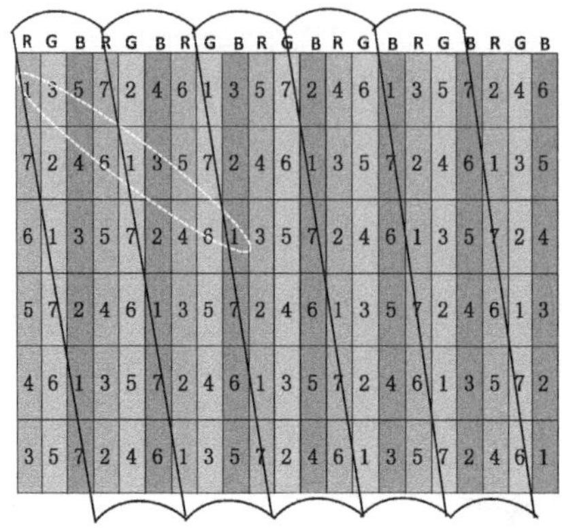

图 5-5　7 点自由立体显示器结构示意图

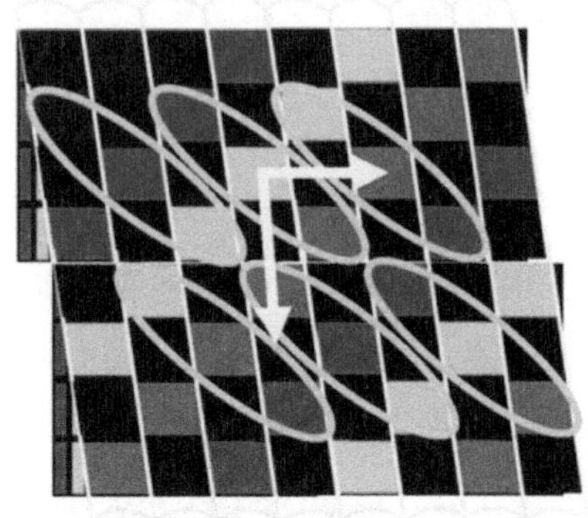

图 5-6　水平与竖直方向分辨率平衡效果

采用倾斜透镜技术的 3D 显示器，显示屏像素的排列不再按视点顺序依次排列，而需要根据受显示屏像素与柱状透镜结构参数决定的成像关系计算显示屏上给定的 RGB 子像素应该取自哪个视点的 RGB 分量。为将多幅视差图像合成为一幅 3D 图像，需要首先确定显示器的子像素映射关系。如图 5-7 所示，设显示屏上 RGB 子像素宽度为 P_{h}，而子像素的高度为其宽度的 3 倍，即 $3P_{\mathrm{h}}$，柱透镜单元节距为 P，柱透镜相对垂直方向的倾斜角度为 α。P_x 表示满足成像对应关系情况下透镜单元在显示屏上沿水平方向覆盖的宽度。设 m 为透镜的横向放大率，可得

$$P_x = \frac{m+1}{m}\frac{P}{\cos\alpha} \tag{5-10}$$

定义 X 为显示屏上 P_x 宽度下所能覆盖的子像素个数，则

$$X = \frac{m+1}{m}\frac{P}{P_h\cos\alpha} \tag{5-11}$$

以 x_{off} 表示 RGB 子像素（x, y）距离透镜边缘的水平距离，N_k 表示显示屏上 RGB 子像素取自视点 N_k 图像的 RGB 分量，N_{tot} 表示总的视点个数，可得

$$x_{\mathrm{off}} = (x - y\tan\alpha)\bmod P_x \tag{5-12}$$

$$\frac{N_k}{N_{\mathrm{tot}}} = \frac{x_{\mathrm{off}}}{P_x} \tag{5-13}$$

以 i，j 表示 RGB 子像素位置的下标，则多视点子像素映射的通用计算公式为

$$N_k = \frac{(i - 3j\tan\alpha)\bmod X}{X} N_{\mathrm{tot}} \tag{5-14}$$

图 5-8 所示为利用式（5-14）计算所得的 9 视点 3D 显示器的子像素

映射关系，其中 N_{tot}=9，X=4.5，α=arctan(1/6)。其分辨率在水平方向与竖直方向均损失为原来的 1/3。在推导子像素映射计算公式的过程中，假设了透镜光栅的边缘与 2D 显示屏的左上顶点是重合的，而实际情况往往不完全重合。设定两者在 x 轴上存在 k_{off} 的偏差，需要将式（5-14）修正为

$$N_k = \frac{(i + k_{off} - 3j\tan\alpha) \bmod X}{X} N_{tot} \tag{5-15}$$

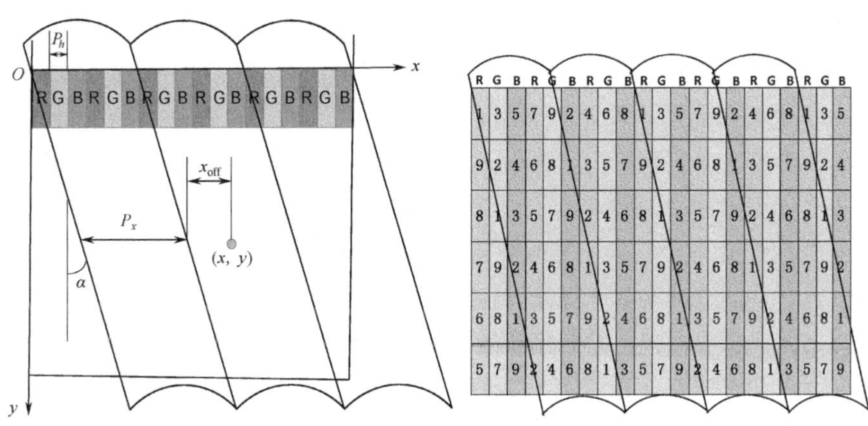

图 5-7　视点像素映射关系　　　　图 5-8　9 视点 3D 显示器子像素映射关系

得到多视点子像素映射关系后，可以进行 3D 图像的合成。根据式（5-14），给定一个 2D 显示屏上的 RGB 子像素（x，y），其 k 的值是已知的，而 X、α 和 N_{tot} 的值是固定的，因此可以计算得到该 RGB 子像素应该取自视点 N 所对应的 RGB 分量，依此类推，还可以进一步计算得到 3D 图像与各视差图像之间的子像素映射表。例如，当 N_{tot}=9，X=12，α=arctan(1/6)，分辨率为 1024 像素×768 像素时，可以得到如表 5-1 所示的 9 视点图像的 RGB 分量与立体图像的 RGB 分量相对应的映射。

表 5-1　9 视点图像的 RGB 分量与立体图像的 RGB 分量相对应的映射

R9	G1	B2	R3	G3	B4	R5	G6	B6	R7	G8	B9	R9	G1	B2	R3	G3	B4	R5	G6	B6	R7	G8	B9	R9	G1	B2	R3	…
R9	G1	B1	R2	G3	B4	R4	G5	B6	R7	G7	B8	R9	G1	B1	R2	G3	B4	R4	G5	B6	R7	G7	B8	R9	G1	B1	R2	…
R9	G9	B1	R2	G3	B3	R4	G5	B6	R6	G7	B8	R9	G9	B1	R2	G3	B3	R4	G5	B6	R6	G7	B8	R9	G9	B1	R2	…
R8	G9	B1	R1	G2	B3	R4	G4	B5	R6	G7	B7	R8	G9	B1	R1	G2	B3	R4	G4	B5	R6	G7	B7	R8	G9	B1	R1	…
R8	G9	B9	R1	G2	B3	R3	G4	B5	R6	G6	B7	R8	G9	B9	R1	G2	B3	R3	G4	B5	R6	G6	B7	R8	G9	B9	R1	…
R7	G8	B9	R1	G1	B2	R3	G4	B4	R5	G6	B7	R7	G8	B9	R1	G1	B2	R3	G4	B4	R5	G6	B7	R7	G8	B9	R1	…

2．倾斜像素与倾斜透镜光栅 3D 显示技术

在垂直像素与倾斜透镜组合结构中，透镜单元的边缘线不能完全分离每个视差图像对应的子像素。被相邻两个透镜单元的边缘线分割后，边缘线上的子像素不能完全进入一个透镜单元，而是分别进入两个透镜单元。如图 5-8 所示，左侧第一个透镜单元和第二个透镜单元的边缘线上，第 1、2、3 和 9 个视点图像的亮度与颜色，本该进入左侧透镜单元的子像素在边缘线的上方部分却进入了右侧透镜单元，使得这个子像素在边缘线上方部分的光线出射方向与边缘线下方部分的光线出射方向相反。同理，边缘线上本该进入右侧透镜单元的子像素在边缘线的下方部分却进入了左侧透镜单元，使得这个子像素在边缘线下方部分与上方部分的光线出射方向相反。这些子像素被相邻透镜单元的边缘线分割后，不同视差图像之间形成串扰，并且对应透镜单元边缘线的图像会出现锯齿状现象。

消除垂直像素与倾斜透镜组合结构带来的图像串扰现象与锯齿状现象，根本对策是使显示屏上的像素与透镜光栅的透镜单元同时倾斜，保证相邻透镜单元的边缘线能够完全分离对应各自透镜单元的子像素。如图 5-9 所示为倾斜像素与倾斜透镜组合的斜透镜光栅技术，显示屏上的子像素呈平行四边形状，子像素与透镜单元一起倾斜，都与显示屏的垂直方向呈一定的夹角α，从而保证每条透镜单元在水平方向上都能完整覆盖 n 个（图中 n=4）子像素单元，避免透镜单元的边缘线分割边缘子像素，从而消除垂直像素与倾斜透镜组合结构的图像串扰现象与锯齿状现象。为了改善摩尔条纹，倾斜像素与倾斜透镜组合的结构在像素具体设计时，CF 侧的 RGB 色阻横向交叠以代替 BM，TFT 侧的数据线垂直贯穿显示屏。

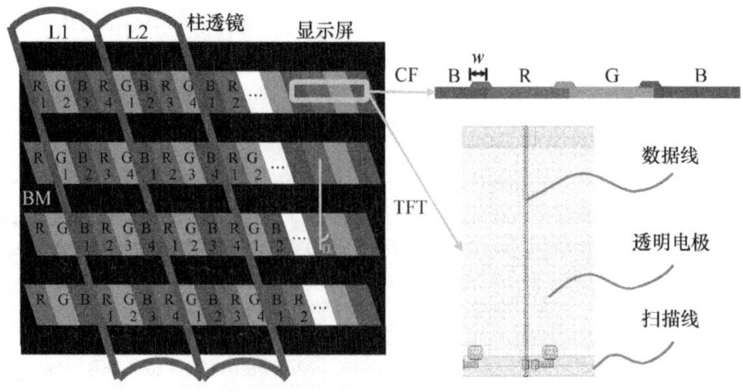

图 5-9　倾斜像素与倾斜透镜组合的斜透镜光栅技术

5.1.3　移动透镜板 3D 显示技术

在普通柱透镜 3D 显示系统的前方再配置柱透镜阵列，通过光的多次折射，可以增加视点数。如图 5-10 所示，在显示屏上贴附固定透镜光栅板的结构前方，设置一块可以左右移动的透镜光栅板。控制移动透镜光栅板左右移动，从显示屏出来的光线经过固定透镜光栅板分光后，再次通过移动透镜光栅板实现二次分光，在多个方向上进行分光，从而实现多视点 3D 显示。在移动透镜的同时，显示屏需要同步输出不同视点的视差画面。

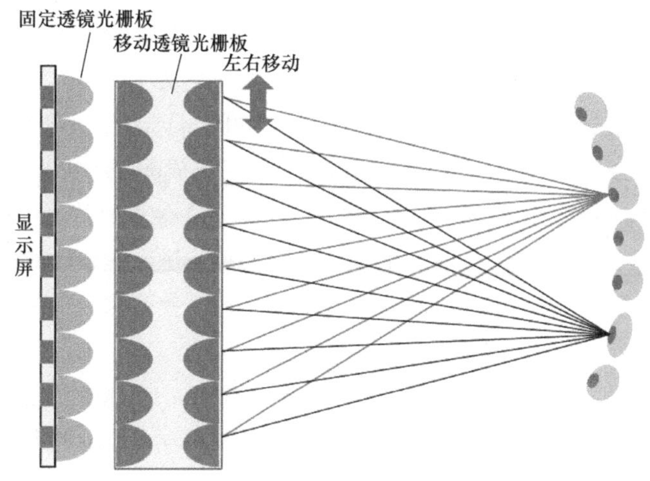

图 5-10　移动透镜板 3D 显示装置

具体的视点数与显示屏的画面切换频率及移动透镜光栅的移动速度相关。例如，在显示屏的相同物理像素上先后显示两幅视差图像，两幅视差图像经过固定透镜光栅板后，先后沿着相同的方向射出固定透镜板。与显示屏先后显示两幅视差图像同步，移动透镜光栅板的位置发生移动。载有第一幅视差图像的光线与载有第二幅视差图像的光线射入移动透镜光栅板的位置不同，所以射出移动透镜光栅板后的方向也不同，从而分别向两个方向的视区各自提供一幅视差图像。

移动透镜板技术的实现难度很大。在 3D 显示装置中很难进行大尺寸透镜光栅板的移动，并且不同尺寸的 3D 显示装置对透镜光栅板的移动要求也不同。透镜光栅板的移动是左右来回移动，移动速度不恒定，所以视区位置会跟着变化，从而影响 3D 显示效果。

5.2 棱镜光栅 3D 显示技术

透镜可以看成是由一些形状相似的棱镜（Prism）组成。棱镜是由折射材料制成的透明木契形体，能够使光线发生偏移。利用棱镜的这种光折射型分光作用，用作 3D 显示的光栅，可以把屏幕上的左右眼视差图像对分离出来。具体的实现方式有 Prism Mask 技术、Lucius 棱镜阵列技术等。

1. Prism Mask 结构 3D 显示技术

Prism Mask 是棱镜单元相隔一定间隙呈条状分布的分光结构，通过棱镜与棱镜间隙对透过光线的不同处理效果，形成不同方向的出射光线。

1998 年，Schwerdtner 和 Heidrich 设计了如图 5-11 所示的准直透镜 Prism Mask 结构 3D 显示装置。点光源通过准直透镜后形成面状平行光出射到 LCD 显示屏上，LCD 显示屏的纵向奇数列（或偶数列）像素直接出射进入右眼，纵向偶数列（或奇数列）像素经过棱镜分光后偏折进入左眼。奇数列像素携带的是右眼视差图像，偶数列像素携带的是左眼视差图像，左右眼视差图像各自进入左右眼后形成 3D 视觉。

如果采用主动发光的显示屏，需要在显示屏与 Prism Mask 之间设置光线准直处理的 BEF 等膜片。如图 5-12 所示，从主动发光显示屏出来的光，经光线准直膜片处理后，纵向奇数列（或偶数列）像素直接出射进入右眼，纵向偶数列（或奇数列）像素经过棱镜分光后偏折进入左眼，形成 3D 显示效果。为了扩大观看范围，图中还设置了人眼跟踪系统。

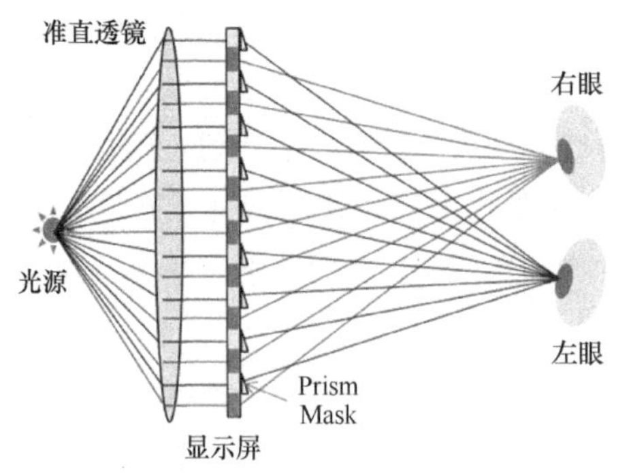

图 5-11　准直透镜的 Prism Mask 结构 3D 显示装置

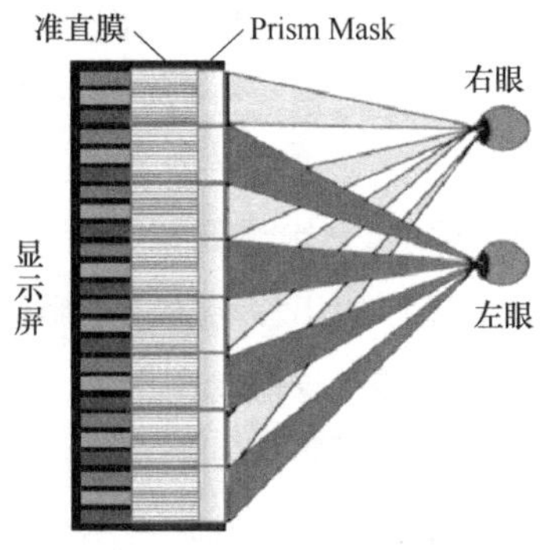

图 5-12　准直膜的 Prism Mask 结构 3D 显示装置

2. Lucius 棱镜阵列 3D 显示技术

Lucius 棱镜阵列 3D 显示是利用一种称为"Lucius"的微型棱镜阵列作为分光元件，在空间上分离出左右双眼视差图像的光线，实现 3D 显示。利用 Lucius 棱镜阵列能够在屏幕上显示一个只有从特定角度才能看得到的物体。如图 5-13 所示，在正前方观看时，被 Lucius 棱镜阵列分离的左右眼视差图像，分别进入左眼和右眼，如果屏幕上的图像是立体的，大脑就能感知到 3D 效果。但是，当观看者移动到左边或移动到右边时，就只能看到一幅 2D 画面。

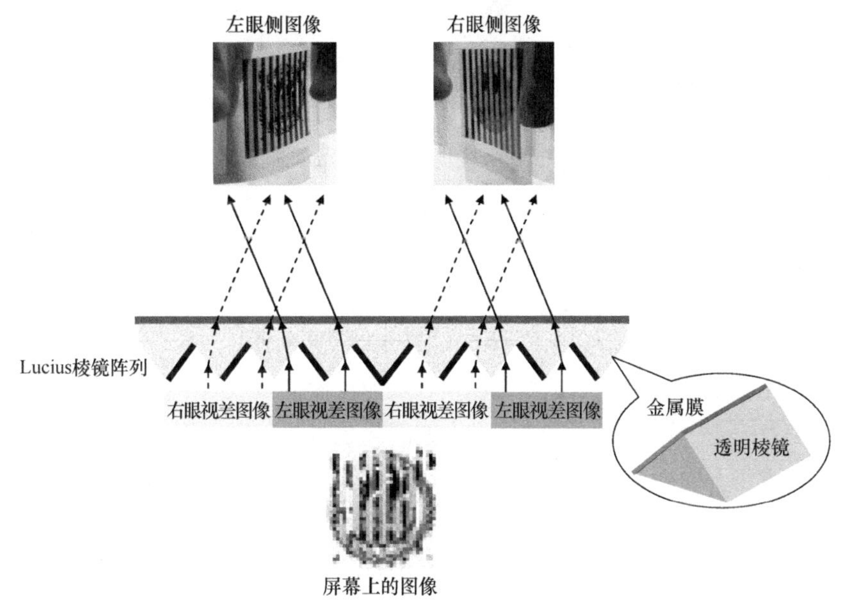

图 5-13　Lucius 棱镜阵列自由立体显示原理

Lucius 棱镜阵列的一侧覆盖着金属层，其他侧没有金属涂层，呈透明状态。金属一般采用 200～300nm 厚的黑色 Cr 金属膜。Lucius 棱镜阵列由固化聚氨酯丙烯酸酯（PUA）制成，也可以使用其他透明聚合物制作这种棱镜阵列。因为 Lucius 棱镜阵列使用柔性塑料，所以 Lucius 棱镜阵列与 OLED 屏幕贴合后，容易制成具有 3D 显示功能的柔性显示屏幕。

指向性是 Lucius 棱镜阵列的独特特性，而传统的光遮挡型 3D 显示技术或柱透镜 3D 显示技术，都是依赖于视角通过观看的图像周期切换而形成立体图像。通过控制棱镜上金属的覆盖程度，Lucius 棱镜阵列还能够控制光的强度和视角。如图 5-14 所示，金属的覆盖程度可以用几何学上的金属覆盖率（X/b）表示。在一对称的三角棱镜阵列中，三个角度 θ_1、θ_2、θ_3 满足如下关系：

$$\begin{cases}\theta_1 = 180 - 2\alpha \\ \theta_2 = \theta_{in} - 90 - \alpha = \alpha + \theta_{in} - 90 \\ \theta_3 = 180 - \theta_1 - \theta_2 = \alpha - \theta_{in} - 90\end{cases} \tag{5-16}$$

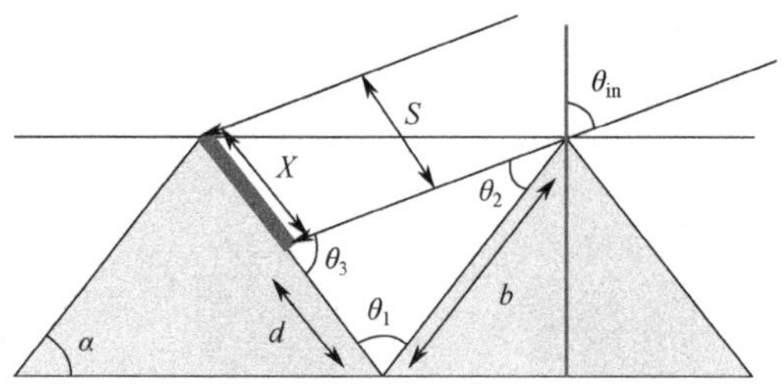

图 5-14　Lucius 棱镜阵列 3D 显示分光原理

根据正弦定律，可以得到距离 $d=b\sin\theta_2/\sin\theta_3$。从棱镜的顶点向下的表面沉积金属膜，用金属覆盖率 X/b 表示，公式如下：

$$\frac{X}{b} = \frac{b-d}{b} = 1 - \frac{\sin(\alpha + \theta_{in} - 90)}{\sin(\alpha - \theta_{in} - 90)} \tag{5-17}$$

式中，θ_{in} 为沉积倾斜角，a 为棱镜角，X 为从棱镜顶点向下覆盖金属膜的距离，b 为棱镜一侧边长，上述等式中的部分金属覆盖率，随上述倾斜角和不同的棱镜角不同而改变。

当可视角大于金属沉积倾斜角，可视区域 S 被金属覆盖区域 X 遮蔽，则该区域不存在透射区域。当可视角小于角 θ_{in}，光线透射小部分透明区域的透过率为 T，其值由（$S-X$）/S 确定。当可视角小于棱镜角α时，透过率 T 为常数，因为 X/b 中透过区域为固定值。

5.3　液晶透镜光栅 3D 显示技术

液晶透镜光栅 3D 显示技术采用液晶的双折射率特点，可以进行 2D/3D 显示的切换。液晶透镜是在透镜状的物理空间中填充液晶材料，在外加电压的控制下使液晶的折射率在空间上呈非均匀分布，形成透镜状的相位差，实现类似传统透镜光学效果的光学微器件。液晶透镜具有焦距可调、制作简单、结构紧凑、稳定性好等优点。

5.3.1　非均匀盒厚液晶透镜光栅 3D 显示技术

液晶透镜由偏振片、液晶层、凹面玻璃透镜、玻璃基板组成。玻璃透镜和玻璃基板都涂有透明电极和配向膜，通过外加电压改变液晶分子的排列状态，形成与凹透镜相同折射率或不同折射率的液晶层，可以达到类似玻璃的透光效果或类似固态透镜的聚焦效果，实现 2D 和 3D 的切换。液晶透镜一般用在 LCD 显示屏上。

1. 液晶透镜光栅 3D 显示原理

主动式液晶柱状透镜 2D/3D 切换示意图如图 5-15 所示，在透明的上电极与下电极之间隔着凹透镜和液晶层。在液晶层靠近凹透镜一侧，以及靠近下电极一侧分别涂有配向膜。

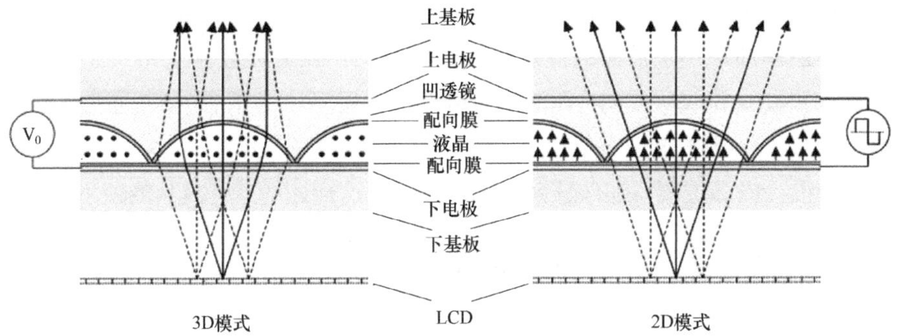

图 5-15　主动式液晶柱状透镜 2D/3D 切换示意图

在几何光学的基础上，液晶层与曲线表面（FLC）的焦距可以表示为

$$f_{\mathrm{LC}}=\frac{R}{n_{\mathrm{eff}}(V)-1} \tag{5-18}$$

式中，R 是凹透镜的曲率半径，n_{eff} 是液晶层在电压调制下的有效折射率。液晶透镜的总焦距由两个子透镜组成：一个是液晶层，另一个是凹透镜。液晶透镜的总焦距 $f(V)$ 可以表示为：

$$f(V)=\left[\frac{1}{f_{\mathrm{LC}}(V)}+\frac{1}{f_{\mathrm{g}}}\right]^{-1}=\frac{R}{n_{\mathrm{eff}}(V)-n_{\mathrm{g}}} \tag{5-19}$$

式中，f_{g} 是凹透镜的焦距，n_{g} 是凹透镜的玻璃折射率。

3D 显示时，上电极与下电极之间不施加电压（V=0），液晶分子按初始配向状态排列。来自 LCD 显示屏的入射光线沿液晶分子的异常光光轴传播，液晶层的有效折射率为 n_e。因为液晶的异常光折射率 n_e 和凹透镜的折射率 n_g 不同，光线在两者的界面处形成折射率差 $\Delta n=n_e-n_g$。Δn 的存在使得穿过液晶层的偏振光具有不同的光程差，这些光穿过凹透镜时就会发生折射现象。被分光后的光线携带不同视差图像的信息，分别进入左右眼后形成 3D 视觉。

2D 显示时，上电极与下电极之间施加适当电压（$V>V_{th}$），液晶分子发生转动。入射光线沿液晶分子的正常光光轴传播，液晶层的有效折射率为 n_o。因为液晶的正常光折射率 n_o 和凹透镜的折射率 n_p 相同，光线在两者的界面处没有形成折射率差（$\Delta n=n_o-n_g=0$），即折射系数相匹配。这样，光通过液晶透镜时就不会发生折射，光线无法分出左右视差图像。

根据式（5-19），当外加电压 V 增大时，液晶透镜的焦距 $f(V)$ 在 $R/(n_e-n_g)$ 到 $R/(n_o-n_g)$ 之间变化。因为液晶透镜的焦距取决于折射率 n_{eff} 和 n_g，可以通过设定 $n_{eff}>n_g$ 或 $n_{eff}<n_g$ 的大小关系，设计成正透镜或负透镜。由于传统玻璃的折射率通常小于液晶的折射率，液晶透镜一般是正透镜。

如果要设计成负透镜，凹透镜可以选择折射率介于 n_e 和 n_o 之间的合适材料，或选择不同曲率半径的玻璃透镜来调节液晶透镜的焦距。此外，可以把玻璃透镜设计成凸透镜，在凸透镜外注入液晶。这样还能节省液晶的使用量。

2. 非均匀盒厚液晶透镜的特点

液晶透镜中液晶层盒厚的不均匀结构，导致液晶指向矢很难完全对准。如图 5-16 所示，在没有外加电压的情况下，靠近凹透镜的液晶与远离凹透镜的液晶，排列方向不同。在外加电压作用下，液晶层上下液晶分子的排列方向也不完全相同，沿着配向膜产生一条向错线。向错线和散射的存在降低了图像质量。另外，液晶透镜单元的两个边角附近，上下电极之间横向电场成分明显，外加电压对液晶分子的控制力减弱，影响了从该区域透过的光线的分光效果。

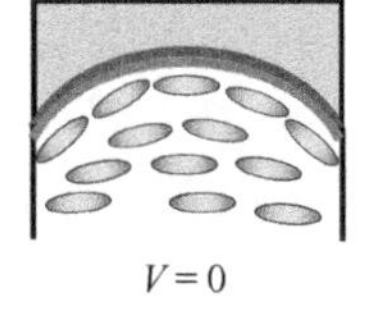

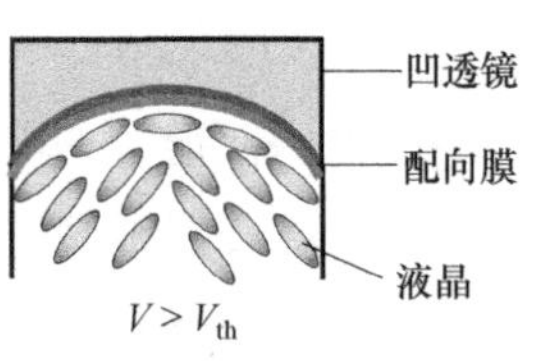

图 5-16　液晶分子在曲面上的配向

盒厚的不均匀，特别是局部盒厚较大，导致液晶透镜从聚焦到非聚焦或从非聚焦到聚焦的响应时间较长。为提高液晶透镜的响应速度，可以采用快速响应的液晶材料。例如，使用铁电液晶制备双稳态微透镜阵列，液晶的响应时间在 100μs 量级，而

向列相液晶透镜的响应时间在 100ms 量级。此外，也可以采用 LCP 液晶透镜与 TN 液晶盒组合的结构，通过 TN 液晶的快速切换实现液晶透镜的快速响应。

除从透镜底部入射偏振光外，还可以如图 5-17 所示，从透镜的顶部入射偏振光。用作 3D 显示时，液晶的异常光折射率 n_e 和凹透镜的折射率 n_g 不同，光线在两者的界面处形成折射率差$\Delta n=n_e-n_g$，光线穿过凹透镜时就会发生折射现象。进行 2D 显示时，液晶的正常光折射率 n_o 和凹透镜的折射率 n_p 相同，光线在两者的界面处没有形成折射率差（$\Delta n=n_o-n_g=0$），光通过液晶透镜时就不会发生折射作用。相比从底部入射的结构，采用从透镜顶部入射的结构，光线聚焦的清晰程度较低。

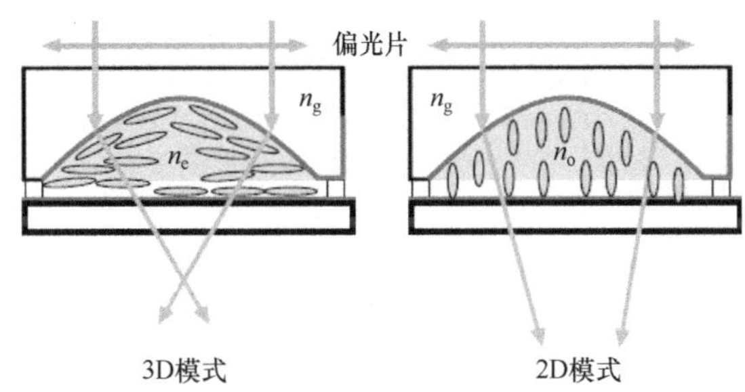

图 5-17　透镜顶部入射的工作原理

如果把凹透镜玻璃上的 ITO 透明电极与平面玻璃上的 ITO 透明电极设计成条状正交结构，通过控制某个区域的液晶分子的排列状态，可以达到局部选择 2D / 3D 显示切换的效果。

5.3.2　LCP 柱透镜光栅 3D 显示技术

LCP 柱透镜光栅 3D 显示系统包含 3 个基本结构：LCD 显示屏、液晶聚合物（Liquid Crystal Polymer，LCP）透镜、TN 液晶盒。LCP 透镜与 TN 液晶盒的组合，用于快速实现 2D/3D 切换，提升 3D 显示效果。因为使用 TN 液晶盒调整光线的偏振状态，LCP 柱透镜也称为偏振主动式微透镜。

1. TN 液晶盒在 LCP 柱透镜上方的结构

TN 液晶盒在 LCP 柱透镜上方的 3D 显示系统如图 5-18 所示，在 LCD 显示屏上方依次分布 LCP 液晶透镜和 TN 液晶盒。该显示系统的一块偏光片贴在 LCD 显示屏的下方，另一块偏光片贴在 TN 液晶盒的上方。在 LCP 液晶透镜中，液晶分子的 n_o 轴位于截面（纸面）上，n_e 轴垂直纸面。偏振主动式微透镜 3D 显示系统用 LCP 液晶透镜形成双折射现象，再利用 TN 液晶盒在不同电压时的折射率变化将 LCD 显示屏出射光的偏振状态进行调整，可达到一般固态透镜的聚焦效果和 2D / 3D 切换的目的。

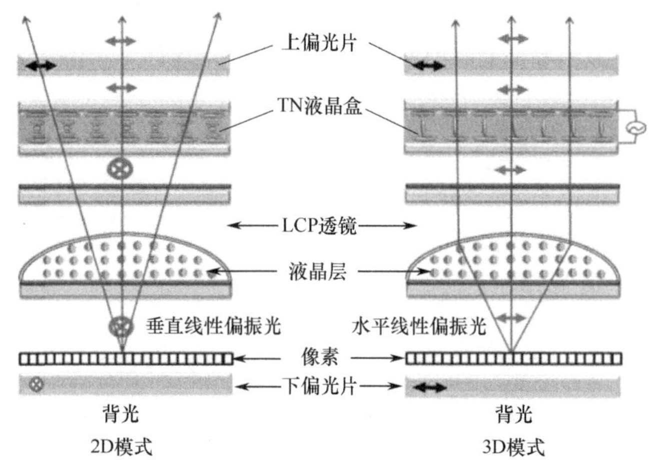

图 5-18　TN 液晶盒在 LCP 柱透镜上方的 3D 显示系统

2D 显示时，TN 液晶盒上下透明电极没有施加电压，液晶分子从下往上 90° 旋转。从 LCD 显示屏出来的垂直偏振光，偏振方向与 LCP 液晶的 n_e 轴平行，穿过 LCP 液晶透镜后不发生折射现象。垂直偏振光入射到 TN 液晶盒后，偏振方向旋转 90°，呈水平偏振光穿出上偏光片。另外，从 LCD 显示屏出来的水平偏振光，偏振方向与 LCP 液晶的 n_o 轴平行，穿过 LCP 液晶透镜后发生折射现象。这些发生折射后的水平偏振光入射到 TN 液晶盒后，偏振方向旋转 90° 后呈垂直偏振光，因为与上偏光片的偏光轴垂直，被上偏光板吸收。

3D 显示时，TN 液晶盒上下透明电极施加电压，液晶分子垂直站立。从 LCD 显示屏出来的垂直偏振光，穿过 LCP 液晶透镜后不发生折射现象。垂直偏振光入射到 TN 液晶盒后，偏振方向没有变化。因为与上偏光片的偏光轴垂直，被上偏光片吸收。另外，从 LCD 显示屏出来的水平偏振光，偏振方向与 LCP 液晶的 n_o 轴平行，穿过 LCP 液晶透镜后发生折射现象。这些发生折射后的水平偏振光入射到 TN 液晶盒后，偏振方向没有变化。从 TN 液晶盒出射的水平偏振光，穿出上偏光片。

2. TN 液晶盒在 LCP 柱透镜下方的结构

图 5-18 所示的 TN 液晶盒在 LCP 柱透镜上方的 3D 显示系统，在组装时，需要进行 LCP 透镜板、LCD 显示屏、TN 液晶盒、上偏光片之间的精确对位。对位工序多，容易产生对位偏差的累加，导致对位偏差引起的串扰现象。采用如图 5-19 所示的 TN 液晶盒在 LCP 透镜下方的 3D 显示系统，可以减少一次对位，有利于改善 3D 显示效果。

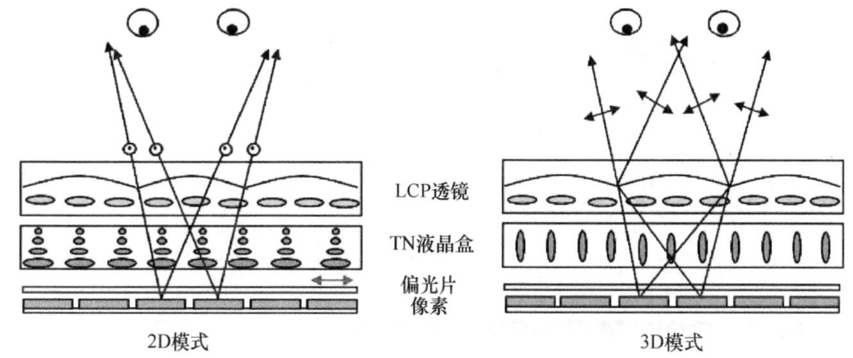

图 5-19　TN 液晶盒在 LCP 柱透镜下方的 3D 显示系统

在图 5-19 中，带有上下偏光片的完整 LCD 显示屏上方，依次设计有 TN 液晶盒与 LCP 透镜。TN 液晶盒作为一个偏振方向的切换开关，起到局部选择 2D 显示模式与 3D 显示模式的功能。LCP 透镜既可以作为凸透镜，也可以作为凹透镜。LCP 透镜作为凸透镜使用时，2D 显示的折射率关系为：$n_p=n_o$；3D 显示的折射率关系为：$n_p<n_e$。其中，n_p 为树脂折射率，n_o 为液晶的正常光折射率，n_e 为液晶的异常光折射率。LCP 透镜作为凹透镜使用时，2D 显示的折射率关系为：$n_p=n_e$；3D 显示的折射率关系为：$n_p>n_o$。

下面以凸透镜模式为例介绍该 3D 显示系统的 2D/3D 切换原理。LCD 显示屏上偏光片的透过轴与 TN 液晶盒中下基板的液晶配向方向平行，与 LCP 液晶透镜中的液晶分子的 n_o 轴平行。

2D 显示时，TN 液晶盒上下透明电极施加电压，液晶分子垂直站立。从 LCD 显示屏出来的垂直偏振光，穿过 TN 液晶盒后，偏振方向不变。垂直偏振光入射到 LCP 透镜后，因为光的偏振方向平行于 n_p 与 n_o，偏振光直接穿出 LCP 透镜，没有发生光的折射。

3D 显示时，TN 液晶盒上下透明电极没有施加电压，液晶分子从下往上

90° 旋转。从 LCD 显示屏出来的垂直偏振光，穿过 TN 液晶盒后，偏振方向旋转 90° ，呈水平偏振光入射到 LCP 透镜。因为光的偏振方向平行于 n_e，且 $n_p<n_e$，偏振光在 LCP 透镜内发生了折射。

如果系统的基本参数设定为：LCD 显示屏上偏光片的透光轴与 TN 液晶盒中上基板的液晶配向方向平行，且与 LCP 透镜中的液晶分子的 n_o 轴平行。2D 显示时，TN 液晶盒上下透明电极不施加电压；3D 显示时，TN 液晶盒上下透明电极施加电压。

5.4　GRIN 液晶透镜光栅 3D 显示技术

GRIN（Graded Index，渐变折射率）液晶透镜光栅 3D 显示技术在 LCD 显示屏外贴合一块液晶盒，利用液晶盒上下基板电极非对称分布形成的光学透镜渐变折射率梯度分布，达到透镜光栅的效果，在液晶盒上下基板电极之间加电或不加电的状态下，达到 2D /3D 自由切换的目的。

5.4.1　GRIN 液晶透镜与 3D 显示

GRIN 液晶透镜是一个平面液晶盒，上下两块透明导电基板的电极非对称分布。在上下基板的电极之间施加电压，形成非均匀电场分布，对液晶指向矢产生诱导，生成渐变的有效折射率梯度分布，通过对光线的偏折作用，依靠光线轨迹的弯曲，达到聚焦效果，实现光学成像。通过优化折射率分布，可以提高成像质量。相比非均匀盒厚的液晶透镜，均匀盒厚的 GRIN 液晶透镜结构更紧凑、散射现象弱、液晶的整体取向效果更好。

1．均匀盒厚液晶透镜的光学原理

均匀盒厚液晶透镜的工作原理如图 5-20 所示，图中省略了液晶盒两侧非对称分布的电极。偏光片的透过轴平行于液晶的摩擦配向方向，液晶分子长轴平行于配向膜，液晶为水平配向模式，即 Homogeneous 配向。液晶盒上下基板的配向方向相反，即 180° 反转。

在图 5-20（a）中，液晶层两侧未加电压，入射光通过偏光片后，偏振方向平行于液晶盒的摩擦方向。液晶的排列状态为初始的水平配向，液晶盒中不同区域的液晶分子整齐排列，表现出相同的折射率。液晶盒类似于一个 $\lambda/2$ 相位延迟板，透过液晶盒的光线没有发生折射现象，透过液晶盒的入射光的波前没有改变，液晶透镜的焦距在无穷远处。这时对应的显示状态为 2D

显示模式。

在图 5-20（b）～（c）中，液晶层两侧施加电压，均匀液晶盒内形成非均匀电场分布，对液晶指向矢产生诱导，生成渐变的有效折射率梯度分布。穿过偏光片的入射光波前，透过液晶盒后发生弯曲，形成发散或会聚的球面波前。其中，图 5-20（b）的液晶透镜等效为一个负透镜，图 5-20（c）的液晶透镜等效为一个正透镜。

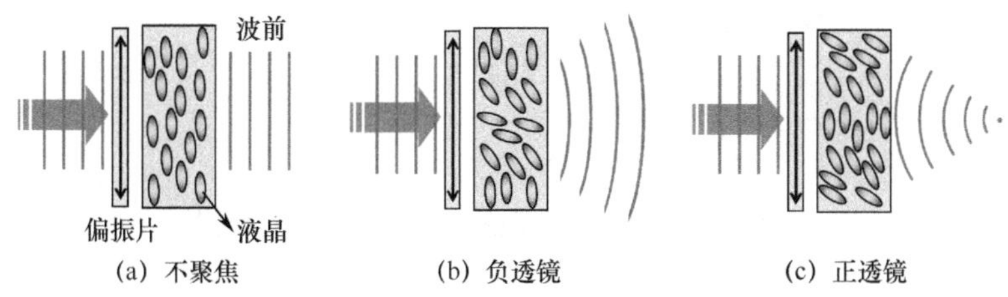

图 5-20　均匀盒厚液晶透镜的工作原理

2. GRIN 液晶透镜的工作原理

图 5-21 以正透镜为例，具体分析 GRIN 液晶透镜的工作原理。当偏振方向与液晶分子长轴转动方向平行的入射光穿过 GRIN 液晶透镜后，光线出现会聚现象。从光的波动角度看，进入 GRIN 液晶透镜之前，所有入射光的波面都平行于液晶透镜平面，属于平面波。进入 GRIN 液晶透镜后，沿透镜中心传播的光需要穿过高折射率（n_e）的液晶层，光波的传播速度慢；沿透镜边缘传播的光需要穿过低折射率（n_o）的液晶层，光波的传播速度快。穿出 GRIN 液晶透镜后，为保证波前继续保持在同一个波面上，透镜中心到透镜边缘之间的光线，需要向透镜中心靠拢。因为穿出 GRIN 液晶透镜的光线，从透镜中心到透镜边缘，折射角度越来越大，穿过 GRIN 液晶透镜后的出射光波面呈现为一个曲面。

在图 5-21 中，只考虑液晶层的分子排列分布对入射光的影响。其中，y 为透镜中心到边缘的距离（半径），f 为焦点距离，Re（y）为透镜中心沿 y 方向的不同位置的光程差。Re（y）用 Δnd 表示，其中 Δn 为折射率异方性，d 为液晶层的厚度。半径 y 与光程差 Re 满足如下关系式：

$$f\times\tan\theta=y \tag{5-20}$$

$$f\times(\sec\theta-1)=\mathrm{Re} \tag{5-21}$$

利用式（5-20）与式（5-21），消去 θ，可以得到透镜焦度 $1/f$ 的表达式：

$$1/f=2\,\mathrm{Re}/(y^2-\mathrm{Re}^2)\approx 2\,\mathrm{Re}/y^2 \tag{5-22}$$

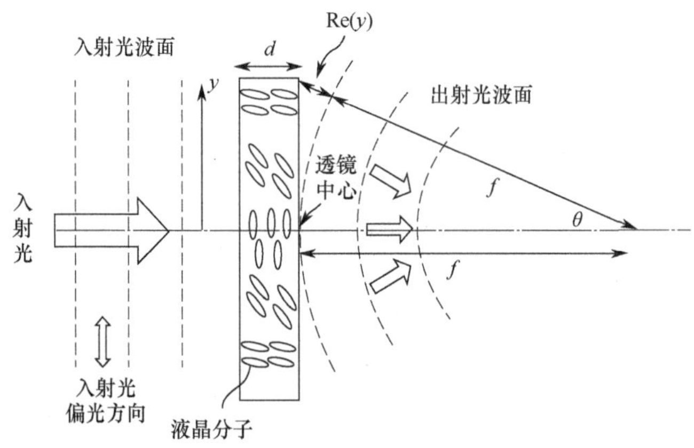

图 5-21　等效正透镜液晶透镜工作原理（断面图）

透镜焦度表示透镜的折光能力，单位为屈光度 D。焦度越大，透镜的折光能力越强。根据式（5-22），可以推导出光程差 Re(y)的表达式：

$$\mathrm{Re}\ (y) \approx y^2/2f \tag{5-23}$$

根据式（5-23），外加电压后，光线经过液晶层后的光程差，即液晶的双折射率Δn，在信号电极 y 轴方向呈抛物线分布，近似为透镜的折射率分布。

3．GRIN 液晶透镜的 3D 显示实现方式

GRIN 液晶透镜光栅 3D 显示的前提是在液晶盒中形成如图 5-22（a）所示的液晶折射率梯度分布。对应的，需要在上侧的玻璃基板上设计面状的公共电极，在下侧的玻璃基板上设计短栅状的信号电极 A 和 B，液晶分子的初始配向方向为短栅电极的宽度方向。在公共电极与信号电极之间施加电压，信号电极上方的电场最强，液晶站立，从下入射的偏振光在折射率为 n_{o} 的液晶层中传播。信号电极 A 和 B 上方的电场最弱，液晶基本保持原来的水平状态，从下入射的偏振光在折射率为 n_{e} 的液晶层中传播。从中间到两边，电场非均匀分布，液晶分子长轴的倾斜角度依次变大，表现出折射率为 $n_{\mathrm{eff}}(\theta)$。液晶透镜中央到边上的相位差 $\Delta\delta$ 可以表示为

$$\Delta\delta(V) = \frac{2\pi}{\lambda} \cdot \Delta n(V) \cdot d \tag{5-24}$$

影响 GRIN 液晶透镜 3D 显示效果的关键参数是折射率分布曲线（Refractive Index Profile，RIP）及折射率最大值与最小值之差 δ_n。具有抛物线（2 次方函数）形状的 RIP，可以获得最佳的透镜特性，可以改善不同视差图像之间的相互干扰。要获得如图 5-22（b）所示的理想 RIP 曲线，需要控制好液晶

的排列状态，设计好电极形状、GRIN 液晶透镜的节距 Q、液晶层厚度 d、工作电压 V 等参数。图 5-22（b）的横坐标为归一化位置，0 为液晶透镜的中心位置，±1 分别为相邻两个信号电极的中心位置；纵坐标为不同位置上的液晶层的等效折射率与最大折射率的差值。其中最大折射率与最小折射率的差值 δ_n 影响液晶透镜的焦距 f_L。

$$f_{\mathrm{L}}=\frac{n_{\mathrm{g}}\cdot Q^2}{8\delta_n\cdot d} \tag{5-25}$$

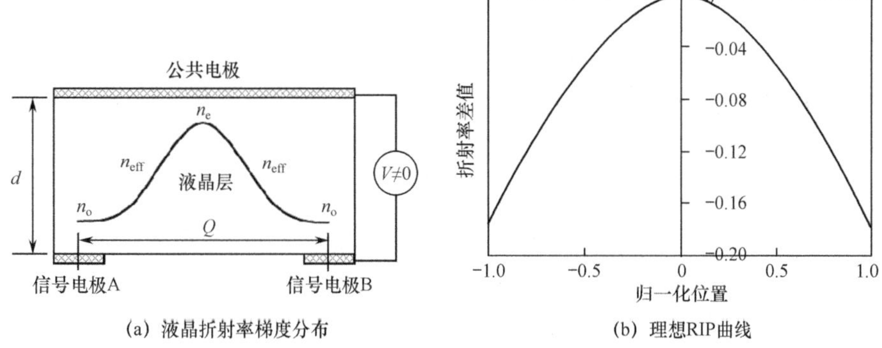

(a) 液晶折射率梯度分布　　(b) 理想RIP曲线

图 5-22　对应 3D 显示模式的 GRIN 液晶透镜

液晶透镜夹置于两片玻璃基板之间，所以在计算焦距 f_L 时要考虑玻璃折射率 n_g 的影响。

使用 GRIN 液晶透镜的 3D 显示系统如图 5-23 所示。一个 GRIN 液晶透镜单元对应 LCD 显示屏上多个像素，这些像素对应不同的视差画面。施加一定的驱动电压，使液晶分子产生渐变的指向分布，从而形成折射率渐变的 GRIN 透镜。从 LCD 显示屏对应每个视差画面的像素上出射的偏振光，经过 GRIN 液晶透镜后，光线发生折射，把左右视差图像分别传送到观看者的左右眼，形成 3D 视觉。

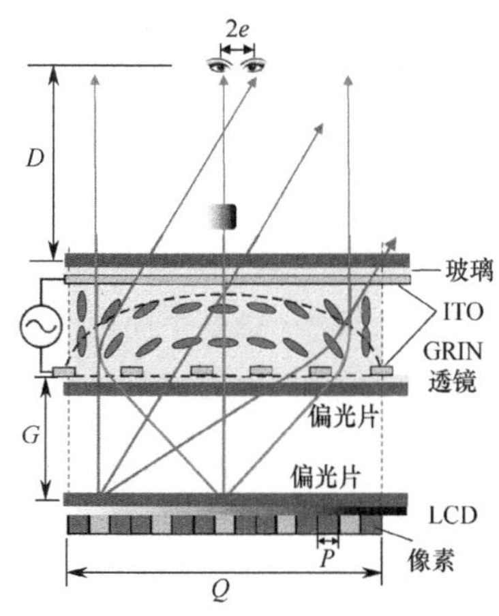

图 5-23　使用 GRIN 液晶透镜的 3D 显示系统

在图 5-23 中，设定透镜单元两端信号电极的中心线间距 Q 为 GRIN 液晶透镜的节距，P 为 LCD 显示屏的像素节距，$2e$ 为人的左右眼距离（约 65mm），可以得到 Q 的表达式：

$$Q = \frac{2P}{1 + P/2e} \tag{5-26}$$

在图 5-23 中，LCD 中的液晶层与 GRIN 液晶透镜的距离设为 G，观看者距液晶透镜的最佳观看位置设为 D，从透镜公式中可以得出如下关系式：

$$\frac{n_g}{G} + \frac{1}{D} = \frac{1}{f} \tag{5-27}$$

式（5-27）在 G 的因子中加入 n_g 的影响。因为液晶透镜的玻璃基板厚度远小于观看距离，所以在 D 的因子中可以忽略 n_g 的影响。在式（5-27）中，空气的折射率为 1。液晶透镜的 RIP 满足抛物线形状，在完全聚焦的情况下，液晶透镜可以完全把不同视差图像分离出来，分别传输到对应的左右眼中。一般，D 比 G 大几个数量级，所以，式（5-27）可以简化为

$$n_g/G \approx 1/f \tag{5-28}$$

如果使用液晶透镜的 3D 显示系统能够满足关系式：$G=f_L$，3D 显示的串扰就可以降至最弱。

5.4.2 GRIN 液晶透镜的设计技术

在 GRIN 液晶透镜的液晶盒内，为了生成渐变的有效折射率梯度分布，需要形成非均匀电场分布。电场的分布状态取决于液晶盒内的电极设计。

1. 曲面电极的设计技术

为了在液晶盒内生成渐变的有效折射率梯度分布，可以采用如图 5-24 所示的曲面电极结构，在形成不均匀电场的同时，保持均匀的液晶盒厚。与不均匀盒厚的液晶透镜类似，焦距由两个子透镜组成：一个是平面凸透镜，另一个是液晶层。在没有外加电压的情况下，液晶透镜的焦距取决于平面凸透镜的焦距。液晶透镜的等效电路就是串联的两个电容：一个是平面凸透镜玻璃衬底电容，另一个是液晶层电容。当上下电极之间施加电压 V 时，液晶层之间的电压 V_{LC} 为

$$V_{LC} = \frac{d_{LC}/\varepsilon_{LC}}{d_{LC}/\varepsilon_{LC} + d_g/\varepsilon_g} \cdot V \tag{5-29}$$

式中，ε_{LC} 和 ε_g 分别表示液晶层和平面凸透镜玻璃衬底的介电常数，d_{LC} 和 d_g 分别表示液晶层和平面凸透镜玻璃衬底的厚度。因为平面凸透镜的厚度在中心区域较厚，所以边界区域的液晶层电压高于中心区域。弯曲电极产生非均

匀圆对称电场，液晶透镜具有正焦距。

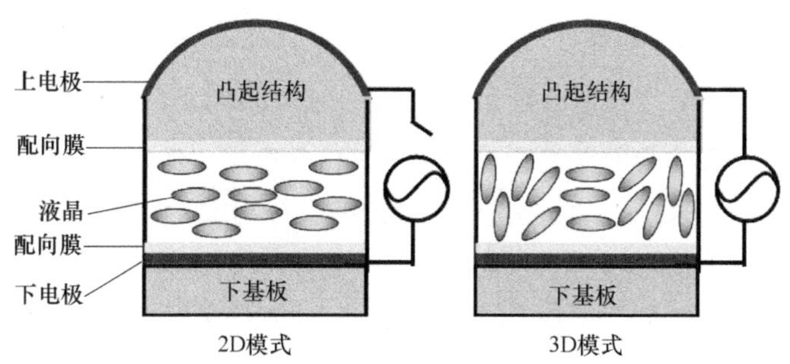

图 5-24　曲面电极结构

这种设计不会出现向错线。但存在不加电压时的初始焦距，并且平面凸透镜结构增加了液晶透镜的整体厚度。为了去除初始焦距，可以使用折射率与玻璃透镜相同的紫外光固化聚合物，使曲面变平。不过，聚合物厚度的偏差在 100μm 量级，而液晶盒厚只有 10μm 量级，不利于大面积制作。

2．平面电极的设计技术

为简化电极的制作工艺，图 5-25 给出了平面电极的液晶透镜结构。为生成不均匀的电场，在液晶层和平面电极之间插入两种介电材料 M_1 和 M_2，介电常数分别为 ε_1 和 ε_2。M_1 和 M_2 的折射率相同，空间相关厚度分别为 d_1 和 d_2。所以，液晶透镜的焦距只取决于液晶层的焦距。工作在 2D 显示模式时，没有外加电压，焦距无穷大。液晶透镜的结构等效为串联的三个电容：M_1、M_2 和液晶层。

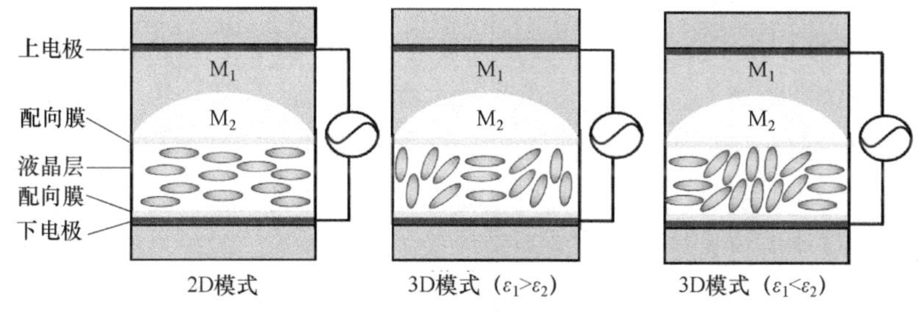

图 5-25　平面电极的液晶透镜结构

当上下电极之间施加电压 V 时，设定液晶层中心电压和边界电压分别为 V_c 和 V_b，分别表示为

$$V_c = \frac{d_{LC}}{\varepsilon_{LC}(d_1/\varepsilon_1 + d_2/\varepsilon_2) + d_{LC}} \cdot V \quad (5\text{-}30)$$

$$V_b = \frac{d_{LC}}{(d_1 + d_2)\varepsilon_{LC}/\varepsilon_1 + d_{LC}} \cdot V \quad (5\text{-}31)$$

中心部分和边界部分之间的电压差来自介质层。当 $\varepsilon_1>\varepsilon_2$ 时，液晶透镜为正透镜；当 $\varepsilon_1<\varepsilon_2$ 时，液晶透镜为负透镜。根据式（5-30）和式（5-31），减小介电层厚度或增加两个介电常数之差可以降低工作电压。

除采用不同的介质层外，还可以采用其他方法实现平面电极结构的液晶透镜。

方法一：利用光配向技术，控制液晶盒中液晶分子的预倾角分布。

方法二：使用聚合物稳定液晶，通过控制向液晶指向失提供锚定能的聚合物的网络密度，用外加电压控制不同区域液晶的倾斜角。利用聚合物网络的圆对称分布，液晶透镜可以用平面电极实现光线的聚焦。

方法三：采用中心镂空的图案化电极，用来形成非均匀电场。液晶层夹在上下平面电极之间，当电压施加到这两个电极上时，非均匀电场导致液晶层中的相位差呈透镜状分布，入射光可以由液晶层聚焦。

方法四：采用双电极结构，通过一个面状公共电极与两个短栅状信号电极之间的边缘电场，使液晶在横向生成渐变的有效折射率梯度分布。

3. 多电极组的设计技术

双电极液晶透镜的信号电极间距较大，如果施加一个如图 5-26（a）所示的低电压，液晶透镜边缘电场的电力线无法影响到中间区域的液晶分子。液晶透镜中间区域的液晶没有形成折射率梯度变化的趋势，等效透镜的数值孔径小，焦距大。因为焦点 f 的位置需要对应到 LCD 液晶层，焦距大就意味着液晶透镜要远离 LCD，3D 显示系统的体积较大，使用不便。

提高信号电压的大小，可以加强对液晶透镜中间区域液晶分子的控制。如图 5-26（b）所示，加大信号电极与公共电极之间的电压差值后，电力线开始往透镜中间区域延伸，等效透镜的数值孔径变大，等效透镜的焦距从 f_2 缩短到 f_1。但提高电压后，信号电极边上的液晶分子的排列状态趋于一致，等效透镜表现为一个多焦距透镜。

此外，双电极高电压驱动液晶透镜，聚焦与分光效果欠佳，存在明显的串扰现象。如图 5-27（a）所示，多焦距透镜的光束尺寸大，会引起严重的串扰现象。为减小 3D 显示的串扰现象，获得近似如图 5-27（b）所示的理想透镜效果，开发了多电极液晶透镜（Multi-electrode Driven Liquid Crystal Lens，MeDLC Lens）技术。

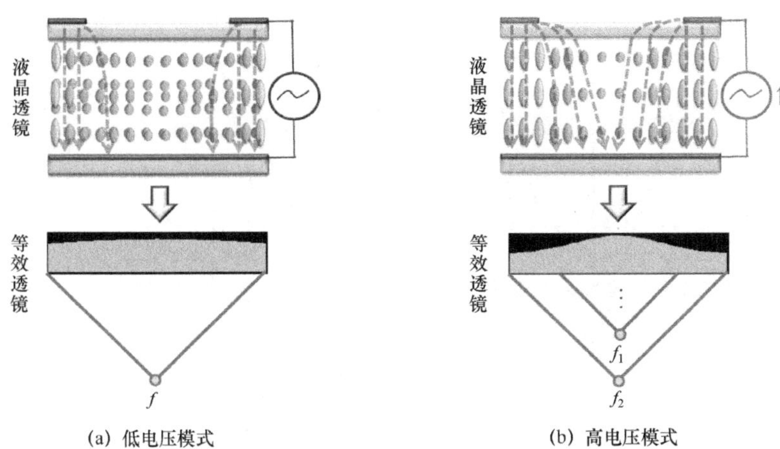

(a) 低电压模式　　(b) 高电压模式

图 5-26　液晶透镜中的边缘电场分布

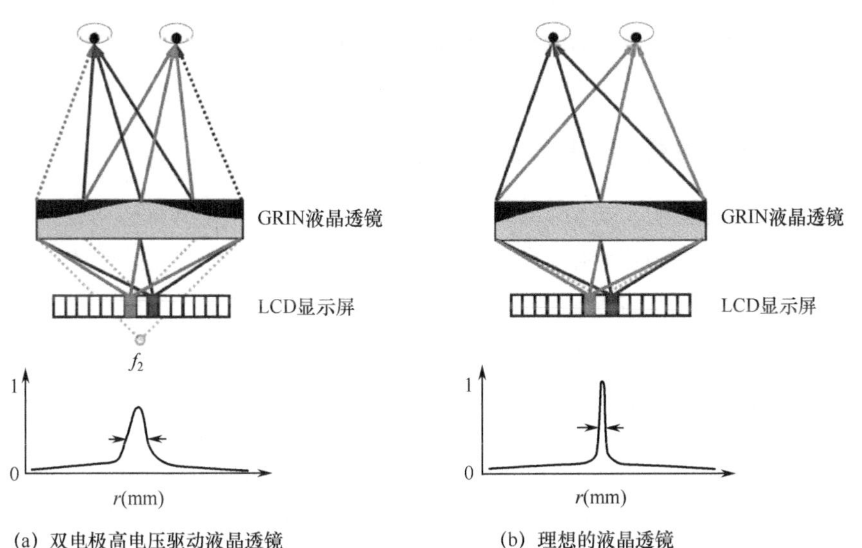

(a) 双电极高电压驱动液晶透镜　　(b) 理想的液晶透镜

图 5-27　透镜的聚焦与分光效果与串扰之间的关系

如图 5-28 所示，采用多电极技术，不需要提高工作电压，也可以通过中间的信号电极控制中间区域的液晶分子的排列状态，同时通过区分边缘相邻电极之间的电压差值可以区分出边缘区域液晶分子的排列状态，从而在整体上获得一个折射率平滑变化的液晶透镜。相比双电极液晶透镜，多电极液晶透镜可以在液晶盒的水平方向上，在多个电极上施加不同电压，对液晶的转动程度进行精确控制，从而获得更加顺滑的折射率变化梯度曲线。采用多电极液晶透镜，可以降低工作电压，减小光束尺寸，降低串扰程度。

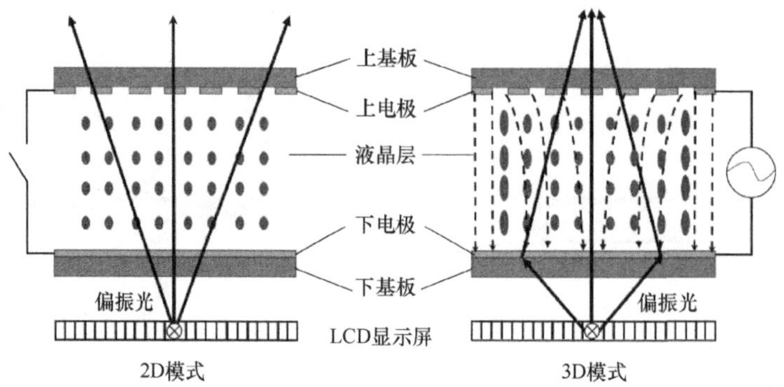

图 5-28　多电极液晶透镜 2D/3D 切换示意图

为保证折射率变化梯度曲线的平滑性，LCD 显示屏上的像素尺寸越大，3D 显示的视点数越多，GRIN 液晶透镜单元所需的电极数越多。一般，像素尺寸在 100μm 左右时，需要 7 组电极。

5.4.3　局部 2D/3D 显示切换技术

局部可切换显示技术分为偏光式与主动式两种。主动式局部可切换 3D 显示技术是基于电压控制方式的显示区域局部形成与取消液晶透镜的技术。为实现液晶分子排列状态局部可控，在液晶透镜中，需要在液晶层上下两侧设计纵横交错的透明电极。

1. 偏光式局部可切换显示技术

2010 年，由 Takagi 等提出的偏光式局部可切换显示技术，是在 GRIN 液晶透镜与 LCD 显示屏之间设计一个 TN 液晶盒。TN 液晶盒的作用是改变进入 GRIN 液晶透镜的偏振光的偏振方向。TN 液晶盒是一个无源的被动矩阵式液晶显示屏。如图 5-29 所示，TN 液晶盒的上侧玻璃基板设计有水平分布的条状透明电极，下侧玻璃基板设计有垂直分布的条状透明电极。相应地，上侧玻璃基板的液晶沿水平方向配向，下侧玻璃基板的液晶沿垂直方向配向。

在偏光式局部可切换 3D 显示系统中，TN 液晶盒下基板的液晶配向方向与 LCD 出射光的偏光方向可以平行也可以垂直。即 TN 液晶盒下基板的液晶配向方向既可以平行于 LCD 上偏光板的偏光轴，也可以垂直于 LCD 上偏光

板的偏光轴。图 5-29 以 LCD 出射光的偏光方向水平分布为例，比较了该系统在 2D 显示与 3D 显示之间的切换原理。

如图 5-29 左侧的结构所示，2D 显示的区域，对应 TN 液晶盒的上下电极没有施加电压，水平方向振动的 LCD 出射光穿过 TN 液晶盒后，出射光的偏振方向被旋转了 90°，偏光方向平行于 GRIN 液晶透镜的长条状柱子方向。该偏振方向的光线经过 GRIN 液晶透镜后，没有折射现象，所以对应区域显示的是 2D 图像。

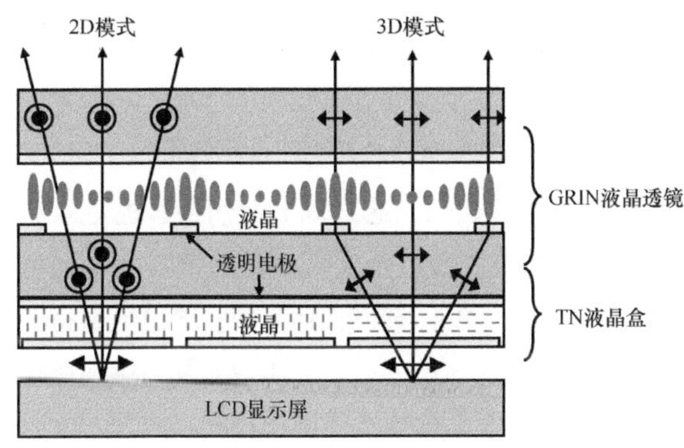

图 5-29　偏光式局部可切换 3D 显示系统

如图 5-29 右侧的结构所示，3D 显示的区域，对应的 TN 液晶盒上下电极施加电压，TN 液晶盒中的液晶分子垂直站立，水平方向振动的 LCD 出射光穿过 TN 液晶盒后，出射光的偏振方向不变，偏光方向垂直于 GRIN 液晶透镜的长条状柱子方向。该偏振方向的光线经过 GRIN 液晶透镜后，发生了折射现象，所以对应区域显示的是 3D 图像。

如果 TN 液晶盒下基板的液晶配向方向垂直于 LCD 出射光的偏光方向，在该系统的 2D 显示区域，TN 液晶盒上下电极之间施加电压；在该系统的 3D 显示区域，TN 液晶盒上下电极没有施加电压。

使用 TN 液晶盒的 3D 显示系统，体积和质量都大、成本上升、组装难度大。

2. 双层电极结构的液晶透镜阵列技术

为降低液晶透镜的驱动电压，在电极层与液晶层之间需要覆盖高阻抗材料。

最简单的主动式局部 2D/3D 可切换液晶透镜如图 5-30 所示，液晶层上下两侧的玻璃基板上分别设计一层条状电极，且相互之间纵横交错。位于液晶层上方的电极为 COM 电极，位于液晶层下方的电极为信号电极 ABC。通过被动矩阵式驱动方法，液晶透镜可以实现局部 2D/3D 可切换。

这种液晶透镜在初始状态时，上下层电极统统施加同一个 V_{com} 电压，液晶分子平躺，液晶透镜完全关闭。当信号电极 A 和 C 施加导通电压 V_{on}，公共电极与信号电极 B 施加 V_{com} 电压后，液晶透镜形成有梯度分布的边缘电场，液晶分子连续转动形成不同角度的倾斜排列，形成透镜效应，用于 3D 显示。如果要关闭某个区域中的液晶透镜，分别在信号电极和公共电极上施加 V_{off} 电压与 V_{com} 电压，在液晶层上形成一个均匀的纵向电场，液晶分子垂直排列，透镜效应消失，用于 2D 显示。

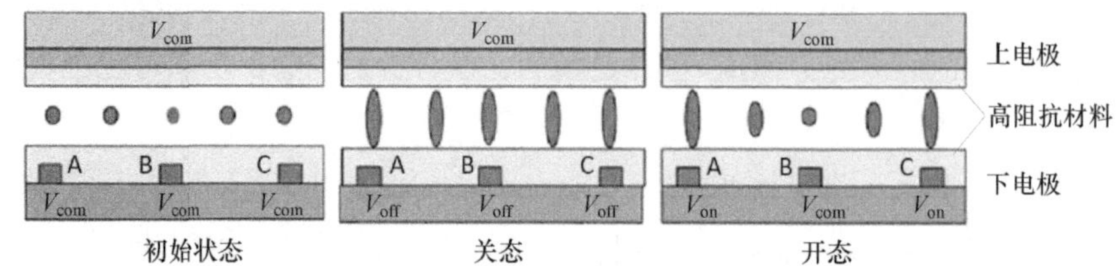

图 5-30　高阻抗液晶透镜阵列单元的结构及其三种工作状态

因此，液晶透镜阵列可以在开关态和初始状态之间完全切换，也可以在局部区域实现开态和关态相互切换。高阻抗材料是实现液晶透镜阵列局部可控的一个关键组成部分。没有高阻抗材料，沿柱透镜长轴方向，透镜轮廓将变得不再均匀一致。换言之，在施加了 V_{com} 电压的条状公共电极之间，透镜形状会有起伏变化，因为这些电极中间区域的液晶分子不受电压控制。此外，没有高阻抗材料，该液晶透镜不能形成均匀的电场使液晶分子的指向发生均匀倾斜。

高阻液晶透镜阵列要实现 2D/3D 切换，需要一个特殊的驱动波形来局部控制每个液晶透镜的开关状态。图 5-31 以一个具有四个可控区域的例子来解释局部可控的驱动方法，它需要三种类型的驱动波形。

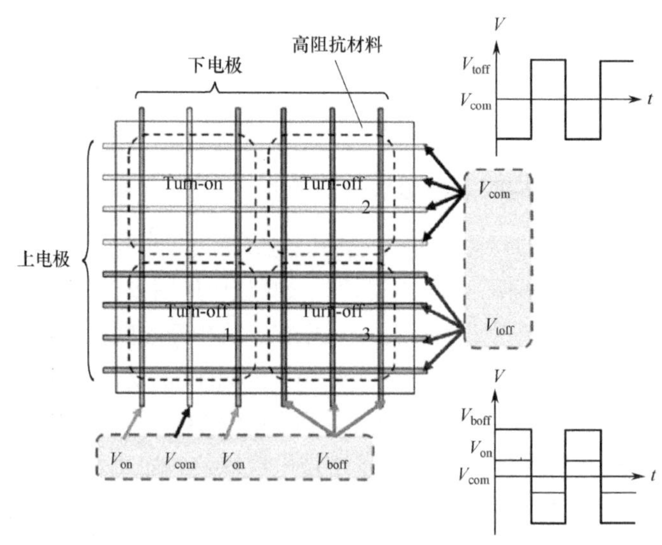

图 5-31　高阻液晶透镜阵列四个可控区域的驱动原理图

在导通（turn-on）区域中，顶部公共电极施加 V_{com} 电压，底部信号电极 B 也施加 V_{com} 电压，底部信号电极 A 和 C 分别施加不同极性的开态电压 V_{on}。这时，该局部区域的液晶分子形成透镜效应，对应图 5-30 中的开态。

在关闭（Turn-off）区域 1 中，底部信号电极的电压施加信号与 Turn-on 区域一样，但是顶部公共电极施加的是关态电压 V_{toff}。V_{toff} 交流电压与 V_{on} 交流电压同频率、同相位。V_{toff} 与 V_{on} 的电压差值足够大，在顶部公共电极与底部信号电极 AC 之间形成稳定的强电场，使信号电极 AC 附近的液晶分子垂直排列。同样，顶部公共电极与底部信号电极 B 之间形成更强的垂直电场，使信号电极 B 附近的液晶分子垂直排列。这时，该局部区域的透镜效应消失，对应图 5-30 中的关态。

在关闭（Turn-off）区域 2 中，顶部公共电极施加 V_{com} 电压，底部信号电极施加关态电压 V_{boff}。V_{boff} 与 V_{on} 的电压差值足够大，在顶部公共电极与底部信号电极之间形成很强的垂直电场，使该区域的液晶分子垂直排列。该局部区域的透镜效应消失，对应图 5-30 中的关态。

在关闭（Turn-off）区域 3 中，顶部公共电极施加关态电压 V_{toff}，底部信号电极施加关态电压 V_{boff}。V_{boff} 交流电压与 V_{toff} 交流电压同频率、相位差 π。在顶部公共电极与底部信号电极之间形成最强的垂直电场，使该区域的液晶分子垂直排列。该局部区域的透镜效应消失，对应图 5-30 中的关态。

3. 三层电极结构的液晶透镜阵列技术

三层电极的液晶透镜电极结构与驱动方法如图 5-32 所示。液晶层顶部的公共电极沿行方向呈长条状分布，液晶层底部的透镜中心电极通过线电极连接，在行方向依次排列；液晶层底部的透镜端电极通过桥接电极连接，在列方向依次排列。透镜中心电极与透镜端电极呈一定的间隔平行分布。透镜中心电极层与透镜端电极层是两层相互独立的结构，中间隔着绝缘层。横向分布的条状透镜中心电极层、公共电极层与纵向分布的条状透镜端电极层交叉的区域，形成结合电极领域。

实现局部 2D/3D 可切换显示需要采用扩张标记点驱动法。横向条状分布的公共电极层与透镜中心电极层等电位连接，行标记 0 代表施加基准电压 V_{com}，行标记 1 代表施加极性相反的 $-V_{com}$ 电压。纵向条状分布的透镜端电极层，列标记 0 代表施加低电压 V_b，列标记 1 代表施加高电压 V_a。在顶层公共电极与底层透镜端电极之间，当施加电压大于透镜阈值电压时，对应区域会表现出透镜效应。

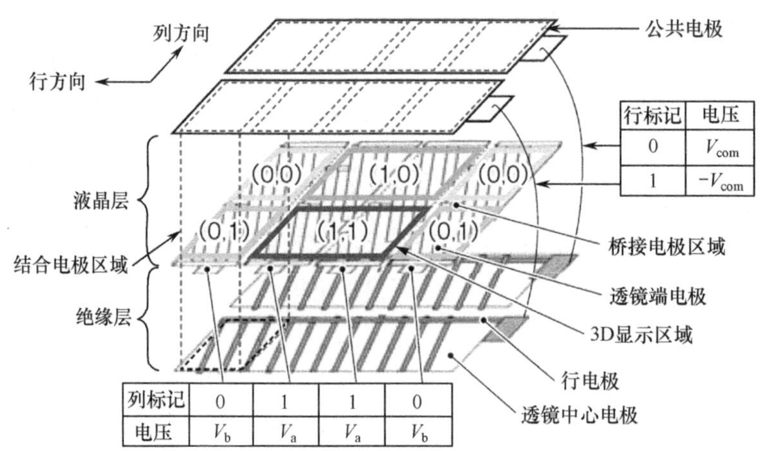

图 5-32　三层电极的液晶透镜电极结构与驱动方法

在图 5-32 中，需要在对应标记（1, 1）的区域形成透镜效应，其他对应标记（1, 0）、（0, 0）、（0, 1）的区域不形成透镜效应。相应地，需要设计电压 V_a+V_{com} 大于透镜阈值电压，电压(V_a-V_{com})、(V_b+V_{com})、(V_b-V_{com})都小于透镜阈值电压。根据以上限制条件，选定一组 V_{com}、V_a、V_b 电压值。

5.4.4　纵横 2D/3D 显示切换技术

利用柱透镜分光的 3D 显示，只有在柱透镜的短边截面（透镜节距方向）上存在透镜分光效果，在柱透镜的长边截面上不存在透镜分光效果。所以，使用柱透镜的 3D 显示器无法实现纵横两个方向的 3D 显示效果。要在显示器的纵横方向都看到 3D 显示效果，需要使用能够在横方向和纵方向都能实现分光效果的透镜技术。

1．纵横 2D/3D 切换用 GRIN 液晶透镜

分别在显示器的纵横两个方向设计一个 GRIN 液晶透镜面板，可以实现显示器的纵横 2D/3D 切换显示效果。但是，两层 GRIN 液晶透镜面板结构，存在笨重、高成本、画质恶化等问题。

利用主动式 GRIN 液晶透镜中电极与液晶配向的搭配，可以在一块 GRIN 液晶透镜面板上实现纵横 2D/3D 切换显示技术。对应纵横 2D/3D 切换的 GRIN 液晶透镜结构如图 5-33 所示，在靠近 LCD 一侧的玻璃基板上设计用

来形成横方向 3D 显示画面的 3D 透镜用条状电极，在另一侧的玻璃基板上设计用来形成纵方向 3D 显示画面的 3D 透镜用条状电极。下侧玻璃基板的条状电极所形成的透镜节距方向，不同于上侧玻璃基板的条状电极所形成的透镜节距方向。上下两侧的条状电极，延伸方向不同，形成了液晶排列方向不同的 2 种 GRIN 液晶透镜。

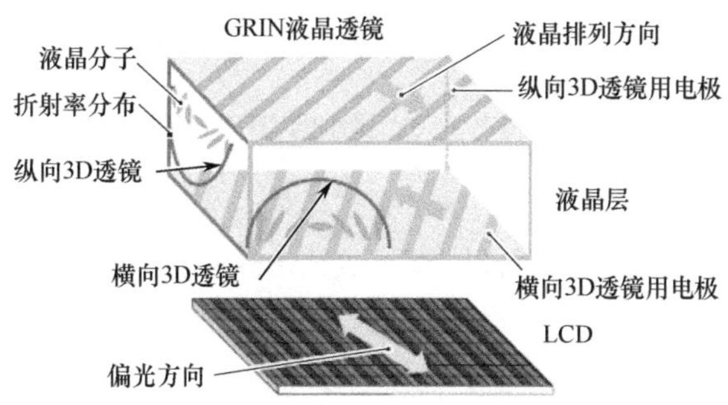

图 5-33　纵横 2D/3D 切换的 GRIN 液晶透镜结构

在图 5-33 中，条状电极形成透镜节距的方向称为电极阵列方向（Electrode Array Direction，EAD），液晶排列方向就是液晶分子的初期配向方向（Liquid Crystal Alignment Direction，LCAD）。为了分别形成纵横方向的 3D 透镜，需要分别在上下玻璃基板上进行液晶配向，形成不同方向的 LCAD。下侧玻璃基板的液晶配向方向 LCAD 与下侧玻璃基板的电极阵列方向 EAD 匹配，形成最优的横向 3D 透镜。上侧玻璃基板的液晶配向方向 LCAD 与上侧玻璃基板的电极阵列方向 EAD 匹配，形成最优的纵向 3D 透镜。

纵横 2D/3D 切换用 GRIN 液晶透镜不能同时进行纵方向 3D 画面与横方向 3D 画面的显示。显示横方向 3D 画面时，在横向 3D 透镜用电极上施加电压。显示纵方向 3D 画面时，在纵向 3D 透镜用电极上施加电压。

2. GRIN 液晶透镜优化设计

纵横方向的 GRIN 液晶透镜效果与上下玻璃基板的 EAD 和 LCAD 夹角 θ_R 密切相关。下面以横方向 3D 显示为例，说明下玻璃基板的电极阵列方向 EAD 与下玻璃基板的液晶分子初期配向方向 LCAD 之间的夹角 θ_R 对横方向 3D 显示画面用 GRIN 液晶透镜的影响。如图 5-34 所示，在下玻璃基板的条状电极上施加周期性分布的电压，使液晶在一个周期的电极阵列内形成一个 GRIN 透镜单元。

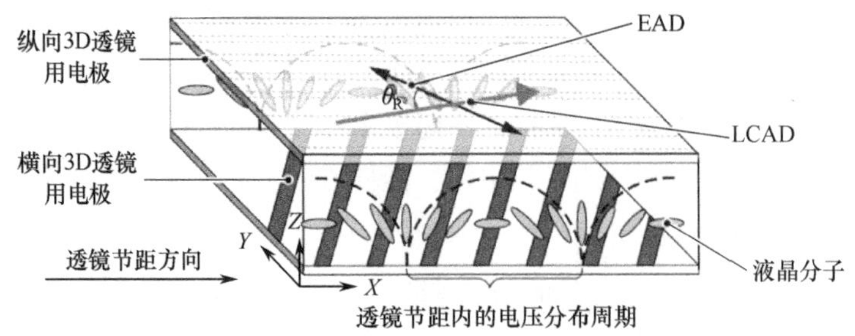

图 5-34　横方向 3D 显示的 GRIN 液晶透镜

液晶透镜的效果体现为透镜节距内不同位置上的液晶对入射偏振光的相位改变程度的综合效果。所以，可以通过分析透镜节距内的液晶相位差Δ*nd* 分布情况，判断液晶透镜的效果。液晶相位差Δ*nd* 与观察角度具有依存性，设定观察角度为显示器沿 *x* 轴朝观察者方向旋转 30° 的位置。采用液晶指向矢 D 仿真器，验证对应不同夹角 θ_R 的液晶透镜效果的变化。

图 5-35 为对应 30° 方位角的观察位置，夹角 θ_R 从 0° 到 90° 变化时的液晶相位差Δ*nd* 分布情况。夹角 θ_R 较小时，液晶相位差Δ*nd* 分布近似为一个理想的透镜形状。夹角 θ_R 超过 70° 后，液晶相位差Δ*nd* 分布曲线的中间位置开始出现下凹，透镜形状消失。

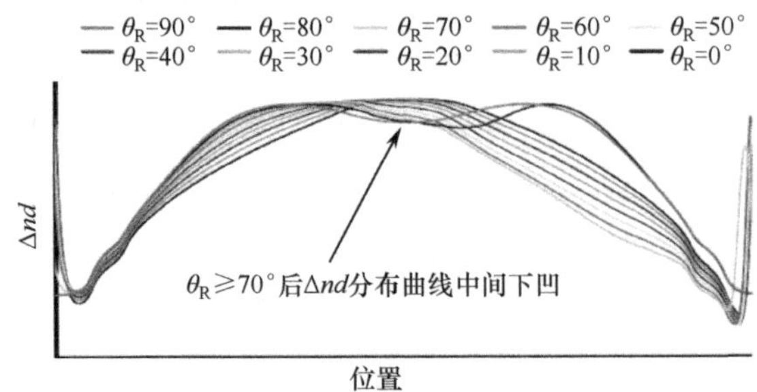

图 5-35　30° 方位角观察时，液晶相位差Δ*nd* 与夹角 θ_R 的关系

当夹角 θ_R 为 0° 时，液晶分子的长轴方向沿着 *X* 轴方向配向。在下玻璃基板的电极上施加电压后，液晶分子在 *X-Z* 平面内沿着不同的倾斜角度呈周期性的分布。如图 5-36（a）所示，EAD 与 LCAD 的夹角 θ_R 为 0° 时，对应 30° 方位角的观察位置，液晶透镜节距内的液晶分子的长轴方向的角度不变，依然保持理想的连续分布。其中，液晶分子是在 *X-Z* 平面内配向，*Y'*和 *Z'*为对应 30° 方位角观察位置时的坐标轴。

当夹角 θ_R 为 90° 时，液晶分子的长轴方向沿着 Y 轴方向配向。在下玻璃基板的电极上施加电压后，液晶分子在 Y-Z 平面内沿着不同的倾斜角度呈周期性的分布。如图 5-36（b）所示，EAD 与 LCAD 的夹角 θ_R 为 90° 时，对应 30° 方位角的观察位置，液晶透镜节距内的液晶分子的长轴方向的角度不再连续，中间的位相差 Δnd 变小，两侧相邻位置上的液晶位相差 Δnd 较大，液晶透镜出现 2 个集光位置，3D 显示效果恶化。这种在透镜中间出现液晶位相差 Δnd 变小的现象，在夹角 θ_R 大于 70° 后越来越明显。其中，液晶分子是在 Y-Z 平面内配向，Y' 和 Z' 为对应 30° 方位角的观察位置时候的坐标轴。

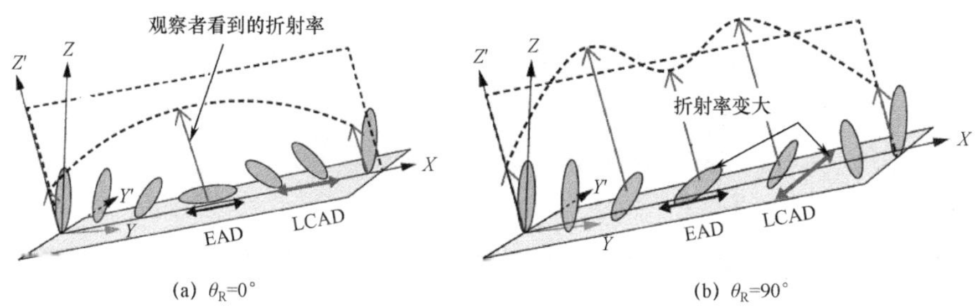

图 5-36　夹角 θ_R 与液晶折射率分布之间的关系

以 Y 轴为中心旋转 ±30°，观察 GRIN 液晶透镜的透镜效果。通过液晶指向矢仿真器仿真，在液晶透镜单元的节距方向上，EAD 与 LCAD 的夹角 θ_R 从 0° 到 90° 变化时，液晶相位差 Δnd 的分布始终保持为一个理想的透镜效果。

综合以上结果，把 EAD 与 LCAD 的夹角 θ_R 设置在 70° 以下，可以有效避免 GRIN 液晶透镜的视野角特性恶化。

5.4.5　扫描式 GRIN 液晶透镜技术

扫描式液晶透镜技术利用多电极液晶透镜，在显示屏快速切换视差图像时，同步移动液晶透镜的位置，使视差图像在液晶透镜底面的不同位置射入，并从不同方向射出液晶透镜，从而形成不同的视区。

1. 扫描式液晶透镜技术

图 5-37 所示的扫描式液晶透镜，上下电极都是梳状的多电极结构。在液晶盒的每个梳状电极上，按照一定的时序施加不同组合的电压，使液

晶层达到液晶透镜的聚焦效果，并且推动液晶透镜在水平方向移动。液晶透镜从左往右移动，第一帧画面的光线带着第一幅视差图像的信息，在最右侧出射。随着液晶透镜右移，第二帧到第六帧画面的光线，依次带着第二幅视差图像的信息到第六幅视差图像的信息，依次从右往左出射。这样，将载有不同视差图像的光线分别投射至不同位置，达到多视点 3D 显示的目的。

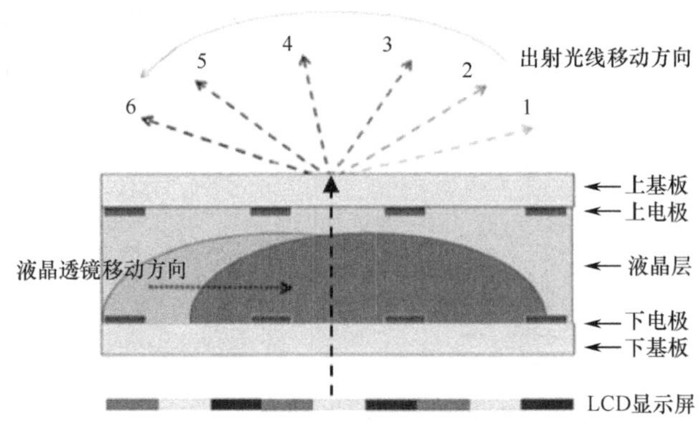

图 5-37　扫描式多电极液晶透镜工作原理图

2. 扫描式液晶棱镜技术

如图 5-38 所示，采用双电极液晶盒，在下电极 A 和下电极 B 上按照一定的时序交替施加两个不同的电压，使液晶达到液晶棱镜的聚焦效果，并且推动液晶棱镜的形状左右镜像交替变换，因此就可以将载有不同视差图像的光线分别投射至左右不同的两个位置，实现 2 视点 3D 显示的效果。

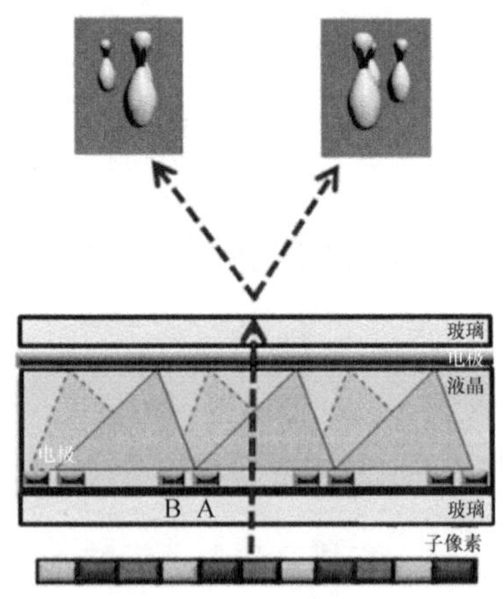

图 5-38　扫描式双电极液晶棱镜工作原理图

双电极液晶棱镜的设计如图 5-39 所示，下电极 A 接驱动电压 V，下电极 B 与上电极都接地电压 GND。下电极 A、下电极 B 与上电极之间形成一个倾斜的电场，使液晶分子在下电极 A 与下电极 B 之间，从直立到平躺连续倾斜。相应地，水平方向上的液晶层，表现出一个近似棱镜的折射率分布状态。

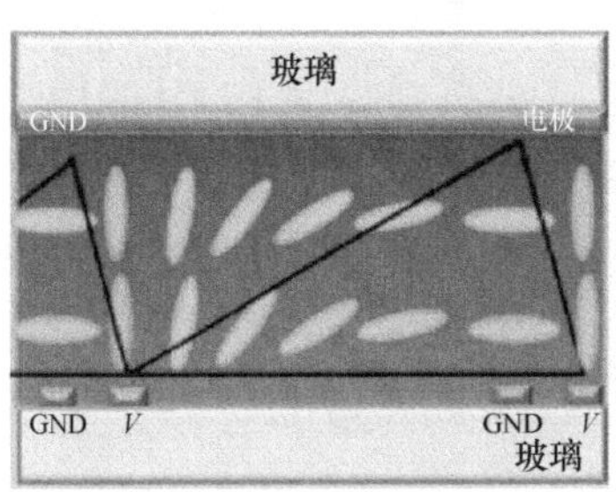

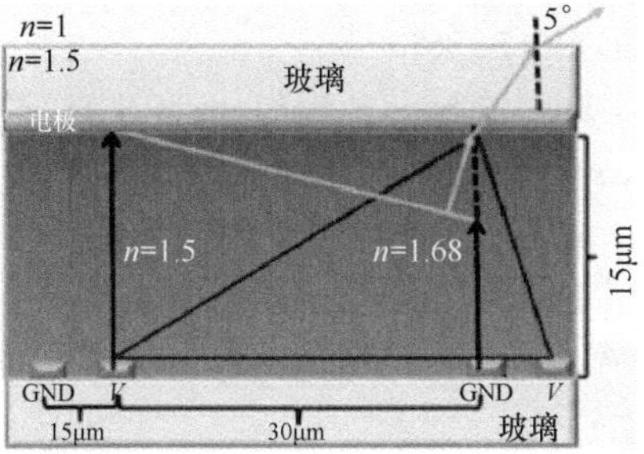

图 5-39　液晶棱镜的设计

本章参考文献

[1] Dodgson N A. Autostereoscopic 3D Displays[J]. Computer, 2005, 38(8): 31-36.

[2] Yang Y, Koito T, Takasaki N. A high resolution multi-view 3D display using switchable liquid crystal lens[J]. Journal of the Society for Information Display, 2013, 21(8): 345-351.

[3] M. Kashiwagi, S. Uehara, A. Takagi, and M. Baba. LC GRIN lensmode with wide viewing angle for rotatable 2D/3D tablet[J]. Journal of the Society for Information Display, 2014, 22(1): 68-75.

[4] M. Kasano, K. Ichihashi, Y. Asai, K. Hayashi, Y. Tanaka, and K.Mimura.Design for Reducing Autostereoscopic Display Crosstalkusing a Liquid Crystal Gradient-index Lens[J]. Sid Symposium Digest of Technical Papers, 2014, 45(1): 743-746.

[5] K. Li, B. Robertson, M. Pivnenko, Y. Deng, D. Chu, J. Zhou, and J. Yao. High quality micro liquid crystal phase lenses for full resolutionimage steering in auto-stereoscopic displays[J]. Opt. Exp, 2014, 22(18): 21679-21689.

[6] 王琼华. 3D 显示技术与器件[M]. 北京: 科学出版社, 2016.

[7] Jason Geng. Three-dimensional display technologies[J]. Advances in Optics and Photonics, 2013, 5: 456-535.

[8] M Kasano, K Ichihashi, Y Asai, et al. Design for Reducing Autostereoscopic Display Crosstalk using a Liquid Crystal Gradient-index Lens[J]. SID Symposium Digest of Technical Papers, 2015 , 45 (1): 743-746.

[9] HS Chen, YJ Wang, PJ Chen, et al. Electrically adjustable location of a projected image in augmented reality via a liquid-crystal lens[J]. Optics Express, 2015, 23 (22): 28154-28162.

[10] Yuan C G , Liu L F , Li X , et al. 73 - 1: A Liquid Crystal Lenticular Lens with High Cell Gap for Naked-eye 3D Display[J]. SID Symposium Digest of Technical Papers, 2017,

48(1):1065-1068.

[11] JG Lu, XF Sun, Y Song, et al. 2-D/3-D Switchable Display by Fresnel-Type LC Lens[J]. Journal of Display Technology, 2011, 7 (4) :215-219.

[12] AF Naumov, GD Love, MY Loktev, et al. Control optimization of spherical modal liquid crystal lenses[J]. Optics Express, 1999, 4 (9): 344.

[13] 周磊, 王琼华, 李大海, 等. 立体显示用柱面透镜光栅的设计[J]. 光子学报, 2009, 29(12): 30-33.

[14] Tse-Yi Tu, Paul C-P Chao. A new liquid crystal lens with axis-tunability via three sector electrodes[J]. Microsystem Technologies, 2012, 18 (9-10): 1297-1307.

[15] Y Li, Y Liu, Q Li, et al. Polarization independent blue-phase liquid crystal cylindrical lens with a resistive film[J]. Applied Optics , 2012, 51(14): 2568.

[16] Y Liu, H Ren, S Xu, et al. Fast-response liquid-crystal lens for 3D displays[J]. Advances in Display Technologies IV, 2014, 9005 (1): 900503-900503-10.

[17] T Galstian, K Asatryan, V Presniakov, et al. High optical quality electrically variable liquid crystal lens using an additional floating electrode[J]. Optics Letters , 2016, 41 (14): 3265-3268.

[18] L Begel, T Galstian. Dynamic compensation of gradient index rod lens aberrations by using liquid crystals[J]. Applied Optics, 2018, 57(26): 7618-7621.

[19] AF Naumov, MY Loktev, IR Guralnik, et al. Liquid-crystal adaptive lenses with modal control[J]. Optics Letters, 1998, 23(13): 992.

[20] 高木亜矢子, 柏木正子, 上原伸一. グラスレス 3D ディスプレイの応用を広げる液晶 GRIN レンズ技術[J]. 東芝レビュー, 2013, 68(12): 38-41.

[21] T Ayako, U Shinichi, K Masako, B Masahiro. Function Integrated LC GRIN Lens for Partially Switchable 2D/3D Display[J]. SID Symposium Digest of Technical Papers, 2013, 44(1):162-165.

[22] Kashiwagi M, Uehara S, Takagi A, et al. LC GRIN lens mode with wide viewing angle for rotatable 2D/3D tablet[J]. Journal of the Society for Information Display, 2013, 44(1): 154-157.

[23] Tai-Hsiang Jen, Yu-Cheng Chang, Chih-Hung Ting, Yi-Pai Huang. Locally Controllable Liquid Crystal Lens Array for Partially Switchable 2D/3D Display[J]. Journal of Display Technology, 2015, 11(10): 839-844.

[24] Y. P. Huang, C. W. Chen and Y. C. Huang. Superzone Fresnel LiquidCrystal Lens for Temporal Scanning Auto-Stereoscopic Display[J]. Display Technol, 2012, 8(11): 650-655.

[25] Oka S, Naganuma T, Koito T, et al. High Performance Autostereoscopic 2D/3D Switchable Display Using Liquid Crystal Lens[J]. Sid Symposium Digest of

Technical Papers, 2013, 44(1): 150-153.

[26] C. W. Chen, Y. P. Huang, and P. C. Chen. Dual direction overdrivingmethod for accelerating 2D/3D switching time of liquid crystal lenson auto-stereoscopic display[J]. Display Technology, 2012, 8(10): 551-561.

[27] A. Takagi, S. Uehara, M. Kashiwagi, and M. baba. Function IntegratedLC GRIN lens for partially switchable 2D/3D display[J].Sid Symposium Digest of Technical Papers, 2013, 44: 162-165.

[28] Y. C. Chang, T. H. Jen, C. H. Ting, and Y. P. Huang. High-resistanceliquid-crystal lens array for rotatable 2D/3D autostereoscopic display[J].Opt. Express, 2014, 22: 2714-2724.

[29] Zhao X J, Liu C L, Zhang D Y, et al.Tunable liquid crystal microlens array using hole patterned electrode structure with ultrathin glass slab[J]. Applied Optics, 2012, 51(15): 3024-3030.

[30] E. Goulanian and A. F. Zerrouk. Apparatus and system for reproducing 3-dimensional images[P]. Pat. no. 7,944,465, 2011.

[31] Li L, Bryant D, Van H T, et al. Near-diffraction-limited and low-haze electro-optical tunable liquid crystal lens with floating electrodes[J]. Optics Express, 2013, 21(7): 8371-8381.

[32] Lin H C, Collings N, Chen M S, et al. A holographic projection system with an electrically tuning and continuously adjustable optical zoom[J]. Optics Express, 2012, 20(25): 27222.

[33] Lin YH, Chen HS, Lin HC, Tsou YS, Hsu HK, Li WY. Polarizer-free and fast response microlens arrays using polymer-stabilized blue phase liquid crystals[J]. Appl. Phys. Lett, 2010, 96: 113505.

[34] Kao Y Y, Chao P C, Hsueh C W. A new low-voltage-driven GRIN liquid crystal lens with multiple ring electrodes in unequal widths[J]. Optics Express, 2010, 18(18): 18506-18518.

[35] Tseng M C, Fan F, Lee C Y, et al. Tunable lens by spatially varying liquid crystal pretilt angles[J]. Journal of Applied Physics, 2011, 109(8): 1498.

[36] Lu L, Sergan V, Van Heugten T, Duston D, Bhowmik A, Bos P. Surface localized polymer aligned liquid crystal lens[J]. Opt. Express, 2013, 21: 7133-7138.

[37] Sun J, Xu S, Ren H, et al. Reconfigurable fabrication of scattering-free polymer network liquid crystal prism/grating/lens[J]. Applied Physics Letters, 2013, 102(16): 1074.

[38] Na J H, Park S C, Kim S U, et al. Physical mechanism for flat-to-lenticular lens conversion in homogeneous liquid crystal cell with periodically undulated

electrode[J]. Optics Express, 2012, 20(2): 864-869.

[39] Chen C W, Chen P C, Huang Y P. Dual Direction Overdriving Method for Accelerating 2D/3D Switching Time of Liquid Crystal Lens on Auto-Stereoscopic Display[J]. Journal of Display Technology, 2012, 8(10): 559-561.

[40] Yang B R, Shieh H P D, Zhu J L, et al. Blue Phase LC/Polymer Fresnel Lens Fabricated, byHolographics[J]. Journal of Display Technology, 2017, 10(2): 157-161.

[41] Hsieh C W, Lin C H, Wang Y Y. Polarization-independent and high-diffraction-efficiency Fresnel lenses based on blue phase liquid crystals[J]. Optics Letters, 2011, 36(4): 502.

[42] Liu Y, Li Y, Wu S T. Polarization-independent adaptive lens with two different blue-phase liquid-crystal layers.[J]. Applied Optics, 2013, 52(14): 3216-3220.

[43] Lee C T, Lin H Y, Wu S T, et al. Design of polarization-insensitive multi-electrode GRIN lens with a blue-phase liquid crystal[J]. Optics Express, 2011, 19(18): 17402-17407.

[44] Lin S H, Huang L S, Lin C H, et al. Polarization-independent and fast tunable microlens array based on blue phase liquid crystals[J]. Optics Express, 2014, 22(1): 925-930.

[45] Hongwen Ren, Shin-Tson Wu. Introduction to Adaptive Lenses[M]. Wiley, 2012.

[46] Xu M, Zhou Z, Ren H, et al. A microlens array based on polymer network liquid crystal[J]. Journal of Applied Physics, 2013, 113(5): 1425.

[47] Ren H, Xu S, Wu ST. Polymer-stabilized liquid crystal microlens array with large dynamic range and fast response time[J]. Optics Letters, 2013, 38(16): 3144-3147.

[48] Ren H, Xu S, Wu ST. Gradient polymer network liquid crystal with a large refractive index change[J]. Opt. Express, 2012, 20: 26464-26472.

[49] Takagi A, Saishu T, Kashiwagi M, et al. 30.3: Autostereoscopic Partial 2 - D/3 - D Switchable Display Using Liquid - Crystal Gradient Index Lens[J]. Sid Symposium Digest of Technical Papers, 2012, 41(1): 436-439.

[50] Ren H, Xu S, Liu Y, et al. Switchable focus using a polymeric lenticular microlens array and a polarization rotator[J]. Optics Express, 2013, 21(7): 7916-7925.

[51] Ren H, Xu S, Liu Y, et al. Optically anisotropic microlens array film directly formed on a single substrate[J]. Optics Express, 2013, 21(24): 29304-29312.

[52] Cheoljoong Kim, Junoh Kim, Dooseub Shin, et al. Electrowetting Lenticular Lens for a Multi-View Autostereoscopic 3D Display. IEEE Photonics Technology Letters, 2016, 28(22): 2479-2482.

[53] Zhe-Wei Yu, Bin Zhang, Shi-Yu Liu, et al. Scanning Prism with Polymer-Stabilized Blue Phase Liquid Crystals[J]. Journal of Display Technology, 2016, 12(7): 721-726.

[54] 高木亜矢子, 上原伸一, 柏木正子. 依頼講演液晶 GRIN レンズによる視域角可変 3D ディスプレイ[J]. 映像情報メディア学会技術報告,2015, 39(27): 31-34.

[55] H Ren, ST Wu. Adaptive liquid crystal lens with large focal length tenability[J]. Optics Express, 2006 , 14 (23): 11292-11298.

[56] Z Zhou,X Li. Liquid crystal lens with a concave polyimide layer[J]. Optical Engineering , 2017 , 56 (7): 077102.

[57] Fraval N. Low aberrations symmetrical adaptive modal liquid crystal lens with short focal lengths[J]. Appl Opt, 2010, 49(15): 2778-2783.

[58] Javidi B, Chen C W, Cho M, et al. Three-dimensional imaging with axially distributed sensing using electronically controlled liquid crystal lens[J]. Optics Letters, 2012, 37(19): 4125-4127.

[59] SY Huang,TC Tung,HC Jau , et al. All-optical controlling of the focal intensity of a liquid crystal polymer microlens array[J]. Applied Optics, 2011, 50(30): 5883.

[60] SY Huang, TC Tung, CL Ting, et al. Polarization-dependent optical tuning of focal intensity of liquid crystal polymer microlens array[J]. Applied Physics B, 2011, 104(1): 93-97.

[61] X Zhao, D Zhang, Y Luo， et al.Numerical analysis and design of patterned electrode liquid crystal microlens array with dielectric slab[J]. Optics & Laser Technology, 2012 , 44(6): 1834-1839.

[62] L Begel, T Galstian. Liquid crystal lens with corrected wavefront asymmetry[J]. Applied Optics, 2018, 57(18): 5072-5078.

[63] H Dou, F Chu, YQ Guo, et al. Large aperture liquid crystal lens array using a composited alignment layer[J]. Optics Express, 2018 , 26 (7): 9254.

[64] 上原伸一, 柏木正子, 高木亜矢子, 等. 液晶 GRIN レンズの液晶分子挙動と 2D/3D ディスプレイへの応用[J]. 映情学技報, 2014, 38(24): 11-15.

[65] Tai-Hsiang Jen, Yu-Cheng Chang, Chih-Hung Ting, et al. Locally Controllable Liquid Crystal Lens Array for Partially Switchable 2D/3D Display[J]. Journal of Display Technology, 2015, 11(10): 839-844.

[66] Park Min-Kyu, Park Heewon, Joo Kyung, et al. Polarization-dependent liquid crystalline polymeric lens array with aberration-improved aspherical curvature for low 3D crosstalk in 2D/3D switchable mobile multi-view display[J]. Optics Express, 2018, 26(16): 20281-20297.

[67] GJ Woodgate, J Harrold. Key design issues for autostereoscopic 2D/3D displays[J]. Journal of the Society for Information Display, 2012, 14 (5): 421-426.

[68] H Hong, S Jung, B Lee, et al. 25.3: Autostereoscopic 2D/3D Switching Display Using Electric-Field-Driven LC Lens (ELC Lens)[J]. SID Symposium Digest of

Technical Papers, 2008, 39(1): 348-351.

[69] Y Kao, Y Huang, K Yang, et al. An Auto - Stereoscopic 3D Display Using Tunable Liquid Crystal Lens Array That Mimics Effects of GRIN Lenticular Lens Array[J]. SID Symposium Digest of Technical Papers , 2009 , 40 (1): 111-114.

[70] YP Huang, LY Liao, CW Chen. 2D/3D switchable autostereoscopic display with multi-electrically driven liquid-crystal (MeD - LC) lenses[J]. Journal of the Society for Information Display, 2012 , 18 (9): 642-646.

[71] SI Lin, PH Chiu, LY Chen, et al. The Application of Flexible Liquid-Crystal Display in High Resolution Switchable Autostereoscopic 3D Display[J]. SID Symposium Digest of Technical Papers, 2013 , 44 (1): 5-6.

[72] YY Kao, CP Chao, TY Tu. A new LCL-lens array with electrodes of interlaced structure to be applied for auto-stereoscopic 3D displays[J]. Microsystem Technologies, 2014 , 20 (8-9): 1425-1434.

第6章

指向背光 3D 显示技术

指向背光 3D 显示技术是把背光源的光分割成具有指向性的光线束，分别形成点亮左眼视差图像用背光和点亮右眼视差图像用背光，从而生成对应不同视差图像的视区。具体的实现方式包括光折射型、光反射型和光衍射型指向背光 3D 显示技术。指向背光技术主要用于中小型 3D 显示系统。

6.1 光折射型指向背光 3D 显示技术

光折射型指向背光 3D 显示技术是利用透镜、棱镜或透镜与棱镜的组合作为分光元件，把背光源的光线朝指定的方向折射形成指向背光，穿过显示屏后携带左右眼视差图像信息，在指定方向形成视区。

6.1.1 单凸透镜结构指向背光技术

单凸透镜结构指向背光技术是用一个凸透镜，先后把左眼用光源的光线折射到一个指定的方向，把右眼用光源的光线折射到另外一个方向。如图 6-1 所示，在并排放置的左右眼用光源与 LCD 显示屏之间，设置一个凸透镜。在第一帧时间，右眼用光源工作，右眼用光源的光线经凸透镜折射后，往右眼方向折射，透过 LCD 显示屏后，携带右眼视差图像的信息，投射到右眼视区。在第二帧时间，右眼用光源关闭，左眼用光源工作，左眼用光源的光线经凸透镜折射后，往左眼方向折射，透过 LCD 显示屏后，携带左眼视差图像的信息投射到左眼视区。在 LCD 显示屏前方的适当位置观看时，左右眼各自接收到对应的左眼视差图像与右眼视差图像，形成 3D 视觉。

单凸透镜结构指向背光 3D 显示结合背光源的移动，可以用来扩大左右（横）方向的观看范围。如图 6-2 所示，当显示屏前方的观看者在横方向向左移动后，3D 显示系统利用头部跟踪器来捕捉观看者的移动，并确定移动后的位置。相应地，背光源中的发光体（以右眼用光源为例）向右逆向移动，停留在一个合适的位置，使发光体发出的光线经凸透镜折射后，出射光线的会聚位置指向观看者移动后的位置，保证观看者向左移动后，右眼视差图像依然能够进入观看者的右眼。

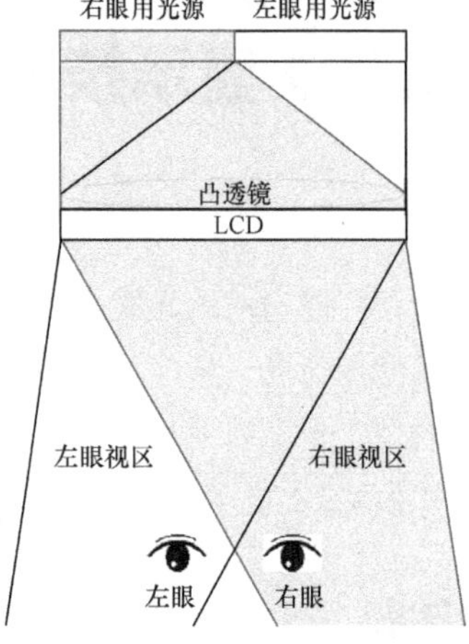

图 6-1　单凸透镜结构指向背光 3D 显示的基本原理

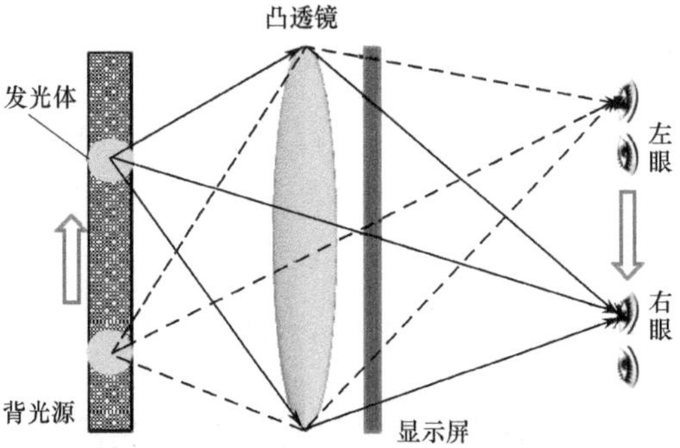

图 6-2　移动背光式指向背光技术

采用发光体移动的方法，可以使图 6-1 所示的左右眼用光源共用一个光源。当观看者位置不变时，采用时间分割方式，通过稍微移动发光体，在极短的时间内，经凸透镜折射后依次把右眼视差图像送到右眼，把左眼视差图像送到左眼。左右眼在极短时间内各自接收到对应的左眼视差图像与右眼视差图像后，形成 3D 视觉。

如果 LCD 显示屏的尺寸变大，就很难只用一个凸透镜在 LCD 显示屏的左右两个方向上分别获得足够的亮度，因为凸透镜边上的梯度折射率变大。所以，光源的大部分光线不能透过凸透镜，而是在凸透镜表面被反射回去。即使用多个凸透镜，也很难达到足够的亮度均匀性。

如果对背光源进行控制，实现微小的线状发光，并通过组合使用微小透镜和微小发光体，同时追随观看者的眼睛来移动发光体，不仅可以实现 3D 视觉，还能实现与普通 LCD 模组相当的薄型化。

6.1.2　3D 膜结构指向背光技术

在 3D 膜结构指向背光技术中，完成 LED 光源定向投射的基本结构是在

一块特殊的导光板上叠加一张 3D 膜。如图 6-3 所示，使用 3D 膜技术的指向背光源，在导光板的底部有一层厚约 0.5mm 的棱镜结构。这层棱镜结构的作用是把进入导光板的 LED 光分成两个方向出射，与这层棱镜结构相配套的是导光板上面的 3D 膜。3D 膜上分布着密密麻麻的棱镜与透镜结构，尺寸在 1～30nm，相比 LCD 显示屏上尺寸在 100μm 左右的像素，大小可以忽略不计，所以 3D 膜与 LCD 显示屏不需要进行精确对位。

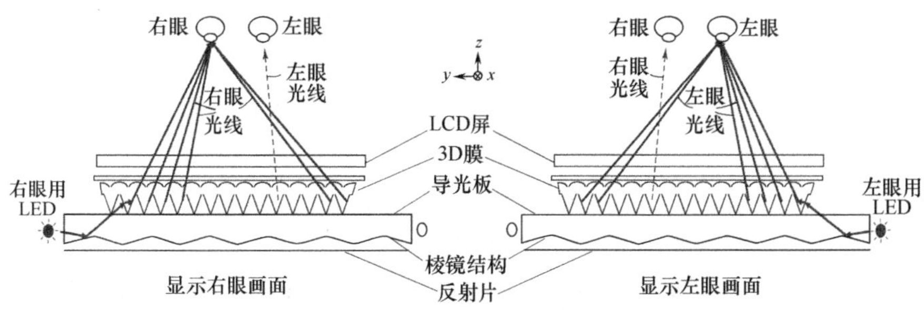

图 6-3　2 视点 3D 膜结构指向背光技术的原理图

3D 膜作为分光元件，在时序控制下，左右两组 LED 光源先后把 LCD 显示屏上对应左眼的视差图像与对应右眼的视差图像投射至指定的视区。3D 膜技术是在时间轴上交错地显示左右眼的视差图像，左右眼的视差图像都是全分辨率的，合成后的 3D 图像也是全分辨率的。以 120Hz 驱动的 LCD 显示屏为例，介绍 2 视点 3D 膜技术的工作原理。

首先，在 LCD 显示屏上显示第一帧画面，即左眼视差图像，左眼用 LED 打开，右眼用 LED 不工作。左眼用 LED 的光进入导光板后，大部分光线被导光板底部的棱镜结构反射并进入 3D 膜。通过 3D 膜上高精细的棱镜与透镜结构的折射作用，光线沿着折射方向投射到 LCD 显示屏。透过 LCD 显示屏后，携带左眼视差图像的信息，投向对应左眼位置的视区。

然后，在 LCD 显示屏上显示第二帧画面，即右眼视差图像，右眼用 LED 打开，左眼用 LED 不工作。右眼用 LED 的光进入导光板后，大部分光线被导光板底部的棱镜结构反射并进入 3D 膜。通过 3D 膜上高精细的棱镜与透镜结构的分光作用，光线沿着折射方向投射到 LCD 显示屏。透过 LCD 显示屏后，携带右眼视差图像的信息，投向对应右眼位置的视区。

先后进入左右眼的视差图像，在大脑中融合后形成 3D 视觉。

在特殊导光板上叠加 3D 膜的背光源结构比较复杂，在显示的范围上限制比较多，适合小型的 3D 显示装置。如图 6-4 所示，使用 3D 膜技术的 2 视点 3D 显示效果只存在于左右视角 ± 10° 范围内，对应左右眼的视差图像的干扰在 10%左右。

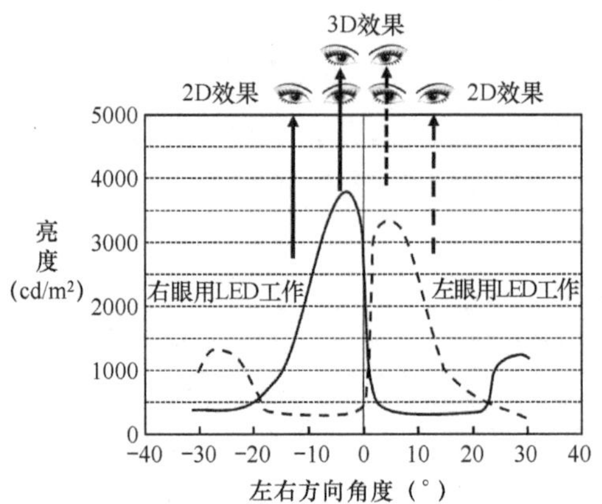

图 6-4　3D 膜技术的 2 视点效果示意图

3D 膜技术的显示原理限制了其在多视点 3D 显示，以及多使用者 3D 显示方面的应用。对于频率为 60Hz 的 3D 图像，对应 n 视点的 LCD 显示屏，驱动频率需要提高到 $n\times60$Hz。采用多使用者 3D 膜，可以在 120Hz 驱动频率的 LCD 显示屏上实现多视点 3D 显示或多使用者 3D 显示。多使用者 3D 膜技术只需要在原先只能供单人使用的时序型 3D 显示器的背光系统加上多视点 3D 膜，就能够使原先只能供单人使用的时序型 3D 显示器变为多使用者 3D 显示器，其原理如图 6-5 所示。

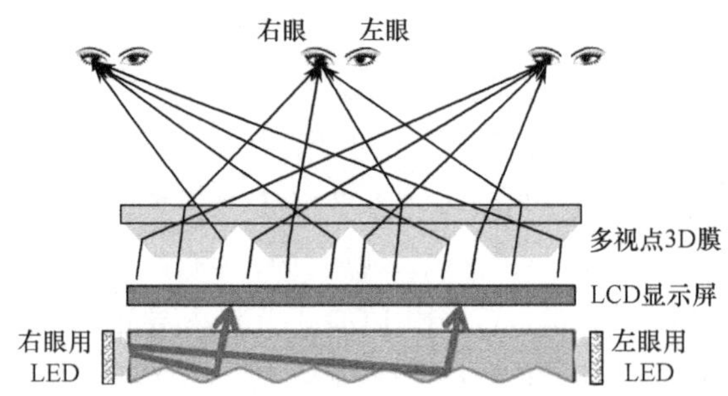

图 6-5　多使用者 3D 显示器的原理图

多视点 3D 膜的结构主要是周期性排列的梯形结构，利用此梯形结构，能够使原本只能投射到中间观看者的右眼用 LED 光源分出 3 路方向不同的指向性光束，分别投射到 3 位观看者的右眼。在下一帧显示时，将原本只能

投射到中间观看者的左眼用 LED 光源分出 3 路方向不同的指向性光束，分别投射到 3 位观看者的左眼。因此，可以在不增加 LCD 显示屏驱动频率的情况下，同时供 3 位观看者观看 3D 显示，并且让 3 位观看者都能看到一样的 3D 图像，达到多使用者 3D 显示的目的。

3D 膜技术是采用左眼用 LED 和右眼用 LED 两组背光进行左右眼切换的，所以能够实现 2D/3D 切换。进行 3D 显示时，左眼用 LED 和右眼用 LED 分别点亮。进行 2D 显示时，左眼用 LED 和右眼用 LED 同时点亮。不过，左右眼视差图像是以指向性的方式显示，只有从显示屏正面观看时，才能看到 3D 画面。当显示屏旋转 90° 时就无法显示 3D 画面。

6.1.3　棱镜阵列结构指向背光技术

棱镜对不同颜色光的折射率不同：红色光的偏向角最小，紫色光的偏向角最大。所以，不同颜色的光通过棱镜后的偏向角不同，利用棱镜可以把不同原色的光分别往不同方向折射。棱镜阵列结构指向背光技术就是利用棱镜阵列把 RGB 三原色或 RGBW 四色的阵列光源分别导向不同的方向。

图 6-6 是一个具有 48 视点的棱镜阵列结构指向背光 3D 显示装置，主要由四个部分组成：①扫描式 LED 阵列背光板；②左右双指向棱镜阵列；③240Hz LCD 显示屏；④多视点视差光栅。

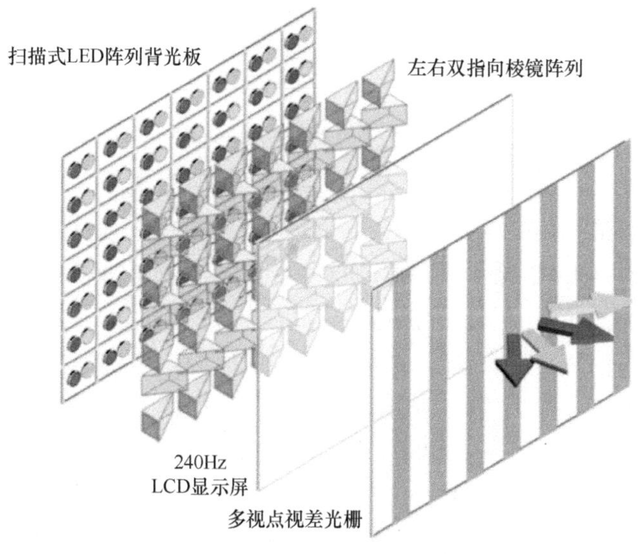

图 6-6　一个具有 48 视点的棱镜阵列结构指向背光 3D 显示装置

扫描式 LED 阵列背光板上的 LED 颗粒呈矩阵分布，由红色、绿色、蓝色和黄色 4 种光源组成，每种颜色的光构成一组。每组 LED 以 240Hz（4×60Hz）的频率依序打开和关断。LCD 显示屏也以 240Hz 的频率同步地刷新画面，每组颜色的 LED 对应一幅 LCD 视差图像。

左右双指向棱镜阵列由一组向左侧分光的棱镜与一组向右侧分光的棱镜构成，每个棱镜单元对应两颗 LED。红色 LED 组与绿色 LED 组发出的光，通过向左侧分光的棱镜组后，从棱镜折射面的两个不同位置出射，所以在左侧形成两个不同的出光方向。同理，蓝色 LED 组与黄色 LED 组发出的光，通过向右侧分光的棱镜组后，在右侧形成两个不同的出光方向。4 组 LED 光源经过左右双指向棱镜阵列后，形成四组出射方向不同的单色光。

LCD 显示屏与视差光栅的组合，与传统视差光栅 3D 显示装置一样。从左右双指向棱镜阵列出射的 4 组不同方向的 LED 光，以 240Hz 的频率独立地先后穿过 LCD 显示屏：红色 LED 光对应一幅红色的视差图像，绿色 LED 光对应一幅绿色的视差画面，蓝色 LED 光对应一幅蓝色的视差画面，黄色 LED 光对应一幅黄色的视差画面。如果 LCD 显示屏前面的视差光栅设计为 12 视点，图 6-6 所示的 3D 显示装置就能显示一共 48（4×12）个视点，3D 显示的视角为 ±40° 左右。

6.1.4 透镜阵列结构指向背光技术

透镜阵列结构指向背光技术是利用透镜单元把背光往不同方向折射。为了获得多个出射方向，需要在透镜阵列后面先用分光元件把背光处理成多种不同出射方向的光束，再分别透过透镜形成多个方向的指向背光。

图 6-7 所示为液晶光栅与透镜阵列组合的指向背光技术，是一个 5 视点的 3D 显示装置。装置由四部分构成：①面状背光源；②选择性出光 LCD 屏；③透镜阵列；④LCD 显示屏。每个透镜单元对应后面 LCD 屏上的 5 列像素，也对应前面 LCD 显示屏上的 5 列像素。

LCD 屏的每一列像素以 300Hz（5×60Hz）的频率高速扫描，在每一帧时间内让背光透过其中的一列像素，形成一列非常细的亮线，效果相当于视差背光。其中，第一帧显示的亮线①，经过正前方的透镜单元后，沿着一个指定的方向出射。随后，第二帧显示的亮线②，经过同一个透镜单元后，沿着另外一个指定的方向出射。从第三帧到第五帧，亮线③、亮线④和亮线⑤依次经过同一个透镜单元，分别沿着其他不同的指定方向出射。在时间轴上，

依次形成具有 5 个不同出射方向的指向背光。

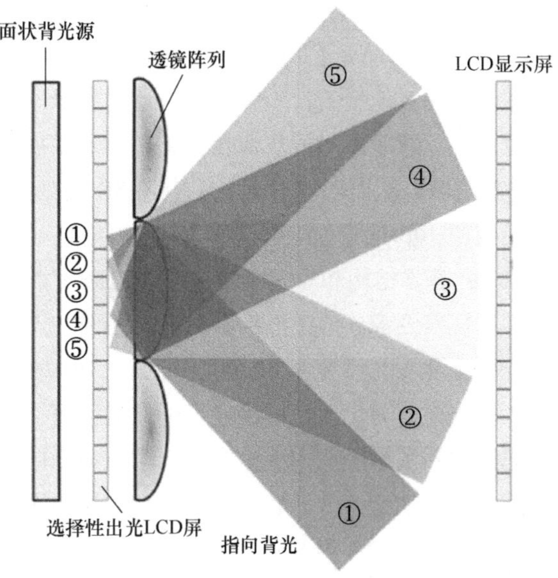

图 6-7　液晶光栅与透镜阵列组合的指向背光技术

在 LCD 屏选择亮线①时，LCD 显示屏上同步显示对应方向①的视差图像。相应地，在出射亮线②③④⑤时，LCD 显示屏上同步显示对应方向②③④⑤的视差图像。5 个不同的指向背光透过 LCD 显示屏后，携带各自的视差图像信息，在时间轴上依次形成对应不同视差图像的 5 个视区。最终形成一个具有 5 视点的 3D 显示效果。

由于 LCD 屏选择性出光，背光的亮度下降到原来的 1/5。加上偏光板与液晶对光线能量的吸收，透过 LCD 屏的光，实际亮度下降到原来的 1/10 以下。所以，采用图 6-7 所示的结构，对背光源的亮度要求非常高。

多视点 3D 显示需要 LCD 屏与 LCD 显示屏在 300Hz 的高速驱动频率下，实现同步切换。对液晶材料的选择及驱动电路的设计提出了很高的要求。

6.1.5　扫描视差背光技术

扫描视差背光技术是在一定的时序控制下，视差背光的光栅开口区域与显示屏上对应的视差图像同步依次扫描，使特定的视差图像投向特定的视区。

扫描视差背光 3D 显示的基本结构是在透明显示屏与视差背光之间设置一个透镜。根据视点数的不同，n 视点的视差背光被分成 n 部分，形成 n 个视差背光条。每个视差背光条点亮时，在透明显示屏上都对应一幅视差图像，视差背光条的光线透过透镜后照亮透明显示屏上的视差图像。透镜的作用是把这部分光线指向某一特定的视区，在这个视区只有一只眼睛能够看到透明显示屏上的视差图像。在其他视区，眼睛看到的透明显示屏呈黑色。在人眼不能分辨的极短时间内，透明显示屏与视差背光条同步切换，依次显示对应 n 个视点的 n 幅视差图像，从而形成对应 n 视点的 3D 视觉。

图 6-8 以 6 视点和 300Hz（6×50Hz）频率驱动的 3D 显示为例，说明扫描视差背光 3D 显示的基本结构与原理。当视差背光条 1 点亮时，透明显示屏上同步显示第 1 幅视差图像，透镜把第 1 幅视差图像的光线指向到对应第 1 视点的视区。视差背光条 1 点亮 3.3ms 后，即第 1 幅视差图像显示 3.3ms 后，视差背光条 2 被点亮，同步地在透明显示屏上显示第 2 幅视差图像，并在透镜的作用下把第 2 幅视差图像的光线指向到对应第 2 视点的视区。同理，以 3.3ms 为时间间隔，依次把第 3、第 4、第 5 和第 6 幅视差图像的光线指向到对应第 3 视点、第 4 视点、第 5 视点和第 6 视点的视区。

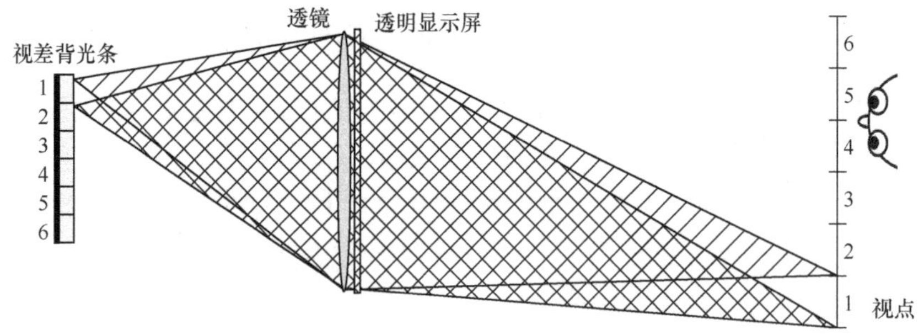

图 6-8 扫描视差背光 3D 显示的基本结构与原理

这样，通过视差背光条的扫描与透明显示屏上视差图像的快速切换，实现对应 6 个视点的 6 幅视差图像依次在空间上扫过。左右双眼在接收其中的两幅视差图像后即可形成 3D 视觉。在图 6-8 中，每条视差背光条提供的光源要提供给整个透明显示屏使用，要求视差背光条的亮度必须足够高。

扫描视差背光可以用 LED 阵列光源实现，使用 LED 阵列光源的扫描视差背光 3D 显示原理如图 6-9 所示。这是 Kanebako 和 Takaki 提出的一种微显示背投影技术，用 LED 阵列光源代替图 6-8 中的视差背光条。利用 LED 光源的高指向性，LED 光源发出的光线定向投射到一块可以快速切换的空间光调制器（Spatial Light Modulator，SLM）。SLM 可以是 DLP、LCD 或 LCOS

等微显示器件。经 SLM 处理后的光线被投射到一组成像透镜。因为 LED 光线具有高指向性，每颗 LED 发出的光线都与光栅的开口狭缝一一对应。透过光栅开口狭缝的光线，经过投影透镜后，被投射到背投屏幕上。在一个极短的时间段内，对应每个视点位置，人眼都能在背投屏幕上看到对应的视差图像。

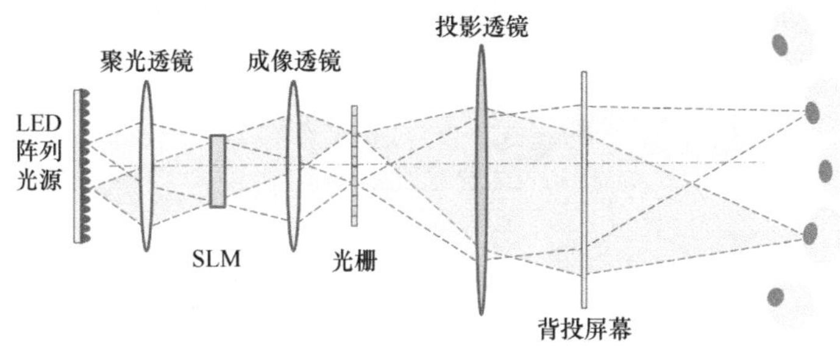

图 6-9　使用 LED 阵列光源的扫描视差背光 3D 显示原理

这样，通过 LED 阵列光源的每颗 LED 的扫描，可以使 n 个视点的 n 幅视差图像依次在空间上扫过，透过背投屏幕后，携带屏幕上的视差图像信息，投射到不同的方向上，形成 n 个视区。左右双眼在接收其中的两幅视差图像后即可形成 3D 视觉。

扫描视差背光 3D 对透明显示屏与 SLM 的工作频率提出了很高的要求，工作频率越高，可显示的视点数越多。如果 3D 显示画面的刷新频率为 50Hz，透明显示屏或 SLM 的最高工作频率为 300Hz，则可显示的视点数为 6（300/50）个。

6.2　光反射型指向背光 3D 显示技术

光反射型指向背光 3D 显示技术是利用楔型沟槽、散射图案、椭圆反射镜等背光结构，使入射到背光结构的光线经过反射后，出射具有指向性的光束，透过 LCD 显示屏后准确地投射到左右眼。结合 LCD 显示屏上左右眼视差图像，在一定的时序控制下，形成对应不同视差图像的视区。

6.2.1　楔型沟槽结构指向背光技术

楔型沟槽结构指向背光技术是在背光源导光板上，通过合理设计楔型沟槽的角度、周期，利用光线在楔型沟槽上的全反射使光线以一定的角度出射，形成指向背光。结合倍频驱动的 LCD 显示屏画面，形成对应不同视差图像的视区。

图 6-10 给出了一种楔型沟槽指向背光结构的 3D 显示原理：分上下两层导光板，每层导光板的表面都设计了楔型沟槽，分别对应两组 LED 光源，进入导光板的 LED 光线在沟槽的表面发生全反射，经出射面投射到 LCD 显示屏。设计上下两个导光板，通过两组不同开口方向的沟槽，可以实现两个方向的出射光束。

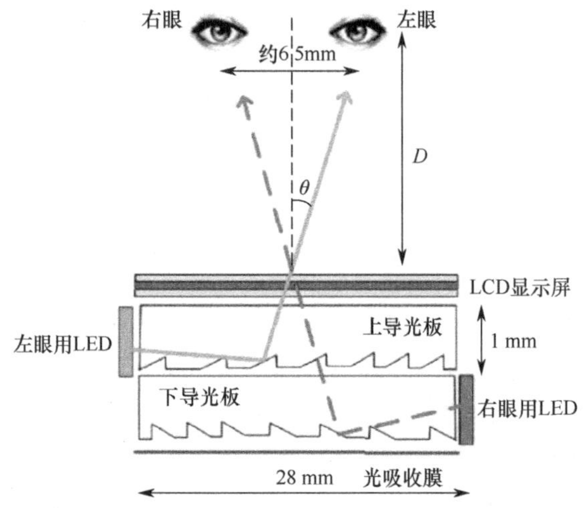

图 6-10　楔型沟槽指向背光结构的 3D 显示原理

当 LCD 显示屏上显示第一帧画面，即左眼视差图像时，左眼用 LED 打开，右眼用 LED 不工作。左眼用 LED 的光进入上导光板后，大部分光线在沟槽处被全反射，射出上导光板，投射到 LCD 显示屏。透过 LCD 显示屏后，携带左眼视差图像的信息投向对应左眼位置的视区。

然后，在 LCD 显示屏上显示第二帧画面，即右眼视差图像，右眼用 LED 打开，左眼用 LED 不工作。右眼用 LED 的光进入下导光板后，大部分光在沟槽处被全反射，射出下导光板和上导光板，投射到 LCD 显示屏。透过 LCD 显示屏后，携带右眼视差图像的信息投向对应右眼位置的视区。

先后进入左右眼的视差图像，在大脑中融合后形成 3D 视觉。在背光源的底部，为减少不必要的反射光线造成的串扰，使用光吸收膜吸收掉漏到背光源底部的光线。

在图 6-10 中，射出导光板的光线方向取决于导光板沟槽的角度。不同的沟槽角，背光源出射光的角分布不同。沟槽角、沟槽间隙、沟槽宽度和沟槽

节距等基本参数的定义如图 6-11 所示。沟槽的光线控制是通过在沟槽中使用全内反射（TIR）实现的。左眼用 LED 工作和右眼用 LED 工作时，大部分的出射光线各自分布在 LCD 显示屏垂直法线某一侧的一定角度范围内，呈视锥状分布。这个视锥状的峰宽就是左眼或右眼能够看到各自视差图像的范围，用角度表示。

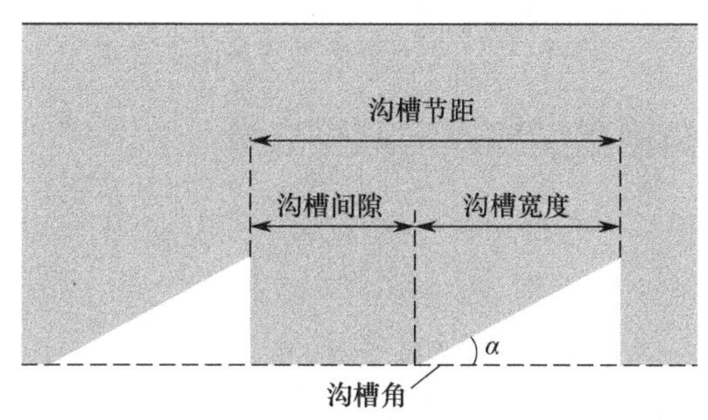

图 6-11　沟槽结构的基本参数

当沟槽角 α 变大时，角分布的峰宽变小，视锥尺寸减小。并且，随着沟槽角 α 变大，左眼视差图像的视锥逐渐往右眼视区偏移，右眼视差图像的视锥逐渐往左眼视区偏移。左右眼视差图像对应的视锥重叠面积增大，3D 串扰加重。

在 TIR 条件下，射向沟槽的光线被反射后，更接近于导光板的法线。同时，在导光板内分布的一小部分光线，在凹槽处经历了 TIR。沟槽角 α 的设计，既要保证左右眼视差图像的角分布逼近 LCD 显示屏的法线，又要保证左右眼视差图像的角分布不重叠。所以，沟槽角 α 的最佳值为 35°～40°。

LED 射入导光板的光线在导光板中传播，距离越远，光线的损失越大，光强度越低。为了使导光板的出光效率均匀性更好，距离 LED 光源越远，楔型沟槽的周期越小。通过调节沟槽宽度或沟槽间隙，或同时调节沟槽宽度和沟槽间隙，使沟槽密度更高。为避免导光板沟槽的周期性分布与 LCD 显示屏像素的周期性分布之间干涉引起的摩尔纹现象，沟槽的节距一般要小于 LCD 显示屏像素尺寸。

楔型沟槽结构指向背光技术使用上下两层导光板分别形成左眼视差图像和右眼视差图像，上下两层导光板的沟槽位置除图 6-10 所示的槽对背结构外，还可以如图 6-12 所示，采用槽对槽结构、背对背结构和背对槽结构。上下两层导光板沟槽位置的设计，目的是让 LED 光线在导光板中的传播更简单，光路更短，减少漏光，获得更高的出光效率。

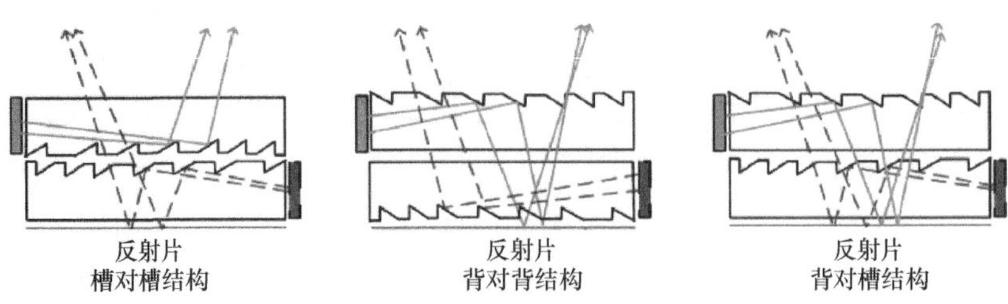

图 6-12　上下导光板的其他组合

6.2.2　散射图案结构指向背光技术

基于散射图案结构的指向背光技术，是采用特殊的导光板结构，通过散射点将局域背光能量压缩形成视差光源。将背光源的光束处理成明暗交替分布、方向不同的光束分别照射 LCD 显示屏上的左眼视差图像和右眼视差图像。因为不需要遮挡光源，所以不存在任何光的能量损失。

导光板结构的具体设计方案大同小异，图 6-13 给出了 Sony 公司开发的光遮挡型指向背光 3D 显示的结构示意图。与传统 LCD 显示装置不同的是，这种装置在 LCD 显示屏与传统的 2D 背光源之间设置了一块 3D 背光源。在 3D 背光源的导光板中，设计有独特的散射图案。这种散射图案的存在使 3D 背光源在作为背光的同时，还起到类似视差光栅（狭缝光栅）的作用。

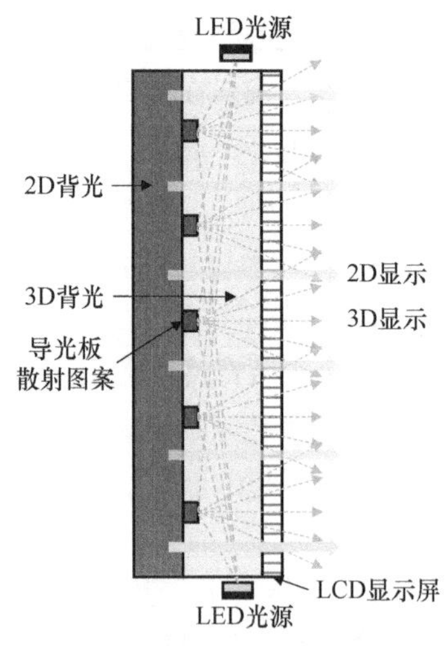

图 6-13　光遮挡型指向背光 3D 显示的结构示意图

用于 3D 显示时，2D 背光不工作，3D 背光工作。3D 背光源中位于导光

板两侧的 LED 光源发出的光进入导光板后，在不断的全反射传输过程中，会陆续碰撞到导光板底部的散射图案，并先后被散射图案反射后离开导光板。散射图案集中反射了 3D 背光源中的光，使得 3D 背光源对应散射图案的地方光线集中，没有散射图案的地方光线很少，甚至没有。这样的光源效果与视差背光 3D 显示技术类似，每一列散射图案，对应视差光栅中的一列狭缝开口。

配合 LCD 显示屏上需要显示的视点数，合理设计 3D 导光板底部的散射图案节距，以及 3D 导光板与 LCD 显示屏之间的距离，使 3D 背光发出的指向性光源依次投射到 LCD 显示屏上对应的视差图像。与视差背光 3D 显示一样，就能实现 3D 显示。

用于 2D 显示时，3D 背光不工作，2D 背光工作。从 2D 背光出来的光线呈散射状，加上 3D 导光板的散射图案所占空间较小，2D 背光经过 3D 导光板后依然呈现面光源状态，照射 LCD 显示屏，显示 2D 画面。

图 6-13 所示的 3D 显示装置，散射图案是关键结构。散射图案的作用是反射在导光板中传输的光线，经散射图案作用后的光线类似视差背光，所以采用散射图案的这种技术是采用光反射原理，具有光遮挡效果的指向背光技术。这种显示装置，2D/3D 可自由切换。图 6-13 所示的显示系统在 2D 显示时，如果看到的图像分辨率为 1920 像素×1080 像素，6 视点 3D 显示的图像分辨率就是 960 像素×360 像素。

6.2.3　椭圆反射镜结构指向背光技术

椭圆反射镜结构指向背光技术是利用椭圆反射镜的反射，分别将左眼用光源与右眼用光源的光线定向导出，投射到 LCD 显示屏。LCD 显示屏上的视差图像刷新与光源同步切换，形成对应不同视差图像的视点，实现 3D 显示效果。

椭圆反射镜结构指向背光系统采用具有两个焦点的椭圆形反射镜，一个焦点放置背光源，另一个焦点为观看点。图 6-14 以右眼观看右眼视差图像为例，给出了椭圆反射镜结构指向背光 3D 显示的基本原理。右眼用光源被放置在右眼用椭圆反射镜的其中一个焦点 f_{LCD} 上，且定向地投射到椭圆反射镜上。光线被反射后会聚，透过 LCD 显示屏，携带 LCD 显示屏上的右眼视差图像信息，最后会聚在右眼用椭圆反射镜的另一个焦点 f_{EYE} 上。右眼处在 f_{EYE} 位置，接收到这幅右眼图像的信息。

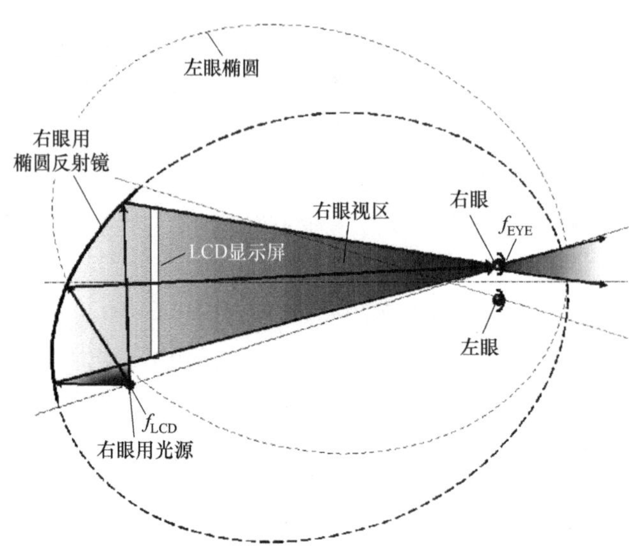

图 6-14　椭圆反射镜结构指向背光 3D 显示的基本原理

同样，在下一帧时间内，右眼用光源不工作，处在左眼用椭圆反射镜其中一个焦点上的左眼用光源被点亮，光线被反射后，携带 LCD 显示屏的左眼视差图像信息，最后投射到位于左眼用椭圆反射镜另外一个焦点上的左眼。左右眼先后接收到右眼视差图像和左眼视差图像，在极短的时间内，融合为一幅 3D 图像，形成 3D 显示效果。

图 6-14 所示的指向背光系统需要两套独立的椭圆反射镜结构分别生成左眼视差图像和右眼视差图像。并且，为了能够在一个方向上同时看到左眼视差图像和右眼视差图像，需要在观看者前方用半反射半透光镜，让一只眼睛的视差图像透过，让另外一只眼睛的视差图像反射，使左右眼视差图像同时到达观看者的双眼。两套独立的椭圆反射镜结构，加上半反射半透光镜，整个指向背光系统结构复杂、体积庞大。

为简化指向背光系统，研究者们提出了如图 6-15 所示的单椭圆反射镜结构的指向背光 3D 显示系统。光源发出的光，不需要全部都经过焦点 f_{LCD} 和 f_{EYE}。左眼用光源和右眼用光源横跨焦点 f_{LCD}，共用一个椭圆反射镜。在距离光源一定距离的位置 f_{EYE} 处，可以看到经椭圆反射镜反射回来的左右眼视差图像。采用这种结构，视差图像的投射区域得到扩展，且不会对光学特性产生任何负面影响，观看者在焦点 f_{EYE} 的外侧仍然可以看到具有良好亮度均匀性的视差图像。

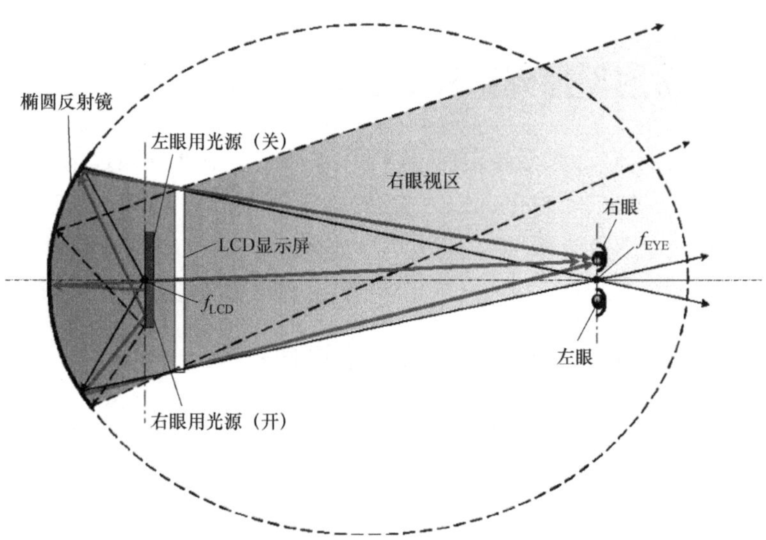

图 6-15　单椭圆反射镜结构的指向背光 3D 显示系统

在图 6-15 中，左眼用光源和右眼用光源只投射到椭圆反射镜，为保证反射回来的光线在投射到 LCD 显示屏之前能够会聚到观看者所在的中心位置，同时模糊焦点附近的光源结构，需要在 LCD 显示屏背面集成一块光学各向异性的扩散板。该扩散板只在垂直方向扩散入射光。

单椭圆反射镜结构的指向背光 3D 显示系统的设计，需要优化椭圆反射镜和光源的位置大小，以及平衡显示器的深度与距离显示器表面的观看距离。显示器的深度越小越好，观看距离也不会太大或太短。对设定的系统，可以进行光路模拟。图 6-16 显示了左眼用光源的某一部分聚焦在眼睛上时俯视状态的视差图像。

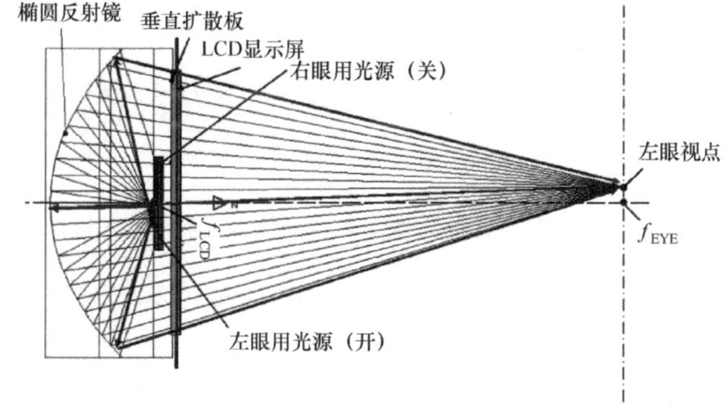

图 6-16　左眼用光源的某一部分聚焦在眼镜上时俯视状态的视差图像

6.3 光衍射型指向背光 3D 显示技术

光衍射型指向背光 3D 显示是利用波动光学原理，通过衍射光学元件（Diffractive Optical Elements，DOE），使入射到元件上的光线定向导出，携带左右眼视差图像信息，在指定方向形成视区。在左右眼观看后形成 3D 视觉。光衍射型指向背光包括体全息光学元件和像素型光栅结构指向背光技术。

6.3.1 体全息光学元件指向背光技术

体全息光学元件指向背光技术是用体全息光学元件（Volume-Holographic Optical Elements，VHOE）这种薄型光学器件形成左眼方向的光和右眼方向的光。VHOE 是一种体相位光栅，在作为光栅的聚合物薄膜上，记录着两对准直的参考光束与发散的物光束相干生成的两组干涉条纹。一组用来控制左眼方向的光，另一组用来控制右眼方向的光。

基于体全息光学元件指向背光的 3D 系统及其显示原理如图 6-17 所示。该 3D 系统包括左眼用和右眼用的两套 LED 白光光源，沟槽结构的导光板，两套堆叠起来的 RGB 三原色 VHOE，高频驱动的 LCD 显示屏。其中，导光板底部的沟槽属于一维菱形结构，左右对称，左边的角称为西角，右边的角称为东角。

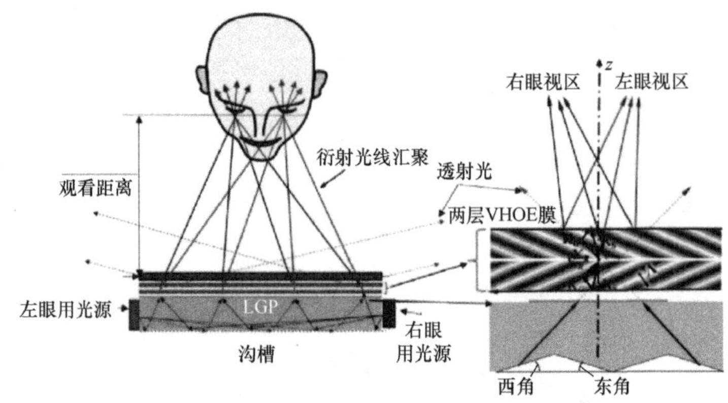

图 6-17　基于体全息光学元件指向背光的 3D 系统及其显示原理

在该 3D 系统中，两套 LED 白光光源并排分布在导光板的左右两侧，分别用作左眼用光源和右眼用光源。在第一帧时间，左眼用光源点亮，光线进入导光板 LGP 后，依次在沟槽西角的侧边被反射，从底部射出导光板后投射到两层 VHOE 膜的下表面，形成具有特定倾斜角度的准直光束。在第二帧时

间，右眼用光源点亮，光线进入导光板 LGP 后，依次在沟槽东角的侧边被反射后射出导光板，形成另外一个特定倾斜角度的准直光束。

分别对应左右眼的两个不同方向的准直光束透过两层 VHOE 膜，经 VHOE 膜衍射后各自形成对应的物光束。这些物光束是原先被记录在 VHOE 膜上的。被衍射的物光束透过 LCD 显示屏后，先后携带 LCD 显示屏上的左眼视差图像信息和右眼视差图像信息，以特定的角度先后会聚到左眼视区和右眼视区。观看者在正确的位置观看，就能获得 3D 视觉。

VHOE 就是一个波形整形用的全息光学元件（HOE），元件采用胶片等厚全息记录材料形成记录体相位全息图的光栅条纹。其衍射过程可以根据布拉格条件进行分析。在图 6-17 所示的 3D 显示系统中，VHOE 用于形成多方向的指向背光。

图 6-18 给出了 VHOE 用全息胶片上的体相位全息图的记录过程和再现过程。在记录过程中，两组分别对应左眼和右眼的平行参考光束和发散物光束入射到胶片上，然后根据相应的干涉强度分布图，以折射率调制的形式记录体相位光栅。

图 6-18（a）给出了胶片上对应右眼的某一原色的体相位光栅的记录过程和再现过程。对于最终的全彩色 3D 显示，RGB 三原色的体相位光栅需要在胶片上一一记录下来。右眼用单色 VHOE，可以参考图 6-18（a）所示的原理制作而成。图 6-18（b）为双眼叠层全彩色 VHOE，给出了采用堆叠 VHOE 膜的衍射功能，分别形成左眼用和右眼用会聚物光束的过程。

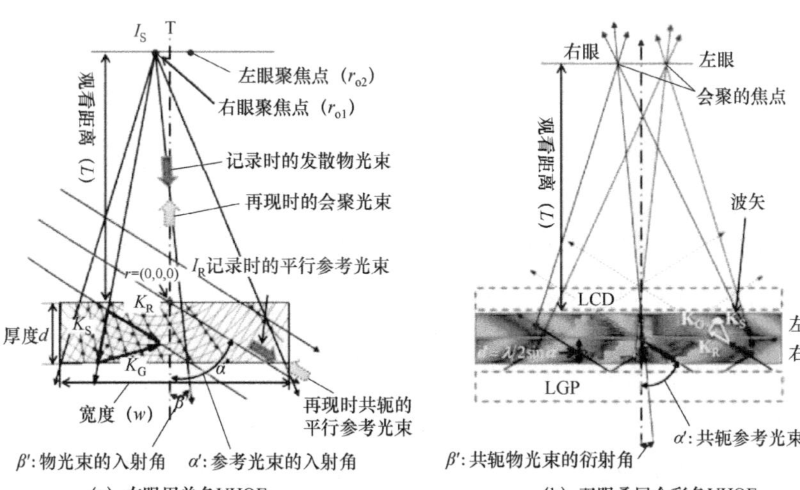

图 6-18　VHOE 用全息胶片上的体相位全息图的记录过程与再现过程

胶片上的体相位全息图的记录过程，其原理可以用图 6-18（a）进行解释。为了记录体相位全息图，需要调整如式（6-1）所示的一组平行参考光束和发散物光束。

$$
\begin{aligned}
E_{\mathrm{R}}(x,y,z) &= I_{\mathrm{R}}^{1/2}\exp(-\mathrm{j}\boldsymbol{k}_{\mathrm{R}}\cdot r)\\
E_{\mathrm{S}}(x,y,z) &= I_{\mathrm{S}}^{1/2}\exp\left(-\mathrm{j}\boldsymbol{k}_{\mathrm{S}}(r-r_{\mathrm{o1}})\cdot(r-r_{\mathrm{o1}})\right)/|r-r_{\mathrm{o1}}|
\end{aligned}
\tag{6-1}
$$

式中，$E_{\mathrm{R}}(x,y,z)$和 $E_{\mathrm{S}}(x,y,z)$分别表示平行参考光束和发散物光束，D，r_{o1}和 r 分别表示在观看距离 L 的双眼间距、物光束点光源的原点坐标和光场坐标。$r_{\mathrm{o1}}=(-D/2,0,L)$，$r=(x,y,z)$。

记录在胶片上作为体相位光栅的干扰强度条纹，可以表示为：

$$
\begin{aligned}
I(r) &= \left|I_{\mathrm{R}}^{1/2}\exp(-\mathrm{j}\boldsymbol{k}_{\mathrm{R}}\cdot r)+I_{\mathrm{S}}^{1/2}\exp(-\mathrm{j}\boldsymbol{k}_{\mathrm{S}}(r-r_{\mathrm{o1}})\cdot(r-r_{\mathrm{o1}}))/|r-r_{\mathrm{o1}}|\right|^2\\
&= I_{\mathrm{R}}(r)+I_{\mathrm{S}}(r-r_{\mathrm{o1}})/|r-r_{\mathrm{o1}}|^2+2(I_{\mathrm{R}}(r)I_{\mathrm{S}}(r-r_{\mathrm{o1}})/|r-r_{\mathrm{o1}}|)^{1/2}\\
&\quad \cos(\boldsymbol{k}_{\mathrm{S}}(r-r_{\mathrm{o1}})\cdot(r-r_{\mathrm{o1}})-\boldsymbol{k}_{\mathrm{R}}\cdot r)\\
&= I_{\mathrm{R}}(r)+I_{\mathrm{S}}(r-r_{\mathrm{o1}})/|r-r_{\mathrm{o1}}|^2+2(I_{\mathrm{R}}(r)I_{\mathrm{S}}(r-r_{\mathrm{o1}})/|r-r_{\mathrm{o1}}|)^{1/2}\\
&\quad \cos(\boldsymbol{k}_{\mathrm{G}}(r-r_{\mathrm{o1}})\cdot r-\boldsymbol{k}_{\mathrm{R}}\cdot r_{\mathrm{o1}})
\end{aligned}
\tag{6-2}
$$

式中，k_{G}、k_{S}、k_{R}和 Λ 分别表示光栅波矢、物光束波矢、参考光束波矢和调制光栅的周期。θ（$r-r_{\mathrm{o1}}$）表示 VHOE 任一点的物光束和参考光束的夹角，说明 θ 可以根据 VHOE 参考光束和物光束之间的横截面的坐标而变化。k_{G}、k_{S}、k_{R} 和 Λ 满足关系式：$\boldsymbol{k}_{\mathrm{G}}(r-r_{\mathrm{o1}})=\boldsymbol{k}_{\mathrm{S}}(r-r_{\mathrm{o1}})-\boldsymbol{k}_{\mathrm{R}}$，$|\boldsymbol{k}_{\mathrm{G}}(r-r_{\mathrm{o1}})|=2k\sin(\theta(r-r_{\mathrm{o1}})/2)-\boldsymbol{k}_{\mathrm{R}}$，$\Lambda=2\pi/|\boldsymbol{k}_{\mathrm{G}}(r-r_{\mathrm{o1}})|$。

如果给出了会聚焦点 L 的距离，则可以由式（6-3）给出左右眼焦点衍射光束的强度分布。

$$
I(x,y,L)=\left|I_{\mathrm{S}}^{1/2}\exp\mathrm{j}(\boldsymbol{k}_{\mathrm{S}}\cdot \boldsymbol{L})\exp\left(-\mathrm{j}\boldsymbol{k}_{\mathrm{S}}\frac{x^2+y^2}{2L}\right)+cc\right|^2 \tag{6-3}
$$

式中，x 和 y 表示焦点 L 的光场坐标，cc 表示补偿系数。在布拉格条件下记录的调制指数分布可以根据式（6-2）估算出来，而会聚到焦点的衍射光强度分布可以根据式（6-3）估算出来。此外，根据这些公式，通过计算不同波长的光束强度分布，可以预测左右眼视区的形成与分离条件。

6.3.2 像素型光栅结构指向背光技术

把许多等宽度的狭缝等距离地排列起来，做成衍射光栅。通过狭缝光栅在极小的空间内衍射光线，形成特定光束，投射到指定的方向，是现代光学系统得以微型化的关键。

像素型光栅结构指向背光技术利用二进制衍射光栅调制背光源导光板中传播的准直光源，精确地控制其出射方向，实现光线的定向导出。像素型光栅结构指向背光与 LCD 显示屏结合，可以实现宽视角全运动视差 3D 显示，具有结构紧凑、串扰小的优势。早期的像素型光栅 3D 显示技术不容易集成，会产生零级光和高级次光，实用性不足。2013 年 HP 公司提出波导背光照明下的像素型纳米光栅指向背光结构，作为一种衍射背光解决方案，适用于移动显示设备的多视点 3D 显示。

图 6-19 给出了一种像素型纳米光栅指向背光的基本结构，包括表面刻有像素型纳米光栅的导光板、光源耦合装置、准直光源。准直的入射光（平面波）以大于全反射入射角入射到光栅表面，通过优化光栅参数，可以使衍射只有−1 级出射，其余级次光被抑制在导光板内部。设计不同周期结构，以及光栅沟槽的取向，可以独立调控每个像素单元出色光波的角度方向。

由于一级衍射，具有输入平面动量 $k_{in}=(n_{eff},0,0)2\pi/\lambda$ 的光，以指定的方向从背光散射出来。光的出射方向具有归一化的输出向量 $k_{out}=(n_x,n_y, n_z)\ 2\pi/\lambda$。其中，

$$n_x = n_{eff} - (\lambda / \Lambda)\cos\varphi \tag{6-4}$$

$$n_y = -(\lambda / \Lambda)\sin\varphi \tag{6-5}$$

同时，$n_x^2+n_y^2+n_z^2=1$，n_{eff} 为沿 x 轴输入的光的有效传播指数，Λ 为光栅节距，φ 为相对于 y 轴的沟槽取向。覆盖视场中所有视差图像的一组指向光栅，形成多视点像素。这些像素是背光的基本单元。

输入光（$n_{eff}>1$）的引导性质完全抑制视场中的镜面光。并且，让更高级的衍射光线明显偏离显示屏的法线，避免串扰，以获得宽视角的效果。无串扰视区的范围用偏离 z 轴的角度 α 表示，满足下式：

$$\sin\alpha=n_{eff}/2 \tag{6-6}$$

对于玻璃或塑料导光板，视场角（2α）达到 90°。对于高折射率玻璃，视场角可以达到 180°。使用引导光照明，通过选择不同的照射角度，RGB 三个像素组可以实现空间复用。如图 6-20 所示，采用六边形结构耦合的 RGB 三色光，从三个不同的方向入射导光板。不同颜色的光线对应不同排列位置的像素光栅，将一个像素分为三个子像素，衍射后分别形成 RGB 三色指向光。所以，这种结构通过空间复用，在没有使用彩膜的情况下可以实现彩色显示。在提高器件光利用效率的同时，实现透明显示。

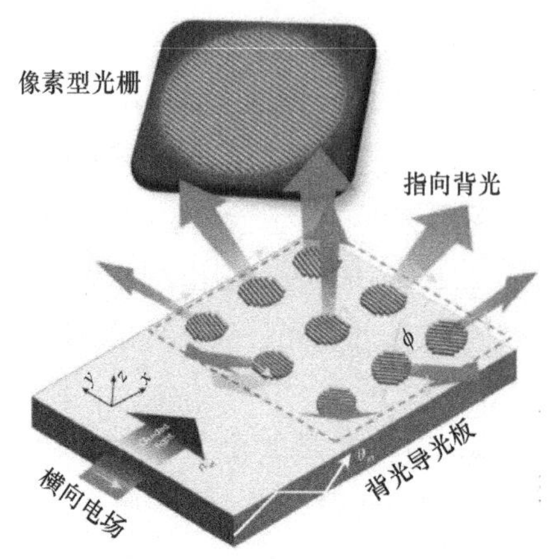

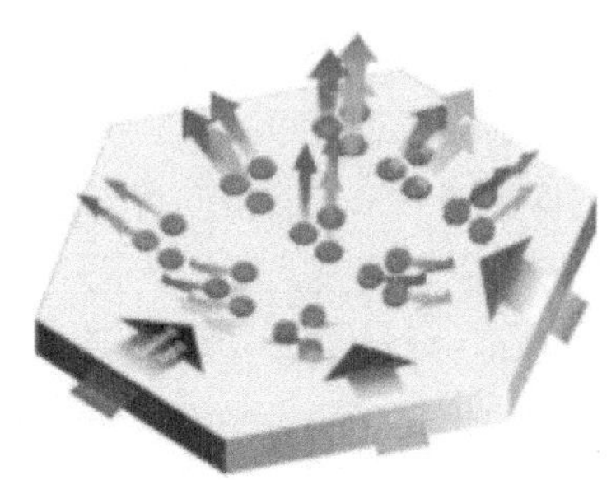

图 6-19　基于衍射光栅器件的指向背光源　　图 6-20　六边形导光板结构示意图

多视点 3D 显示提供的视觉体验，可以通过空间分辨率（多视点像素大小 p）、角分辨率（视点间距），或视点数 N 进行表征。其中，N 可以表示为

$$N=(2\sin\alpha/\Delta\theta)^2 \tag{6-7}$$

在视场中，能够持续感知 3D 效果的最大距离，可以表示为

$$z_{3D}<6.3\text{cm}/\Delta\theta \tag{6-8}$$

式中，6.3cm 表示左右眼的平均距离。

相邻视差图像之间视差小于一个像素的显示器上显示的原始分辨率为 p 的图像，其最大高度可以用景深（$p/\Delta\theta$）衡量。如果视差内容较大，视差图像之间就会出现模糊或跳跃的区域。对应高度 z 的有效分辨率 $p_{\text{eff}}(z)=\max(p, z\Delta\theta)$。其中，$z=0$ 对应显示屏的表面。像素型光栅结构指向背光可以提供的最大视点数为

$$N\approx p\sin\alpha/(\lambda\beta\sqrt{n}) \tag{6-9}$$

式中，n 表示空间复用像素组的数目，β 是对应空间角像素分布的几何因子。$n=3$ 对应 RGB 三原色背光。$\beta=1.22$ 的圆形像素的密排正方形阵列，在视场内有六角分布，并且与一个瑞利宽度相对应的视差图像分离。

基于像素型光栅结构指向背光 3D 显示的基本原理如图 6-21 所示，在像素型光栅结构指向背光的上方，放置一块 LCD 显示屏。准直 LED 光射入导光板后，透过衍射光栅图案，各自沿着指定的方向射出。不同方向出射的指向背光可以精确地控制 LCD 显示屏上每个像素的光线走向，实现多视点 3D 显示效果。

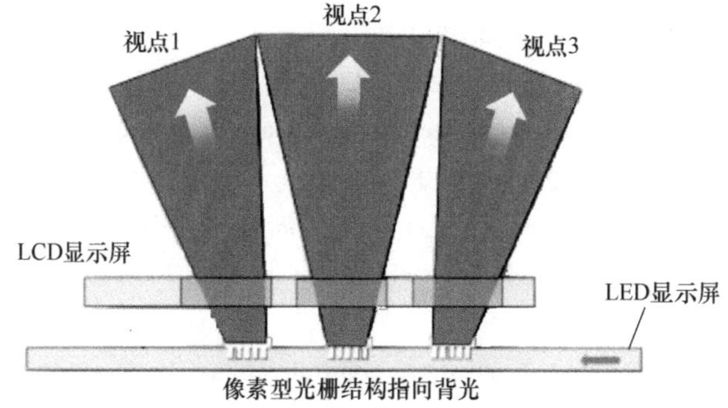

图 6-21　基于像素型光栅结构指向背光 3D 显示的基本原理

HP 实验室研制的 64 视点背光，空间分辨率为 88ppi，视角为 90°，可以用于全视差 3D 显示，不过轮廓的清晰度不高。为保证 3D 图像的清晰度，LCD 显示屏必须靠近背光表面，以避免光束偏离。

本章参考文献

[1] Chao-Chung Cheng, Chung-Te Li, Liang-Gee Chen. A novel 2D-to-3D conversion system using edge information[J]. IEEE Transactions on Consumer Electronics, 2010, 56(3): 1739-1745.

[2] WN. Lie, CY. Chen, WC. Chen. 2D to 3D video conversion with key-frame depth propagation and trilateral filtering[J]. Electronics Letters, 2011, 47(5): 319-321.

[3] Liang Zhang, Carlos Vázquez, Sebastian Knorr, 3D-TV Content Creation: Automatic 2D-to-3D Video Conversion[J]. IEEE Transactions on Broadcasting, 2011, 57(2): 372-383.

[4] Jason Geng. Three-dimensional display technologies[J]. Advances in Optics and Photonics, 2013, 5: 456-535.

[5] Chih-Hung Ting, Ching-Yi Hsu, Che-Hsuan Yang, Yi-Pai Huang, et al. Multi-User 3D Film on Directional Sequential Backlight System[J]. SID Symposium Digest of Technical Papers, 2012, 42(1): 460-463.

[6] Yasuhiro Takaki, Nichiyo Nago. Multi-projection of lenticular displays to construct a multi-view display[J]. Optics Express, 2010: 8824-8835.

[7] Hyunsik Yoon, Sang-Guen Oh, Dae Shik Kang, et al. Arrays of Lucius microprisms for directional allocation of light and autostereoscopic three-dimensional displays[J]. Nature Communications, 2011, 2: 455.

[8] Goulanian A. F, Zerrouk. Apparatus and system for reproducing 3-dimensional

images[P]. Pat. no. 7, 944, 465, 2011.

[9] L. Bogaert, Y. Meuret, S. Roelandt, A. Avci, H. De Smet, and H. Thienpont. Demonstration of a multiview projection display using decentered microlens arrays[J]. Opt. Express, 2010, 18: 26092-26106.

[10] Hayashi A , Kometani T , Sakai A , et al. A 23-in. full-panel-resolution autostereoscopic LCD with a novel directional backlight system[J]. Journal of the SID, 2010, 18(7):507-511.

[11] Fattal D, Peng Z, Tran T, et al. A multi-directional backlight for a wide-angle, glasses-free three-dimensional display[J]. Nature, 2013, 495(7441): 348.

[12] Fattal, Z. Peng, T. Tran, S. Vo, M. Fiorentino, J. Brug, and R. G. Beausoleil. A multi-directional backlight for a wide-angle glasses-free three-dimensional display[J]. Nature, 2013, 495: 348-351.

[13] K. Käläntär. Optical Characteristics of Directional BLU for Field-Alternate Full Resolution Auto-Stereoscopic 3D LCD[J]. Journal of Display Technology, 2016, 12(1): 71-76.

[14] Ting Chih-Hung, Chang Yu-Cheng, Chen Chun-Ho, et al. Multi-user 3D film on a time-multiplexed side-emission backlight system[J]. Applied Optics, 2016, 55(28): 7922-7928.

[15] Zhuang Zhenfeng, Zhang Lei, Surman Phil, et al. Directional view method for a time-sequential autostereoscopic display with full resolution[J]. Applied Optics, 2016, 55(28): 7847-7854.

[16] Yoon Ki-Hyuk, Ju Heongkyu, Kwon Hyunkyung, et al. Diffraction effects incorporated design of a parallax barrier for a high-density multi-view autostereoscopic 3D display[J]. Optics Express, 2016, 24(4): 4057-4075.

[17] Nordin Gregory P, Johnson Richard V, Tanguay Armand R. Diffraction properties of stratified volume holographic optical elements[J]. Journal of the Optical Society of America A, 1992, 9(12): 2206-2217.

[18] 大島司, 掛谷英紀. 偏光とレンズを用いた指向性バックライト式裸眼立体ディスプレイ. 映像情報メディア学会冬季大会講演予稿集, 2015.

[19] Haiyu Chen, Haowen Liang, WeiHung Lai, et al. A 2D/3D Switchable Directional-Backlight Autostereoscopic Display Using Polymer Dispersed Liquid Crystal Films[J]. Journal of Display Technology, 2016, 12(12): 1738-1744.

[20] Lingli Zhan, Minggao Li, Bin Xu, et al. Directional Backlight 3D Display System With Wide-Dynamic-Range View Zone, High Brightness and Switchable 2D/3D[J]. Journal of Display Technology, 2016, 12(12): 1710-1714.

[21] He Jieyong, Zhang Quanquan, Wang Jiahui, et al. Investigation on quantitative

uniformity evaluation for directional backlight auto-stereoscopic displays[J]. Optics Express, 2018, 26(8): 9398-9408.

[22] Chen Bo-Tsuen, Pan Jui-Wen. High-efficiency directional backlight design for an automotive display[J]. Applied Optics, 2018, 57(16): 4386-4395.

[23] 掛谷英紀, 石塚脩太, 向井拓也. レンズアレイを用いた裸眼立体ディスプレイ用指向性バックライトの輝度均一化[C]. 日本バーチャルリアリティ学会大会論文集, 2014: 104-107.

[24] He Jieyong, Zhang Quanquan, Wang Jiahui, et al. Investigation on quantitative uniformity evaluation for directional backlight auto-stereoscopic displays[J]. Optics Express, 2018, 26(8): 9398-9408.

[25] Feng Jin-Ling, Wang Yi-Jun, Liu Shi-Yu, et al. Three-dimensional display with directional beam splitter array[J]. Optics Express, 2017, 25(2): 1564-1572.

[26] Ting Chih-Hung, Chang Yu-Cheng, Chen Chun-Ho, et al. Multi-user 3D film on a time-multiplexed side-emission backlight system[J]. Applied Optics, 2016, 55(28): 7922-7928.

[27] 掛谷英紀. 裸眼立体ディスプレイの新展開[J]. 日本印刷学会誌, 2014, 51(4): 256-261.

[28] Hwang Yong Seok, Bruder Friedrich-Karl, Fäcke Thomas, et al. Time-sequential autostereoscopic 3-D display with a novel directional backlight system based on volume-holographic optical elements[J]. Optics Express, 2014, 22(8): 9820-9838.

[29] Chien Ko-Wei, Shieh Han-Ping D. Time-multiplexed three-dimensional displays based on directional backlights with fast-switching liquid-crystal displays[J]. Applied Optics, 2006, 45(13): 3106-3110.

[30] Jian-Peng Cui, Yan Li, Jin Yan, et al. Time-Multiplexed Dual-View Display Using a Blue Phase Liquid Crystal[J]. Journal of Display Technology, 2013, 9(2): 87-90.

[31] 國持亨. 全反射プリズムシートを用いた高指向性バックライト[J]. ディスプレイ, 2007, 13(8): 66-70.

[32] Chun-Ho Chen, Yao-Chung Yeh, Han-Ping D Shieh. 3-D Mobile Display Based on MoirÉ-Free Dual Directional Backlight and Driving Scheme for Image Crosstalk Reduction[J]. Journal of Display Technology, 2008, 4(1): 92-96.

[33] Yangui Zhou, Hang Fan, Kunyang Li, et al. Homogeneous illumination for directional backlight autostereoscopic display[J]. 2016 IEEE Photonics Conference (IPC), 2016: 674-675.

[34] Chen Bo-Tsuen, Pan Jui-Wen. High-efficiency directional backlight design for an automotive display[J].Applied Optics, 2018, 57(16): 4386-4395.

[35] Fattal, Z. Peng, T. Tran, S. Vo, M. Fiorentino, J. Brug, and R. G. Beausoleil. A

multi-directional backlight for a wide-angle glasses-free three-dimensional display[J]. Nature, 2013, 495: 348-351.

[36] J. C. Schultz , M. J. Sykora. Directional backlight with reduced Crosstalk[P]. Pat. no. 2011/0285927 A1, 2010.

[37] M. Minami, K. Yokomizo, Y.Shimpuku. Glasses-free 2D/3Dswitchable display[J]. SID Symposium Digest of Technical Papers, 2011: 468-471.

[38] M. Minami. Light source device and display[P]. Pat. no.2012/0195072 A1, 2012.

[39] W. Wei , Y. P. Huang. 240 Hz 4-zones sequential backlight[J]. SID Symposium Digest of Technical Papers, 2010: 863.

[40] Choi H J. A time-sequential multiview autostereoscopic display without resolution loss using a multi-directional backlight unit and an LCD panel[J]. Proceedings of SPIE - The International Society for Optical Engineering, 2012, 8288: 64.

第7章

光场 3D 显示技术

光场 3D 显示通过重建三维物体表面的点源朝各个方向发出的光线，再现空间三维场景。同一点源发出的光线角度间隔很小，能让人眼聚焦到光线空间的不同距离，人眼聚焦与辐辏的距离保持一致，不同位置的观察者观察到的三维场景空间遮挡效果明显。实现光场 3D 显示的基本方法有集成成像技术和分层成像技术。

7.1 光线空间与光场显示

光场显示是光场成像的逆过程，是基于光场重构的空间三维显示技术，通过超多视点近似连续光场，可以获得逼真的自由立体显示效果。

7.1.1 光线空间与光场近似

空间中的物体是由于其表面发出的光线被观察者的眼睛所接收，并通过视神经进入大脑融合后被观察者所感知的。在几何光学中，光线是光的基本载体，携带了物体的亮度、颜色等信息。

1. 光线信息的表征

光线是描述光束在空间内传播的基本单元。空间中任意点发出的任意方向的光线的集合构成光场。Gershun 于 1936 年提出光场的概念，用于描述三维空间内光的辐照度分布特性。人眼观看真实物体时，感知的是物体发出的光辐射。不同波长的光辐射在空间各个位置向各个方向四处传播，形成光场。

1991 年，Adelson 和 Bergen 将光场理论运用到计算机视觉，提出全光场理论。光场反映的是光波动强度与光波分布位置、传播方向之间的映射关系。所以，可以用空间位置（x, y, z）、光线的俯仰角和方位角（θ, φ）、光波波长（λ）、观察记录光线的时刻（t）这 7 个变量表示光辐射的分布，即为式（7-1）所示的全光函数。

$$L=f(x, y, z, \theta, \varphi, \lambda, t) \tag{7-1}$$

如图 7-1 所示，全光函数表示了从空间任意点在任意时刻覆盖任意波长范围内的可见光锥，描述了构成场景的所有可能的环境映射。全光函数的大小为光沿着某一方向发射的光线强度，用辐射功率 L 来表征。辐射功率表示辐射源在与发射方向相垂直的单位面积上单位立体角内发出的辐射强度，单位为 $W/(sr{\cdot}m^2)$。

全光函数是基于观察者在空间和时间中的光线描述，涵盖了在特定的空间观察点观察到图像的所有信息。显示领域研究的是特定波长的静止光线，所以任意光线可以用 5 个变量（x, y, z, θ, φ）进行描述。如图 7-2 所示，在位置（x, y, z）的一个 3D 图像点（体素），朝方向（θ, φ）发射的光线可以表示为 I（x, y, z, θ, φ）。这些光线所形成的空间称为光线空间。

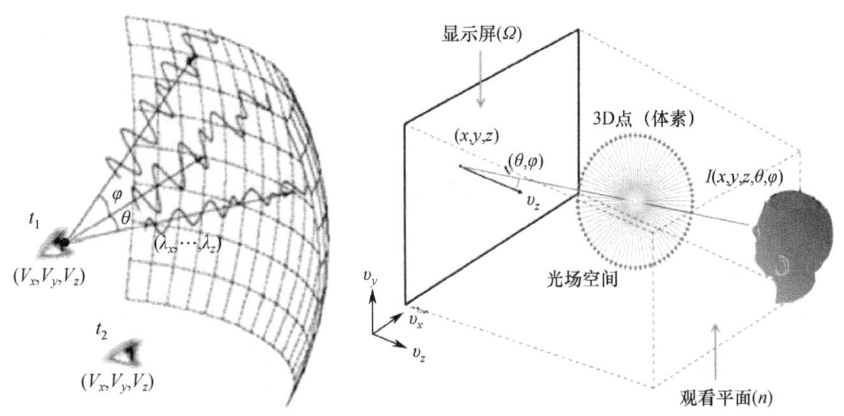

图 7-1 全光函数的 7D 参数表征　　　图 7-2 光线空间的 5D 参数表征

光线的波长非常短，只有纳米量级，可以认为是直线传播。认定光线的直线传播特征后，再忽略光线在自由空间内传播的衰减过程，全光函数又可降至四维，即光线携带二维位置信息（x, y）和二维方向信息（θ, φ）在光场中传递。根据 Levoy 的光场渲染理论，空间中携带位置和方向信息的任意光线，可以用光线与两个平面的交点确定光线方向，而光的辐射强度在空间中

不变。如图 7-3 所示，从平面（u, v）的点连接到平面（s, t）的点确定为光线方向，光束从一个四边形进入，并从另一个四边形退出，形成光片（Light Slab）式的光场表示方法。如果把其中的一个平面放置在无限远处，可以用一个点和一个方向来参数化，有助于从正交图像或固定视场产生的图像来构造光场。所有的计算可以使用齐次坐标进行处理。

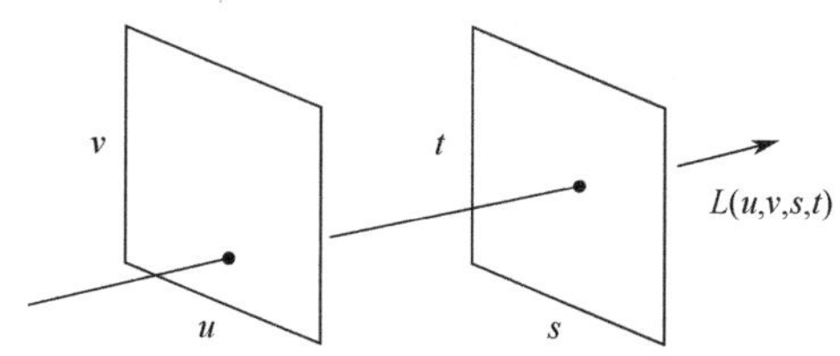

图 7-3　光线空间的 4D 参数表征

2. 基于体素的光线空间表征

平面显示的某一像素发出的所有光线，亮度与颜色相同，没有保留光线的方向信息。这种固定亮度与颜色的光线全方位出射的漫反射行为，限制了平面显示形成 3D 视觉。

任何三维物体都是由其表面上的点元组成的，每个点元主动地朝向各个方向发出带有其自身特性的光线，或由于被周围环境光照射后朝向各个方向反射出带有其表面颜色信息的光线。三维物体的所有点元发出的光线进入观察者的双眼让观察者感知到三维图像。光场 3D 显示还原空间三维场景，根据光线的可逆性，可以用光场 3D 图像中的体素（Voxel）对应三维物体表面的点元。从体素发出的不同射线具有不同的亮度与颜色，结合光场函数可用来描述空间三维场景的光场分布情况。

根据光场理论与全光函数，构成 3D 图像的体素必须是定向发射源。定向发射源从同一点出发的不同射线具有不同的颜色。定向发射源不仅包括自发光的定向光源，也包括反射、折射、投射其他光源的物体表面上的点。这些点的光发射依赖于它们周围的环境。光场 3D 显示图像中的每个体素应该包含多个光线的定向发射源。通过这些定向发射源模拟显示设备的全光函数，近似表达客观物体的原始场景。如图 7-4 所示，3D 显示的本质是模拟从一个物体表面发出的光的全光函数。

如图 7-4 所示，假设空间三维物体 S 是由 N_Q 个离散点元 Q_i 构成的集合，可以表示为

$$S=\left\{Q_i(x_i,y_i,z_i)\big|_{i=1,2,\cdots,N_Q}\right\} \tag{7-2}$$

其中，点元 Q_i 的空间坐标为（x_i, y_i, z_i）（i=1, 2,⋯, N_Q）。那么点元 $Q_i(x_i, y_i, z_i)$的光场可以由物体表面点元发出光线的 7 维信息来表征 $L_{Q_i}(x_i,y_i,z_i,\theta,\varphi,\lambda,t)$。静态三维场景的光场信息可以忽略时间 t 的影响，而且物体表面发出的光线在自由空间传播过程中颜色信息变化很小，可以用一个五维函数来表示三维物体的光场信息。三维物体 S 的光场可以表示为

$$L_S=\left\{L_{Qi}(x_i,y_i,z_i,\theta,\varphi)\big|_{i=1,2,\cdots,N_Q}\right\} \tag{7-3}$$

式中，L_{Qi} 可以理解为三维物体 S 上位于（x_i, y_i, z_i）的点元 Q_i 沿（θ, φ）空间角发出的光线，其函数值包含这条光线的强度和颜色信息。

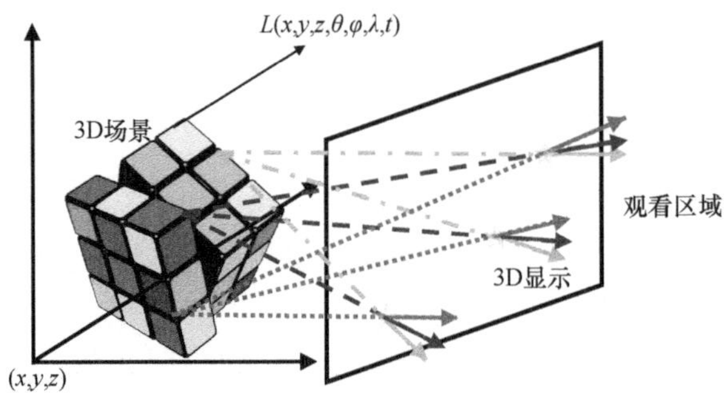

图 7-4　3D 显示与全光函数

3. 光线显示的体素应用

假设物体在（x, y, z）空间的三个方向分别有 V_x, V_y, V_z 个体素单位，此空间物体的体素数为 $N_V=V_xV_yV_z$。每个空间体素发出的光线都在 4π 空间内均匀分布，且在水平方向和竖直方向的角分辨率分别为 R_H 和 R_V，颜色与灰度信息为 C_V，因此三维景物的光场信息量为

$$F_V=N_V\frac{2\pi 2\pi}{R_H R_V}C_V=V_xV_yV_z\frac{2\pi 2\pi}{R_H R_V}C_V \tag{7-4}$$

式（7-4）所表达的光场函数是真实空间的三维显示光线分布函数，显示信息量比二维显示的信息量大了 $V_z\dfrac{2\pi 2\pi}{R_H R_V}$。若二维平面显示的像素数为 p^2 个，3D 显示图像的体素则高达（p^2）^{3} 个，需要处理的信息量巨大。

3D 显示再现空间物体的准确性取决于显示设备呈现给观看者的视图信息量。视图信息量越大，数据处理与传输的成本越高，显示设备越复杂。所

以，在高保真显示质量的前提下，需要去除 3D 显示图像中的冗余信息。按照人眼观看的能力来减少不需要的显示信息量，同时采用并行处理的方法提高系统对数据的处理速度，进而实现真实空间的三维显示。

可行的光场 3D 显示方案是在连续分布的光场函数中抽取子样本，使用有限的视点来近似连续分布的光场函数，如图 7-5 所示。视点数越多，光场的连续性越强，越有助于观看者唤起立体视差和运动视差的深度线索，3D 显示效果越明显。

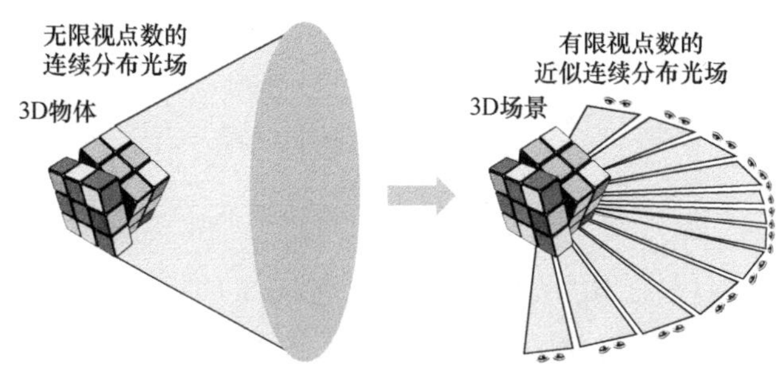

图 7-5　多视点近似连续光场的无限多视点

另外，在总信息量一定的前提下，光场重构可以压缩垂直方向的光场变化信息，进一步增加水平光场分布的角度精细程度，让重构的三维图像更加细腻。这时，三维物体 S 的光场可用 4 个维度的信息来表征。

7.1.2　光场 3D 显示的分类

基于光场理论及光场表述方式，可以根据光线再生观点，对 3D 显示进行分类。在光场中，光线携带有二维位置信息和二维方向信息。根据显示屏幕上发光点的位置信息与方向信息的不同组合，把 3D 显示分为只有 3D 位置的体 3D 显示，2D 位置和 1D 方向组合的双目与多视点 3D 显示，2D 位置与 2D 方向组合的集成成像和全息 3D 显示。根据光线再现原理，可以归类为三维（3D）光线再现方式与四维（4D）光线再现方式。

1. 光场信息的表征

不同的光线信息具有不同的表述方式，不同的光场显示模式对应不同的光线信息。Camahort 等人把光场的表述方式分为如图 7-6 所示的 2 平面（Two-Plane Parameterization，2PP）式、平面与方向（Plane and Direction

Parameterization，PDP）式、圆柱面与方向（Cylinder and Direction Parameterization，CDP）式 3 类。

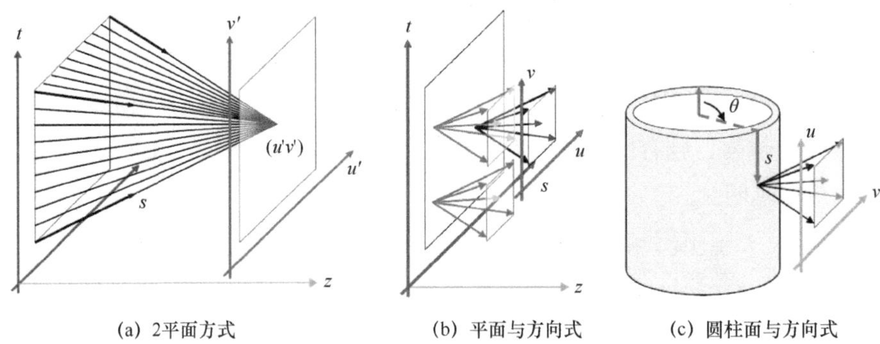

(a) 2平面方式　(b) 平面与方向式　(c) 圆柱面与方向式

图 7-6　光场信息的表述方式

2 平面方式是最基本的光场表述方式。在（u, v）平面上的某点坐标（u', v'）代表观看者的视点位置，把从（u', v'）坐标点观看（s, t）平面的中心投影图像定义为一个分视点的图像。这样，（u', v'）固定时，亮度 $I(s, t)$就成为透视投影图像。2PP 表述方式对应于视差立体显示。在视差立体显示过程中，视差图像生成时，通过透视投影形成渲染。

平面与方向式表述的是（s, t）平面上的点发射的光线在（u, v）平面上进行再现。PDP 式表述没有定义观看者的视点位置，观看者可以位于任意的视点位置。在（u, v）平面上的某点坐标（u', v'）固定时，（s, t）平面呈现的是平行投影图像。光线信息的 PDP 表述方式对应于集成成像立体显示。

圆柱面与方向式表述的是在圆柱面（s, θ）的位置坐标上组合方向坐标（u, v）。CDP 表述方式主要用于平面旋转式的体 3D 显示。

在无限连续空间，2PP 和 PDP 两种表述方式只是记录方法不同，立体显示的本质是一样的。在有限离散空间，根据采样特性等的区别，2PP 和 PDP 两种表述方式的结果不同。例如，在摄像采样系统的布置方面，PDP 表述方式是在（s, t）平面放置摄像机朝（u, v）平面摄像；2PP 表述方式是在（u, v）平面上的某点坐标（u', v'）放置摄像机，朝（s, t）平面摄像。

以上 3 种光线信息的表述方式都可以通过 4D 光线信息进行记录。根据各自的表述方式，结合对应的坐标自由度，可以对立体显示进行分类记录。例如，2PP（$u, v, s, 0$）记录的是 t 坐标自由度为 0（坐标固定）的视差立体显示。

2. 三维光线再现方式

位置 2D 与方向 1D 组合的 3D 显示只有一个方向的视差，一般为水平视差，如双目立体显示与多视点 3D 显示。如果集成成像显示只设定水平方向的视差，也属于此组合。基于三维光线再现方式的水平视差型 3D 显示都可以表述为 PDP（$s,t,0,v$）。

只具有水平视差的视差型 3D 显示，只重建了五维光场表述中的三个维度。在空间位置属性上忽略了传播方向 z 轴上的信息（$z=z_0$），在空间角度（θ，φ）维度上忽略了俯仰角 θ 的维度。因此，视差型 3D 显示的光场信息可以简化为 $I(x, y, \varphi)$。这种视差型 3D 显示的观看距离及高度有一定的限制，不可自由观看。而且，设置的水平视角数量与光场中水平方位角的采样数量是一致的。

光场 3D 显示是通过传统平面显示设备的每个像素表征一条光线的信息，再经过光场调制器件对光线方向进行精确控制，从而尽可能真实地再现 3D 场景。从五维光场角度来看，水平光场 3D 显示只重建了三个维度的信息。早期研究的投影成像型水平光场 3D 显示主要采用定向散射屏这种光场调控器件进行散射角度的精确控制，对垂直方向的光场信息进行压缩。因此，在五维光场描述中，由屏幕所在表面表征空间位置信息。由于屏幕为二维表面，同样也忽略了传播方向 z 轴上的信息，而投影到屏幕上同一点上不同方向的光线信息则对应了空间角度维度，由于定向散射屏的散射特性，只能重建水平方位角 φ 的信息，其采样数量与投影到同一点上不同方向的光线数量一致。随着显示屏物理分辨率的不断提升，基于显示屏的集成成像和分层成像型水平光场 3D 显示成为研究的重点。

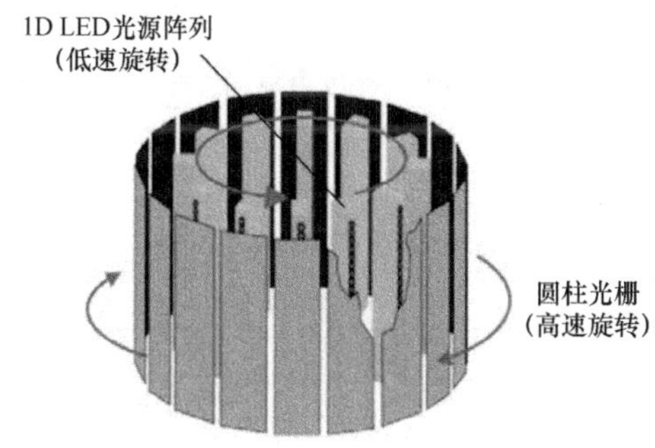

图 7-7　体 3D 的 Seelinder 模式

位置 3D 与方向 0D 组合的立体显示一般为体 3D 显示。体 3D 显示的种类很多，典型的有如图 7-7 所示的 Seelinder 模式。在低速旋转的 LED 阵列外侧，是高速旋转的圆筒状狭缝光栅板，LED 光线透过狭缝后只在左右两个方向再现，可供多人同时观看。因为 LED 阵列和狭缝光栅的旋转，侧面和背面都可以看到，运动视差明显。Seelinder 模式的光场再生方式可以表述为 CDP（s, θ, u, v）。

体 3D 显示是通过再现物体表面点元的空间位置属性来实现的，体素作为体 3D 显示的基本单元仅具有点元的空间位置属性，而没有其发光的角度分布情况。因此，体 3D 显示在五维光场表示的空间角度（θ，φ）维度上是恒定不变的，只重建了显示空间位置的 3 个维度信息。由于角度分量的缺失，体 3D 显示只能显示透明的物体，不可实现空间消隐。但由于其真实地再现了三维物体的空间位置，可实现水平视差和垂直视差，且观察位置不受限制。

3．四维光线再现方式

位置 2D 与位置 2D 组合的景深融合式立体显示（Depth Fused 3D，DFD）技术，在两块显示屏之间形成立体图像，并且通过调节前后两块显示屏的图像亮度确定立体图像在两块显示屏之间的具体位置。靠近观看者的显示屏图像偏暗，显示的立体图像就靠近后面显示屏；后面的显示屏图像偏暗，显示的立体图像就靠近前面的显示屏。DFD 的视域非常窄，但容易实现大型化。DFD 的光场再生方式即可以表述为 2PP（s, t, s, t），也可以表述为 PDP（s, t, s, t）。

位置 2D 与方向 2D 组合的立体显示有集成成像和全息显示。全息显示应用波动光学的现象，要求显示器件的像素尺寸近似于光线的波长，开发难度非常大。集成成像显示是把集成图像投射到显示屏幕上，所以集成成像显示的光场再生方式可以表述为 PDP（s, t, u, v），即一个显示平面及与其对应的摄像机平面。

集成成像三维显示、视差型三维显示及光场三维显示都没有真实地重建三维物体的空间位置，而是通过重建物体表面发出的光线来实现的，从而可以克服体三维显示不可空间消隐的缺陷。集成成像三维显示是通过并排放置的二维显示器和微透镜阵列形成横纵排列的微投影阵列重建了具有水平和垂直视差的三维图像。每个微透镜均对应了平面显示器上的相应子图像，每个像素重建了一条具有特定方向的光线。集成成像三维显示在五维光场描述中重建了 4 个维度的信息，只忽略了表示深度的 z 方向信息。二维排列的微透镜中心对应了五维光场中的（x, y）维度，而每个子图像则表示了每个（x, y）所对应的空间角度（θ, φ）维度。因此可以实现水平视差和垂直视差，从而保证了在观看视角范围内在纵深方向的观看位置不受限制。

相比双目立体与多视点等三维光线再现方式实现的 3D 显示，四维光线再现方式实现的 3D 显示更加真切。因为前者的 3D 图像本质上是平面的，而后者合成的 3D 图像是真正立体的。

7.1.3　光场成像与光场显示

记录光线所有空间信息和方向信息的光场，可以重建不同对焦平面的图像，或者渲染不同视角下的图像，甚至合成一个不存在的虚拟图像。实现光场 3D 显示的三个关键技术是光场成像、光场渲染和光场显示。

1．光场成像

对光场的不同理解可形成不同的光场获取方式。如果把光场看作位置和角度信息的叠加，获取方式可以比较简单。例如，通过采用不同观察视角和不同位置的照明来抓拍一系列照片。

如图 7-8（a）所示，在目标物（龙）的周围可以拍摄不同位置、不同角度的图片。在图 7-8（b）中，位置 T 和位置 2 上拍摄目标物的信息基本相同。由于视场不同，位置 T 获得的图像视场小于位置 2，但获得的细节信息多于位置 2，而位置 1 和位置 3 拍摄的图像包含部分位置 T 拍摄图像的信息，因此可以通过位置 1、2、3 的图像中部分信息计算出位置 T 拍摄的图像的全部信息。这样就可以不在位置 T 拍摄图像，而通过位置 1、2、3 等不同位置和不同角度的图像计算出其图像，如图 7-8（c）所示。

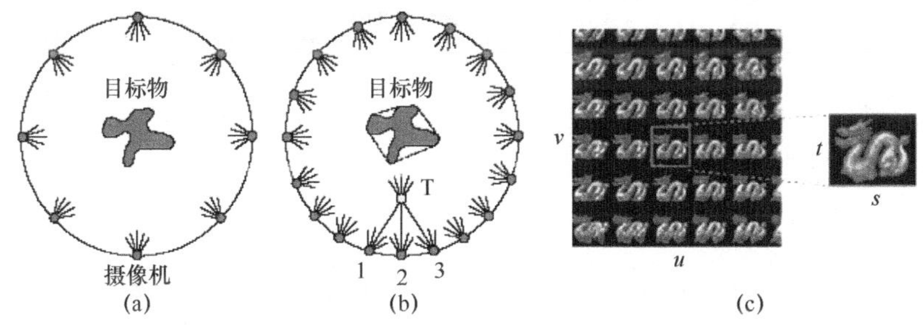

图 7-8　光场成像原理

通过在物体周围拍摄到足够多的图片，形成物体的光场，就可以获得任意位置拍摄到的图片，而无须真实的拍摄。但是，这类方法太慢，而且操作不方便。采用针孔成像的方式原理最简单，但由于位置和角度之间不呈线性关系，计算复杂，因而应用也不广泛。目前获取光场的手段主要有如图 7-9 所示的相机阵列方式和微透镜阵列相机方式。

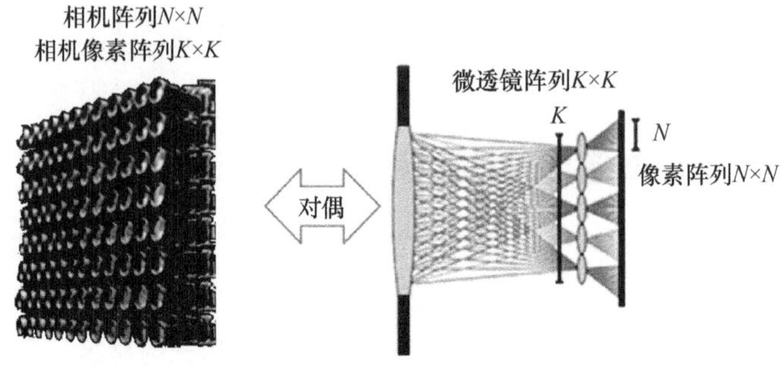

图 7-9　相机阵列与微透镜阵列相机的对偶性

相机阵列方式是指通过相机在空间的一定排布来同时抓取一系列视角略有差别的图像，从而重构出光场数据的方法。相机阵列采用不同空间排布，在空间分辨率、动态范围、景深、帧速、光谱敏感性等方面能够获得一些异于普通相机的特性。其中，大尺度空间排布的相机阵列主要用于合成孔径成像实现“透视”监测，或通过拼接实现大视角全景成像，而紧密排布型则主要用于获取高性能的动态场景。采用单相机扫描系统，通过相机在场景中特定移动也可以获取不同视角的图像，用于光场数据的动态参量化研究。

微透镜阵列方式是在普通成像系统的一次像面处插入一个微透镜阵列，每个微透镜元记录的光线对应相同位置不同视角的场景图像，从而得到一个四维光场。微透镜阵列所在平面可看作 u-v 面，图像记录器件面可看作 x-y 面。如图 7-9 所示，一个微透镜阵列相机所能获取的光场信息，与 $N×N$ 相机阵列所获取的光场信息相同，并且实现方式更简单。

其他光场成像方式的共同点在于：都是对相机的孔径进行相应处理，都能重构出光场数据。

2. 光场渲染

所有光场理论的应用基础都是光场渲染的思想和实现。记录的光场信息必须经过光场渲染等软硬件处理，才能复现给人眼观看。光场渲染理论将光场进行参数化表示，并提出计算成像公式。

如图 7-10 所示，假设用一个玻璃盒子罩住一个魔方，然后通过玻璃盒子来观察这个魔方。从盒子表面的任意一点，向三维空间的任意一个方向发出一条射线，这条射线的颜色由魔方和光照条件所决定。用 S 表示玻璃盒子，$d \in \mathbb{S}^2$表示单位向量，一条射线表示为 $\gamma_{p,d}(t) = p + td,\quad p \in S, d \in \mathbb{S}^2$，所有射

线的集合记为$\Gamma := S \times \mathbb{S}^2$。每条射线对应着一个颜色，用三维空间中的一个点来表示$(r,g,b) \in \mathbb{R}^3$。因此，光场就是从射线空间到颜色空间的映射，即光场是定义在射线空间上的矢量值函数：

$$L : \Gamma \to \mathbb{R}^3, \gamma_{p,d} \mapsto (r,g,b)$$

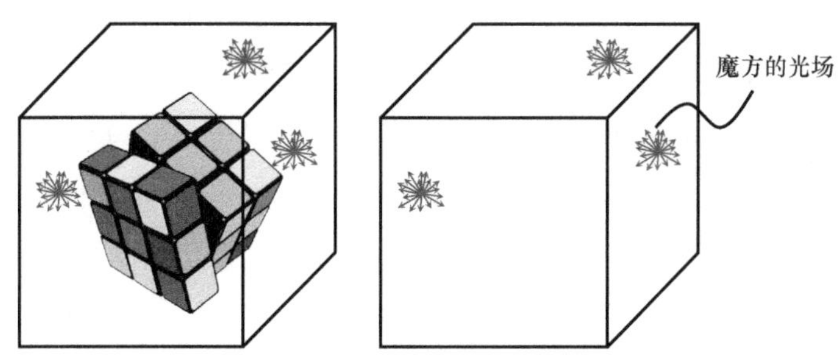

图 7-10　光场的魔盒解释

拿走玻璃盒子中的魔方，保留盒子表面的光场信息，继续观看盒子时，所有经过一只眼睛的射线合成了视网膜上的一幅图像。观看者自由地改变距离和视角，魔方在视网膜上的图像相应地变化，觉察不到魔方的消失。用魔方的光场取代魔方，渲染生成各种角度的照片，就不需要建立魔方的几何模型、纹理模型和光照模型。新视图产生过程仅需重采样，是一个简单的线性过程，可以生成效果非常逼真的图像。渲染使用的图像既可以来自真实的世界，也可以来自合成的图像，或是两者的结合。

但是，光场渲染的采样密度要求高，往往会因为采样不足，造成混叠现象。在几何信息错误的情况下，渲染的图像还会出现鬼像，影响图像质量。作为对策，可以通过光场信息进行深度估算，获取辅助的几何信息，对渲染图像进行校正。

在相机阵列或光场相机拍到的一系列图像中，可以估计出场景中的深度，获得粗略的几何信息。光场相机可以先拍照后对焦，在一系列的焦平面位置进行图像渲染，通过这个虚拟的焦平面扫描过程可以获取图像中的深度信息。在光学成像系统对焦清晰的焦平面附近，光强对称分布，通过检测不同对焦图像附件的光强分布，可以计算出不同物点的深度信息。这种方法在图像噪声和采样欠缺的情况下具有更强的抗变换性。

另外，可以利用场景中的遮挡性进行深度估计。在无遮挡的情况下，场景中的物体颜色分布均匀，而有遮挡的部分则会出现颜色混合。在光场相机中，从不同视角下渲染出的图像具有不同的统计特性，根据表面统计数据检测遮挡情况，作为评判一致性的指标，就可以计算出深度信息。综合所有能够获取的几何信息，来辅助光场渲染，可以得到逼真的图像。

3．光场显示

光场是人眼可见的真实空间物体的辐射，提供光场的显示器应该能产生同样的感觉。由于光线可逆，光场显示过程和光场成像过程互为对偶关系，因此将获取的光场信息通过光场显示器再现后，人眼就能看到“真实”的虚拟世界。基本的光场显示方式包括集成成像 3D 显示技术与多层成像（多焦点平面）3D 显示技术。如图 7-11 所示，这些光场显示可以看成光场成像的逆过程。

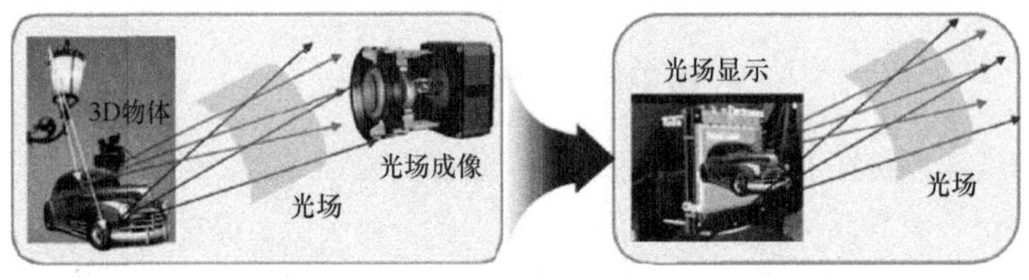

图 7-11　光场成像与光场显示的关系

集成成像 3D 显示技术是图 7-11 所示光场成像系统的反向路径：对应左图的集成成像 3D 显示相当于投影机阵列或微显示阵列；对应右图的集成成像 3D 显示相当于前方安装了微透镜阵列的显示屏。为了做到辐辏与聚焦一致，至少需要向单眼提供两幅视差图像，即实现超多视点（Super Multi-View，SMV）显示效果。

多层成像 3D 显示技术是一种近似光场显示的方法，一次只产生一个视点。通过时间或空间的复用，可以创建多个焦点平面，处在适当位置的 3D 场景，可以获得辐辏与聚焦一致的效果。可以用深度加权线性插值方法把 3D 场景设置在显示屏之间的适当位置。如果要获得连续深度的视觉效果，单纯使用空间复用方式，需要 10 块以上的显示屏堆叠。

7.2　集成成像 3D 显示技术

集成成像（Integral Imaging，II）利用透镜阵列或针孔阵列创建对应图像元的观看方向，可以提供全视差、准连续视点的全彩色 3D 显示效果。透镜阵列或针孔阵列的使用也导致集成成像 3D 显示的视角、图像深度范围和空间分辨率存在限制。

7.2.1　集成成像 3D 显示原理

集成成像 3D 显示采用离散化像素结构的感光器件进行集成成像 3D 拍摄和 3D 显示，因此，集成成像 3D 显示在观看视区内具有准连续的视点。观看者在准连续视点内的不同位置上都可以清晰地观看到 3D 图像，从而获得明显的立体感。

1．工作原理

集成成像技术最早由 Lippmann 提出，是一种利用微透镜阵列或针孔阵列来记录和再现 3D 场景的显示技术。如图 7-12 所示，集成成像包括拍摄记录和显示再现两个过程。两个过程都需要使用微透镜阵列进行水平方向与垂直方向上的分光处理。通过拍摄获取的 3D 图像元，一般通过数字化处理，直接转为 3D 数据。

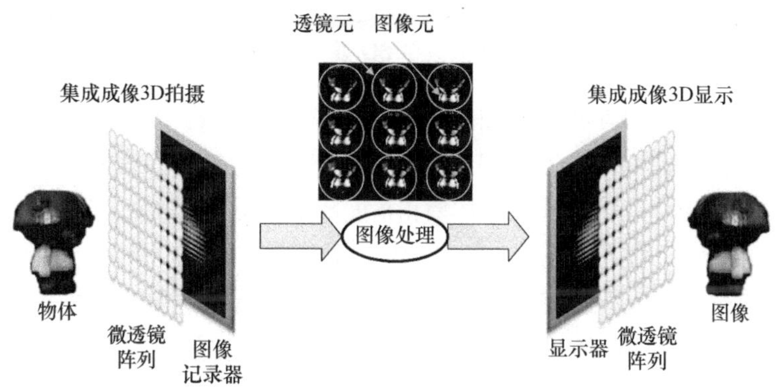

图 7-12　集成成像 3D 显示的概念

设定一个物体上的两个点元，向所有方向连续地发射光线或反射光线。在记录过程中，使用针孔阵列捕获这两个物体点元，则在针孔位置取样点元的光线，如图 7-13（a）所示。针孔阵列的每个针孔从不同方向记录这两个物体点元的小部分信息，在每个针孔的后焦平面上对应生成一幅不同方位视角的微小图像。每幅微小图像就是一个图像元，所有的图像元组成了微图像阵列，把载有物体空间任意一点的视差信息存储在图像记录器平面上，如电荷耦合器件（CCD）上。这与全息摄影术相似。两个物体点元的深度不同，图像元中捕获的光线显示不同的视差。两个点元的深度信息被编码为视差形式。

在再现过程中，利用普通显示屏显示微图像阵列，再使用与记录时参数相同的针孔阵列与之精密耦合，根据光路可逆原理，针孔阵列又把所有图像元像素发出的光线聚集还原，在针孔阵列的前后方重建出与记录时的 3D 场景完全相同的 3D 图像。如图 7-13（b）所示，显示屏上图像元的点都向各个方向发射光线，只有连接图像元的点和针孔的光线才能穿过针孔阵列。这些出射的光线是图 7-13（a）中的采样光线的复制品，出射后在物体点元处相交。

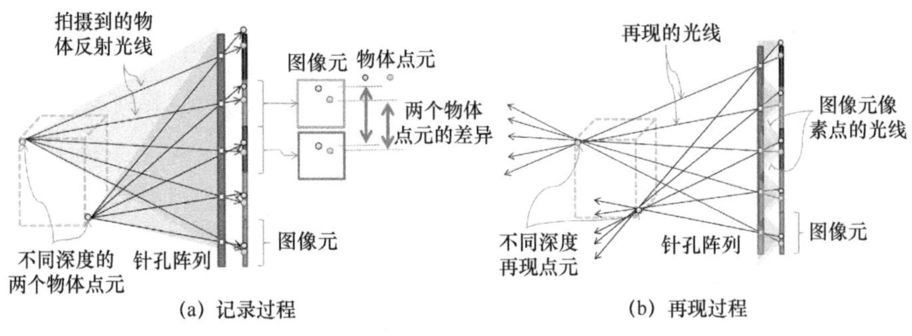

图 7-13　集成成像 3D 显示的工作原理

通过针孔阵列对物体点元的连续光线进行采样和再现，从而实现 3D 信息的采样、处理和显示。虽然集成成像可以使用微透镜阵列捕获和再现光线，但图 7-13 所示的基本结构在采样率和角度范围方面有局限性。光线的空间采样率由针孔阵列的孔间距或微透镜阵列的透镜元间距决定。角度采样率表示一个透镜元捕获的光线数目。角度采样率由一个图像元中的像素数决定，根本上受限于 CCD 或显示屏的像素尺寸。可以捕捉和再现光线的角度范围受到每个透镜元视场的限制。这些因素对 3D 数据处理和显示造成了根本的限制。

2．显示模式

表征集成成像 3D 显示的三个重要参数是视域、景深、分辨率。

根据微透镜阵列到显示屏的间隙 g 与透镜焦距 f 之间的关系，可以将集成成像分为虚实模式和聚焦模式两类显示模式。在不同的显示模式下，显示的 3D 图像相对于显示微透镜阵列的位置不同，并且观看视角、3D 图像的分辨率和景深等观看特性参数也不同。

根据真实图像与虚拟图像位置的不同，虚实模式分为如图 7-14 所示的实模式和虚模式两种。在实模式下，$g>f$，位于透镜阵列前的实像由高斯透镜

定律集成。在虚模式下，$g<f$，虚像被集成在透镜阵列后面。虚实模式下的集成 3D 图像都存在一个被称为中心深度平面（Central Depth Plane，CDP）的聚焦图像平面。CDP 的位置可以用高斯透镜定律计算。如果集成 3D 图像没有在 CDP 上，呈离焦状态，3D 图像的质量下降。3D 图像的景深是有限的。由于 3D 图像是以透镜阵列的成像特性为基础，所以在 CDP 上的 3D 图像的分辨率可以很高。当集成平面位置与 CDP 的距离超过某一阈值时，3D 图像会变得很模糊，甚至看不清楚。所以，集成平面不能离 CDP 太远。

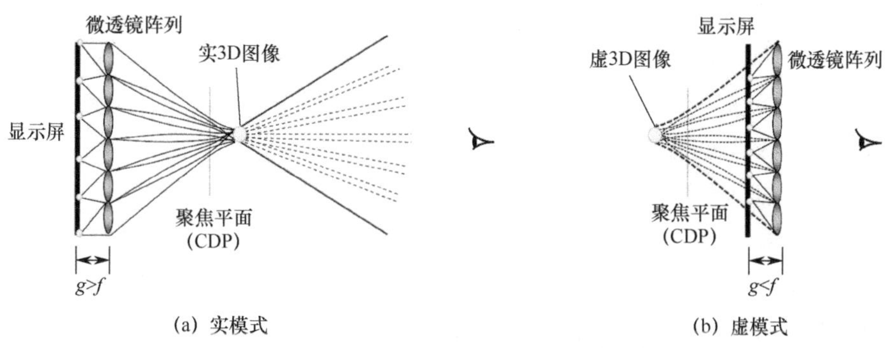

图 7-14　集成成像的实模式和虚模式

如图 7-15 所示，在聚焦模式下，$g=f$，集成 3D 图像可以同时显示在透镜阵列的前面和后面。透镜阵列对显示屏上的像素进行采样，并根据观看方向提供相应的透视图像。根据射线光学理论，显示屏上每个像素发出光线经过透镜元折射后是相互平行的，CDP 在无穷远处，不存在景深限制。尺寸等于透镜元节距的一个个像点构成 3D 图像，该 3D 图像可以在微透镜阵列的前后同时显示。因为透镜元对应 3D 图像中的一个像素，所以集成 3D 图像的分辨率比虚实模式下的 3D 图像分辨率要差。

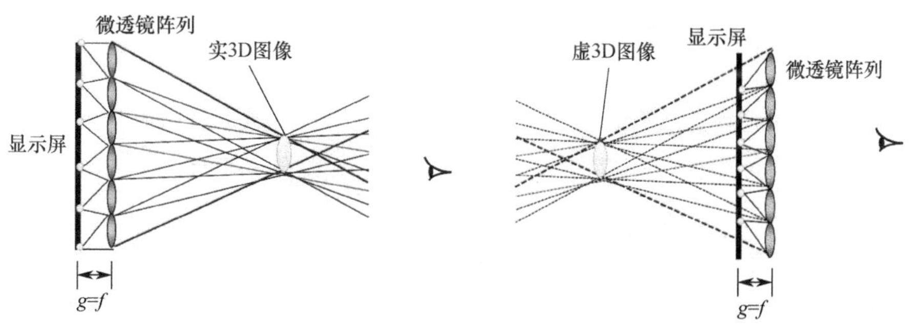

图 7-15　集成成像的聚焦模式

7.2.2 集成成像与多视点显示

利用光栅实现的多视点显示方式和基于光线空间再现技术的集成成像方式是目前 3D 显示领域主要的研究方向。尽管观看自由度都可以做得很大，多视点显示方式和集成成像方式仍然存在一些差异。

1. 两者的相似性

多视点显示方式和集成成像技术共同的地方在于它们都存在运动视差，在水平方向上的观看自由度较大。光遮挡型多视点 3D 显示是针孔阵列型集成成像 3D 显示在水平方向上的简化应用，光折射型多视点 3D 显示是微透镜阵列型集成成像 3D 显示在水平方向上的简化应用。

当多视点自由立体显示器设计成具有较多连续视点的立体显示器时，两者的 3D 观看效果相似。虽然连续多视点显示器通过光线重叠能够有效地扩大可视区域，提高观看自由度，但光线的重叠也可能会导致 3D 图像质量的退化。集成成像显示器和连续多视点显示器在视点边界的显示是相对模糊的。如图 7-16 所示，若集成成像和连续多视点的视点数足够多，进入单只眼睛的视点数达到 2 个时，可以在单只眼睛上形成单目聚焦的效果。

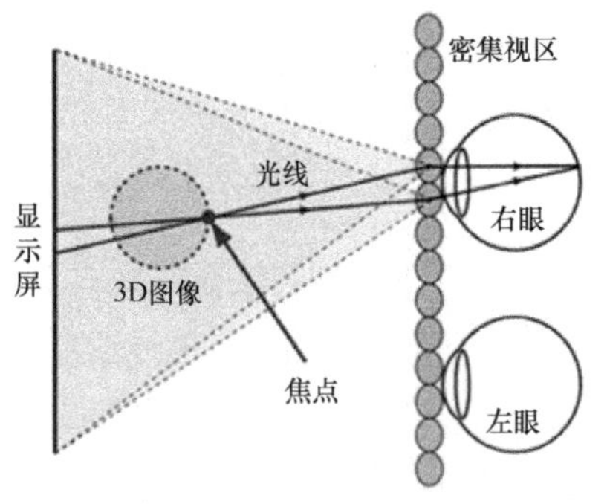

图 7-16 超多视点 3D 显示的单目聚焦效果

2. 两者的区别

多视点显示与集成成像形成 3D 效果的原理不同。多视点显示方式和集成成像方式的光线采样方式不同。在光场坐标下，两者的光线分布不同。多视点显示方式主要是基于双目视差的原理，当像素发出的光线通过光栅指向不同的区域时，每个区域对应一个视点。因为光栅条只有 1D 方向，所以多视点显示方式只存在水平视差。集成成像是基于光线可逆的原理，通过光线空间再现的方式把所有光线分配给具有周期性相同方向的显示平面。集成成像 3D 显示在整个空间上是连续的，所以在水平方向和垂直方向上都存在视差。

多视点自由立体显示器利用的是柱状透镜光栅，且根据双眼瞳间距

（IPD）进行设计，使得从每一个视图发出的光线可以会聚于瞳间距的间隔处，聚光效果比较好。但这种方式易在视区内产生光线密度差，不具有光线均匀性。如图 7-17（a）所示，光线从显示屏的（x, y）坐标上发出，每一行光线最后在观看平面收敛为 A、B、C、D 四个观看视点，不同的视点对应不同的视差图像。在四个视点的位置，可以看到最佳的 3D 效果。偏离这四个最佳观看点后，如在位置 E，不同视点的光线会重叠到一起，3D 图像变得模糊。

集成成像方式利用的是微透镜阵列，发出的光线为平行光线，光线在观看区域更均匀。多视点显示器的光线采样质量会随着不同的视点而改变，但集成成像显示器的光线采样质量是恒定的，不会随着不同的视点而变化。由于相邻的视差图像之间存在相对较多的重叠光线，集成成像显示器总的亮度也更均匀。但这种方式也可能存在部分光线未到达的区域，从而导致整个屏幕易产生不能够显示 3D 图像的区域。如图 7-17（b）所示，在显示屏的（x, y）坐标上，每个点都会产生最基本的四条射线，在水平方向和垂直方向的角度相等。人眼在观看平面的 s 轴上可以同时看到显示屏 x 轴不同位置上发出的多条规则分布的射线，从而获得正确的光场信息。

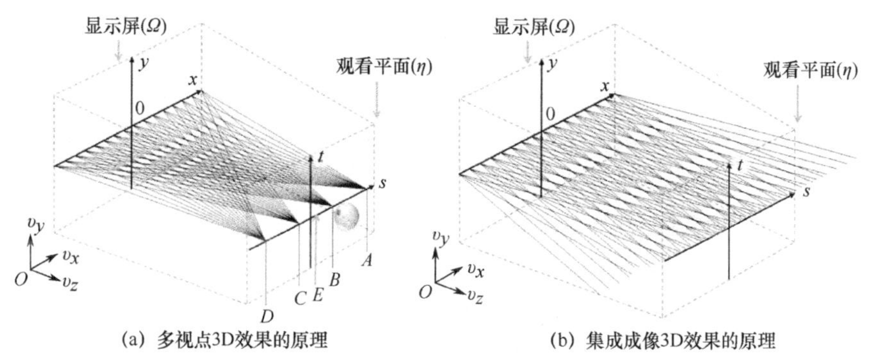

图 7-17　多视点与集成成像形成 3D 效果的原理

集成成像 3D 显示的视差信息比多视点 3D 显示更丰富。集成成像 3D 显示在整个 s 轴上的可视区域能够得到近似连续的视差信息，比多视点 3D 显示的 4 个视差信息要多。集成成像 3D 显示没有最佳观看点，移动观看位置，图像质量变化不大。多视点显示在最佳观看点上的 3D 效果要好于集成成像 3D 显示的效果。

另外，多视点显示方式和集成成像方式因光线重叠数量不同也具有不同的串扰。由于视点的位置是固定的，当观看者移动时，会产生亮度的突变，

使得感知的图像中产生串扰。对于多视点显示方式，由于光线的采样是会聚的，因此相邻视点间光线重叠的数量相对较少，所以产生的串扰相对较小。对于集成成像技术，由于采样光线是平行发出的，因而光线重叠的数量相对较多，产生的串扰相对较大。

7.2.3 深度反转的解决对策

集成成像技术在记录时，脸在前背在后，脸离记录微透镜更近。再现过程是记录过程的逆过程，所以再现的脸（图像）就离再现微透镜更近。对观看者而言，脸离得更远，看到的是一个背对观看者的假像。物体之间的深度关系反转，较远的物体看起来像是遮挡住了较近的物体，形成伪像。集成成像 3D 显示解决图像深度反转的对策有图像元旋转法、两步记录法等。

1. 图像元旋转法

图像元旋转就是将每个图像元围绕它的中心旋转 180°，将真实图像校正为具有正确深度顺序的虚拟图像。通过图像元旋转 180° 实现虚模式显示，需要正确处理图像元与中心位置之间的关系，否则容易出现再生像画质低下、成像位置偏离等问题。具体的图像元旋转可以通过数字方法实现，也可以通过光学方法实现。使用现有的计算机实时完成图像元 180° 旋转难度较大。因此，摄影时采用由折射率分布透镜构成的透镜阵列进行光学上的图像元旋转，在摄像机上直接取得旋转处理过的图像元。

折射率分布透镜是一种光纤透镜，折射率的值从中心到周边依次变小。如图 7-18 所示，注入光纤透镜的光有规律地蜿蜒传播。因此，光纤透镜的长度定为透镜周期的 3/4 位置，在这个位置上可以得到图像元 180° 旋转后的图像。同时，因为在镜头的侧壁成像，不会导致与相邻透镜所成像的重叠，避免了图像元之间的串扰问题。

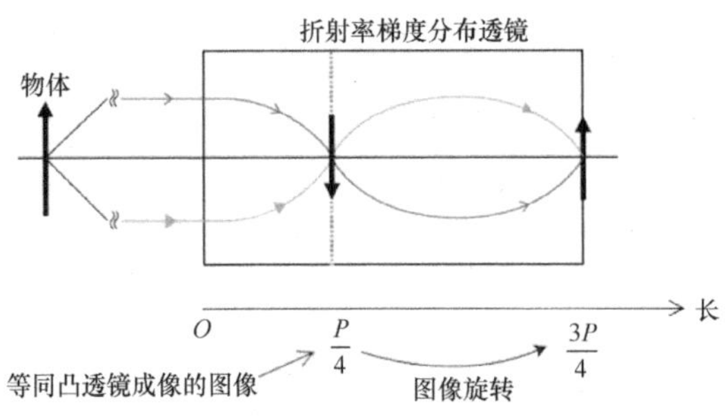

图 7-18 折射率分布透镜成像原理

物体光线经过透镜阵列，在透镜阵列的深处形成立体像，并不能形成浮在前面的立体像。因此，如图 7-19 所示，在集成成像 3D 显示装置中，为缓和被摄物体的位置限制，拍摄时在透镜阵列和物体之间放置景深控制透镜，生成被摄物体的实像并进行图像元的摄影。这样，在透镜阵列与摄像机之间产生实像的话，再生时可以从透镜阵列的前方得到立体像。在图 7-19 中，物体光线穿过折射率分布透镜阵列后，经过聚光透镜的聚光处理，能有效地注入摄像机镜头。摄像机的焦点位置，与折射率分布透镜阵列的右侧壁重合。

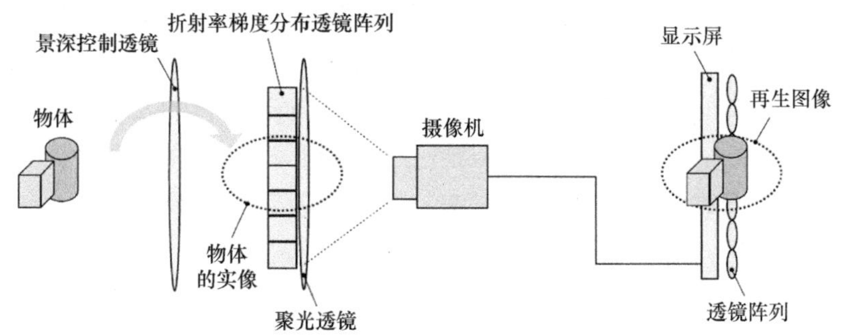

图 7-19　集成成像 3D 显示装置的基本构成

除纯光学处理外，图 7-20 提出了一种数字二次采样的方法。对通过初始光学采样获得的中间图像，经过数字化处理后把图像元进行 180° 旋转，生成一组无畸变的图像元。这种方法不仅可以改变深度次序，还可以控制深度范围。

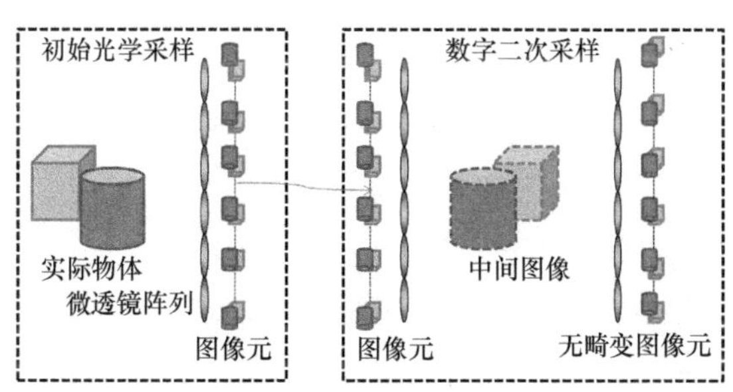

图 7-20　数字二次采样原理

2. 两步记录法

Ives 等人提出的两步记录法，本质是通过第二次拍摄记录把原本深度反转的图像再进行一次深度反转，纠正为无深度反转的图像。集成图像经过多次记录，图像分辨率和质量会大幅降低。采用计算机模拟计算来代替光学方法获取集成图像，不仅可以解决深度反转和分辨率问题，并且能获得任意 3D 模型任意位置和任意方向的集成图像。

3．集成成像方法

根据图像获取和再现阶段所用技术的不同，集成成像技术分为全光学集成成像、全数字集成成像和数字子图集成成像。

全光学集成成像是指集成成像的获取和再现过程都采用光学方式实现的。光线从三维场景出发透过微透镜阵列被感光元件记录，记录的感光胶片直接用微透镜阵列显示。全光学集成成像的获取过程和再现过程几乎一样，中间不需要其他处理。获取过程获得的图像可以直接用于再现，实时性好。不过，理想的全光学成像系统是以精密的光学设备为基础的，感光装置的精确性、微透镜的均匀性都会大大影响最后的再现结果，受到各种光学设备制备工艺的限制，往往导致再现图像的质量不高。

全数字集成成像是指集成成像获取阶段和再现阶段都是通过计算机仿真实现的。获取过程通过计算机产生 3D 场景的虚拟显示模式，通过仿真拍摄获得各个子图形成子图阵列。再现过程通过各种再现算法从子图阵列中找出 3D 场景的景深信息，在计算机中再现出完整的 3D 模型。全数字成像的方式完全脱离了设备的限制，所以可以做到很精确。不过，在计算集中的 3D 模型不能完全脱离设备的限制，所以全数字成像一般运用于集成成像的理论研究。再现的效果图可以检测子图阵列的优劣，同时可以验证获取过程中的各个物理参数：全数字成像方法还可以用来保存 3D 模型，3D 模型一般都包含庞大的数据量，保存时可以用集成成像子图阵列的方式保存，子图阵列是 2D 图像序列，保存和传输都很方便。在需要使用 3D 模型的时候，可以用再现算法将子图阵列再现出 3D 模型。

数字子图集成成像在获取阶段采用数字方式，在再现阶段采用光学方式。这种方式结合了全光学成像和全数字成像的优点，是目前运用最多的集成成像方式。相比全光学成像，数字子图集成成像的方式在获取阶段可以不依靠微透镜阵列，图像源可以通过计算机仿真精确获得，子图阵列质量大大提升。相比全数字成像，数字子图集成成像在再现阶段仍然采用光学方式，可以给观看者带来很直观的立体感，它不再是再现于计算机中的伪 3D 显示技术，而是一种真真切切的真三维显示技术。

7.2.4　图像视域扩展技术

集成成像 3D 显示存在分辨率低、视角范围窄等问题，提高分辨率、增加视角范围，改善观看特性是集成成像 3D 显示研究的重要方向。

1．3D 图像的观看特性

集成成像显示中，每个透镜单元对应一个图像元，每个图像元的解析度就是这个透镜单元内可再生的光线数。每个透镜单元对应的图像元就是这个透镜元的再生光线。透镜元呈正方形格子状分布，透镜元的分布最密。但是，正方形格子顶点部分的图像元作为再生光线，实际被观看到的很少。并且，最密分布时，纵横比是个无理数，像素很难实现高效利用。不过，通过调整视域，少量的光线数也能获得较好的立体感。集成成像 3D 显示系统的参数如图 7-21 所示，集成 3D 图像的观察特性可以使用视角 α、景深参数 $l/\Delta z_m$ 和分辨率 R 三个参数来分析。

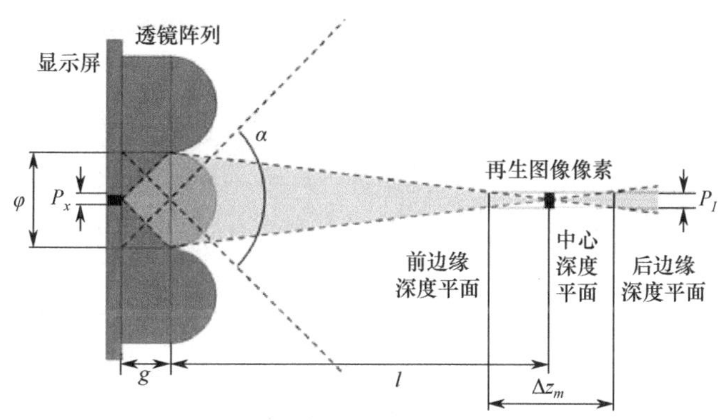

图 7-21　集成成像 3D 显示系统的参数

每个透镜元在显示屏上都对应一个图像元，视角的边缘就是图像元的边缘。视角是观看者能看到完整的集成 3D 图像的角度。视角大小与透镜元尺寸和间隙大小有关。每个透镜元都对应显示屏上的一个图像元，只有通过相应的透镜元观看到所有图像元的信息才能形成完整的图像。当透过相邻透镜元观看到其他区域的图像元时，就形成干扰。因此，可以不加切割地显示的图像元的数目是有限的，在角度之外看不到集成成像。这个因素对视角 α 的影响关系如下：

$$\alpha = 2\arctan\left(\frac{\varphi}{2g}\right) \tag{7-5}$$

式中，φ 表示透镜元和图像元的节距，g 表示微透镜阵列到显示屏的间隙。增加 φ 或减少 g，都可以扩大视角 α。不过，增加 α 对图像分辨率和景深都有负面影响。由于式（7-5）是在用简单透镜元代替微透镜阵列的假设下得到的，所以实际的视角更小。根据式（7-5），减少间隙 g 可以扩大视角 α，但随着间隙 g 的缩短，像差会增大，引起相邻图像元的图像重叠，导致串扰，反而减小了最佳观看主视区范围（有效视角）。

因为集成图像不能离 CDP 太远。图像的景深范围可以设置为 CDP 到边缘深度平面之间的距离，在 CDP 前后的边缘深度平面上，射线光学聚焦误差等于图像像素的大小，因为可认为图像集成误差是由于图像像素重叠形成的。3D 场景在边缘深度平面外是不聚焦的，图像分辨率下降。可以准确再现 3D 场景的景深范围用 Δz_m 表示

$$\Delta z_m = 2l\frac{P_I}{\varphi} \tag{7-6}$$

如果 $g=f$，Δz_m 可表示为

$$\Delta z_m = 2g\frac{\varphi}{P_x} \tag{7-7}$$

式中，l 表示 CDP 到微透镜阵列的距离，P_I 表示 3D 图像的像素大小，P_x 表示显示屏的像素大小。当焦点误差大于 P_I 时，3D 场景离开 Δz_m 区域，没能聚焦。根据式（7-7），景深与间隙 g 和透镜元节距 φ 成正比，与图像分辨率成反比。但增加间隙 g 或透镜节距 φ 会导致视角 α 和图像分辨率下降。

集成成像的一个最大问题是图像分辨率低。3D 图像的分辨率取决于各种观看参数，如微透镜阵列的大小和节距、孔径之间的距离、光场相机和显示屏的分辨率。3D 图像的像素大小 P_I 可以用景深 l 定义为

$$P_I = \min\left(\frac{l \times P_x}{g}, \varphi\right) \tag{7-8}$$

根据式（7-8）可以获得 3D 图像的空间分辨率 $R_I=1/P_I$。增大间隙 g 或减小透镜节距 φ 都会增加 R_I。但增加间隙 g 会降低视角，还会使像平面接近微透镜阵列。当间隙 g 接近透镜焦距，就会进入聚焦模式，此时的图像分辨率最低。

视角与透镜元大小成正比，与间隙成反比。不过，缩小间隙会降低图像分辨率，增加透镜元尺寸会降低图像的景深。所以，集成成像 3D 显示的观

看特性参数之间需要平衡。

2. 视域扩大技术

因为集成成像 3D 显示的分辨率不高，为有效利用现有的像素，一般把透镜节距 φ 设计成像素节距的整数倍。每个透镜单元的光线等方向再生，透镜阵列左右两端的透镜单元所再生的光线的重合区域才是可以实现 3D 显示的视域。这个视域比较窄，需要进行扩大。

通过补正透镜元节距，可以扩大集成成像 3D 显示的视域。如图 7-22 所示，把两端的透镜元的光线再生区域往中央挪一下，可以扩大视域面积。对策就是从中央到边缘依次调整微透镜阵列单元的节距，使得每个透镜元发出的再生光线依次一点点地内偏。通过调整各透镜元及其所对应图像元的角度，可以控制每个透镜元的光线方向。再生光线合理的内偏，可以保证在设计视距离内获得最大视域。

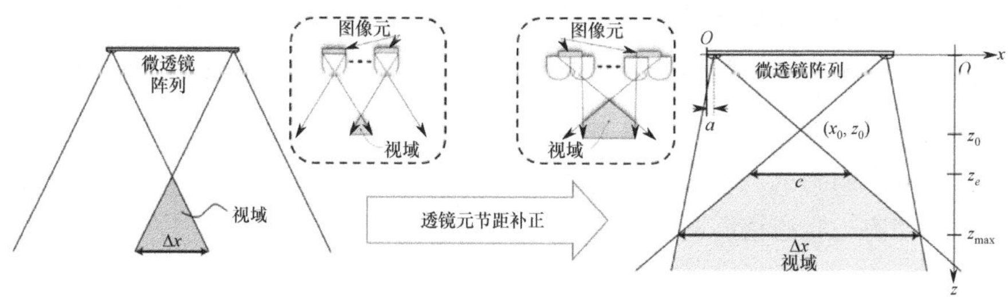

图 7-22　补正透镜元节距扩大视域的原理

设定最小视距离为 z_e，最大视域对应的视距离为 $z_{\max}$，最大视域为 Δx，透镜元错开量为 a，人的双眼瞳距为 e，根据几何学原理，可以得到以下公式：

$$x_0 = \frac{W}{2} \tag{7-9}$$

$$z_0 = \frac{fW}{2a} \tag{7-10}$$

$$\Delta x = \frac{W - m \cdot p_d}{2a - m \cdot p_d} \times 2a - W \tag{7-11}$$

$$z_{\max} = \frac{W - m \cdot p_d}{2a - m \cdot p_d} f \tag{7-12}$$

$$z_e = \frac{W + e}{2a} f \tag{7-13}$$

$$a = \frac{m \cdot p_d(\Delta x + W)}{2(\Delta x + m \cdot p_d)} \quad (7\text{-}14)$$

3. 动态视域扩大技术

扩大视角就是扩大图像元的有效区域。图 7-23（a）采用动态透镜元开关扩大视角。在模式 1 中，即对应前 1 帧显示时，观察者透过透镜 1，可以在 A 点看到图像单元 P。在传统的集成成像中，A 点不是透镜元 2 对应的视点，所以 A 点已在视场之外。在模式 2 中，即对应后 1 帧显示时，观察者可以在 B 点透过透镜 2 看到图像单元 Q。在两种模式中，靠近单元透镜的部分挡板阻止了图像单元通过相邻的透镜单元形成非希望的图像。虽然，P 与 Q 这两个图像单元位于显示屏上的同一个区域，但两者通过时分方式被成像在不同的观察方向。由于每个单元图像包括了未被遮挡透镜区域和相邻的被遮挡透镜的一半区域，因此这样所显示的单元图像的区域是传统方式的两倍。

实现上述动态遮挡的一个具体技术如图 7-23（b）所示。作为透镜元开关的液晶偏振开关，偏振交替且相互正交、间隔与透镜元宽度相等的纵条状偏振片紧贴透镜阵列，偏振开关的频率达 120Hz。前后两帧显示时，液晶偏振开关分别调制成两种正交的偏振状态，每一帧只能通过偏振状态的相同偏光片，即有一半透镜阵列区域将使光无法通过。

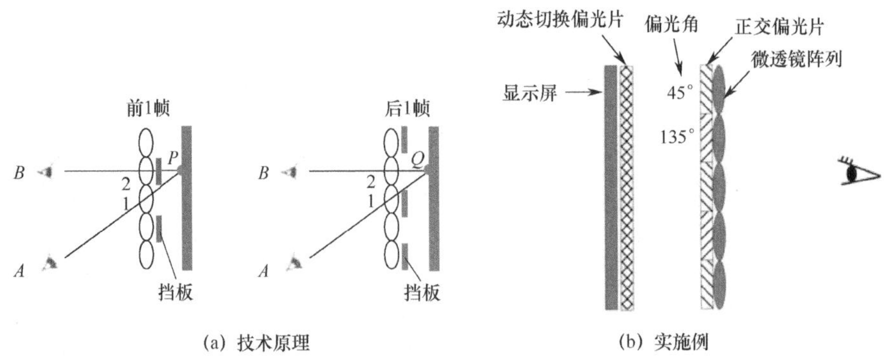

图 7-23 使用单元透镜开关增大视角的技术

7.2.5 图像景深扩大技术

集成成像 3D 显示存在分辨率低、景深范围小等问题，提高分辨率、扩大景深范围，改善观看特性是集成成像 3D 显示研究的又一个重要方向。

1. 空间频率

显示屏像素节距 Δp 与光学系统 3D 图像覆盖的上限频率 Λ 之间的匹配程度，影响集成成像的效果。如图 7-24 所示，当 $\Lambda=\pi/\Delta p$ 时，显示屏与透镜的参数完全匹配。当 $\Lambda>\pi/\Delta p$ 时，透镜的精细度高，缺少足够的像素数量支撑，$\Lambda>\pi/\Delta p$ 和 $\Lambda=\pi/\Delta p$ 之间的高频带域不起作用。当 $\Lambda<\pi/\Delta p$ 时，显示屏的像素精细度高，为提升透镜性能提供了点光源冗余度，经过 $\pm\Lambda$ 过滤后的 Λ 和 $-\Lambda$ 之间的灰色区域是系统实际重建的光场空间。重建点的出屏距离（景深）越大，表示光谱虚线 Γ 越倾斜。超出可显示范围的光谱，在光场重建时会模糊，要避免。

集成成像在最大出屏距离 z_{max} 以内的重建点，清晰度高。z_{max} 与透镜单元的焦距 f 呈正相关。要使重建点具有相等的出屏距离和入屏距离，重建光场空间在 Ω_s 轴两侧要有对称分布的频率带阈。如图 7-24 所示，$\Lambda=\pi/\Delta p$ 和 $-\Lambda=-\pi/\Delta p$ 之间的边框矩形内的灰色区域就是实际 3D 图像用来显示的频率空间。

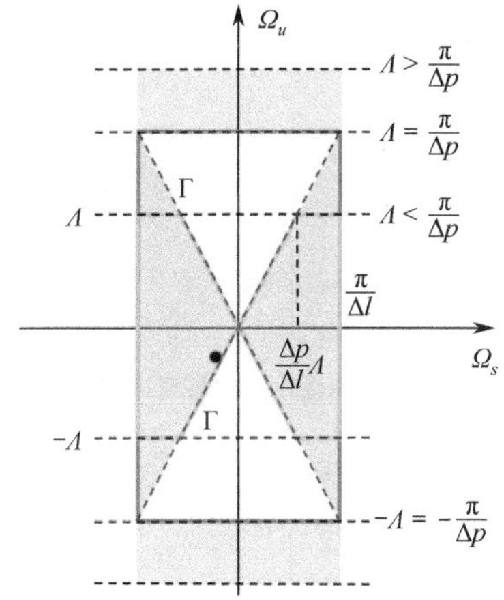

图 7-24　频率领域的带域分布

2. 3D 景深扩展

集成成像的深度范围是在中心深度平面周围形成的，加大深度范围最简单的实现方式是结合多个显示设备并创建元素图像多个中心深度平面。图 7-25 所示为基于机械移动元素图像平面的深度增强。深度范围增强可以通过机械移动元素图像平面、堆叠显示设备来实现。

如图 7-26 所示，深度范围增强的另一种方法是结合浮动显示和集成成像。浮动显示方法通过使用一个大的凸透镜来为观察者提供 3D 图像。虽然集成浮动成像的图像源是由集成成像方法提供的，但集成浮动成像重构的图像和集成成像方法重构的 3D 图像具有不同的观看特性。

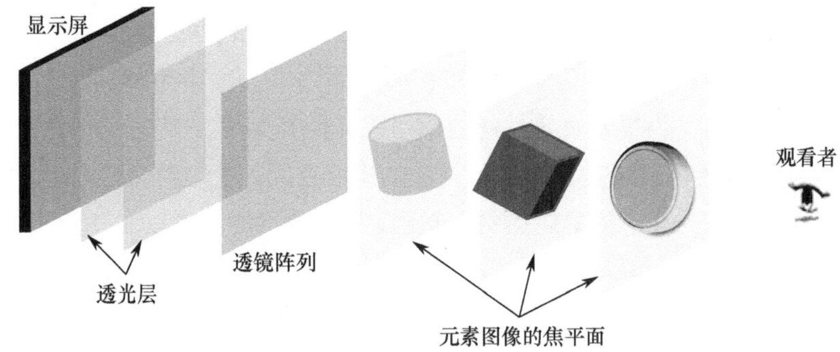

图 7-25　基于机械移动元素图像平面的深度增强

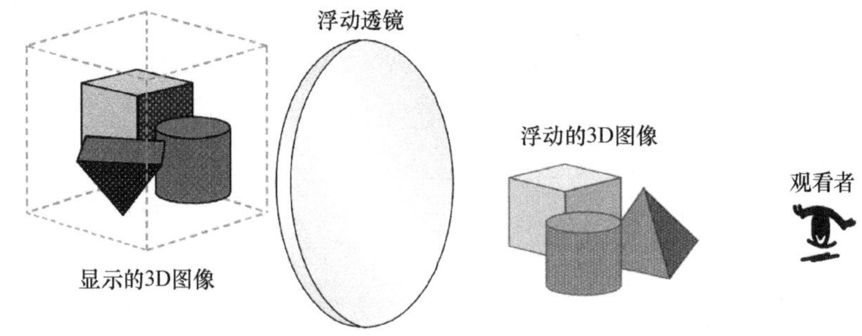

图 7-26　结合浮动显示和集成成像的深度增强

加大深度的其他著名方法有韩国釜庆大学把三维图像显示在整个真实和虚拟图像区域来增加集成成像技术所得三维图像的深度；以及通过使用非均匀焦距和光圈尺寸的小透镜实现大景深时分多路复用的三维集成成像显示。不同于一般的集成成像系统，非均匀焦距和光圈尺寸的小透镜可以增强景深和图像分辨率。首尔大学用偏振选择镜对或镜光栅阵列改变光路长度最终增加集成成像图像的深度，对两种图像元素平面重新定位，这样有效地得到了两个中心深度。为了尽量减小图像畸变，他们提出了一种新的光学系统，此光学系统中平行光线来自每个透镜部件，用大型菲涅耳凸透镜而不是通过使液晶面板和透镜阵列的间距与透镜焦距相等来产生图像。菲涅耳透镜接受来自透镜阵列的平行光，在其焦距上生成悬浮影像。

7.2.6　图像分辨率提升技术

在集成成像 3D 显示系统中，人眼通过每个透镜元只能在对应的图像元上看到一个像素信息，因此每只眼睛看到的像素个数（即 3D 分辨率）等于微透镜阵列中的透镜元个数。要提升 3D 图像分辨率就要减小透镜元的节距，增加透镜元的个数。减小透镜元的节距会减少对应图像元的分辨率，减少透镜元可控光线的数量，从而降低可视角度。在保证图像元分辨率不变的前提下，需要提高显示屏的像素精细化程度。在显示屏分辨率不变的前提下，提高集成成像分辨率的技术主要是空间和/或时间复用。

1. 空间复用技术

空间复用技术通过叠加多个显示设备的图像元，提高集成成像 3D 图像的分辨率。

如图 7-27 所示的采用多投影机的集成成像 3D 显示系统，由投影机阵列和微透镜阵列组成，投影机出射光的每个扇区，从不同角度分别经过微透镜阵列的透镜元折射后，形成不同方向的多个光束。多台投影机在微透镜阵列上交叉投影多个图像，光线通过透镜元折射，在聚焦平面上聚焦形成光点，每个透镜元对应的光点数量等于投影机的数量。在图 7-27 中，每个透镜元对应的光点数为 9 个。采用多投影机的集成成像 3D 显示系统，不需要减小透镜元的节距，只需要增加投影机的数量，就可以增加每个透镜元的光点数，从而可以成倍地提高分辨率。

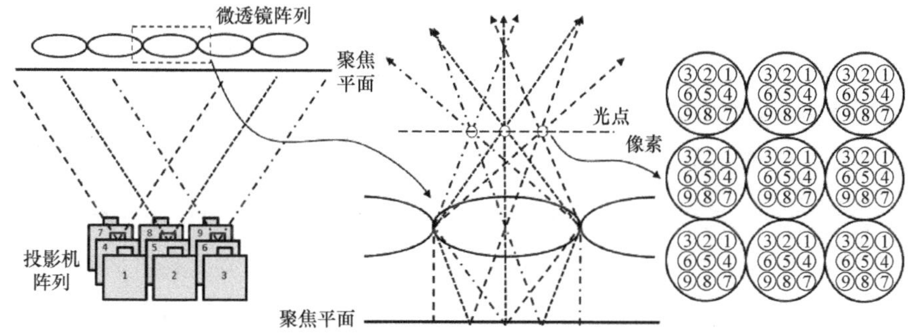

图 7-27　采用多投影机的集成成像 3D 显示系统

基于以上空间复用原理，通过多块显示屏拼接技术，也能提高 3D 图像的分辨率。其中，每一块多视点显示屏就对应图 7-27 中的一个图像元。

如图 7-28 所示的两个集成成像装置通过半反半透膜片，可以使合成 3D

图像的分辨率加倍。其中，显示屏 2 的图像通过针孔阵列 2 后，直接透过半反半透膜片；而显示屏 1 的图像通过针孔阵列 1 后，被半反半透膜片反射。显示屏 1 和显示屏 2 上的图像，属于相同 3D 图像的不同像素，经由半反半透膜片合并后，整合为完整的 3D 图像。显示屏 1 和显示屏 2 对应的图像不完全重叠，在水平方向和垂直方向上的偏移量为像素周期的一半。为保证像素密度均匀分布，需要两个集成成像装置与半反半透膜片精确对齐。

2. 时间复用技术

时间复用技术是在极短的时间内先后生成多幅图像，通过视觉融合提高集成成像 3D 图像的分辨率。

微透镜阵列移动技术是指在拾取和显示时，微透镜阵列的位置在横向方向快速同步振动，如图 7-29 所示。它允许每个透镜阵列增加像素子集，从而以虚拟方式增加显示面板分辨率。Arai 等人采用 2000 多行扫描的超高清视频系统，实现三维彩色运动图像的实时拍摄和显示。

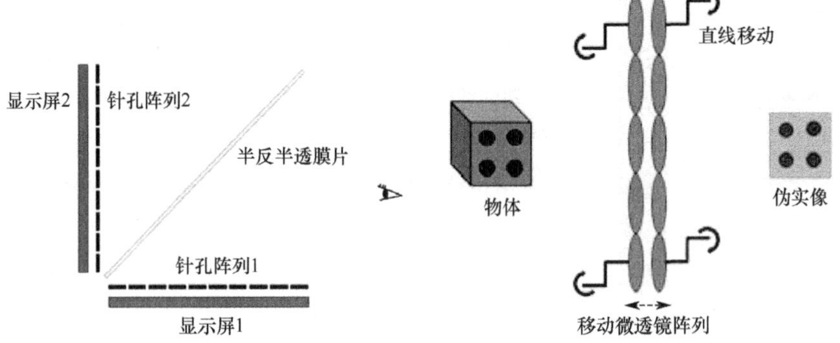

图 7-28 双显示屏的集成成像 3D 显示系统

图 7-29 利用移动微透镜阵列提高集成成像的分辨率

电学移动针孔阵列的时间复用技术如图 7-30 所示。液晶显示屏 LCD1 在工作状态，透光区和非透光区在纵横两个方向间隔排列，呈针孔阵列分布。液晶显示屏 LCD1 和背光源构成一个 2D 视差背光，用于在 2D 方向上透射液晶显示屏 LCD2 上的图像元信息。

为提高集成成像的 3D 图像分辨率，LCD1 与 LCD2 的工作频率高达 120Hz，LCD1 上的针孔阵列位置与 LCD2 上的图像元信息同步切换。第 1 帧和第 2 帧的针孔阵列，在水平方向和垂直方向上的偏移量为像素周期的一半。相应地，第 1 帧的图像元 A 和第 2 帧的图像元 B，沿着 LCD2 显示区的

对角线方向移动 1/2 像素周期。显示完两帧画面后，集成成像的 3D 图像分辨率增加一倍。

机械旋转棱镜片的时间复用技术如图 7-31 所示。背靠背贴合的一对具有相同节距的棱镜片放置在集成成像显示器的前面，使所有的光线平行移动并在三维空间中围绕它们原来的位置旋转，视旋转的直径等于移动的距离。视圆周运动的半径小于棱镜片节距的一半。当这对棱镜片处于如图 7-31 所示的起始位置时，光线向下移动，即水平对齐。逆时针旋转 90° 将光线移动到右边；逆时针旋转 180° 将光线移动到上边；逆时针旋转 270° 将光线移动到左边。这样，每条射线围绕其原来的位置旋转，其半径对应移动距离。通过调整棱镜片的节距，可以获得最佳的移动距离，即旋转直径。在旋转棱镜片的同时，显示屏上的图像元要根据棱镜片的取向同步更新。

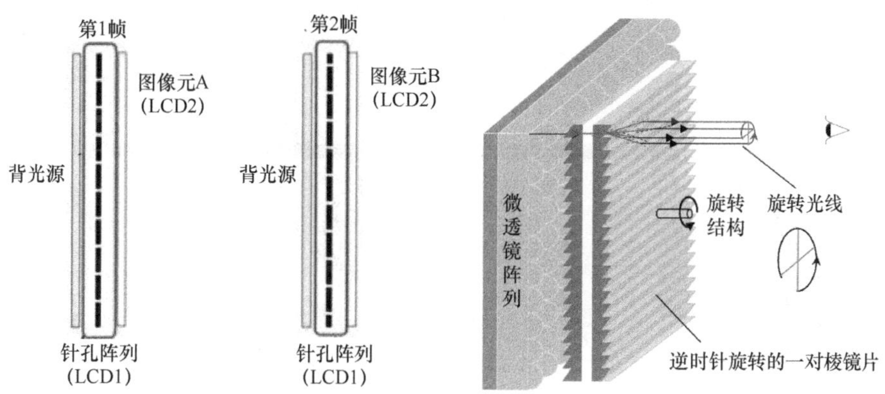

图 7-30　电学移动针孔阵列的时间复用技术　　图 7-31　机械旋转棱镜片的时间复用技术

7.2.7　集成成像 2D/3D 切换技术

为解决集成成像的 2D/3D 切换问题，三星公司设计了一个基于集成成像的 2D/3D 混合显示系统。该系统不仅可以支持完整的 2D 和 3D 模式，也可以支持部分 3D（2D/3D 混合）模式。3D 图像的集成是利用点光源阵列原理，使用传统的 LCD 显示二维图像。在 2D/3D 的混合模式中，通过电平调整，尽可能减少 2D 和 3D 图像亮度之间的不匹配。

1. 2D/3D 切换

集成成像 2D/3D 切换的关键是生成和消除集成成像的点光源阵列。三星公司的 2D-3D 切换系统如图 7-32 所示，在背光源和 LCD 显示屏之间插入一块液晶针孔阵列（Pinhole Array of Liquid Crystal，PALC）。PALC 是一个活动的针孔阵列，每个针孔可以独立生成（显示）或消除。通过液晶针孔阵列（PALC）可以选择控制集成成像的点光源。

在图 7-32 中，PALC 作为控光元件，需要分别设计作为起偏器的第一偏光片 Pol.1，以及作为检偏器的第二偏光片 Pol.2。Pol.1 的偏光轴为 45° 方向，Pol.2 的偏光轴为 135° 方向，呈正交状态。Pol.2 同时也作为 LCD 显示屏的起偏器，作为 LCD 显示屏检偏器的是 Pol.3。Pol.3 的偏光轴为 45° 方向，与 Pol.2 的偏光轴正交。

如图 7-33 所示，在 3D 模式下，针孔阵列显示在 PALC 面板上，元素的图像显示在 LCD 显示屏上，观看者看到的是一个具有立体效果的 3D 图像。在 2D 模式下，PALC 面板显示全白屏幕，背光源的光整体透过 PALC 面板，呈面光源照射到 LCD 显示屏，观看者在 LCD 显示屏上看到全分辨率的 2D 图像。

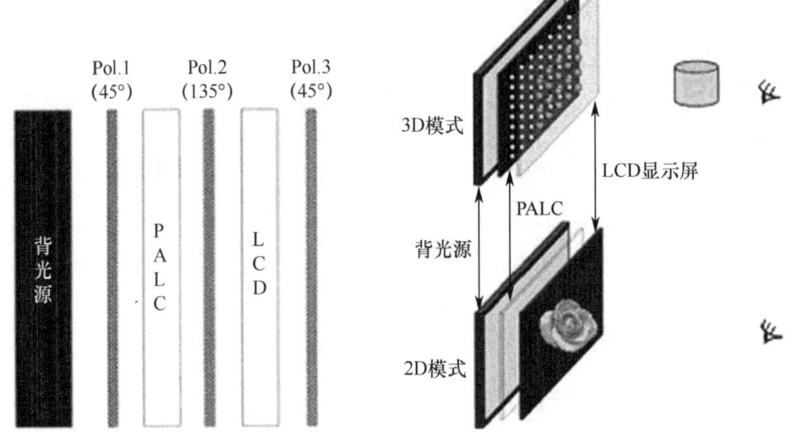

图 7-32　三星公司的 2D-3D 切换系统　　图 7-33　集成成像 2D/3D 切换的基本原理

2. 2D/3D 混合模式

在 2D/3D 混合模式下，在 PALC 面板的部分区域上显示针孔阵列，用于显示 3D 图像；PALC 的其他区域显示全白屏幕，用于显示 2D 图像。

如图 7-34 所示，在 PALC 面板中，被激活的针孔阵列仅位于元素图像后，而白色的屏幕上 2D 图像显示在其他区域。通过修正针孔区域，PALC 可以实时改变 3D 图像的横向位置。最终，三维图像可以被集成在显示系统（分别真实的和虚拟的集成成像）的前面和后面，而高分辨率 2D 图像可作为背景。

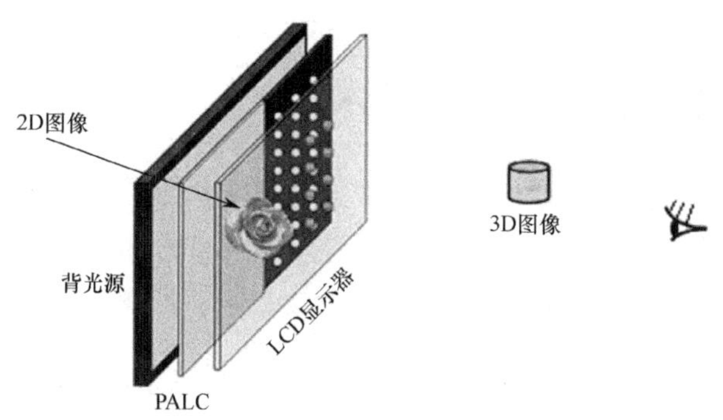

图 7-34　2D/3D 混合模式原理

LCD 由不同的像素组成，真实和虚拟 3D 图像和 2D 背景由不同的图案来区别。一个观察者位于中心位置只能看到一部分的二维像素，由点（圆圈）表示。如果观察者移动到上部位置，可见像素会发生变化。换言之，由于针孔中的分散性背光，观察者要看到所有 3D 图像附近的 2D 像素是不可能的。因此，观察者感觉 3D 图像附近的 2D 图像是由较小数目的像素组成，这就是引起局部图像画质恶化的原因。

图 7-35 是在各个位置拍摄的 2D/3D 混合图像及相应 2D 图像的分辨率下降的实验结果，随着视角的变化，两个 3D 图像的相对位置也随之变化，且位于不同空间。白电平调整功能，有利于减少 3D 和 2D 图像亮度之间的不匹配，取得更自然的 2D 和 3D 成像效果。然而，围绕 3D 图像分辨率的局部退化问题仍有待解决。图 7-35 显示在中心位置、顶部、底部、左边缘和右边缘拍摄的 2D 图像。图中只拍摄到了 2D 图像一部分的像素且 2D 图像的分辨率发生劣化。因此，为防止以上问题，在 3D 图像附近用黑色或暗的背景作为元素图像背景。同预期的一样，2D 背景下没有发生局部分辨率劣化，使用暗背景后获得了更自然的效果。

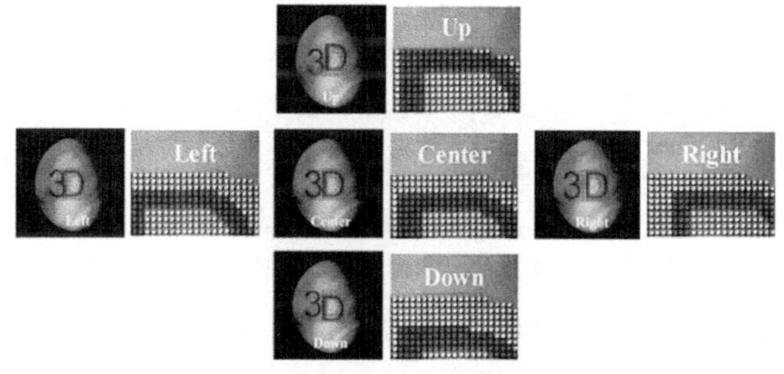

图 7-35　2D/3D 混合图像及相应 2D 图像的分辨率下降

7.3 多层成像 3D 显示技术

多层成像 3D 显示技术是在背光源上方堆叠多层空间光调制器，实现高动态范围的 3D 显示。根据模拟光线通过多层空间光调制器的物理情况，形成了内容自适应的视差光栅显示、偏振光场显示、张量显示等多层成像 3D 显示技术。空间光调制器一般采用 LCD 显示屏，基于衰减的多层光场显示可以理解为使用 LCD 静态画面的多层成像 3D 显示技术。

7.3.1 多层成像 3D 显示原理

多层成像3D显示技术利用前后排列的多层LCD显示屏分别显示有差异的前后景，通过这些差异图像所携带的深度信息形成前后深度感，配合景物相对关系的设计，最后合成 3D 显示效果。多层成像 3D 显示技术也叫多层显示（Multi-Layer Display，MLD）技术。

1. 多层成像 3D 显示系统

多层成像 3D 显示系统包括背光源、多层 LCD 显示屏、屏幕驱动模块和电源模块，多层结构的光场 3D 显示系统如图 7-36 所示。在高亮度背光源③的前方依次排列 N 片 LCD 显示屏，用屏幕驱动模块为 N 片 LCD 显示屏提供图像数据。LCD 显示的图像可以是彩色、黑白、灰度，或各种组合。系统外输入的显示数据①送入屏幕驱动模块②后，被分解成 N 幅图像，分别送到④、⑤、⑥等 N 层 LCD 显示屏上。背光源③产生的照明，经过各层 LCD 像素单元的逐级调制后，以特定规律输出光场分布 L，在观看区域形成目标视场⑦，实现可以单目聚焦的 3D 显示效果。

多层成像 3D 显示系统的输出图像不但显示光线的空间位置，还显示光线的传播方向信息。透过多层 LCD 显示屏所观察到的图像，其灰阶信息是各层显示屏图像的亮度和或者亮度乘积。移动观看位置时，多层显示屏之间的相对位置发生变化，所看到的透过多层显示屏的光线将穿过不同的像素点，导致光线亮度相应变化，实现具有视差的 3D 感知效果。

多层成像 3D 显示系统利用各层显示屏有限的数据来近似真实的光场，增加层数可以增大景深和视域，能获得高阶光场的近似结果。但是，每一层显示屏就是一个衰减图形，层数越多光衰减得越多，一般采用三到四层。各层显示屏以一定的层间距排列组成，增加每层的间隔可以增大场景的景深，但间隔太大会限制成像视角和最大空间频率。LCD 显示屏的光学特性相当于一个网格状的光栅，当多层重叠时会产生摩尔条纹，严重影响图像视觉效果。所以，需要合理地设计显示屏相关的各项参数。

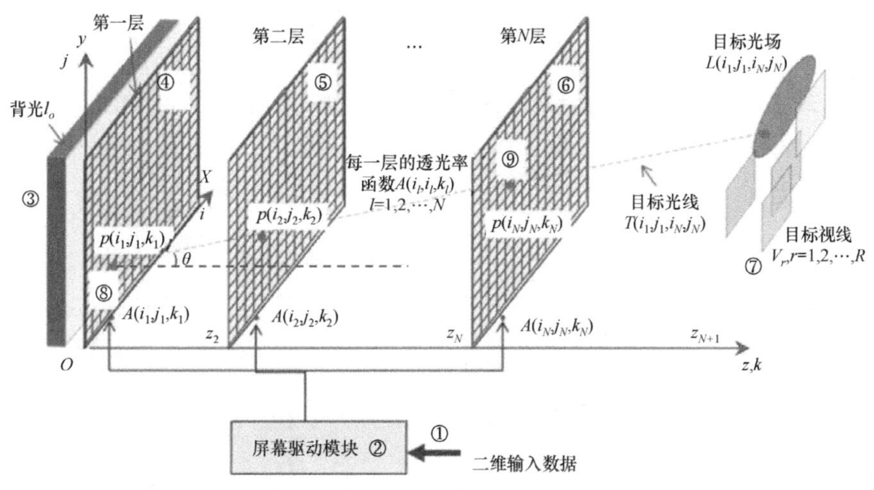

图 7-36　多层结构的光场 3D 显示系统

2. 压缩光场显示原理

多层成像 3D 显示系统中每一层 LCD 显示屏所显示的图像不是简单的体元切片，而是经多层成像算法处理后生成的分层图像。将目标光场经过计算，得到准确的分层成像数据，再分解到各层显示屏上是整个系统的核心。所以，多层成像 3D 显示也叫压缩光场显示，属于计算光场显示的一种。压缩光场显示可以通过多层显示屏的光强调制与计算机拟合处理算法相结合而实现。与光器件方案相比，利用调制计算的方法只要显示少量的像素就可以实现给定的光场。

图 7-37 以三层 LCD 显示屏为例，显示分解到不同观看方位的每一层图像。同一行内的三幅图像构成了某个视角下光场分解到三层显示屏的结果，不同的行表示不同视角下的分解结果。每一个 $s-t$ 平面的切片对应着某一特定方向的场景的正投影图。相当于在 $x-y$ 平面上的每一个角度，分别朝物体拍摄一张照片。因为从不同角度拍摄，图片之间存在视差，从而携带有物体的三维信息。将这些正投影图按照 $x-y$ 平面上网格的顺序拼接起来，就可以表示光场的全部信息。

在图 7-36 中，目标光线 T 与 LCD 平面法线的夹角 θ，就是相应视点的视角。位于目标视场的观看者可以看到从三层 LCD 平面发出来的光的集合。假设观看位置所在平面到焦平面的距离为 d，初始定义的视场角大小为 f_{ov}，则最大横向偏移或纵向偏移量为

$$x=\pm d\tan(f_{ov}/2)x_0$$
$$y=\pm d\tan(f_{ov}/2)y_0 \qquad (7\text{-}15)$$

式（7-15）所求得的最大偏移表示观看位置在 z 轴的某一固定位置能够活动的 x, y 方向的范围大小。再对其进行等间距取值，可以得到每个观看点的横纵坐标。

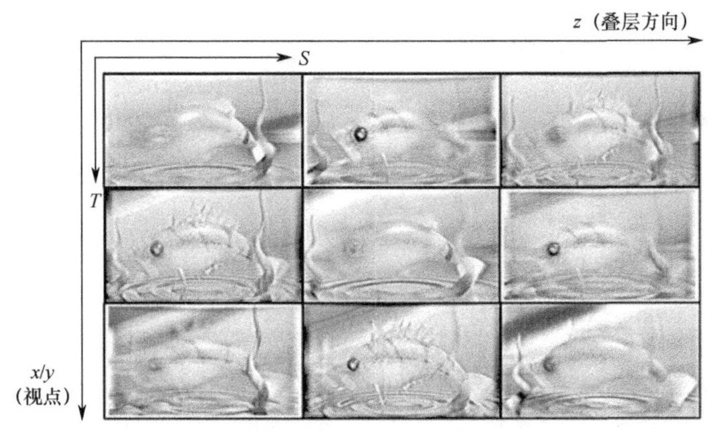

图 7-37　不同观看方位的光场图层分解示例

在图 7-37 中，9 幅投影图中任意一幅上的任意一个像素点值都代表着某一束光线对应的强度。假定目标光线在传播过程中的能量损失忽略不计，以光线贯穿三层显示屏路径上的交点像素值线性相加，可以近似这条光线的强度。如图 7-38 所示，巨量的目标光线构成一个目标光场，对应一个视点的实际投影图。多层成像 3D 显示系统的等效体元数就是所有目标光场的像素之和。如果系统中每个目标光场的像素个数为 200 万，10×10 个目标光场就有 2 亿个体元。

具体目标光线的强度计算，可以采用图 7-39 所示的模型：以中间 LCD 为参考面，对应像素点（m, n），LCD 显示屏间距为 l，目标光线与第一层显示屏和第三层显示屏依次相交于（x_A, y_A）、（x_C, y_C）。A 点和 C 点的坐标通过式（7-16）和式（7-17）可以求得。

$$x_A=m-l\tan\theta,\ y_A=n-l\tan\theta \qquad (7\text{-}16)$$

$$x_C=m+l\tan\theta,\ y_C=n+l\tan\theta \qquad (7\text{-}17)$$

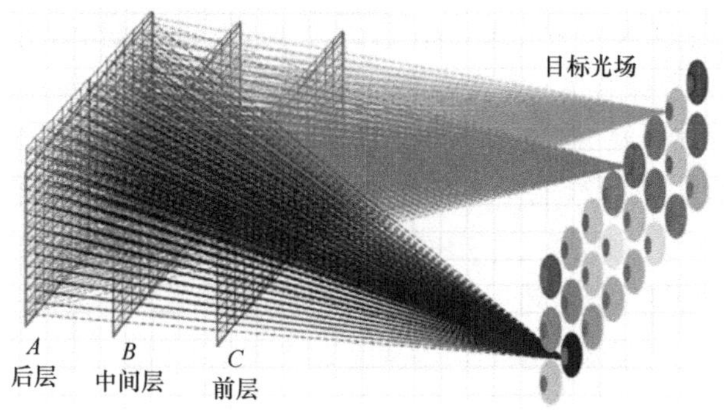

图 7-38　多层成像 3D 显示目标光场模拟

假设 A、B、C 三个交点对应的像素值为 P_A、P_B、P_C，则目标光线的模拟强度为三者之和，即 $P=P_A+P_B+P_C$。一个目标光场所有光线的信息，分 x 方向像素个数与 y 方向像素个数排列组合，使用最小二乘法，经过多次迭代直到收敛，可以得到三层显示屏上显示的图像内容。再根据函数返回值可以得到残差和重构出来的图像，与原图进行比对可以评判效果的好坏。

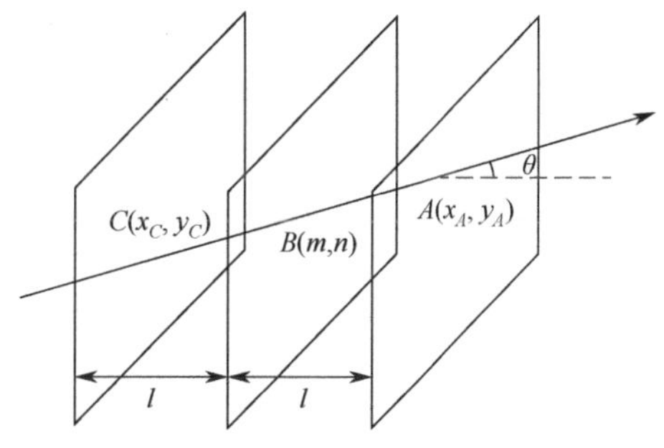

图 7-39　光线路径图

7.3.2　压缩光场显示技术

压缩光场显示技术包括两层空间光调制器组合的内容自适应视差光栅技术、三层空间光调制器组合的偏振光场显示、四层空间光调制器组合的张量显示技术等。内容自适应视差光栅技术通过双层 LCD 显示屏衰减背光源的光线来重建目标光场，用视差光栅原理实现 3D 显示；偏振光场显示采用三层 LCD 显示屏构建偏振光场显示器来发射目标光场，实现更高的亮度和分辨率，以及景深的扩大；张量显示（Tensor Display）技术使用四层显示屏堆叠，通过应用张量运算来计算最佳光场信息。

1．内容自适应视差光栅技术

内容自适应视差光栅技术在背光源上堆叠两层 LCD 显示屏，构成一个两平面参数化的 4D 矢量光场显示。每条出射光线的坐标参数可以由其穿过的每层显示屏的交叉点来确定。如图 7-40 所示，在一维叠层结构中，光线 $L[i, k]$与后面显示屏的交叉点为 i_0，与前面显示屏的交叉点为 k_0。对应在二维显示器上，就是光线 $T(u, v, s, t)$ 与后面显示屏的交叉点坐标为（u, v），与前面显示屏的交叉点坐标为（s, t）。设定每层显示屏的左上角为各自坐标系统的原点（0, 0）。前后两层显示屏都可以表现非二进制的不透明度，都能用于显示多角度视图内容。可以分别在水平方向和垂直方向上控制不同观看角度的出射光线的亮度值。

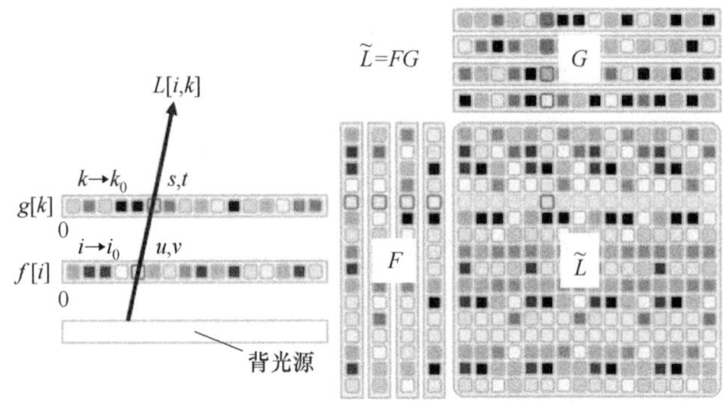

图 7-40 双层 LCD 堆叠的 3D 显式光路

目标光线垂直于显示屏呈窄视角锥形投影，投射到显示屏前方的观看者。为了方便计算，目标光场出射光线的参数坐标定义为（u, v, a, b），其中（a, b）表示与前面显示屏交叉点的相对偏移量。

$$(a, b)=(s-u, t-v) \tag{7-18}$$

根据光场理论，一个 4D 矢量光场的二维切片，一个固定的相对偏移量（a, b）对应一个锥形投影区。在观看者向上移动 a 或向右移动 b 的过程中，分别可以看到不同的视差图像（光场信息）。

根据绝对的参数化方法，前面显示屏的 2D 矢量的光衰减函数定义为 $\boldsymbol{f}(u, v)$，后面显示屏的 2D 矢量的光衰减函数定义为 $\boldsymbol{g}(s, t)$，出射的 4D 矢量光场 $\boldsymbol{L}(u, v, s, t)$可以表示为

$$\boldsymbol{L}(u, v, s, t)=\boldsymbol{f}(u, v)\boldsymbol{g}(s, t) \tag{7-19}$$

因为 LCD 显示屏和出射光场都是离散函数，离散像素指数标记为(i, j, k, l)，对应连续坐标(u, v, s, t)。所以，离散光场就是 $\boldsymbol{L}[i, j, k, l]$，采样 LCD 就是 $\boldsymbol{f}[i, j]$和 $\boldsymbol{g}[k, l]$。如果 4D 矢量光场只考虑 2D 切片，对应的 2D 矢量光场矩阵 $\boldsymbol{L}[i, k]$可以表示为

$$\boldsymbol{L}[i,k]=\boldsymbol{f}[i]\otimes\boldsymbol{g}[k]=\boldsymbol{f}[i]\boldsymbol{g}^{\mathrm{T}}[k] \tag{7-20}$$

其中，两层显示屏分别表示为两个列向量$\boldsymbol{f}[i]$和$\boldsymbol{g}[k]$。这样，式（7-19）可以简化为一个外积，只需采用一个绝对的两平面参数化方法。把式（7-20）扩展到 4D 矢量光场，光场可以表示为两层显示屏的张量积：

$$\boldsymbol{L}[i,j,k,l]=\boldsymbol{f}[i,j]\otimes\boldsymbol{g}[k,l] \tag{7-21}$$

根据式（7-21），双层 LCD 堆叠只能形成离散 4D 矢量光场张量的一阶近似。实现更高阶的近似需要采用时间复用技术，可以避免空间分辨率的损失，扩大视角。

2. 偏振光场显示技术

偏振光场显示器是在背光源上方的一对正交线性偏光板之间堆叠多层 LCD 显示屏，每层显示屏被视为空间可控的偏振光旋转器，通过精确控制每个像素的电压改变经过每个像素的光线的偏光特性，从最外侧偏光板出来的偏振光可精确再现目标光场。为了简化分析，只考虑如图 7-41 所示偏振光场显示器的显示原理。设定显示器的宽度 w 和高度 h，在 y 轴上分布 K 层液晶显示屏，这样 $d_k\in[-h/2,\ h/2]$。设定一个 2PP 的参数化光场 $l(u,\ a)$。u 轴与 x 轴一致，光线(u,a)定义为 $a=s-u=d_r\tan(\alpha)$，其中 s 为 d_r 到 u 轴的距离。

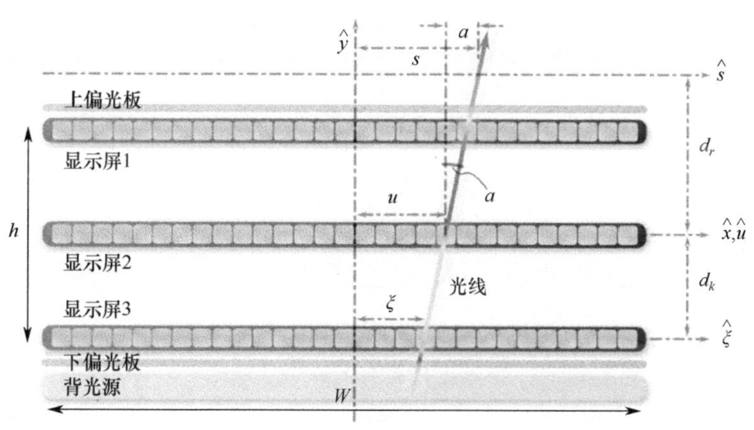

图 7-41　偏振光场显示器显示原理

把 Malus 定理应用于入射到上偏光板的偏振光场 $\theta(u,a)$，可以得到发射光场 $l(u,a)$

$$l(u,a)=l_0(u,a)\sin^2[\theta(u,a)] \tag{7-22}$$

其中，$l_0(u,\ a)$是背光源发出的光线经下偏光板衰减后的光场。背光源发出的是均匀的光线，所以 $l_0(u, a)=l_{max}$。光场归一化后，$l(u, a) \in[0, l_{max}]$。这种表达式用于解决如下所示的目标偏振光场 $\theta(u, a)$：

$$\theta(u,a)=\pm\sin^{-1}\left(\sqrt{\frac{l(u,a)}{l_0(u,a)}}\right)\bmod\pi \tag{7-23}$$

根据这些假设，反正弦的主值范围在[0, π/2]。一般，目标偏振光场是个多值周期函数。

每层液晶显示屏控制着空间变化的偏振态旋转 $\phi_k(\xi)$，这个旋转沿着层叠方向在位置 ξ 处引起。光线(u, a)横穿 k 层显示屏（在图 7-41 中 k=3），经过每个显示屏后累计增量旋转，因此出射光线的偏振光场 $\tilde{\theta}(u,a)$ 可以表示为

$$\tilde{\theta}(u,a)=\sum_{k=1}^{K}\phi_k(u+(d_k/d_r)a) \tag{7-24}$$

综合式（7-22）和式（7-24），可以得到经过 k 层显示屏后出射的偏振光场 $\tilde{l}(u,a)$ 的表达式：

$$\tilde{l}(u,a)=l_0(u,a)\sin^2(\sum_{k=1}^{K}\phi_k(u+(d_k/d_r)a) \tag{7-25}$$

假定出射的偏振光场表示为一个带有 M 个元素的列向量 $\tilde{\theta}$，每个元素都代表了光场中一根特定光线的偏振角度。同理，偏振态的旋转可以表示为一个带有 N 个元素的列向量 ϕ，每个元素代表了各层显示屏上一个特定的显示像素。基于以上的离散参数化方法，从式（7-24）可以导出如下线性方程：

$$\tilde{\theta}_m=\sum_{n=1}^{N}P_{mn}\phi_n \tag{7-26}$$

式中，$\tilde{\theta}_m$ 和 ϕ_n 分别表示列向量 $\tilde{\theta}$ 中的光线 m 和列向量 ϕ 中的像素 n。一个投影矩阵 $\boldsymbol{P}$ 的元素 P_{mn}，取决于光线 m 与像素 n 重叠部分的归一化面积，占用一个由采样间距决定的有限区域。通过求解约束的线性最小二乘问题，得到了一组最佳的偏振态旋转 ϕ：

$$\arg\min_{\phi}\theta-\boldsymbol{P}\phi^2,\phi_{\min}\leqslant\phi\leqslant\phi_{\max} \tag{7-27}$$

每层 LCD 显示屏都可以应用一个范围在 $[\phi_{\min},\phi_{\max}]$ 的旋转。式（7-27）可以通过联合代数重建法（Simultaneous Algebraic Reconstruction Technique，SART）有效解决。

偏振光场显示器的显示屏不同于传统空间光调制器的光衰减器，可以获得更高的 3D 显示亮度。为进一步提高背光的利用效率，偏振光场显示器可以利用 RGB 三色背光与黑白 LCD 显示屏组合的场序列彩色(Field Sequential

Color，FSC）显示技术。

3．张量显示技术

张量显示是在一个均匀背光上设计 N 层、M 帧发出的光场，用稀疏的非零元素限制在 n 阶面，秩 m 张量的平面内表示。采用非负张量分解（NTF）将该张量表示的光场最优分解为时分复用光衰减层。显示层支持同步、高速的时间调制，从而使得观察者感知 M 帧多层掩膜序列的时间平均效果。

为简化分析，只考虑如图 7-42 所示的张量显示坐标。光线通过一排由小镜头组成的阵列传送出来，在其中实现视角宽约 50°，高约 20° 的折射，光线继续通过另外两个显示屏（含图像元素），显示屏图像以 120Hz 的频率实现透明或不透明切换，从而产生适配于眼睛所观看的正确的二维图像。每只眼睛看到不同的 2D 视图，将由大脑自动结合并形成一个更清晰的 3D 图像。采用相对双平面参数化光场 $l(x, v)$，v 表示射线(x, v)与上方相距 d_r 的平面的交点相对 x 的偏移。N 层光衰减层构成的张量显示器的发射光场 $\tilde{l}(x,v)$ 表示为

$$\tilde{l}\left(x,v;N\right)=\prod_{n=1}^{N}f^{(n)}(x+(d_n/d_r)v) \tag{7-28}$$

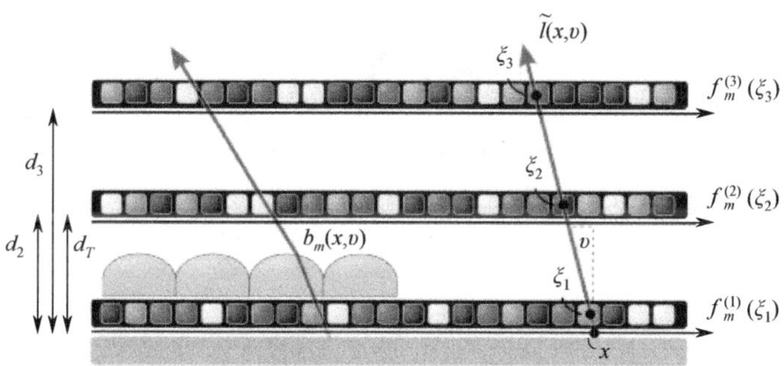

图 7-42　张量显示坐标

其中，$f^{(n)}(\xi_n)\in[0,1]$，表示距离 x 轴 d_n 的第 n 层显示屏在点 ξ_n 处的透光率。图 7-42 中的三层结构，后层、中层和前层的透光率分别为 $f(\xi_1)$、$g(\xi_2)$和 $h(\xi_3)$，相应的发射光场表示为

$$\tilde{l}\left(x,v\right)=f\left(\xi_1\right)g\left(\xi_2\right)h\left(\xi_3\right),\quad \xi_n=x+(d_n/d_r)v \tag{7-29}$$

发射光场 $\tilde{l}(x,v)$ 可以表示为如下约束函数：

$$\tilde{t}\left(\xi_1,\xi_2,\xi_3\right)=f\left(\xi_1\right)g\left(\xi_2\right)h\left(\xi_3\right) \tag{7-30}$$

在横跨$\{\xi_1,\xi_2,\xi_3\}$的三维欧氏空间$\mathbb{R}^3$中，由方程 $\alpha\xi_1+\beta\xi_2+\gamma\xi_3=0$ 导出二维子

空间，其中

$$\alpha = d_3 - d_2; \beta = d_1 - d_3; \gamma = d_2 - d_1 \tag{7-31}$$

这样，发射光场 $\tilde{l}(x,v)$ 的元素被限制到式（7-31）所示的平面上。

N 层、*M* 帧张量显示器发出的任何光场都可由 ***n*** 阶、秩 ***m*** 张量表示，该光场张量显示器可分解成 *M* 个张量之和，每个张量对应 *N* 张矩阵数组，每张矩阵数组对应单帧图像单层的透过率。并且，该张量表示与指向背光相结合，该指向背光是位于层后面的低分辨率的光场发射器。采用非负张量分解（NTF）引入了一个统一的张量优化框架，允许多层、多帧分解，并结合多层和指向背光的优势。采用修饰后的液晶面板和传统集成成像背光实现了可重构的张量显示。

张量显示可实现更深的景深，更宽的观看视野。与传统的视差光栅和集成成像不同，张量显示的观看视区不出现周期性重复。非中央观看视区在较小的视野下，该解决方案在目标观看位置之间是不受约束的。但是，多层显示屏结构存在摩尔纹、色通道串扰、亮度下降等现象。多层指向背光增加成本和复杂性，并引入了散射和内反射，与此同时需要精确的机械对准。非负张量分解（NTF）需要有效的计算资源。

本章参考文献

[1] E. Adelson, J. Bergen. The plenoptic function and the elements of early vision[J]. Computational Models of Visual Processing, 1991: 3-20.

[2] 刘旭，李海峰. 基于光场重构的空间三维显示技术[J]. 光学学报，2011，31(9): 194-198.

[3] Emilio Camahort, Donald Fussell. A geometric study of light field representations[J]. Technical Report, 1999: TR9935.

[4] K.J.MacKenzie, D.M.Hoffman, S. J. Watt. Accommodation to Multiple-Focal-Plane Displays: Implications for Improving Stereoscopic Displays and for Accommodation Control[J]. Journal of Vision, 2010.

[5] Wetzstein G, Lanman D, Hirsch M, et al. Tensor displays:compressive light field synthesis using multilayer displays with directional backlighting[J]. Acm Transactions on Graphics, 2012, 31(4): 1-11.

[6] 王芳，赵星，杨勇，等. 基于人眼视觉的集成成像三维显示分辨率的比较[J]. 物理学报, 2012(8): 262-268.

[7] G. Wetzstein, D. Lanman, M. Hirsch, W. Heidrich, R. Raskar. Compressive Light

Field Displays[J]. IEEE Computer Graphics and Applications, 2012, 32(5): 6-11.

[8] Lanman D, Hirsch M, Kim Y, et al. Content-adaptive parallax barriers:optimizing dual-layer 3D displays using low-rank light field factorization[C]. ACM, 2010: 1-10.

[9] Wetzstein G, Lanman D, Heidrich W, et al. Layered 3D:tomographic image synthesis for attenuation-based light field and high dynamic range displays[J]. ACM Transactions on Graphics (TOG), 2011, 30(4): 1-12.

[10] Lanman D, Wetzstein G, Hirsch M, et al. Polarization fields:dynamic light field display using multi-layer LCDs[C]. Siggraph Asia Conference. ACM, 2011: 1-10.

[11] Wetzstein G, Lanman D, Hirsch M, et al. Tensor displays:compressive light field synthesis using multilayer displays with directional backlighting[J]. ACM Transactions on Graphics, 2012, 31(4): 1-11.

[12] 小池崇文. ライトフィールドディスプレイの基礎とそのウェアラブル応用の可能性[J]. O plus E, 2015 , 433: 986-989.

[13] José Francisco Algorri, Virginia Urruchi, Noureddine Bennis, et al. Integral Imaging Capture System With Tunable Field of View Based on Liquid Crystal Microlenses[J]. IEEE Photonics Technology Letters, 2016, 28(17): 1854-1857.

[14] Keita Takahashi, Yuto Kobayashi, Toshiaki Fujii. From Focal Stack to Tensor Light-Field Display[J]. IEEE Transactions on Image Processing, 2018, 27(9): 4571-4584.

[15] Jung-Young Son, Hyoung Lee, Beom-Ryeol Lee, et al. Holographic and Light-Field Imaging as Future 3-D Displays[J]. Proceedings of the IEEE, 2017, 105(5): 789-804.

[16] Toyohiro Saito, Yuto Kobayashi, Keita Takahashi, et al. Displaying Real-World Light Fields With Stacked Multiplicative Layers: Requirement and Data Conversion for Input Multiview Images[J]. Journal of Display Technology, 2016, 12(11): 1290-1300.

[17] 小池崇文. 4 次元光線再生方式ディスプレイに関する理論的検討とその応用[D]. 東京: 東京大学，2009.

[18] Isaksen A, Gortler S, Mcmillan L. Dynamically Reparameterized Light Fields[J]. Proc Acm Siggraph00, 2000:297-306.

[19] M. G. Lippmann. Epreuves reversibles donnant la sensation du relief[J]. Journal of Physics, 1908, 4: 821-825.

[20] J. Arai, M. Kawakita, T. Yamashita, H. Sasaki, M. Miura, H. Hiura, M. Okui and F. Okano. Integral Three-dimensional Television with Video System Using Pixel-offsetMethod[J]. Optics Express, 2013, 21(3): 3474-3485.

[21] M. Miura，J. Arai，T. Mishina，M. Okui and F. Okano. Integral Imaging System withEnlarged Horizontal Viewing Angle[J]. Proc. SPIE, 2012, 8384: 838400-1-838400-9.

[22] 岡市直人, 日浦人誌, 三浦雅人, 洗井淳. 歪み補正手法を用いた複数のプロジェクタによるインテグラル立体映像表示[J]. 映像情報メディア学会年次大会講演予稿集(CD-ROM) , 2013,11(5)：ROMBUNNO.11-5.

[23] Wetzstein G, Lanman D, Hirsch M, et al.Tensor displays:compressive light field synthesis using multilayer displays withdirectional backlighting[J]. ACM Transactions on Graphics (TOG), 2012, 31(4): 80.

[24] Wang S , Zhuang Z , Surman P , et al. Two-layer optimized light field display using depth initialization[C]. 2015 Visual Communications and Image Processing (VCIP). IEEE, 2015: 13-16.

[25] Smoot L S, Smoot L S, Smoot L S, et al. Multi-Layered Automultiscopic Displays[J]. Computer Graphics Forum, 2012, 31(7pt2): 2135-2143.

[26] 夏新星. 水平光场三维显示机理及实现技术研究[D]. 杭州: 浙江大学, 2014.

[27] Levoy M, Hanrahan P. Light field rendering[C]. Conference on Computer Graphics and Interactive Techniques. ACM, 1996: 31-42.

[28] LIPPMANN, G. Epreuves reversibles donnant la sensationdu relief[J]. Journal of Physics, 1908, 7(4): 821-825.

[29] Bilgili Ahmet, Ouml; ztürk Aydn, Kurt Murat. A General BRDF Representation Based on Tensor Decomposition[J]. Computer Graphics Forum, 2011, 30(8): 2427-2439.

[30] Lanman D, Hirsch M, Kim Y, et al. Content-adaptive parallax barriers: optimizing dual-layer 3D displays using low-rank light field factorization[C]. ACM, 2010: 1-10.

[31] Dongkyung Nam, Jin-Ho Lee, Yang Ho Cho, et al. Flat Panel Light-Field 3-D Display: Concept, Design, Rendering, and Calibration[C]. Proceedings of the IEEE, 2017, 105(5): 876-891.

[32] Kim Jonghyun, Jung Jae-Hyun, Jeong Youngmo, et al. Real-time integral imaging system for light field microscopy[J]. Optics Express, 2014, 22(9): 10210-10220.

[33] Song Min-Ho, Jeong Ji-Seong, Erdenebat Munkh-Uchral, et al. Integral imaging system using an adaptive lens array[J]. Applied Optics, 2016, 55(23): 6399-6403.

[34] Kim Nam, Alam Md Ashraful, Bang Le Thanh, et al. Advances in the light field displays based on integral imaging and holographic techniques[J]. Chinese Optics Letters, 2014,12(6): 060005.

[35] Chen Yujiao, Wang Xiaorui, Zhang Jianlei, et.al. Resolution improvement of integral imaging based on time multiplexing sub-pixel coding method on common display panel[J]. Optics Express, 2014, 22(15): 17897-17907.

[36] 長船紗希, 福岡亜央衣, 南雄介, 等. 複数の光線再生ディスプレイを用いた全周表示 3 次元ディスプレイに関する研究[J].映像情報メディア学会技術報告,

2016, 40(20): 21-24.

[37] Okaichi Naoto, Miura Masato, Arai Jun, et al. Integral 3D display using multiple LCD panels and multi-image combining optical system[J]. Optics Express, 2017, 25(3): 2805-2817.

[38] Yamaguchi Masahiro. Light-field and holographic three-dimensional displays[J]. Journal of the Optical Society of America A, 2016, 33(12): 2348-2364.

[39] Keita Takahashi, Yuto Kobayashi, Toshiaki Fujii. From Focal Stack to Tensor Light-Field Display[J]. IEEE Transactions on Image Processing, 2018, 27(9): 4571-4584.

[40] Kim Dongyeon, Lee Seungjae, Moon Seokil, et al. Hybrid multi-layer displays providing accommodation cues[J]. Optics Express, 2018, 26(13): 17170-17184.

[41] 岡市直人, 三浦雅人, 洗井淳, 等. 複数の 8K 液晶パネルを用いたインテグラル立体映像表示[J]. 映情学技報, 2015, 39 (36): 1-4.

[42] 小林優斗, 斎藤豊大, 高橋桂太, 等.レイヤ型 3 次元ディスプレイの開発とリアルタイム表示の実装[J]. 電子情報通信学会技術研究報告, 2016, 115(494): 151-156.

[43] Jun Arai, Eisuke Nakasu, Takayuki Yamashita, et al. Progress Overview of Capturing Method for Integral 3-D Imaging Displays[J]. Proceedings of the IEEE, 2017, 105(5): 837-849.

[44] Yang Chen, Wang Jingang, Stern Adrian, et al. Three-Dimensional Super Resolution Reconstruction by Integral Imaging[J]. Journal of Display Technology, 2015, 11(11): 947-952.

[45] Martínez-Corral Manuel, Javidi Bahram. Fundamentals of 3D imaging and displays: a tutorial on integral imaging, light-field, and plenoptic systems[J]. Advances in Optics and Photonics, 2018, 10(3): 512-566.

[46] Tolosa Ángel, Martinez-Cuenca Raúl, Navarro Héctor, et al. Enhanced field-of-view integral imaging display using multi-Köhler illumination[J]. Optics Express, 2014, 22(26): 31853-31863.

[47] Zhou Liqiu, Zhao Xing, Yang Yong, et al. Voxel model for evaluation of a three-dimensional display and reconstruction in integral imaging[J]. Optics Letters, 2014,39(7): 2032-2035.

[48] 後藤田洋伸.積層型ディスプレイのための高速画像計算法[J]. 映情学技報, 2015, 39.34(0): 1-4.

[49] Seokil Moon, Chang-Kun Lee, Dukho Lee, et al. Layered Display with Accommodation Cue Using Scattering Polarizers[J]. IEEE Journal of Selected Topics in Signal Processing, 2017, 11(7): 1223-1231.

[50] Huang Hekun, Hua, Hong. Systematic characterization and optimization of 3D light field displays[J]. Optics Express, 2017, 25(16): 18508-18525.

[51] Y Liu, H Ren, S Xu, Y Chen, L Rao Adaptive Focus Integral Image System Design Based on Fast-Response Liquid Crystal Microlens[J]. Journal of Display Technology , 2011, 7 (12): 674-678.

[52] 八木美冴, 佐藤美恵.インタラクティブな裸眼立体表示に関する検討[J]. 映情学技報, 2014, 38. 9(0): 13-16.

[53] S.Suyama, S.Ohtsuka, H.Takada, et al. Apparent 3-d image perceived from luminance-modulated two 2-d image displayed at different depths[J]. Vision Research, 200444(8): 785-793.

[54] Yendo T , Fujii T , Tanimoto M . Ray-space acquisition and reconstruction within cylindrical objective space[J]. Proceedings of SPIE-The International Society for Optical Engineering, 2006, 6055:60550W-60550W-8.

[55] Ma, Qungang; Cao, Liangcai; He, Zehao; Zhang, Shengdong. Progress of three-dimensional light-field display [Invited][J]. Chinese Optics Letters, 2019, 17(11): 111001-1-7.

第8章

体 3D 显示技术

有别于双目视差方式的立体显示系统，体 3D 显示系统可以使多个观察者在无须佩戴任何辅助装置的情况下，看到类似科幻电影的“悬浮”3D 透视图像。并且在 360° 范围内任意视角同时观察具有真实物理景深的被显示物体，每个观察者可以看到被显示物体的不同侧面。它将引领 3D 图像可视化进入崭新的发展方向，具有广阔的应用前景。下面分别从基于发光介质的固态体 3D 显示、基于旋转屏幕的动态体 3D 显示、全息体显示、自由空间体 3D 显示，以及多平面体 3D 显示这五个方面进行阐述。

8.1 基于发光介质的固态体 3D 显示

基于发光介质的固态体 3D 显示是利用发光介质（包括特殊玻璃、气体、液体及空间排布的光纤等固定结构）配合激发光束的扫描与寻址，产生真三维显示效果。基于发光介质的固态体 3D 显示目前主要包括固体介质能量跃迁、气体介质能量跃迁、化学染料、喷墨印刷等方式。

8.1.1 基于固体介质能量跃迁的固态体 3D 显示

固态体 3D 显示技术早期是由 Swainson 提出的基于固体介质能量跃迁来实现三维空间的体显示技术。此技术利用两只红外激光器同步扫描充满固体介质的三维成像空间，在两道光线的交汇处固体介质发生能级跃迁而发出可见荧光。如 solidFELIX，主要采用一整块立方体水晶作为显示介质，在水晶中掺杂了稀土元素，当两束相干红外线激光在水晶内部的某空间点处相交时，它们将激发该点发光。

Renren Deng 和 Fei Qin 等人通过调整红外激光束的脉冲宽度，从一类新型核壳上转换纳米晶体，动态微调全色范围内的光发射。来自这些纳米晶体的颜色可调性受到非稳态上转换过程的控制。这些发现为构建具有高空间分辨率和本地可寻址色域的真 3D 全彩色显示系统提供了可能性。

图 8-1 为非稳态上转换机制的示意图，其产生了合成后的多层纳米晶体（六方相 $NaYF_4$）的良好的颜色可调性。观察到的蓝色发光地归因于 Nd^{3+}-敏化的上转换过程，其在 808nm 激光的激发下由 Nd^{3+}吸收的激发能量通过 Yb^{3+}-介导的能量迁移转移到 Tm^{3+}。因此，可以从 Tm^{3+}的 $^1G_4$ 态产生通过三光子上转换过程的 470nm 激活发射。

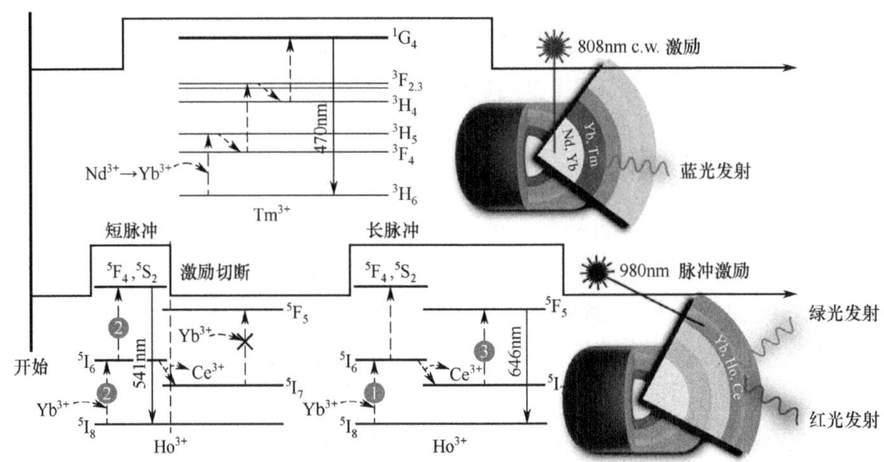

图 8-1　非稳态上转换机制的示意图

多层纳米晶体响应激发发射可变波长和脉冲宽度提供了实现全色体 3D 显示器所需的空间和时间颜色合成的便利方式。Renren Deng 和 Fei Qin 等人将纳米晶体纳入聚二甲基硅氧烷（PDMS）整体材料中以构建透明显示器基体。由于光子上转换中信号产生的非线性特性，只有激光束焦点体积内的纳米晶体才能被激发。通过 808nm 激光照射可以在显示矩阵的体积内移动光束的焦点来生成 3D 图像［见图 8-2（a）］。使用这种方法，已经能够生成具有高空间分辨率和高精度的真正多视角彩色图像［见图 8-2（b）、（c）］。值得注意的是，在溶液或固态基片中均匀混合等量的纳米荧光粉和平衡的单色 RGB 元件会产生叠加的白色彩色图像［见图 8-2（d）］。实验结果为非稳态控制上转换纳米晶体的激发动力学和最终发光发射提供了明确的证据。多层核壳设计通过最小化交叉弛豫和调节能量迁移途径，能够实现任意颜色的可调谐发射及实现从固定组成的纳米晶体构建全色体积 3D 显示。

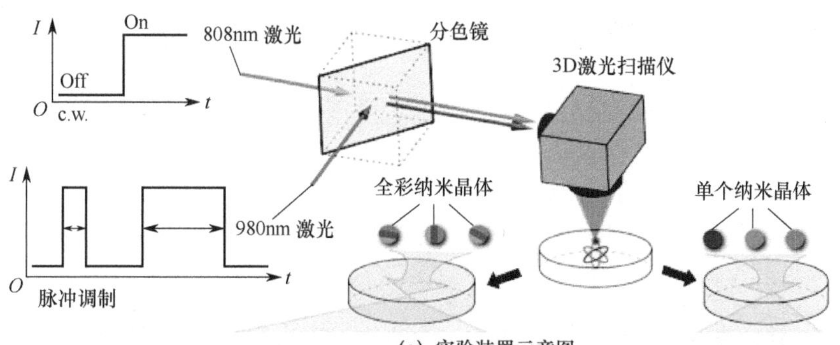

(a) 实验装置示意图

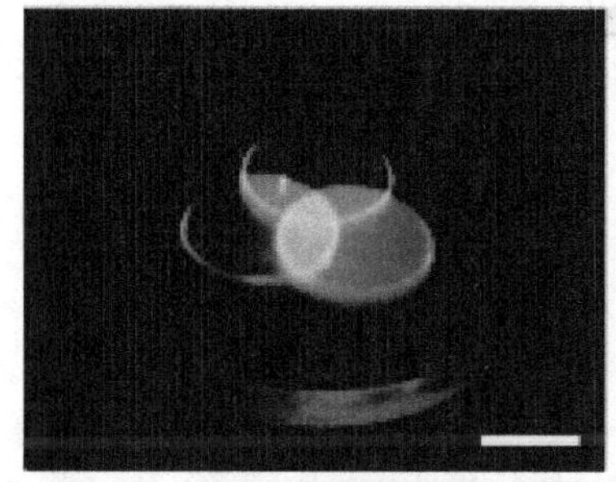

(b) 显示附加颜色（左）和具有宽色域（右）的三维物体的能力

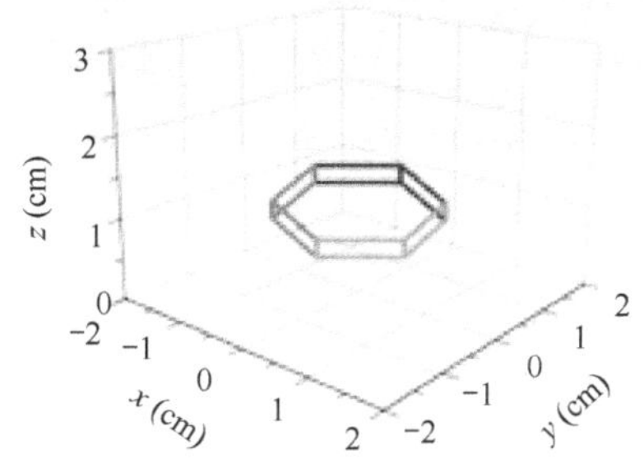

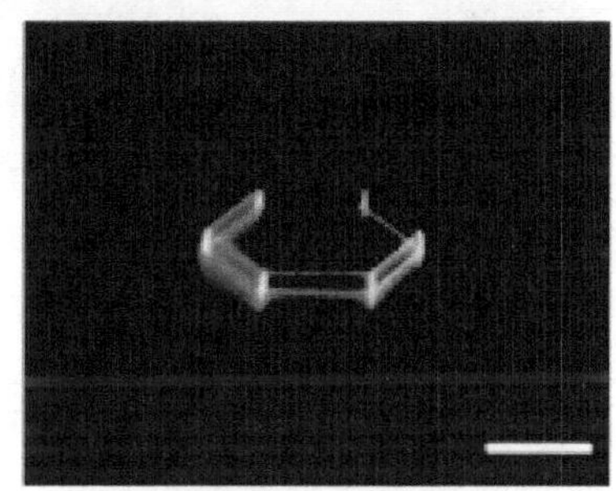

(c) 计算设计示意图（左）和生成的真实图像（右）

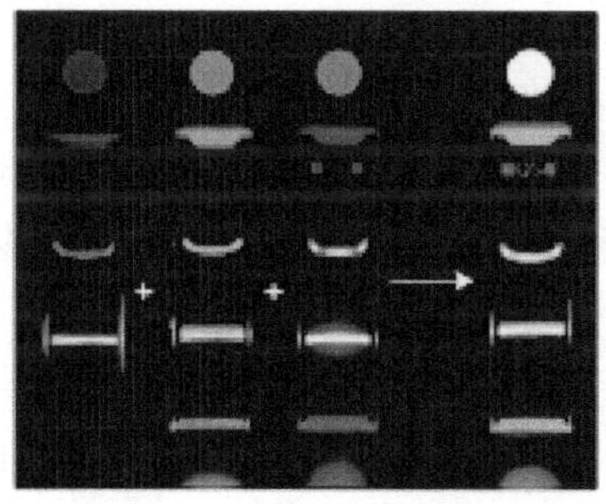

(d) 传统上转换纳米颗粒组合而成的立体显示

图 8-2　在纳米晶体/PDMS 复合材料中展示全色体三维显示

8.1.2　基于气体介质能量跃迁的固态体 3D 显示

另一种基于能级跃迁的固态体 3D 显示技术利用气体介质构成成像空间，用两束激光相交在充满原子蒸汽的容器内，激光相交点在两级能量跃迁发生作用下产生可见的荧光点。将两束激光以高于每秒 24 帧的速度同步扫描则可以在气体介质内逐一“扫出”稳定的三维图像的体素，其原理示意图如图 8-3（a）所示。

这种显示方法的优点在于它可以产生很大屏幕体 3D 显示图像而不需要增加系统的复杂性。在具体实现上的困难是它需要一个大真空腔［见图 8-3（b）］，并需要保持其温度，因而系统维护困难。3D 图像的清晰度受到激光扫描速度的限制，激光束也可能伤害肉眼。

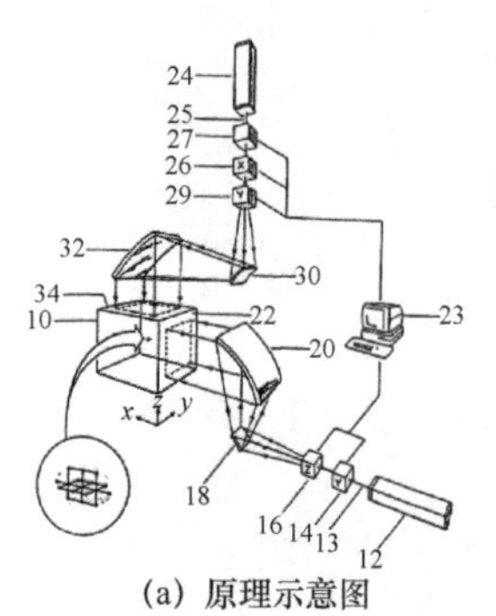

（a）原理示意图

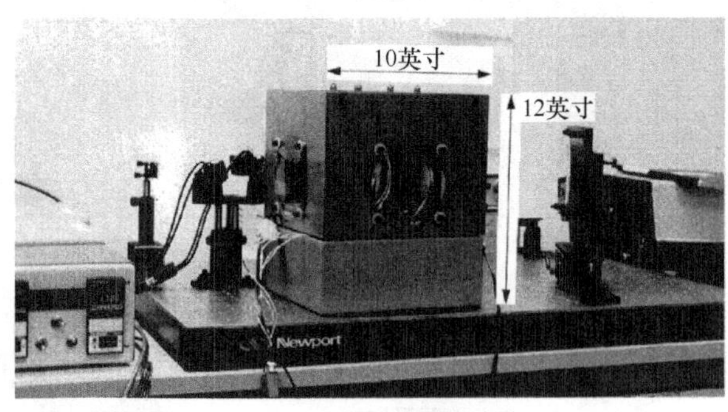

（b）kim 等人的研究成果

图 8-3　气体介质能量跃迁的体 3D 显示装置

8.1.3　基于化学染料的固态体 3D 显示

Shreya K. Patel 等人报道了体 3D 数字光可激活染料显示器（3D Light PAD）。其原理在于光活化染料在紫外光照射下可逆地发出荧光。通过适当调整发射波长使得染料能够在两个结构化光束的交点处产生荧光从而产生三维空间图案。系统显示的最小体素尺寸为 0.68 mm^3，分辨率为 200 mm，在重复“开—关”的循环中具有良好的稳定性。可以投射一系列高分辨率 3D 图像和动画。

第一代 3D Light PAD 被设计以用于 3D 图像生成（见图 8-4）。图形引擎由两台 PC 组成，分别用于控制两台微型投影仪，投影仪配备 385nm 紫外 LED 和 525nm 绿色 LED 作为光源。在定制的石英成像室（50mm× 50mm×50mm）获得了较高质量的图像。该成像室装有二氯甲烷和三乙胺。从紫外投影仪投影出一个 25 像素×25 像素的正方形，从另外一台投影仪投影出一个 49 像素 × 49 像素

的绿色条。图 8-5（a）显示了没有滤波器的图像，而图 8-5（b）～（d）显示了分别使用 515nm、550nm 和 590nm 长通滤波器的图像。图 8-5（e）～（h）显示了相同的图像，但在 Pro4500 紫外线投影机和 Miroir 720p 投影机之间增加了一个 240～395nm 带通滤波器。在所有情况下，紫外线带通滤波器的使用减少了紫外线投影仪的背景，这可以看作图 8-5（a）中没有滤波器的图像中的蓝色条。此外，使用长通滤波器可增加投影图像的对比度，因此使用 550nm 的长通滤波器［见图 8-5（g）］得到定性的最佳对比度。

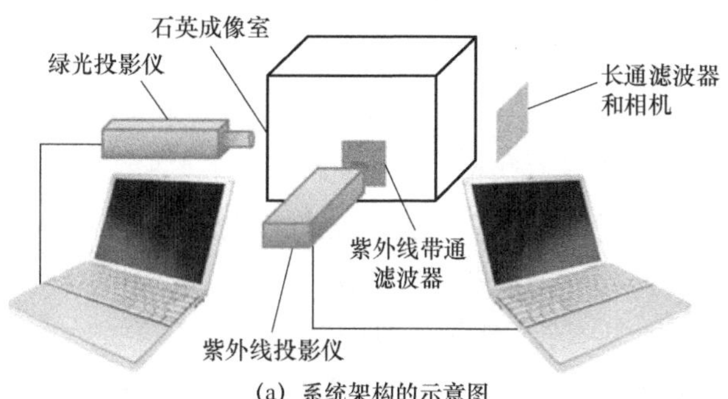

（a）系统架构的示意图

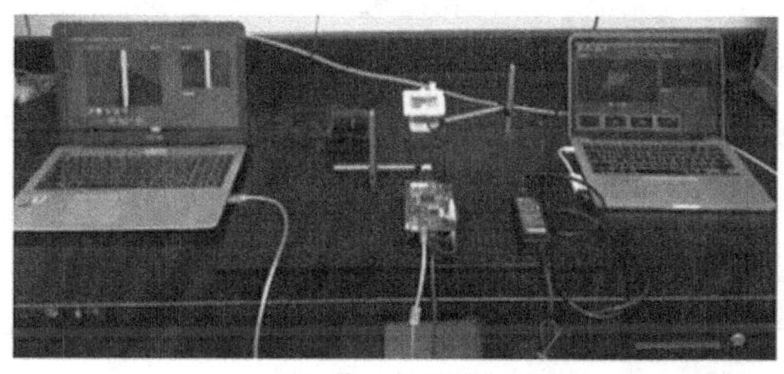

（b）第一代3D Light PAD

图 8-4　第一代 3D Light PAD 的设计

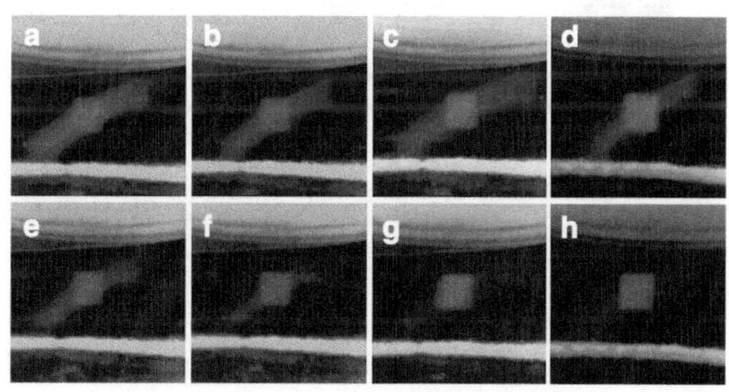

图 8-5　光学滤镜提高图像质量的示例

8.1.4 基于喷墨印刷的固态体 3D 显示

在 Ryuji Hirayama 等人的研究中，使用市场上出售的喷墨打印机来构建全色体积显示器。把光反应性发光材料作为体积元素被精细、自动地打印，利用喷墨打印技术以高分辨率构建体积显示器。这是基于喷墨印刷的体积显示器的第一个原型，由多层透明薄膜组成，可以生成全色 3D 图像。此外，Ryuji Hirayama 等人提出了一个 3D 结构的设计算法，从不同的方向提供多个不同的 2D 全色图案，并通过实验演示原型。

如图 8-6（a）所示，由该算法设计的 3D 玻璃晶体为每个视点独立提供多个 2D 图像。此外，还开发了一种基于光反应性发光材料 3D 排列的多色体积显示器。通过安排发射红光和绿光的两种量子点来演示投影三种多色 2D 图案的体积显示器。图 8-6（b）显示了该方法的概念。所提出的体积显示器由几层透明薄膜组成，并且在每一个薄膜上都印有 2D 图案的荧光墨水。通过外部光照射（如紫外光）激发以 3D 布局排列的印刷的荧光材料，每个激发的荧光材料在返回到基态时发射光，它们一起形成 3D 图像。在该方法中，通过调整发出三原色（红色、绿色和蓝色）的三种荧光墨水的比率，使用普通的喷墨打印机即可以低成本实现大量的体素和全色图像。如图 8-6（c）所示，该研究成功地通过实验演示了投影三个全色图案的 3D 结构。

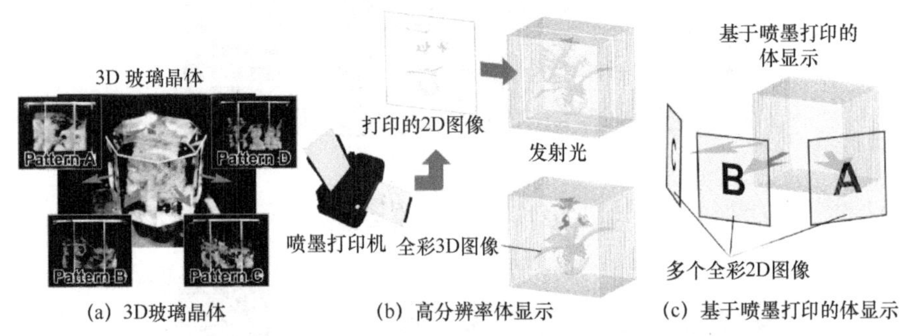

(a) 3D玻璃晶体　(b) 高分辨率体显示　(c) 基于喷墨打印的体显示

图 8-6　基于喷墨印刷的固态体 3D 显示研究概括

图 8-7（a）显示了基于喷墨打印的体积显示全彩 3D 图像的原型。荧光油墨（SO-KEN Inc.，Trick Print Ink）被用作主要包含铕配合物（红色）、β-喹酞酮（绿色）和香豆素染料（蓝色）的光反应性发光材料。喷墨打印机（SO-KEN Inc.，“TPW-105PB”）以 0.1mm 厚的聚酯透明薄膜（Folex imaging Inc.，'BG-32'）打印油墨，最大分辨率为 5760 像素×1440 像素。

图 8-7（b）显示了 3D 对象的 20 个横截面图像。每层包含 300 像素×300 像素。为激发印刷的荧光墨水，在垂直方向上的体积显示器上照射 365nm 峰值的紫外光。图 8-7（c）显示了从不同角度观察计算机模拟渲染的 3D 图像。图 8-7（d）呈现了从不同的视点获得的实验制造的体积显示的图像。特别地，图 8-7（c）和（d）中的 θ 表示与 l_{ms} 垂直的角度和观察方向之间的水平角度。当在垂直于 l_{ms}（θ=0°）的方向上观看时，获得 3D 图像的质量最高，从对角线方向（θ=±30°）获得的图像略模糊。

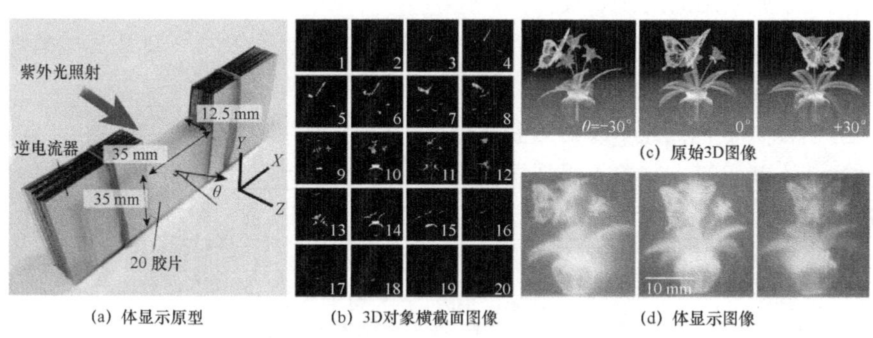

(a) 体显示原型　(b) 3D对象横截面图像　(c) 原始3D图像　(d) 体显示图像

图 8-7　基于喷墨打印的 3D 体显示

8.2　基于旋转屏幕的动态体 3D 显示

基于旋转屏幕的动态体 3D 显示通过快速转动或移动各种形状的屏幕，配合以高速的投影显示器或其他高速显示器，以运动扫描的方式实现空间 3D 体素寻址，形成真 3D 显示效果。基于旋转屏幕的动态体 3D 显示主要包括阴极射线球、旋转发光二极管阵列、激光扫描螺旋旋转面、数字光处理等方法。

8.2.1　基于阴极射线球法的动态体 3D 显示

最早的动态体显示技术是 Ketchpel 提出的基于阴极射线球（Cathode Ray Sphere，CRS）的体显示技术。此技术将荧光物质镀在旋转屏幕上，利用电子射线束扫描处于真空容器中的旋转屏幕。当电子射线束的扫描时序与屏幕旋转位置同步时，旋转屏幕构成的成像空间即可显示出 3D 图像。电子射线束的扫描速度、真空容器壁对光线的折射、荧光物质的发光启动时间和余晖等都是影响图像质量的重要因素。

8.2.2 基于旋转发光二极管阵列的动态体 3D 显示

基于旋转发光二极管阵列的动态体 3D 显示技术利用旋转发光二极管（LED）阵列构建成像空间。当每个 LED 的发光时序与旋转面板的旋转位置同步时，在成像空间内即可显示出具有真实物理深度的 3D 图像。这一方法最初由 Schipper 提出。1979 年，Berlin 提出一个新方法，用光导方法解决了向旋转面传输大量显示数据的问题，并用高速 LED（Light Emitter Diode）阵列取代了原来用的发光二极管。

这种显示方法采用 LED 阵列平板旋转出 3D 显示空间。3D 图像的清晰度受到 LED 阵列密度的限制和 LED 开关时间的影响。

浙江大学现代光学仪器国家重点实验室的林远芳、刘旭等人基于人眼视觉暂留特性，设计了如图 8-8 的体 3D 显示系统。对称置于转轴两侧的发光二极管阵列在电动机驱动下高速旋转，周期性地扫出一个柱体空间，阵列上的发光二极管旋转后提供分散于 3D 空间中的体显示介质，从而形成虚拟的体像素。

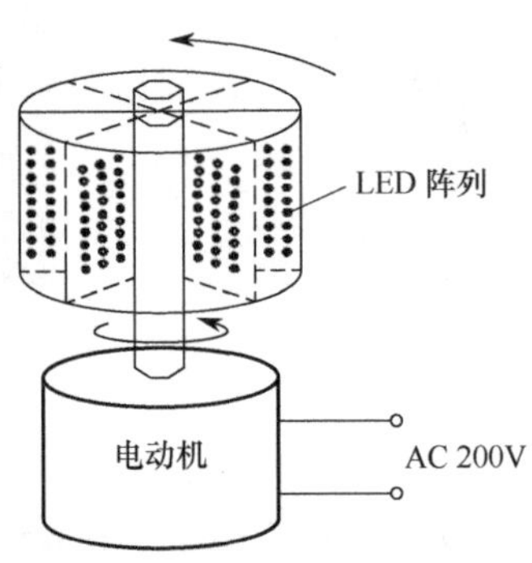

图 8-8 浙大体 3D 显示系统

这种对发光二极管面像素的时分调制直接寻址，等价实现了对分散于柱体空间内的所有体像素的寻址扫描，从而形成 3D 图像。图 8-9（a）～图 8-9（d）分别表示连续 4 个单位时间间隔内，左侧发光二极管阵列显示的二维信息，图中黑点表示发光二极管处于发光状态。由于视觉暂留，观察者感知的不是图 8-9（a）～图 8-9（d）的离散二维图像序列，而是一幅复合后的空间整体图像，如图 8-9（e）示。

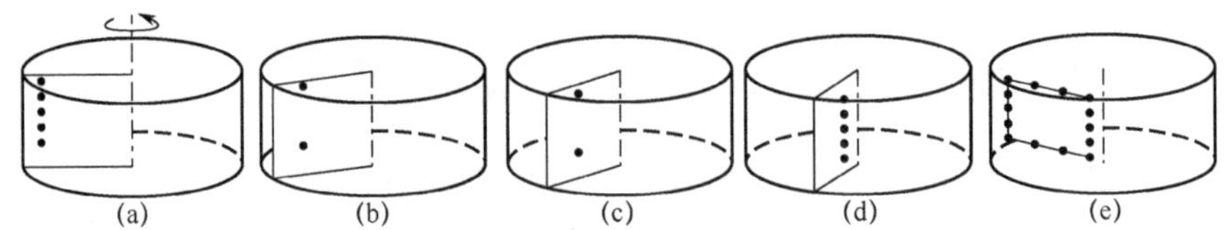

图 8-9 三维图像形成过程

注：（a）～（d）为离散二维图像序列；（e）为观察者感知的最终图像

8.2.3 基于激光扫描螺旋旋转面的动态体 3D 显示

激光扫描螺旋转螺旋面的技术是将一束激光扫描在一个可旋转的螺旋

面上。螺旋面的反射可在 3D 空间中产生瞬间光点。激光器的开关时序和扫描方式与螺旋面的旋转位置同步，便可在 3D 空间中显示出 3D 图像。此技术的代表样机有 Felix 系统和 Perspecta™ 系统。Felix3D（见图 8-10）是一个基于单螺旋面的旋转结构，电动机带动一个螺旋面高速旋转，然后由 R/G/B 三束激光会聚成一束色度光线经过光学定位系统打在螺旋面上，产生一个彩色亮点，当旋转速度足够快时，螺旋面看上去变得透明了，而这个亮点则仿佛悬浮在空中一样，成为一个体像素（Voxel），多个这样的 Voxel 便能构成一个体直线、体面直到构成一个 3D 物体。Perspecta（见图 8-11）采用的是一种柱面轴心旋转外加空间投影的结构。与 Felix3D 不同，它的旋转结构更简单，就一个由电动机带动的直立投影屏，这个屏的旋转频率可高达 730rpm，它由很薄的半透明塑料做成。当需要显示一个 3D 物体时，Perspecta 将首先通过软件生成这个物体的 198 张剖面图（沿 Z 轴旋转，平均每旋转不到 2° 截取一张垂直于 X-Y 平面的纵向剖面），每张剖面图的分辨率为 798 像素×798 像素，投影屏平均每旋转不到 2°，Perspecta 便换一张剖面图投影在屏上，当投影屏高速旋转、多个剖面被轮流高速投影到屏上时，一个可以全方位观察的自然的3D物体就出现了。Perspecta 的投影帧频达到了 198×730/60=2409fps，这个速度足够欺骗我们的眼睛，利用视觉暂留效应生成真实的 3D 场景。

南京航空航天大学与中科院自动化所密切合作，采用运动扫描的体 3D 显示技术研制了“基于全固态激光器的旋转面真 3D 显示系统”和“基于数字微镜的旋转面真 3D 显示系统”两代显示系统（见图 8-12），并在激光扫描或数字光投影旋转成像方面的关键技术、基础理论研究上取得了实质性成果。

图 8-10 Felix3D 单螺旋旋转面原型

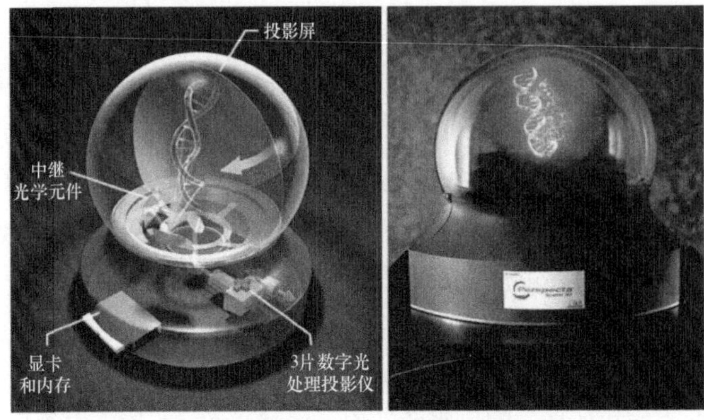

图 8-11 Perspecta 原型平台

(a) 第Ⅰ代激光扫描系统

(b) 第Ⅱ代数字光投影系统

图 8-12 南京航空航天大学第 Ⅰ 代和第 Ⅱ 代的体三维显示系统

南京航空航天大学的潘文平等人还利用数字微镜作为高速空间光调制器（SLM），将 3D 物体的面片模型经过体素化而获得的螺旋切片序列投射到旋转螺旋屏上，基于视觉暂留效应，按时序高速变化的切片序列被人眼感知为具有真实物理深度的 3D 图像（见图 8-13）。SLM 的高速响应能力使得原理样机较基于振镜的设计更具显示复杂物体的能力，在 500mm×250mm 的半圆柱形成像空间内显示的 3D 图像可以选择任意视点直接观看。

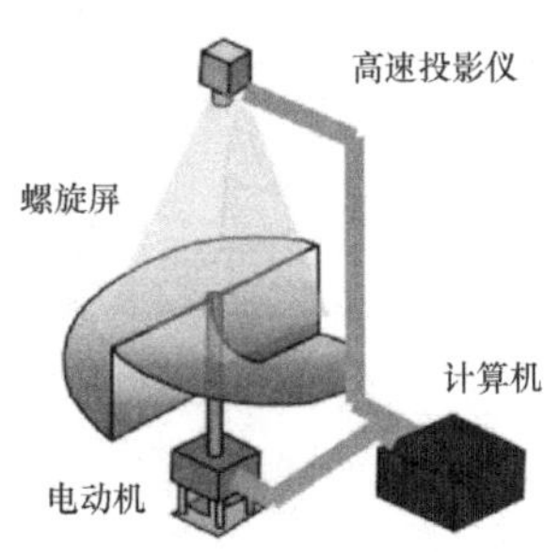

图 8-13 南京航空航天大学第 Ⅲ 代体三维显示系统样机

2013 年，Jason Geng 提出基于高速 DLP™（数字光处理）投影引擎的立体 3D 显示系统。图 8-14 显示了使用高速投影仪引擎和移动屏幕的“多平面”体 3D 图像显示原理。假设扫描屏幕以高于 24Hz 的频率沿 *Z* 方向来回移动。在每个扫描运动的时间段内，通过高速 2D 图像投影仪投影 *N* 帧的 2D 图像图案。移动屏幕截取沿 *Z* 轴不同位置的 2D 图像投影，在真实的 3D 空间中形成一堆空间图像层。如果移动屏幕的循环速度足够高，并且 2D 图像投影仪可以在每次通过期间产生足够量的 2D 图像部分，则观看者能够感知在 3D 空间中飘浮的真实体积 3D 图像。

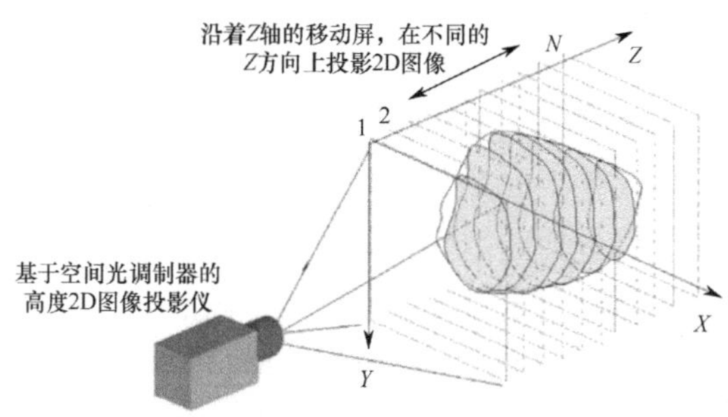

图 8-14　使用高速投影引擎和移动屏幕的“多平面”立体 3D 显示器原理

采用高速投影引擎和旋转双螺旋屏幕的“多平面”立体 3D 显示器原理如图 8-15 所示。在图 8-15 中，从光源出射的光被偏振分光器立方体反射到空间光调制器（SLM）上，其图像图案由 PC 产生。投影光学元件将调制的图像图案投影到旋转双螺旋屏幕上；投影在螺旋屏幕上的光点根据螺旋的旋转角度以不同高度与螺旋表面相交，从而在 3D 空间中形成 3D 像素。将旋转螺旋屏幕运动与 DLP 图案投影的时间同步，使得移动屏幕在沿着 *Z* 轴的不同空间位置处从 DLP 截取高速 2D 图像投影，形成在真实 3D 空间中的一堆空间图像层。观众可以将图像堆栈视为真实的 3D 立体图像。观看这样的图像不需要借助特殊的眼镜。3D 图像在真实的 3D 空间中浮动，就像真实的物体放置在那里一样。

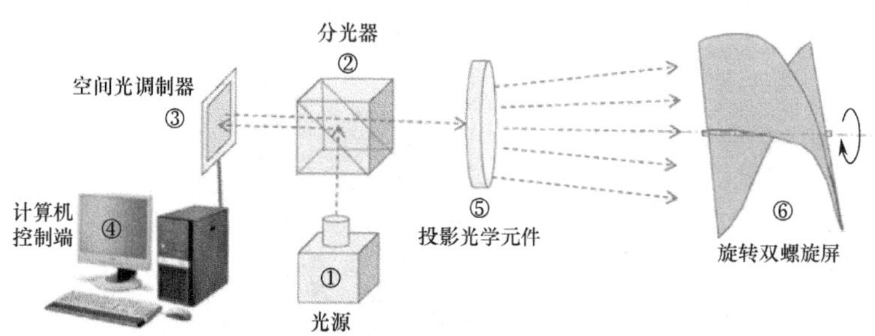

图 8-15　采用高速投影引擎和旋转双螺旋屏幕的“多平面”立体 3D 显示器原理

8.3 全息体显示

全息体显示是一个将全息方法运用到体 3D 显示系统的新方法，目前主要包括基于激光投影仪的全息体显示和基于空中投影系统的全息体显示等。

8.3.1 基于激光投影仪的全息体显示

2010 年，Javid Khan 等人介绍了一个简单的基于全息体积段低分辨率体显示系统。该显示系统包括一个专有的全息屏幕、激光投影仪、相关的光学器件和一个控制单元。全息屏幕类似于大小约为 A4 的磨砂玻璃。全息屏幕由激光投影仪进行后照明，激光投影仪依次由控制器驱动，以产生出现在屏幕平面外的简单 3D 图像。一系列空间复用和交错的干涉图案在全息屏幕的表面上被预先编码。每个照明图案能够重建单个全息体积片段。多达 9 张全息图在全息屏幕上以各种配置进行多路复用，包括一系列数字和分段数字。该演示器在实验室条件下具有良好的效果，可以在全息屏幕前或后面移动彩色 3D 图像。

图 8-16 为采样和交织全息图，其中使用一对掩膜对两个不同的立方体和球体形状的全息图进行采样。掩膜对应于互补的采样网格，即掩膜 1 是掩膜 2 的反转。这意味着所得到的采样全息图在空间上正交。因此，这对采样全息图可以被交错以形成单个复合全息图。可以看出，复合全息图包含对应于原始全息图的干涉图案。这种制造方法构成了全息屏幕的基础。

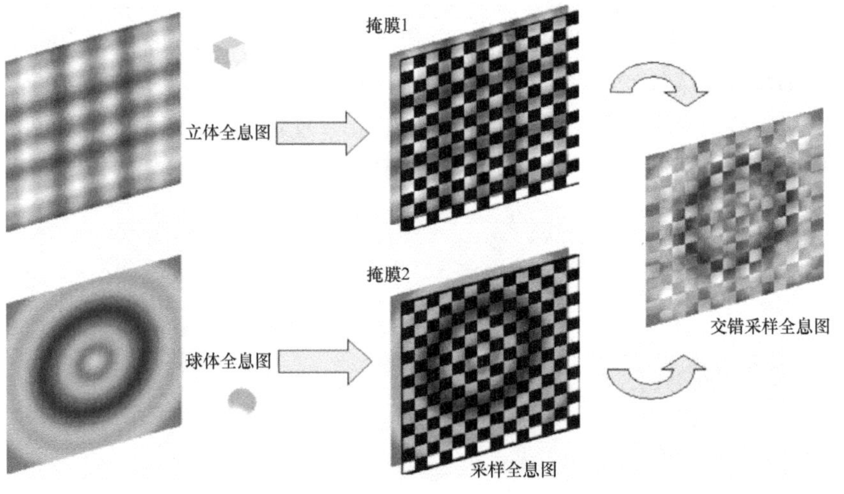

图 8-16 采样和交织全息图

传统的全息照相技术一直依靠点光源照明，在反射全息图或传输激光的情况下，它是聚光灯或 LED。在这里，将这个光源替换为将图案照射到全息屏幕上的投影仪，以重建任何或全部的预先记录的图像。投影图案对应于用于制造全息屏幕的网格掩膜的组合。用于播放的全息显示配置如图 8-17 所示。

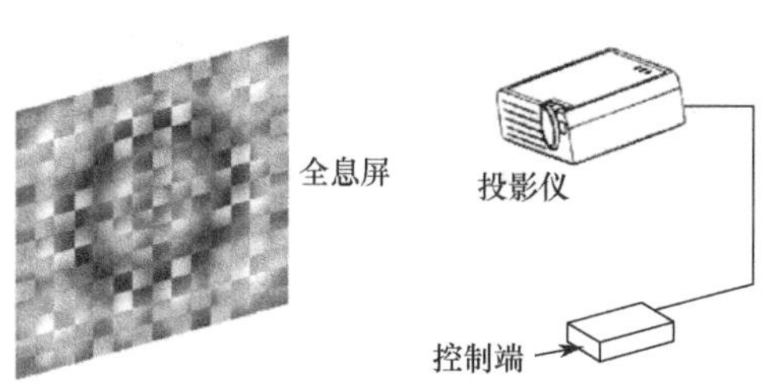

图 8-17　用于播放的全息显示配置

控制单元驱动投影仪在全息屏幕上产生一系列图案，在全息屏上重建存储图像如图 8-18 所示。这些图案可用于选择屏幕上有助于重建的区域。第一种模式显示通过投影第一个掩膜版，接着是球体和第二个掩膜版，重建立方体形状。如果整个屏幕被照亮，则两个存储的图像被重建。

图 8-18　在全息屏上重建存储图像

可以看出，通过在全息屏幕上照射不同图案组合，可以重建所存储的图像中的任一个或两个。图 8-17 和图 8-18 中概述的系统构成了简单全息立体显示的基础，其中体积元素由诸如立方体或球体的基本 3D 形状表示。

8.3.2　基于 ZBLAN 玻璃的全息体显示

2016 年，Jung-Young Son 等人采用 ZBLAN 玻璃作为来自 DMD 上的全息图，重建图像的图像空间。该玻璃不使用漫射器，允许观看基于作为 DMD 的数字显示芯片的电子全息照相中的重构图像。该玻璃使图像在 360° 观看范围内可见。

当玻璃掺杂 Er^{+3} 离子时，同时使用 1530nm 和 850nm 两个波长的激光束，可以发射波长近 540nm 的绿光。当玻璃掺杂其他稀土材料时，也可以发出红色（636nm）和蓝色（480nm）的光线。由于这些颜色是原色，可以实现全彩图像。对于 Er^{+3} 离子，当两个以上的红外激光束在玻璃中交叉时，在交叉区域发射波长约 540nm 的光束。由于这个光线发射到所有的方向，所以可以在 360° 范围内看到。在 ZBLAN 玻璃中显示全息图像的整体方案如图 8-19 所示。装载在具有 7.637 尺寸像素的 DMD 上的全息图由准直的 850nm 激光束照射以将其重构图像定位在 ZBLAN 玻璃上。

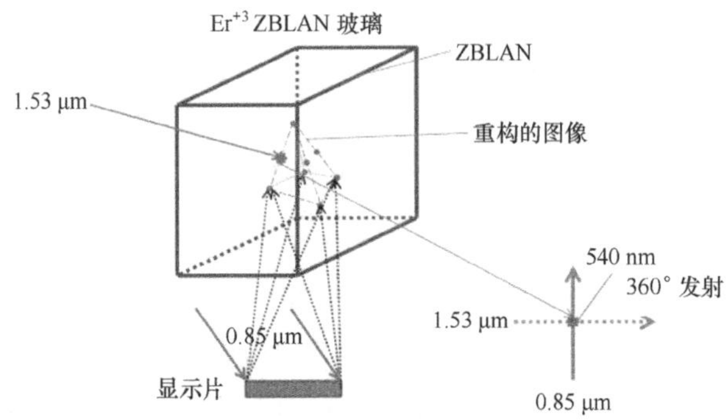

图 8-19　在 ZBLAN 玻璃中显示全息图像的整体方案

由于激光束是连续的，形成每个像点的光激发基态电子并将它们保持在中能级。当 1530nm 激光束穿过图像时，处于中间能级的电子移动到较高的激发态，然后在接近基态时下降到较低的能级。这种下降在玻璃上产生 360° 可见的绿色全息图像。图 8-20 中显示了 ZBLAN 玻璃中前面和侧面的重建图像。

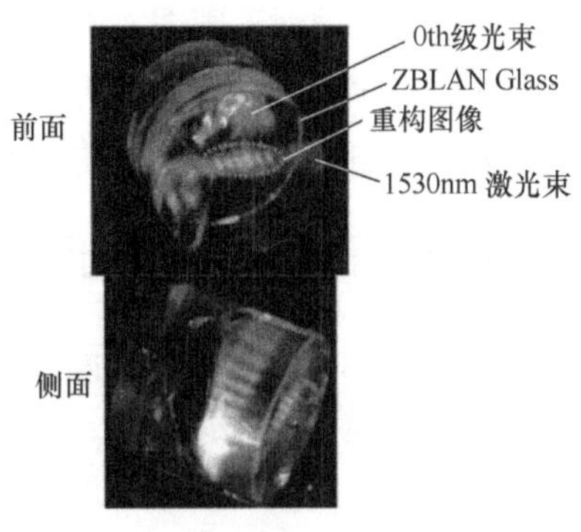

图 8-20　ZBLAN 玻璃中前面和侧面的重建图像

8.3.3　基于空中投影系统的全息体显示

Takashi Kakue 等人在 2016 年 SID 会议上提出了基于彩色电子全息摄影与两个抛物面镜组成的空中投影系统。他们的系统可以实现浮动 3D 彩色图像的实时重建。他们通过时分方法成功地演示了带有单个空间光调制器和彩色 LED 的系统。

空中投影系统的原理图如图 8-21 所示。该系统主要由五部分组成：一个主机、一个空间光调制器（SLM）、一个彩色 LED、一个 LED 同步控制器和两个抛物面镜。首先，主机准备一个由点光源组成的彩色 3D 物体，并将其分成红色、绿色和蓝色分量。计算出的全息图作为视频信号传输到 SLM。由于在此系统中设置多个 SLM 是困难的，所以研究人员采用时分方法来实现单一 SLM 的彩色电子全息系统。同步控制器将 LED 的发光模式与 SLM 上显示的全息图同步。 然后，在 SLM 表面附近重建彩色全息图像。另外，两个抛物面反射镜面对面地设置，每个反射镜在中心具有一个孔，如图 8-21 所示，SLM 设置在抛物面反射镜的底孔附近。由于两个抛物面镜的形状和焦距相同，全息图像的浮动图像通过反射镜投射到顶孔的中心。

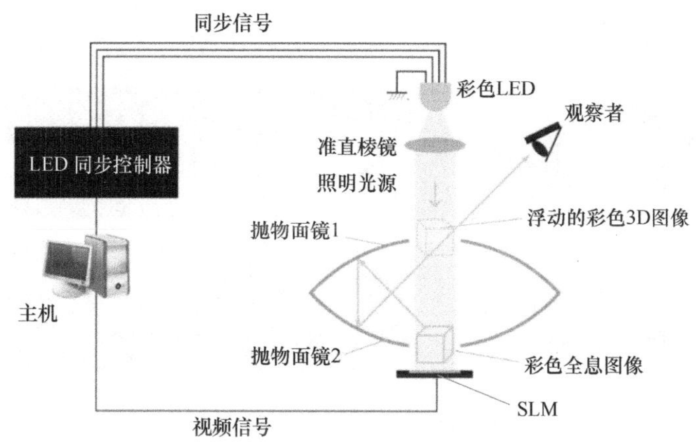

图 8-21　空中投影系统的原理图

图 8-22（a）是提出的彩色空中投影系统的实验装置。孔径的外径、内径和系统的高度分别为 288mm、80mm 和 110mm。他们使用了一个相位调制 SLM，其像素数和像素间距分别为 1920 像素×1080 像素和 8.0m×8.0m。SLM 的刷新率是 60Hz；3D 彩色动态图像的帧频是 20Hz。SLM 定位在离抛物面镜孔 20mm 处。如图 8-22（b）所示，将包含 284 个点光源的旋转立方体设

置为彩色 3D 对象。使用外设接口控制器（PIC）作为同步控制器。彩色 LED 的波长为 624nm（红色）、525nm（绿色）和 460nm（蓝色）。在时分方法中，由于 LED 的波长和全息图之间的失配而出现串扰噪声。然后，通过避免串扰噪声，将 LED 的点亮时间设置得比 SLM 的刷新率短。在这个实验中，彩色 3D 电影的帧速率是每秒 20 帧。

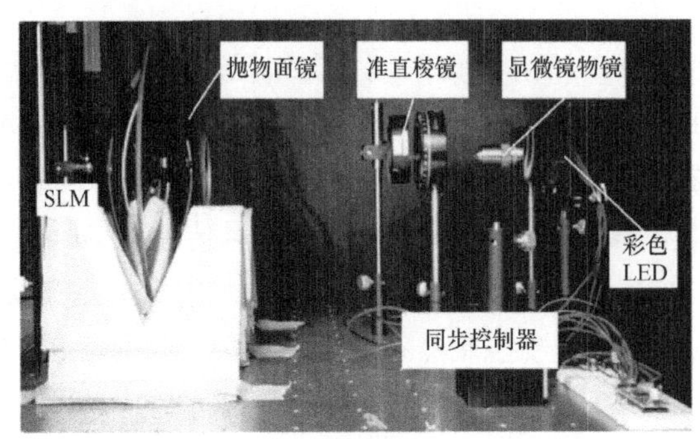

(a) 实验装置

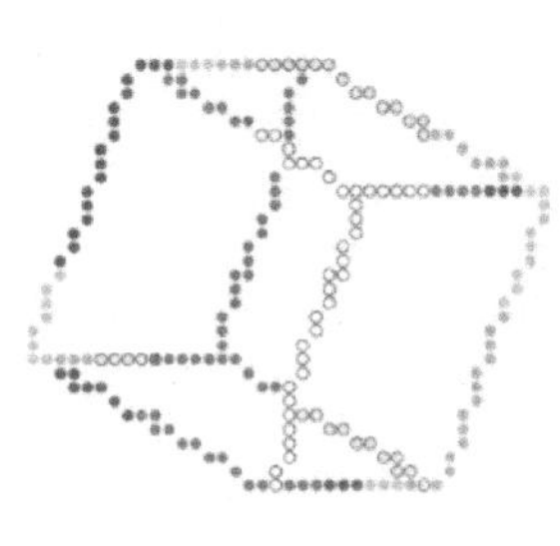
(b) 彩色3D对象的示意图

图 8-22 彩色空中投影系统

图 8-23 显示了数字摄像机对投影浮动图像的捕获图像。虽然投影图像模糊，共轭图像重叠，但可以看到，空中投影系统成功地投影浮动 3D 图像。

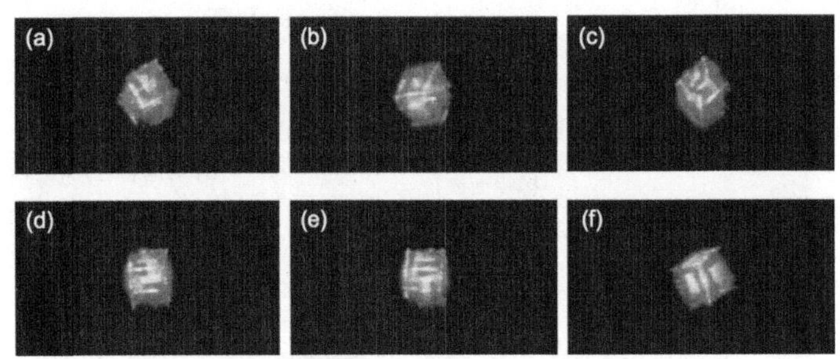

图 8-23 数字摄像机对投影浮动图像的捕获图像

8.4 自由空间体 3D 显示

自由空间体 3D 显示是一种在空间中创造发光图像点的显示器，这种显示器能够在“稀薄的空气”中产生几乎从任何方向都可见的图像。自由空间体 3D 显示目前主要包括基于光学陷阱的自由空间体 3D 显示、基于等离子体的自由空间体 3D 显示、基于改良空气的自由空间体 3D 显示，以及基于声学悬浮的自由空间体 3D 显示。

8.4.1　基于光学陷阱的自由空间体 3D 显示

D. E. Smalley 和 E. Nygaard 等人提出了一种基于光学陷阱的自由空间体 3D 显示技术，在自由空间中产生全彩色图形。该显示通过将纤维素颗粒分离在由球面和散光像差产生的光泳陷阱中而起作用。然后用红色、绿色和蓝色的光照射陷阱和粒子，通过体积扫描实现 3D 显示。该方法在自由空间中产生的 3D 图像具有较大的色域和细节，散斑很少。

光学陷阱显示（OTD）的工作原理是首先在一个几乎不可见的（405 nm 波长）光电陷阱中捕获一个微米尺度的不透明粒子［见图 8-24（a）］。共轴 RGB 激光系统照射被捕获的粒子，通过 3D 扫描，在空间中产生高饱和、全色、低散斑的 3D 图像。所得到的图像可以具有小于 10μm 的图像点，并且可以从各个角度看到。早期 OTD 图像如图 8-24（b）所示，8-24（c）显示的 POV 图像是我们所得到的实验结果，与早期 OTD 图像相比，效果有诸多改良。

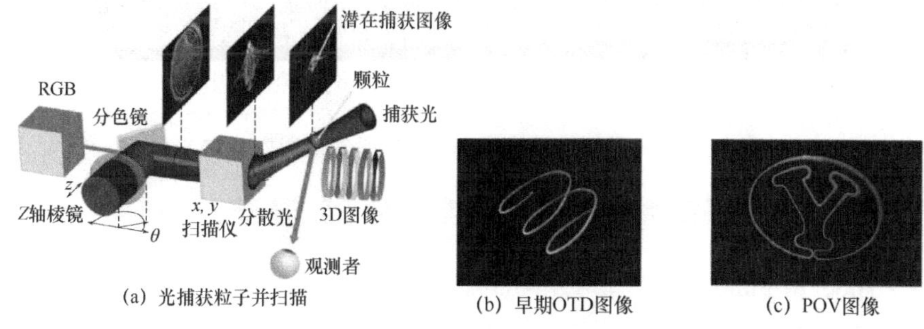

(a) 光捕获粒子并扫描　(b) 早期OTD图像　(c) POV图像

图 8-24　光学陷阱显示

图 8-25 是使用悬浮粒子产生 OTD 图像的例子，图中所示是传统全息图不能实现的光学几何形状。这些 OTD 图像具体 3D 视差，可以从各个角度看到［见图 8-25（b）～（d）］。OTD 可以创建长投影［见图 8-25（e）和（f）］，高沙盘［见图 8-25（g）］和包裹物理对象的图像［见图 8-25（h）］。

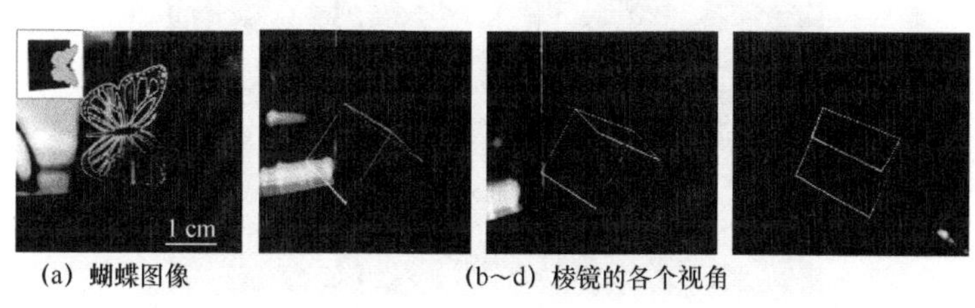

(a) 蝴蝶图像　(b~d) 棱镜的各个视角

图 8-25　由悬浮粒子产生的 3D 打印的光图像

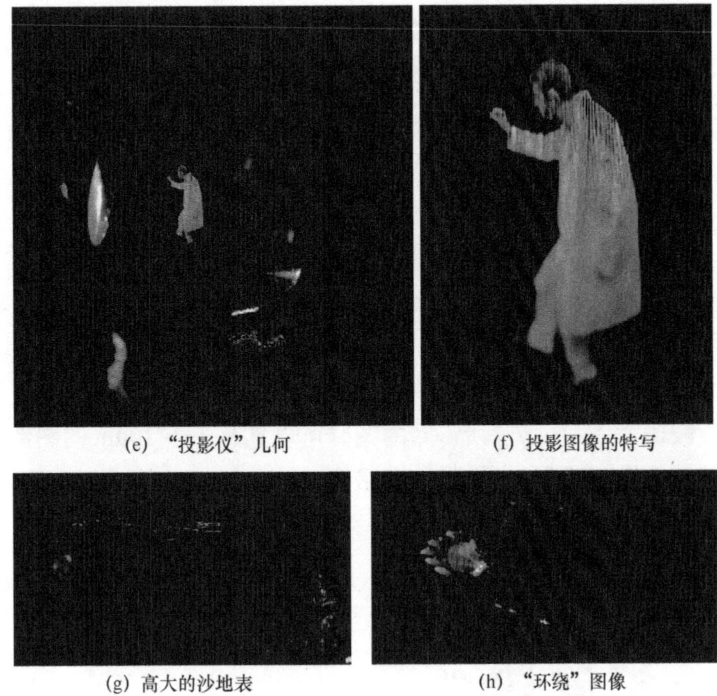

(e) “投影仪”几何　　(f) 投影图像的特写

(g) 高大的沙地表　　(h) “环绕”图像

图 8-25　由悬浮粒子产生的 3D 打印的光图像（续）

8.4.2　基于等离子体的自由空间体 3D 显示

Hidei Kimura 等人开发的体 3D 显示利用了聚焦激光焦点附近的等离子体发射现象。通过控制焦点在 x、y 和 z 轴方向的位置，可以实现由空气中的点阵构成的真实 3D 图像，如图 8-26 所示。

图 8-26　空气中的点阵构成的真实 3D 图像

当激光束强烈聚焦时，空气等离子体发射只能在焦点附近产生。因此，有人成功地实现了在空气中显示图像装置的实验性制造，该装置是由使用激光光源和电流计镜子组合制成的点阵列显示。Hidei Kimura 等人成功地通过将线性电动机系统和高质量、高亮度的红外脉冲激光器结合，获取由点阵列组成的“真实 3D 图像”的空间显示。

线性马达系统通过对电动机轨道上的透镜组进行高速扫描，可以改变激光焦点的位置。该系统的组合使得图像沿 z 轴方向扫描成为可能。为了在 x 和 y 轴方向上扫描，使用传统的电流计镜。其在这项工作中使用的激光光源是一种高质量、高亮度的红外脉冲激光器（脉冲重复频率约 100 Hz），可以更精确地控制等离子体的产生，从而实现更明亮、更高对比度的图像绘制。激光脉冲光的发射时间大约为纳秒（10^{-9} 秒）。设备对每个点使用 1 个脉冲，以便人眼可以通过利用残像效应识别等离子体发射，并且实现 100 点/秒的显示。通过同步这些脉冲并用软件控制它们，可以在空中画出任何 3D 物体。

8.4.3　基于改良空气的自由空间体 3D 显示

Yoichi Ochiai 等人提出了一种使用飞秒激光器渲染空气实现 3D 显示的方法。其系统使用超短脉冲激光器和 SLM，可以实现触摸互动。

图 8-27 显示了基本设置的系统配置，其中，②表示全息图生成的空间光调制器（SLM）；⑤表示用于 XY 控制的 Calvano 扫描仪；⑨表示用于 Z 控制的变焦棱镜。该系统旨在生成多点体积显示。它由飞秒激光源、XYZ 扫描仪（电流扫描仪和变焦镜头）及硅 SLM（LCOS-SLM）上的液晶显示同时寻址体

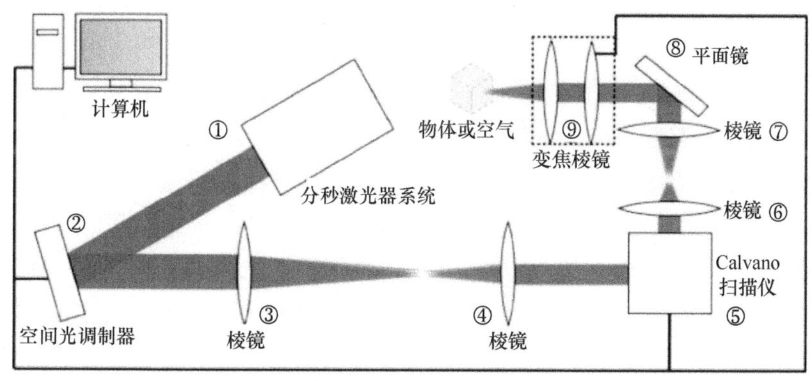

图 8-27　基本设置的系统配置

素的 CGH。系统在 20.5℃进行了测试和调查。该设备使用两个光源（A 和 B）进行测试。主要使用 Coherent 公司开发的飞秒激光源，其中心波长为 800nm，重复频率为 1kHz，脉冲能量为 1～2mJ。图 8-28 显示了系统在空中的结果。

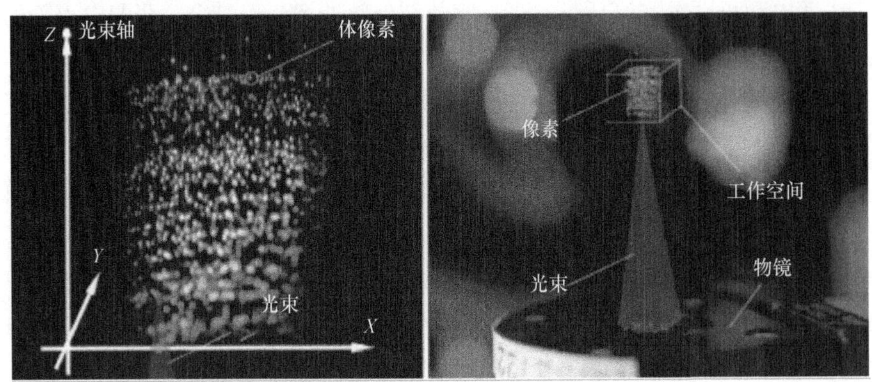

图 8-28 系统在空中的结果

电扫描反射镜沿着横向扫描发射点（*X* 和 *Y* 扫描），而变焦透镜可以在轴向方向上改变其焦点（*Z* 扫描）。傅里叶 CGH 用于同时寻址体素。使用 ORA 方法设计的 CGH 显示在 LCOS-SLM 上，其具有 768 像素×768 像素，像素尺寸为 20μm×20μm，响应时间为 100ms。除这些组件外，还使用了显微镜，并通过 USB 连接到计算机，进行监控和记录。

如图 8-29 所示，该空中显示屏可用于显示真实世界的物体。图 8-29（a）表示放大的 SIGGRAPH 标志，图 8-29（b）显示了圆柱体的形态，图 8-29（d）显示了放大的“仙子”图像，图 8-29（e）中的“豆芽”从种子出来最终变成图 8-29（f）中与戒指接触的“宝石”光点。该系统的开发还包括一台显微镜，该显微镜可以检测工作区中的物体，将其与内容重叠，并在物体与等离子体发生接触时修改内容。数字内容和信息直接在 3D 空间中提供，而不是在 2D 计算机显示器上提供。系统具有等离子体可触摸的特性，等离子体和手指之间的接触会产生较亮的光，这种效果可以用作指示接触的提示。图 8-29（c）和图 8-29（g）显示了这种相互作用的例子。一种可能的控制是触摸交互，其中浮动图像在用户触摸时改变［见图 8-29（c）］。另一种可能的控制是对人体伤害的减少。为安全起见，当用户触摸体素时，等离子体素会在一帧内（17ms = 1 / 60s）被关闭。当用户触摸等离子体素时，等离子体会产生冲击波。然后，用户会感觉到手指受到冲击，就好像光具有物质实体一样［见图 8-29（g）］。

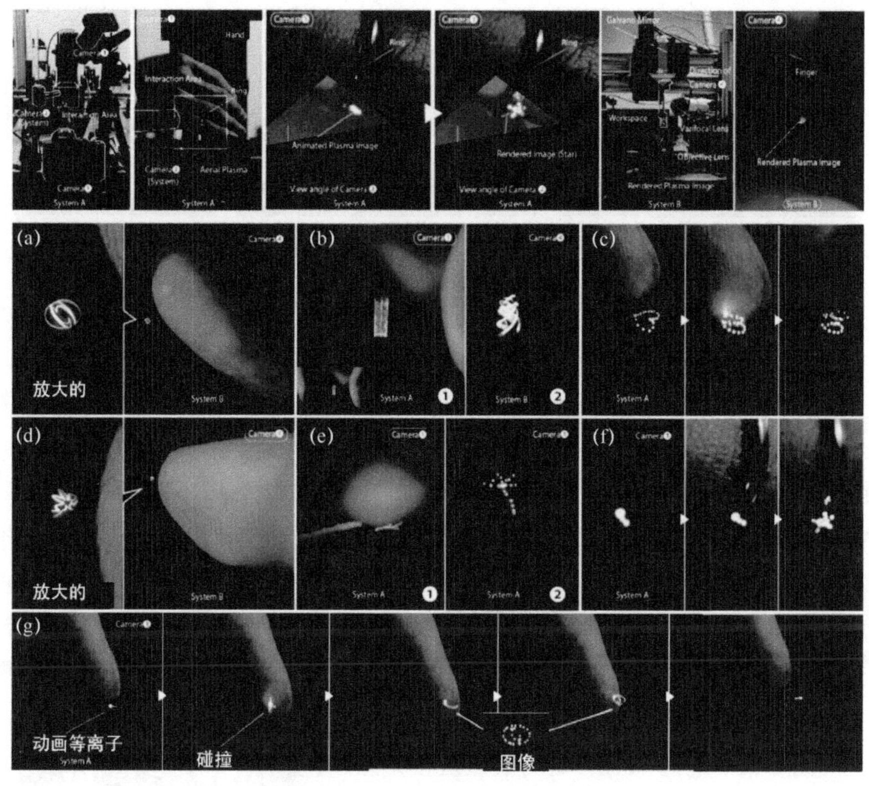

图 8-29　空中渲染的结果

8.4.4　基于声学悬浮的自由空间体 3D 显示

Deepak，Ranjan，Sahoo 等人提出使用 Janus 物体作为物理体素进行交互的可视化空中 3D 显示器。Janus 物体具有两个或更多不对称物理特性的外表面，通过将它们悬浮在半空中并可控地旋转，以显示它们不同的物理属性。Janus 物体用不同材料涂布发泡聚苯乙烯珠粒的半球来制作体素，然后涂上一层薄薄的二氧化钛，以在它们上面产生静电荷。在悬浮体积周围使用透明的氧化铟锡电极来创建定制的电场来控制体素的取向。研究人员提出了一种新颖的方法来控制静电旋转网格中各个体素的角位置，以及使用声悬浮技术控制它们的 3D 位置。

在图 8-30（a）中，将面积为 30mm×80mm 的两个 3×8 阵列超声波换能器从顶部和底部彼此面对放置，间距为 64.5mm。图中显示了具有 6 列和 7 行 3.5mm 直径 EPS 珠的悬浮体素的 2D 网格。显示面积约为 55mm×29mm。将一对 50mm×120mm 的 ITO 透明电极放置在显示器的前部和后部，间距为 40mm。

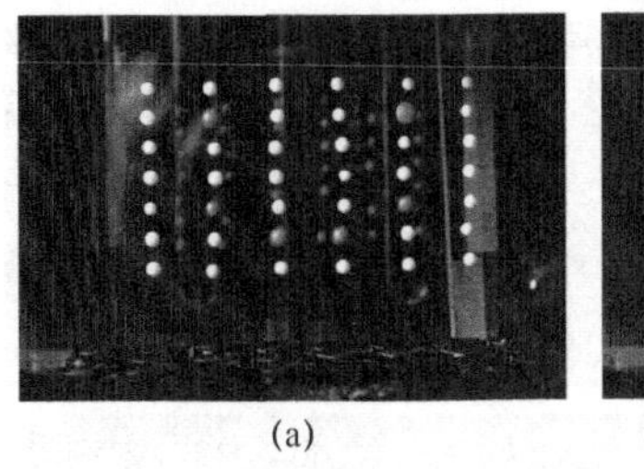
(a)
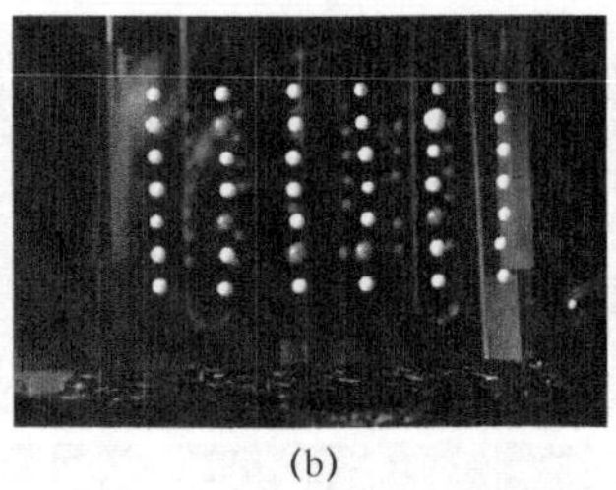
(b)
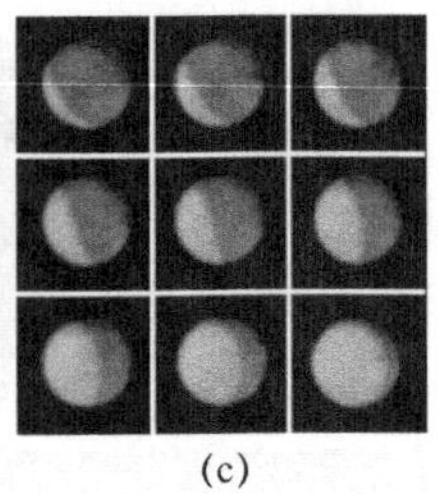
(c)

图 8-30　JOLED 空中反射显示器

在图 8-30（a）和（b）中，展示了一个闪烁左眼的图释。一面为红色，另一面为白色的 Janus EPS 珠，左眼使用电介质贴片。将 TiO_2 粉末黏合在白色面上。红色的 EPS 珠子被用来制造右眼和嘴唇。其余的显示器是用白色的 EPS 珠制成的。在后电极和前电极之间切换 3.5kV DC 的电压以切换带电体素处的电场。由于电介质极化效应，TiO_2 贴片带电，并且由贴片位置处的电场施加力，在转动的珠子上施加一个扭矩，并沿着电场的方向对准它。当 TiO_2 贴片面向正极时，扭矩为零。当电场的方向被切换时，产生反向扭矩并且使珠子朝相反侧旋转。通过交替电压信号，产生眨眼效果。图 8-30（c）展示了对 Janus 体素旋转的连续控制。

图 8-31 显示了使用声悬浮将物理体素悬浮在半空中的情形，其中，①表示 Janus 物体，②表示超声换能器之间产生的声驻波，③表示超声换能器，④表示电场，⑤表示透明电极。超声波换能器放置在工作体积的顶部和底部，以产生声学驻波。驻波的波腹充当声波陷阱，Janus 物体悬浮在空中，声学阱的空间分布通过控制施加到换能器的电压信号的相位延迟来控制。通过调节换能器的相位延迟，波腹的位置逐渐移动以 3D 操纵悬浮物体。用户可以自定义超声波传感器的排列方式。

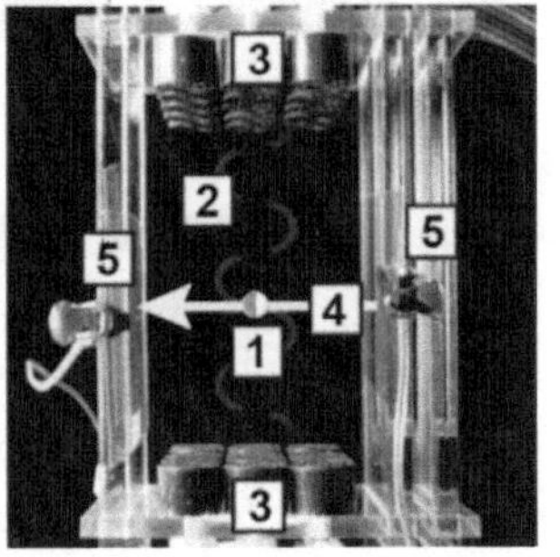

图 8-31　使用声悬浮将物理体素悬浮在半空中的情形

研究人员实施了三个原型：双稳态显示器、平台游戏和飞行赛车游戏。

在图 8-32（a）中示出了具有从右上平台到左下平台在半空中跳跃角色的平台游戏的时间推移图像。游戏角色由半绿和半白的 Janus EPS 珠代表。TiO_2 电介质贴片放置在白色面上。通过将超声换能器放置在平台上方和下方来悬浮珠子。声学透明织物（毡）被安装在激光切割光学透明丙烯酸树脂支架的顶部以制造平台。尽管超声换能器包装松散，悬浮体素仍可以在整个 3D

空间中操作，包括毛毡平台上方和下方。通过切换施加在电极之间的 3.5kV 直流电压的极性，将 EPS 珠翻转以显示绿色或白色面。图 8-32（b）展示了半空中 3D 界面的侧视图。

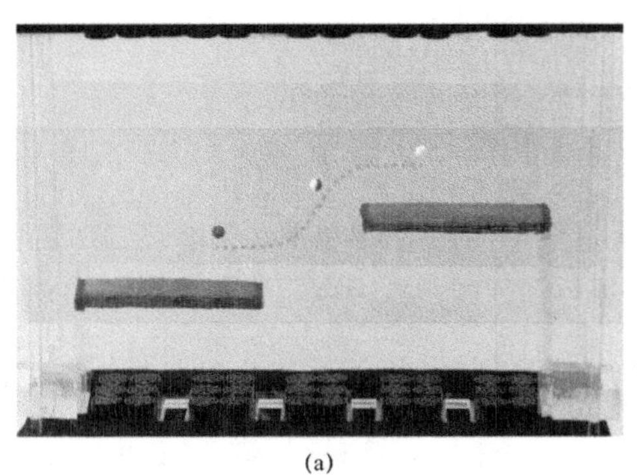

(a)

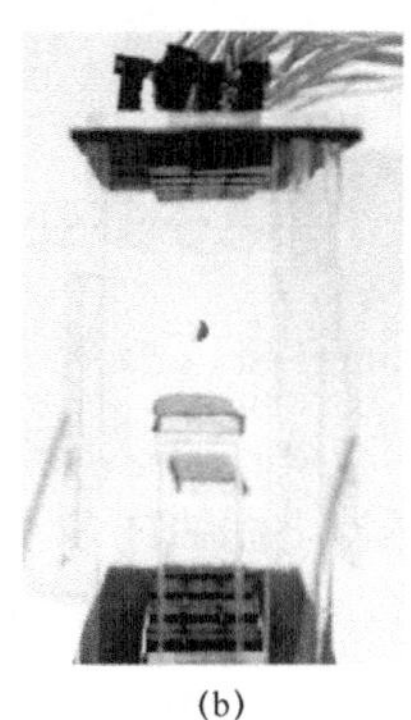

(b)

图 8-32　空中 3D 平台游戏

图 8-33 显示了飞行赛车在赛道上的延时图像（俯视图）。汽车特性由 Janus EPS 珠表示，其一面具有 $1mm^2$ 的 TiO_2 介电贴片。在上面画的箭头显示了汽车的前进方向。通过在其下面放置超声波传感器以及位于其上方 64.5mm 的透明丙烯酸树脂片来作为声学反射器，将微珠悬浮起来。声学透明织物（聚酯）和激光切割丙烯酸装置被用于制造赛道。该赛道已经提出了代表在不同高度穿越道路的区域，并且赛车可以在道路上空飞行。用户使用向上或向下箭头顺时针或逆时针旋转汽车，并使用键盘上的向左或向右箭头向前或向后移动汽车。使用声悬浮实现空间运动，并使用两对电极来控制方向。电压调制在 0～5.5kV 的直流电，根据磁道位置切换极性。

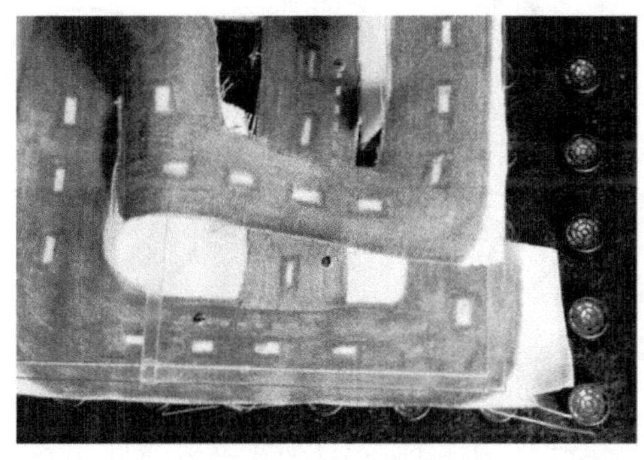

图 8-33　飞行赛车在赛道上的延时图像（俯视图）

8.5 多平面体 3D 显示

多平面体 3D 显示技术主要包括基于多变焦镜头的体 3D 显示、基于多屏幕的体 3D 显示、基于多投影机的体 3D 显示。

8.5.1 基于多变焦镜头的体 3D 显示

Takanori Sonoda 等人开发了一个使用多变焦镜头和高速 2D 显示器的新型立体显示器，可以成功获得浮动清晰的 3D 空间图像。其体 3D 图像是由多变焦透镜组成的许多 2D 分层图像，这些 2D 图像可以通过调节多变焦镜头的离散焦距来改变它们的深度位置从而进行分层。

图 8-34 为使用多变焦镜头和高速 2D 显示器的体 3D 显示器示意图。高速多变焦透镜由多组双折射透镜和偏振转换装置组成。这些投影机把图像投影到屏幕的相同位置。通过快速切换这些投影机，可以高速显示屏幕上的 2D 图像。深度采样的 2D 图像按时间顺序显示在一个屏幕上。这些深度采样的 2D 图像通过多变焦镜头重建为浮动的 3D 图像。此 3D 显示器可以提供清晰、无疲劳的体积浮动 3D 图像。

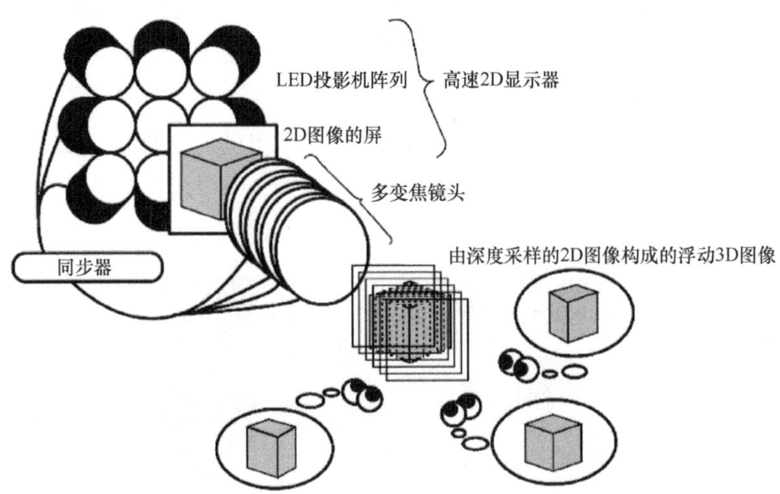

图 8-34　使用多变焦镜头和高速 2D 显示器的体 3D 显示器示意图

使用 LED 投影机阵列构建的体 3D 显示器装置如图 8-35 和图 8-36 所示。按时间顺序显示深度采样图像。这些深度采样的图像可以通过多变焦透镜重建为浮动 3D 图像。

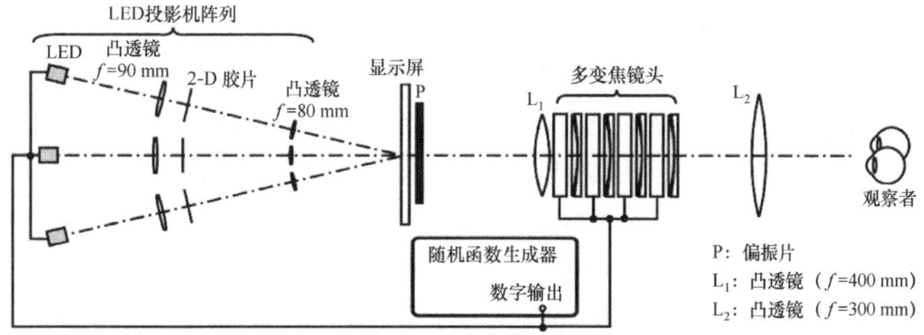

图 8-35　使用 LED 投影机阵列构建的体 3D 显示器

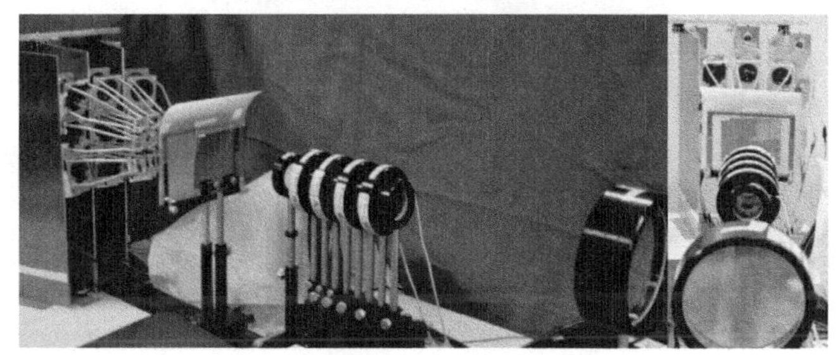

图 8-36　使用多变焦镜头构建的体 3D 显示器

图 8-37 显示了 9 张深度采样的 2D 图像。

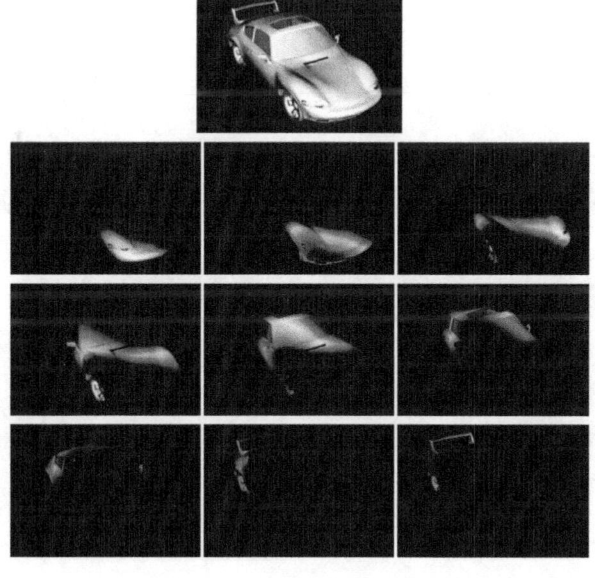

图 8-37　9 张深度采样的 2D 图像

Jin su Lee 等人使用多焦点透镜阵列（MFLA），基于周期性点光源（PLS）构造体 3D 显示器。其简化示意图如图 8-38 所示，实验装置图如图 8-39 所示。该系统由平行光束，空间光调制器（SLM），透镜阵列和偏振滤光器组成。多焦点透镜阵列使用分散机器通过 UV 黏合剂聚合物液滴控制来制造。MFLA 由 20×20 圆形透镜阵列组成。MFLA 的每个镜头光圈平均显示 300μm。在实验中，给出字母“C”“O”“DE”和不同深度位置的球表面。可以清楚地看到，CCD 摄像机沿着显示系统的横轴移动到某个位置。EWOD 和 LC-lens 等变焦镜头将来可能应用于实时体 3D 显示系统。

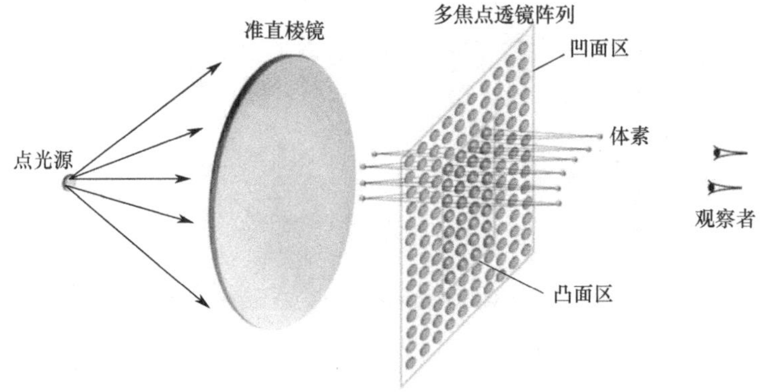

图 8-38 采用多焦点透镜阵列，基于周期性点光源的体 3D 显示器简化示意图

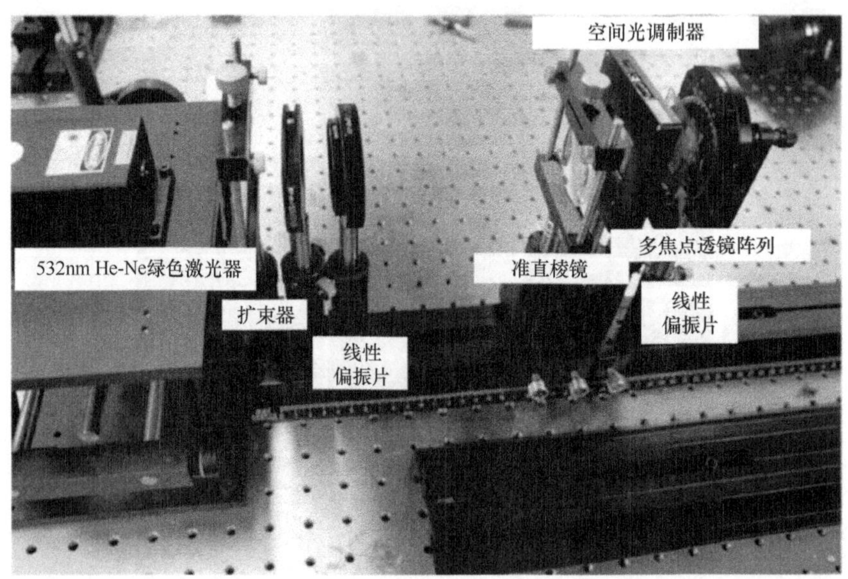

图 8-39 采用多焦点透镜阵列，基于周期性点光源的体 3D 显示器的实验装置图

如图 8-40 所示，其捕获并重叠每个模式图案的左眼和右眼图像。由于体素的差异，左眼图像和右眼图像显示不同的图像。视角是−3.5° 和 3.5° 。球面表现出与字母图案相似的特点。深度范围与多焦点透镜阵列单元透镜的焦距有关。在这项研究中，将多焦点透镜阵列表面的深度范围设置为−50*D*～100*D*。它可以通过多焦点透镜阵列规格来控制。

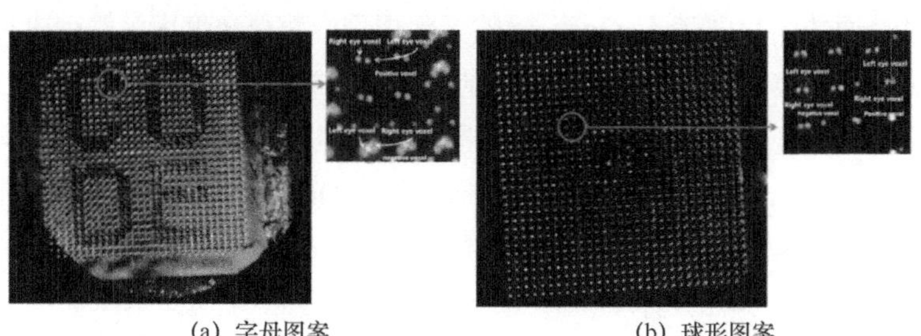

(a) 字母图案　　(b) 球形图案

图 8-40　捕获并重叠每个模式图案的左眼和右眼图像

8.5.2　基于多液晶屏幕的体 3D 显示

DepthCube 系统采用层叠液晶屏幕方式来实现体 3D 显示，其原型平台如图 8-41 所示。DepthCube 的显示介质由 20 个分辨率为 1024×748 液晶屏层叠而成，屏与屏之间间隔 5mm。这些特制屏体的液晶像素具有特殊的电控光学属性，当对其加电压时，该像素的液晶体将像百叶窗的叶面一样变得平行于光束传播方式，从而令照射该点的光束透明地穿过，而当对其不加电压时，该液晶像素将变成不透明的，从而对照射光束进行漫反射，形成一个存在于液晶屏层叠体中的 Voxel。在任一时刻，有 19 个液晶屏是透明的，只有 1 个

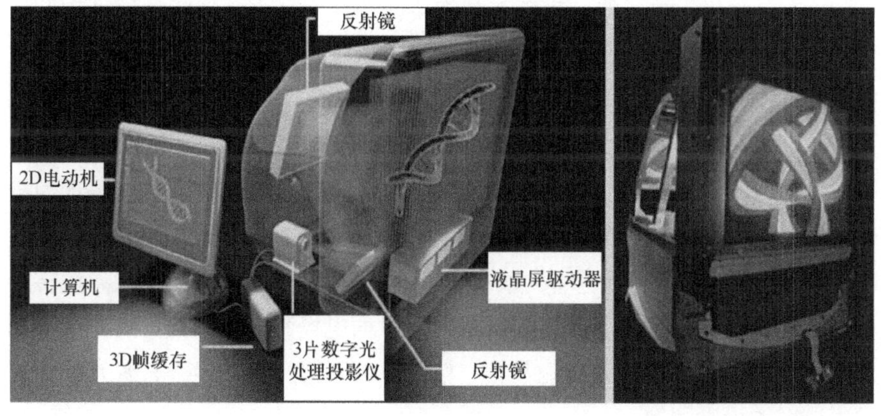

图 8-41　DepthCube 原型平台

屏是不透明的，呈白色的漫反射状态；DepthCube 将在这 20 个屏上快速地切换显示 3D 物体截面从而产生纵深感。

东南大学夏军等人对基于多块 PDLC（聚合物掺杂液晶）屏幕的立体显示技术进行了研究，利用了 PDLC 屏幕的开关特性，采用多屏幕分时显示、同步的全息投影的方法显示出 3D 的图像。

对普通的图片做基于 Opencv 的景深提取，获得灰度图，然后再利用分数阶傅里叶变换，将图片中不同景深的部分分层次显示出来。通过以上研究，可以成功地将一幅二维图像中的 3D 景深信息提取出来，并转化为不同景深的图片供空间光调制器呈现出全息投影；而 PDLC 屏幕将与投影同步切换，从而使图像成像于与其景深相对应的屏幕之上，达到了 3D 立体显示的效果。其实验结果如图 8-42 所示。

图 8-42　东南大学体 3D 实验结果

Young-Chul Shin 等人采用了基于快速切换有源光学快门的液晶和偏振控制器开发了微型投影体显示系统。此显示系统可以通过堆叠有源光学快门照亮每个深度图像而没有串扰图像，并且同步偏振控制器。所提出的体 3D 显示系统增强了深度感知，而且不需移动任何机械部件。

如图 8-43 所示，在投影机上显示的深度图通过 SLM 被添加，表示为极化状态。作为电控双折射（ECB）模式的 SLM 可以根据每个像素的灰度级来控制 2D 图像的偏振状态。为获得 3D 体积，将 2D 图像的偏振状态反转成观察者察觉到的光强度。偏振控制器可以根据电场和 y 轴偏振器改变偏振态来确定投影图像的顺序分布。最后，与偏振控制器同步的堆叠有源光学快门代表透射的投影图像。

图 8-43　Young-Chul Shin 提出的体 3D 显示系统示意图

Hongbo Lu 等人使用 20 个液晶光阀作为显示模块的体 3D 显示系统，为观察者提供了真实的深度线索。其研究了基于正常模式 PSCT 的光百叶窗的电光特性。该装置显示出 86.2%的场透光率。该设备的稳定性、可靠性和可重复性也得到了表征。

3D 体显示器根据来自对象的深度信息将一系列实际对象的切片投影到位于不同深度的一系列 LC 快门上。利用人眼视觉的持久性，可以实现真正的 3D 立体投影显示。图 8-44 是真体 3D 显示系统，由电路控制模块（数据传输、图像处理、系统控制模块）、高速彩色投影仪光路系统和显示体组成。为保证图像的稳定显示，电路控制模块和显示音量必须同时保持在同一刷新率。通过不断刷新 20 层光闸，可以实现动态 3D 图像。这表明当系统的刷新频率高于 48Hz 时，可以观察到一个稳定的无刷新的图像。

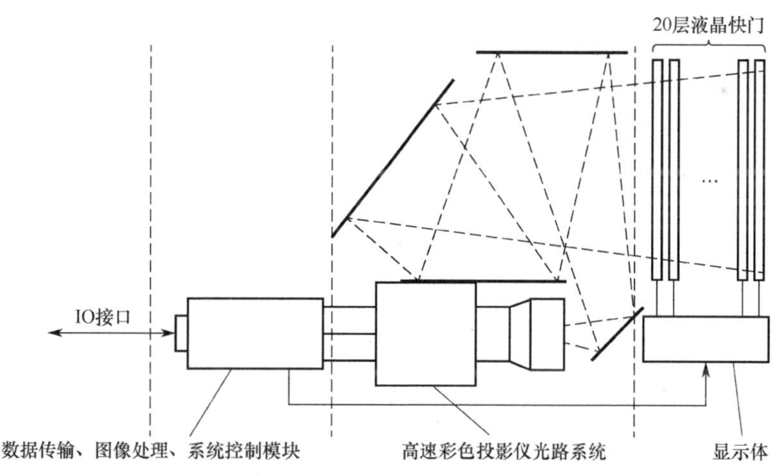

图 8-44　真体 3D 显示系统

8.5.3　基于多投影机的体 3D 显示

北京理工大学研制了基于多投影机旋转屏的真 3D 显示系统。其采用投影的方式获得转动的发光面，发光面进行旋转，每个时刻显示当前时刻所在截面的体像素，大幅提高了系统的刷新率和分辨率，基于多投影机旋转屏的体 3D 显示系统如图 8-45 所示。这种采用投影仪的体 3D 显示系统可以采用一台与屏幕共同旋转的投影仪，也可以采用环状分布的多台静止投影仪，每个时刻只点亮正对屏幕的投影仪。另外，可以将投影仪做成螺旋形状，从而只需要 1～2 台静止投影仪就能够实现体 3D 显示。

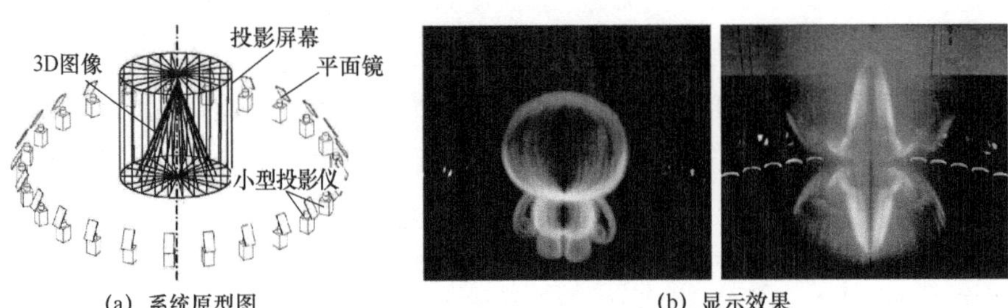

(a) 系统原型图　　(b) 显示效果

图 8-45　基于多投影机旋转屏的体 3D 显示系统

本章参考文献

[1] Downing E, Hesselink L, Ralston J. et al. Three-color, solid—state, three-dimensional display[J]. Science, 1996, 273(5279): 1185-1189.

[2] Deng R, Qin F, Chen R, et al. Temporal full-colour tuning through non-steady-state upconversion[J]. Nature Nanotechnology, 2015, 10(3): 237.

[3] E. J. Korevaar, B. Spivey. Three dimensional display apparatus: 4881068[P]. 1989-11-14.

[4] Korevaar E J. Three-dimensional volumetric display in rubidium vapor[J]. Proceedings of SPIE-The International Society for Optical Engineering, 1996, 2650: 274-284.

[5] Patel S K, Jian C, Lippert A R. A volumetric three-dimensional digital light photoactivatable dye display[J]. Nature Communications, 2017, 8: 15239.

[6] Hirayama R, Suzuki T, Shimobaba T, et al. Inkjet printing-based volumetric display projecting multiple full-colour 2D patterns[J]. Scientific Reports, 2017, 7: 46511.

[7] 柴晓东，等. 基于序列视差图像的全息立体三维显示方法[J]. 东南大学学报，2003, 33(3): 289-291.

[8] 林远芳，刘旭，刘向东，等. 基于旋转二维发光二极管阵列的体三维显示系统[J]. 光学学报, 2003, 23(10): 1158-1162.

[9] Langhans K, Oltmann K, Reil S, et al. FELIX 3D Display: Human-Machine Interface for Interactive Real Three-Dimensional Imaging[C]. International Conference on

Virtual Storytelling. Springer Berlin Heidelberg, 2005: 22-31.
[10] Langhans K, Bezecny D, Homann D, et al. New portable FELIX 3D display[J]. Proceedings of SPIE-The International Society for Optical Engineering, 1998, 3296(3296): 204-216.
[11] Langhans K, Oltmann K, Guill C, et al. FELIX 3D display: an interactive tool for volumetric imaging[J]. Proceedings of SPIE - The International Society for Optical Engineering, 2002, 4660.
[12] Langhans K, Guill C, Rieper E, et al. SOLID FELIX: a static volume 3D-laser display[C]. Electronic Imaging. International Society for Optics and Photonics, 2003: 161-174.
[13] Actuality-Systems News[EB/OL].http://www.actuality-systems.com/site/conten/news.html.
[14] G. Favalora，D. M. Hall，M. Giovinco et al. A Multi-Megavoxel 3-D Display System for Distributed Collaboration[C]. IEEE Globecom 2000 workshop，Application of Virtual Reality Technologies for Future Telecommunication System，San Francisco，CA，2000.
[15] Gregg E. Favalora, Rick K. Dorval, Deirdre M. Hall, et al. Volumetric three-dimensional display system with rasterization hardware[J]. Proc of Spie, 2001, 4297: 227-235.
[16] Favalora G E, Napoli J, Hall D M, et al. 100-million-voxel volumetric display[C]. Cockpit Displays IX: Displays for Defense Applications. International Society for Optics and Photonics, 2002: 300-312.
[17] Favalora G. E.Volumetric 3D Displays and Application Infrastructure[J].IEEE Computer，2005: 37-44.
[18] 李艳丽. 真三维立体显示技术研究[D]. 南京: 南京航空航天大学, 2007.
[19] 施连军. 基于数字微镜的体三维显示系统研究及实现[D]. 南京: 南京航空航天大学, 2006.
[20] 谭皓.真三维显示系统关键技术研究[D]. 南京: 南京航空航天大学，2006.
[21] 李莉.体三维显示系统关键技术研究与实现[D]. 南京: 南京航空航天大学, 2008.
[22] 潘文平, 沈春林, 李莉, 等. 基于数字微镜器件和旋转螺旋屏的体三维显示系统[J]. 光电工程, 2010, 37(10): 144-150.
[23] Geng J. A volumetric 3D display based on a DLP projection engine[J]. Displays, 2013, 34(1): 39-48.
[24] Khan J, Underwood I, Greenaway A, et al. A low-resolution 3D holographic volumetric display[J]. Proceedings of SPIE - The International Society for Optical Engineering, 2010.

[25] Jung-Young Son, Hyoung Lee, Chang-Kyung Sung, et al. A TSTF up-conversion crystal as an image space of electro-holography[J]. Scientific Reports, 2016, 23: 1883.

[26] Kakue T, Nishitsuji T, Kawashima T, et al. Aerial projection of three-dimensional motion pictures by electro-holography and parabolic mirrors[J]. Scientific Reports, 2015, 5: 11750.

[27] Smalley D E, Nygaard E, Squire K, et al. A photophoretic-trap volumetric display[J]. Nature, 2018, 553(7689): 486.

[28] Kimura H. Laser produced 3D display in the air[C]. ACM SIGGRAPH 2006 Emerging technologies. ACM, 2006: 20.

[29] Ochiai Y, Kumagai K, Hoshi T, et al. Fairy lights in femtoseconds: aerial and volumetric graphics rendered by focused femtosecond laser combined with computational holographic fields[C]. ACM SIGGRAPH 2015 Emerging Technologies. ACM, 2015: 10.

[30] Subramanian S, Subramanian S, Subramanian S, et al. JOLED: A Mid-air Display based on Electrostatic Rotation of Levitated Janus Objects[C]. Symposium on User Interface Software and Technology. ACM, 2016: 437-448.

[31] Sonoda T, Yamamoto H, Suyama S. A new volumetric 3D display using multi-varifocal lens and high-speed 2D display[J].Proceedings of SPIE - The International Society for Optical Engineering, 2011, 7863(4): 786322.

[32] Jin S L, Mu Y L, Kim J O, et al. Novel volumetric 3D display based on point light source optical reconstruction using multi focal lens array[C]. SPIE OPTO. International Society for Optics and Photonics, 2015.

[33] 杨凤和, 蓝东辉. DLP 投影显示中的特殊技术[J].电视技术,2005,4(1): 39-42.

[34] 刘畅，蔡虹宇，魏天音,等. 多屏幕三维体显示技术[J].电子器件，2014(2): 204-209.

[35] Shin Y C, Joo K I, Park H, et al. Development the miniature projection type volumetric 3D display system[C]. Digital Holography and Three-Dimensional Imaging, 2017: Th3A.2.

[36] Lu H, Zhang J, Song Z, et al. Submillisecond-Response Light Shutter for Solid-State Volumetric 3D Display Based on Polymer-Stabilized Cholesteric Texture[J]. Journal of Display Technology, 2014, 10(5): 396-401.

[37] Song W, Zhu Q, Liu Y, et al. Omnidirectional-view three-dimensional display based on rotating selective-diffusing screen and multiple mini-projectors[J]. Applied Optics, 2015, 54(13): 4154-4160.

第9章

全息 3D 显示技术

超高分辨率平板显示器件的发展推动了 3D 显示技术的发展。传统 3D 显示存在的分辨率低、亮度低、视角范围窄、运动视差串扰大等问题正在逐步得到解决。然而，现有的 3D 显示器件存在单眼聚焦和双眼汇聚的冲突问题，限制了 3D 显示器件的市场发展。全息 3D 显示则不同，它能够提供人眼需要的所有深度线索和运动视差信息，从而避免单眼聚焦和双眼汇聚的冲突造成的视觉疲劳问题。

9.1 全息 3D 显示的基本原理

1947 年，Denis Gabor 为了提高电子显微镜的分辨率，首先提出了全息术这个概念。Gabor 发现，如果用一个合适的相干参考光与一个被物体衍射或散射的光波发生干涉，衍射或散射光波的振幅和相位就能被记录下来，被记录下来的干涉图样就称为全息图。Leith and Upatnieks 根据 Gabor 提出的同轴全息，提出了改进的离轴全息，他们利用离轴光去分离共轭项和原始信号中的零级噪声。

传统全息图的记录过程如图 9-1（a）所示，三维物体散射的物光波在空间中衍射之后到达全息图所处的平面，这个平面我们称为全息面，在全息面上，物光波和参考光波进行干涉之后形成干涉图样，再由相应的感光材料将干涉图样记录下来，并通过曝光等方法制成可以保存的全息图，在重建的时候，用同样的参考光照射这样的全息图，便可以在空间中重建出原先的物光波。因此，原先的 3D 物体的所有信息得以重建，我们可以直接用裸眼看到 3D 物体的图像。

在 3D 显示领域，全息技术最大的优势是可以直接用裸眼观看三维图像，不需要佩戴任何眼镜等辅助设备，并且由于三维物体的图像是直接来自光波的重建，因此就和看原物体的感觉是一模一样的，并没有传统的 3D 显示中的视觉疲劳等相关的问题。所以全息 3D 显示技术被认为是未来实现真 3D 显示最理想的技术。

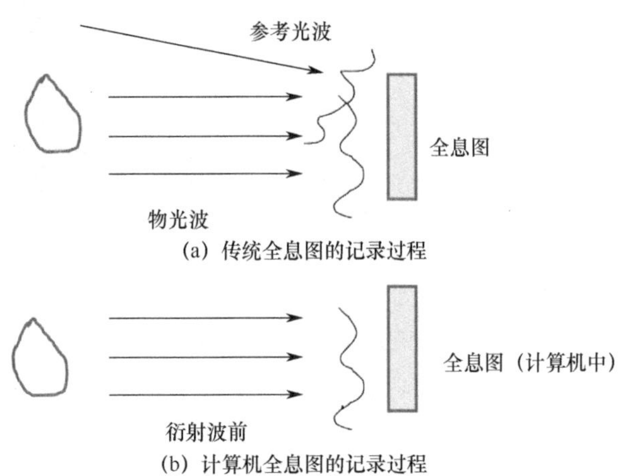

图 9-1　传统全息图及计算机全息图的记录过程

传统的全息图记录方法需要利用相干光照射、制备全息干板等工艺，因此记录一张全息图所需要的时间和程序比较复杂，还有一个缺点是对于单张全息材料只能记录静态的图像，对于记录连续动态的信息无法实现。

随着计算机技术的速发展及目前计算机的硬件软件水平的不断提高，采用计算机数值计算物体衍射的方法来计算全息图已经成为生成全息图的主要方法。如图 9-1（b）所示，计算机生成全息图的步骤主要是在计算机中建立三维物体的模型及确定三维物体的光场分布，然后在计算机中对物光到全息面的衍射进行数值计算，得到全息面上的光场分布，再进一步进行编码处理成为可以显示或打印的图像。所有的操作都在计算机中完成，这样生成的全息图我们称为计算机全息图。

相比于传统的光学全息图，计算机全息图的优势在于，它不需要进行光学实验也不需要采用参考光，所有的光学传播过程都由计算机来模拟计算，大大简化了全息图的生成，缩短了全息图的生成时间。另一个优势是它可以产生一些在真实的物理世界中并不存在的物体的图像，如一些虚拟的人物或场景，我们可以在计算机中建立虚拟物体的模型从而进行全息图的计算，因此我们可以发挥想象力来构建任意想要显示的三维图像。最后，计算机全息图以其数字化的形式而存在，与传统的全息记录材料相比更加便于保存和使用。

9.2　全息图的计算方法

全息 3D 显示技术分为传统的光学全息和数字计算机模拟的计算机生成全息（Computer Generated Hologram，CGH）。传统的光学全息要求非常稳定的光学系统（无振动、无噪声）及具有高度相干性和高强度的光源，从而大大限制了其应用范围。为解决上述问题，人们开始研究用计算机模拟运算的计算全息术。早在 1965 年，Kozman 和 Kelly 就提出了 CGH 的概念。随着计算机技术的不断发展，真实存在的物体或模拟合成的物体都可以通过 CGH 重建出相应的 3D 场景，因此 CGH 在影视艺术、全息防伪、远程教育、医学成像、可视化等方面具有诱人的应用前景。它用计算机进行数值计算，编码生成全息图，把物光的数学描述输入计算机进行数字化处理后，直接产生全息图，再将计算全息图放到实际光路中获得再现像，避免了复杂的相干光学获取系统，既节省光源，又降低了对光学设备精度的要求，可以制作各种虚拟的并非现实存在的物体的全息图，而且噪声较低、可重复性高，与光学全息相比，更加简易灵活。随着空间调制器（SLM）技术的飞速发展，计算机全息图打破了只能用全息干板记录的限制，可以将计算全息图输出到空间光调制器上，使实现基于计算全息技术的实时显示成为可能。为实现 3D 动态全息 3D 显示，研究人员提出了多种全息图的计算方法，其本质区别在于 3D 物体光场的分解方式不同。

9.2.1　点云法

由于衍射光场计算的多样性、灵活性和计算机技术的发展，衍射光场计算得到了很多应用。2004 年 C.Slinger 提出了计算 3D 衍射光场的方法。一个 3D 物体可以被视为发出球面波的点光源的聚合，即离散点云的聚合。通过追迹每个点光源发出的球面波，计算出点光源对衍射场的贡献，得到所有点光源叠加的衍射光场。传统的光线追迹方法是直接计算每个点的贡献。一方面，为了获得立体效果，3D 物体的每一个表面需要有一个均匀的散射或镜面反射，对于物体的采样点数需要非常大，通常是百万量级；另一方面，为了增大视角和图像尺寸，全息图的分辨率（或者说空间带宽积）需要尽可能大。综上所述，光线追迹方法需要非常大的计算量。

点元法示意图如图 9-2 所示，从物体上第 i 个点光源 $P_i(x_i,y_i,z_i)$ 到全息图上 $P_h(x,y,0)$ 的距离由下式给出：

$$r_i(x,y)=\sqrt{(x_i-x)^2+(y_i-y)^2+z_i^2} \tag{9-1}$$

根据上式计算出的传播距离，可以得到复振幅光场在全息面的表达式：

$$O(x,y)=\sum_{i=1}^{N}\frac{a_i}{r_i(x,y)}\exp\{-\mathrm{j}(kr_i(x,y)+\phi_i)\} \tag{9-2}$$

式中，a_i 是第 i 个点光源的振幅，k 是波数，ϕ_i 是第 i 个点光源初始相位。

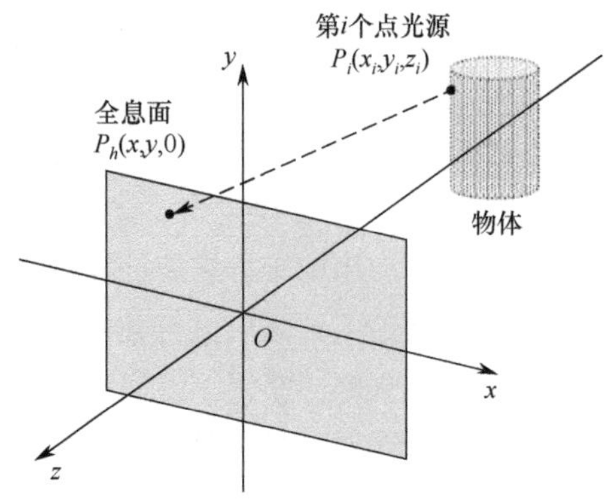

图 9-2　点云法示意图

为提高点云法的计算效率，Lucente 提出了一种查找表的方法，在 3D 图像空间内，对均匀采样点的一系列基本条纹图样进行预先计算和保存。在实际的计算过程中，根据物体点的坐标，提取和叠加基本条纹图样。查找表的方法使我们能够用内存换取计算速度，与传统光场追迹的方法相比速度提高了 20 倍。

之后，国内外的研究者又提出了许多方法希望在提高计算效率的前提下不牺牲存储空间。Matsushima 基于多项式展开和一阶泰勒展开设计了一系列针对这一课题的算法。Yoshikawa 提出了相似的方法，不过是选取二阶泰勒展开。这种方法仅涉及加法运算，所以可以被应用于定点运算而非浮点运算。同样使用查找表，利用周期余弦函数存储各采样点的贡献，相比传统的查找表法，这种方法能够大大节约存储空间。众所周知，将超过固定动态相位范围的相位减去一个周期不会带来相位上的误差。基于上述特点，Shimobaba 提出了一种相位叠加再现算法来实现硬件上的应用。

基于查找表的方法，研究者们提出了许多改进的方法，试图获取在计

算速度、存储容量和重建精确度之间的平衡。Kim 提出了一种新的查找表方法，这种方法的特点是减小了存储空间。图 9-3 给出了方法的整体说明，3D 物体可以被视为一系列轴向离散的平面的组合，在每个平面上，只有中心点的边缘图样被称为是主要边缘图样，也只有这些图样被计算和存储于查找表中。随后，非中心点的边缘图样通过同一层的主要边缘图样经过相应位移计算得到。这种方法的存储空间要求是传统查找表方法的 1/700。随着这种方法的提出，其改进方法也被应用于进一步减少存储空间。

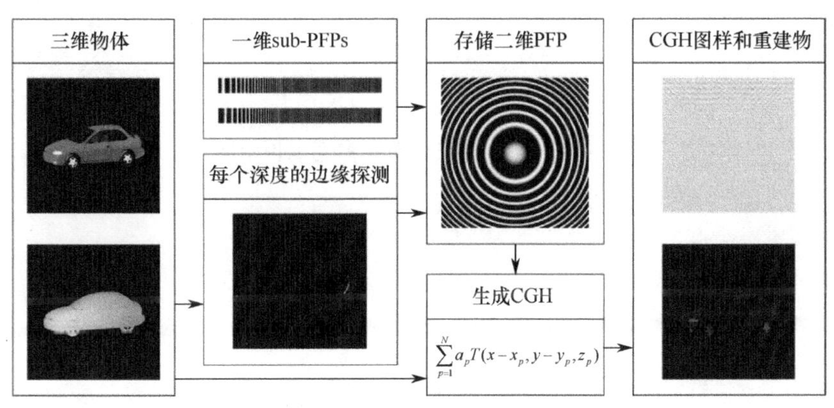

图 9-3　方法的整体说明

2009 年，一种分离查找表方法被提出，该方法优化了存储空间，减少了存储容量，提高了计算速度，并使得速度和精度之间得到了平衡，但也带来了微小的近似误差。2013 年，基于压缩查找表（C-LUT），Jia 提出了一种低存储器使用率的快速算法生成用于彩色 3D 显示的全息图，这种方法分离了深度因子并且减少了存储容量。C-LUT 的描述和构建是为了减少内存使用并加速计算机生成的全息图（CGH）的计算，算法说明如图 9-4 所示。数值模拟和光学实验验证了该方法的有效性，光路图如图 9-5 所示。当 3D 对象的深度层数增加时，C-LUT 的存储器使用率和构建 C-LUT 的时间都与 3D 对象的深度层数无关。基于 C-LUT 的算法是一种节省内存使用量和计算时间的有效方法，有望用于未来实现实时全彩色全息 3D 显示，彩色三维重建实验结果如图 9-6 所示。对于每个深度方向上的 2D 切片，Pan 使用一种近似方法，每次来回计算菲涅耳近似，对 2D 图像的水平和垂直方向进行分别计算。然后全息图在一个深度上某一点的值可以通过两个坐标对应的因子相乘得到。

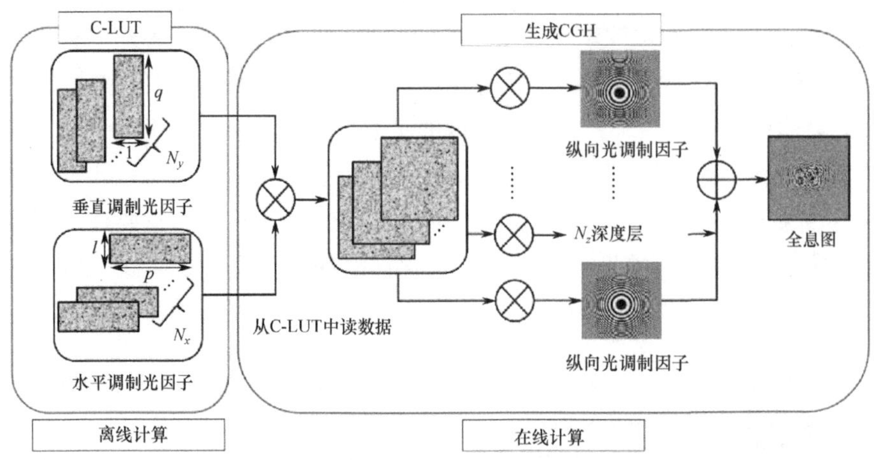

图 9-4 用 C-LUT 计算全息图的说明图

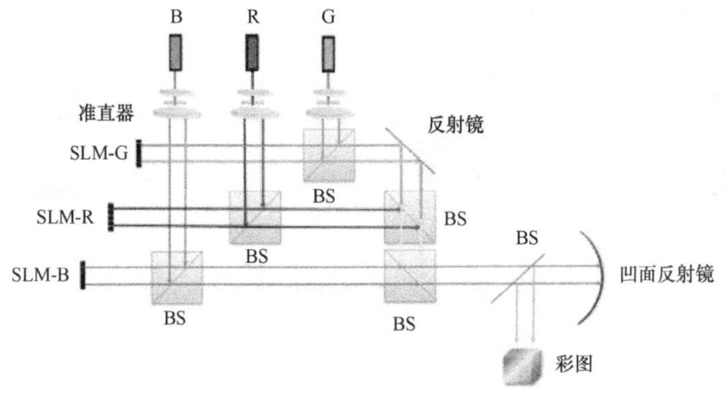

图 9-5 彩色全息 3D 显示光路图

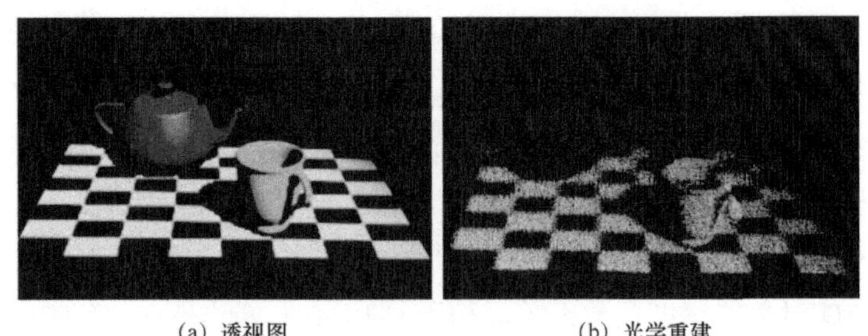

(a) 透视图 (b) 光学重建

图 9-6 彩色三维重建实验结果

波长为 671nm、533nm 和 471nm 的三束准直激光分别照射到三个 SLM 上。利用 BS，通过合成单色图像来构建彩色 3D 图像。凹面反射镜用于调整图像尺寸。如果全息图的分辨率为 512 像素×512 像素，并且每个像素占用 1

个字节的存储器，则要构建包 133×133×100 点的全息图的 LUT，在 LUT 方法中需要的存储器大小为 512×512×1 字节×133×133×100 = 432GB，在 S-LUT 方法中使用（512×1 字节×133 + 512×1 字节×133）×100 = 13MB。随着 LUT 和 S-LUT 方法中深度层的数量增加，存储器大小会线性增加。C-LUT 方法仅使用少量内存（即 512×1 字节×133 + 512×1 字节×133 = 0.13MB），并且随着表中深度层数的增加，内存使用量不会增加，大大降低了存储器的需求。

点云法不排除傅里叶变换，关键是探索如何使用傅里叶变换算法得到超大数量的采样。Shimobaba 提出了一种二步波前记录盘的方法来提高全息图的计算速度。波前记录盘方法的全息图计算流程如图 9-7 所示。第一步，通过光线追迹或查找表的方法在一个虚拟的波前记录盘记录一个复振幅的光场，这个虚拟的平面离 3D 物体非常近。这一步大大降低了计算时间，因为 2D 的衍射图样远比全息图尺寸小。在第二步中，在虚拟平面叠加的复振幅通过菲涅耳衍射传播到全息面，计算方式是卷积或单步快速傅里叶变换。波前记录盘的方法对由很多点组成的深度不大的 3D 物体效率非常高。迄今为止，对于波前记录盘方法的改进工作已经有很多，如使得物体的大小大于全息图，进一步利用下采样生成实时的全息图及处理更大景深的 3D 物体。

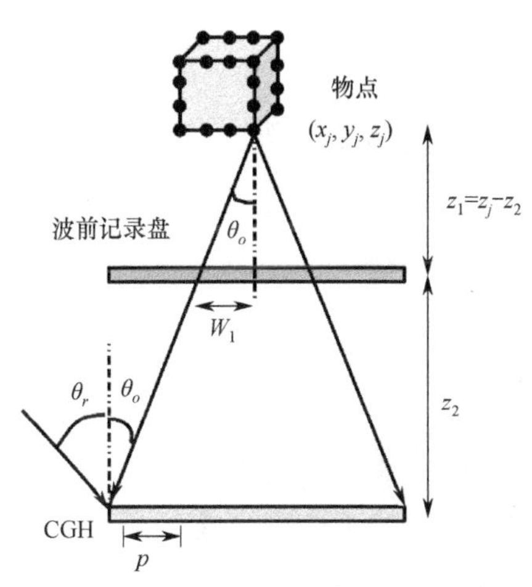

图 9-7　波前记录盘方法的全息图计算流程

9.2.2　倾斜平面方法

点云法需要同时处理大量的采样点，不仅在物体面，同时也在全息面，因此计算量比较大，计算时间比较长。基于倾斜平面的方法，是对 3D 物体的倾斜多边形平面进行采样，倾斜多边形平面通常是三角形。另外，一些计算机图形学中的纹理和阴影添加算法也能够很好地运用于基于倾斜平面的算法。倾斜平面法将多边形图形作为一个孔径，方法的本质是计算自由多边形孔径的衍射图样。Matsushima 总结了传统方法的计算方式，分析了不同差值方法的影响，研究了带有纹理、阴影、镜面反射的表面的渲染。他制作了全息图并且重建了高度真实的全视差虚拟场景。对于每个任意的多边形，在

局部绘制三角形，然后使用 FFT 得到三角形的频谱。任意多边形的全局频谱通过重新映射频谱到全局坐标系得到。计算全息面的衍射图样用到了 2D 平移和角谱传播。实验光路系统和光学实验结果分别如图 9-8 和图 9-9 所示。图 9-9（a）中左边正方形的边长为 11mm，绕 x 轴和 y 轴旋转 45°，右边小方形的边长为 1.1mm，不旋转。图 9-9（b）和图 9-9（c）分别为图像记录在屏幕 131 mm 和距后焦点 262 mm 处，用于深度较大的 3D 场景。图 9-9（d）为重建的三维茶壶。传统方法中，当三维物体表面有不明的亮度差异时，外界的光不能被正确地添加到三维物体的表面。Pan 提出了一种分析方法来补偿亮度。

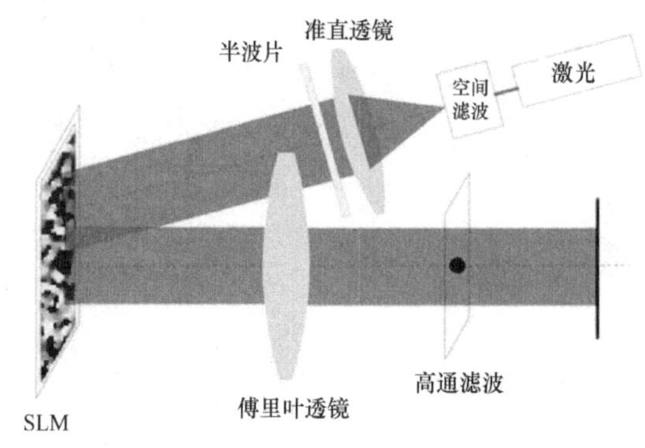

图 9-8　实验光路系统

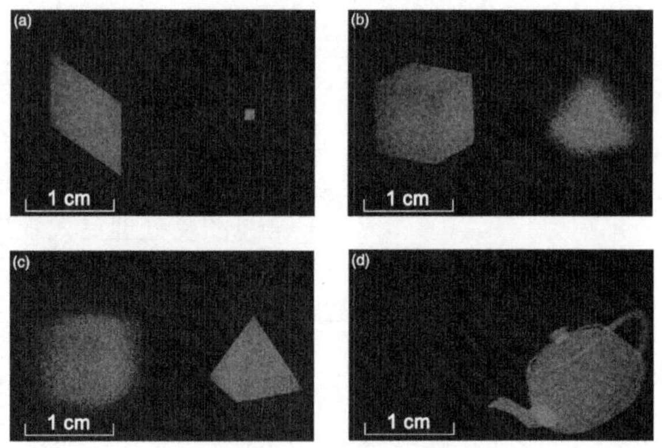

图 9-9　光学实验结果

为简化原始多边形的绘制过程，缩短 FFT 和 2D 差值的计算时间，研究者们提出了很多方法。Ahrenberg 提出了全面分析的基于倾斜平面的方法，方法中基本多边形和它的频谱由分析获得。通过 3D 旋转变换、2D 平移和角谱传播，分析得到频谱上每个点的值。Kim 又提出了一种细分法用于增加散射反射和一种抑制暗线的方法，传统方法在全息三维重建中的暗线缺陷及提出方法的全息三维重建分别如图 9-10 和图 9-11 所示，可以看出该方法对传统方法中暗线的抑制作用。所用到的实验光路如图 9-12 所示。

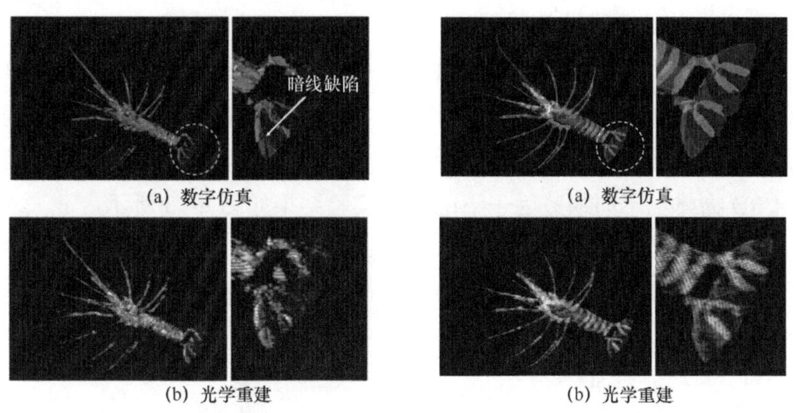

图 9-10　传统方法在全息三维重建中的暗线缺陷　　图 9-11　提出方法的全息三维重建

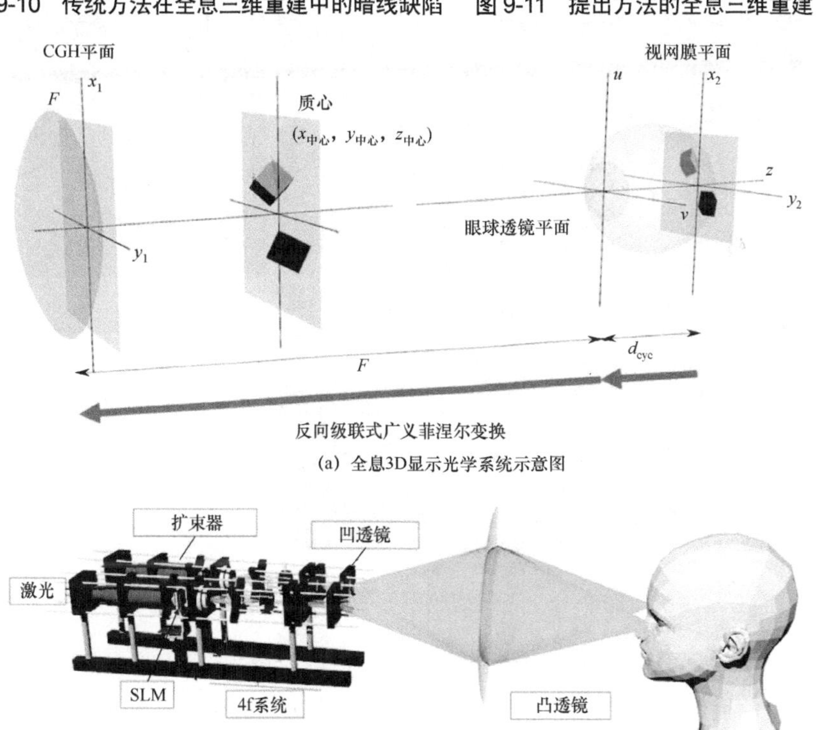

图 9-12　实验光路图

Liu 提出了一种全面分析的方法，这种方法用夫琅禾费衍射表示在菲涅耳区的光。Pan 提出了两种基于倾斜平面的方法，运用 3D 仿射变换和广义逆矩阵来描绘自由三角之间的关系，从而直接表示出相应频谱之间的关系。这两种方法都缩短了计算时间。

为了突破传统倾斜平面衍射算法中采样定理的限制，计算大尺寸的 3D 物体，东南大学的 Chang 等人提出了一种基于非均匀快速傅里叶变换的倾斜平面算法。该方法通过人为调节物体的采样率，实现了计算和显示可缩放的全息 3D 物体。不同缩放因子下的光学实验结果如图 9-13 所示。

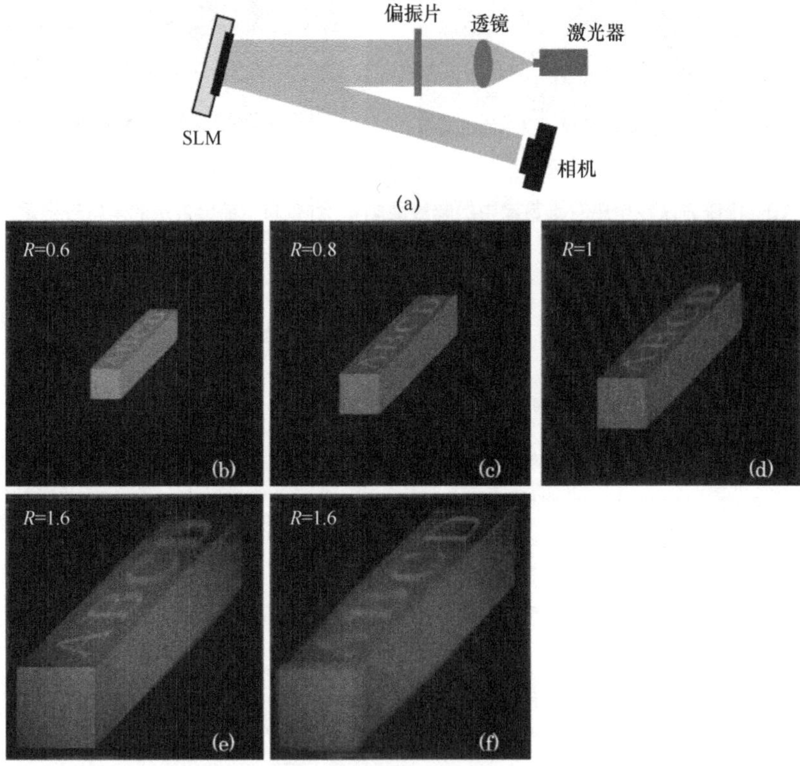

图 9-13　不同缩放因子下的光学实验结果

基于倾斜平面的方法与点云法相比，采样数据量小了很多，但是 FFT 和二维差值也是大计算量的过程。尽管如此，不少基于倾斜平面的方法采用牺牲纹理或引入额外计算的方式对传统的方法进行了改进。迄今，还没有实时的基于倾斜平面的方法。另外，由于任意多边形的计算代价不同，并行计算将遭遇各种问题。

9.2.3　多平面法

在全息 3D 显示器件中，最基础的问题就是产生多个与全息面距离不同的强度分布。在振幅和相位结合的全息图中，我们可以获得不同屏幕上的强度分布，但重建图像质量低、有散斑，并且衍射效率低。散斑问题可引入平面间的迭代来解决，但这种方法只适用于两个平面。Makowski 提出了一种三平面间的新型迭代方式，生成的纯相位全息图具有低噪声和高衍射效率的特点。不久后，Makowski 在之前研究的基础上，又提出两种不同的多平面全息图计算方法，可以产生多于 10 个平面的强度分布，为更精确地重建大景深复杂 3D 场景提供了可能。

多平面间的迭代过程如图 9-14 所示（该图以三平面为例，多个平面依此类推）。如图 9-14 所示，从平面 B 开始，振幅 B 被约束，而相位保留；紧接着从平面 B 传播到平面 A，在平面 A 上，振幅 A 被约束，相位保留；接下来从平面 A 传播到全息面，计算全息面的强度；然后从全息面传播到平面 A，在平面 A 上，振幅 A 被约束，相位保留；紧接着从平面 A 传播到平面 B，在平面 B 上，振幅 B 被约束，而相位保留，计算此次迭代与上次迭代的标准差，若小于预设阈值，则停止迭代，否则继续。

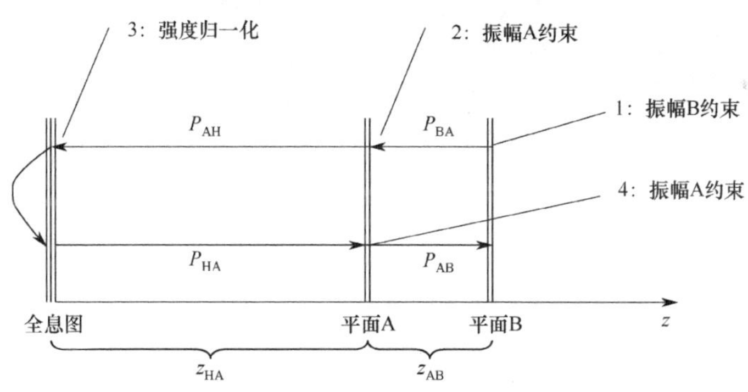

图 9-14　多平面间的迭代过程

上面的方法可以产生多个与全息面距离不同的场分布，还有一种多平面的方法，是将 3D 物体按照深度信息分割为不同的平面，计算每个平面衍射到全息面的光场分布，再对所有的光场累加求和。这种方法是为了改善点云法和表面拼接法所产生的巨大计算量，因为对于有限的深度，只需要有限数量的平面层。清华大学的 Cao 提出了基于角谱的多平面计算全息图算法，对于三维物体分割成的等间隔平面，可以利用角谱衍射算法计算每个平面到全息面的光学传播过程。基于快速傅里叶变换，将每个平面的角谱合成相应平面上的子全息图，所有平面上的子全息图进行叠加，就能获得三维物体整个衍射场的全息分布。此方法的计算量与三维场景的复杂度没有直接联系，因此图像的分辨率不会受到影响。在传统方法中，平面至全息面的传播一般采用菲涅耳衍射，需要考虑傍轴近似，而角谱在傍轴和非傍轴的条件下都能达到很高的精度，因此在不考虑傍轴近似的条件下重建图像质量可以得到提升。基于角谱的多平面计算全息图算法过程如图 9-15 所示。对于每个深度平面，我们可以得到其强度分布，即振幅信息，对此振幅施加随机相位，然后角谱传播至对应的深度，最后将所有得到的波前分布相加得到复振幅全息图，取出相位部分生成最终的纯相位全息图。基于这个角谱算法模型，Cao 将其应用于时分复用系统，将三维场景根据深度信息分为多组，每组平面的全息图相加后贡献为一张计算全息图，这些全息图顺序加载在空间光调制器上，通过更新人眼视觉系统所需要的部分全息图来感知完整的三维场景。时分复用系统的角谱算法示意图如图 9-16 所示。在这个方法中，由于三维场景一张全息图被分解为许多组全息图的叠加，因此空间光调制器的空间带宽积得到了完全的利用。

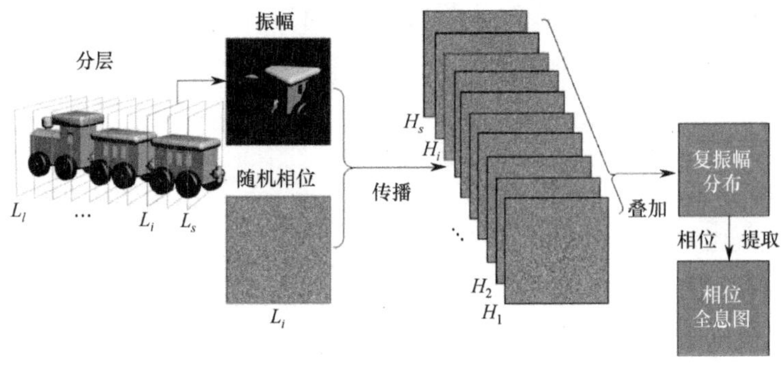

图 9-15　基于角谱的多平面计算全息图算法过程

除此之外，Chu 提出了三种能够提升多平面计算速度和重建质量的运算和图片处理方式，分别是改进的编码方式、多层散焦三维融合法和复制法。在第一种改进的编码方式中，他们首先开发出了基于 OpenGL 进行图形渲染的MATLAB工具来代替GPU形式的MATLAB，其后又开发出了基于OpenGL的 C++代码，所有相加、相乘和数据传输的指令都在核心中得到了优化。由于避免了各接口之间的交流，计算速度得到提升。散焦三维融合法通过修改两个透明层之间观察者视线上的像素振幅来补偿深度线索，同时结合三维场景的多层分割技术，来纠正视场角过小的缺陷，合称多层三维散焦融合法。

如图 9-17 所示，图 9-17（a）代表组成三维场景的点源，图 9-17（b）将这些点源分配到不同的平面层，每个蓝色点源都会在最近的平面上产生相应的红色点源，最终重建出的是红色点源组成的带有深度误差的图像。图 9-17（c）为多层散焦融合法，每个蓝色点源同时在两个最近的平面上拥有相应的红色点源，若观察方向与平面之间的校准方向一致，重建图像将没有深度误差。图 9-17（c）相对于图 9-17（b）来说，由于层之间的间距缩小，观察角度增大，同时补偿了深度缺陷，使得所需的层数减少，计算量下降，另外，图像质量也有所改善。复制法在多层散焦三维融合法的基础上，降低目标图像的

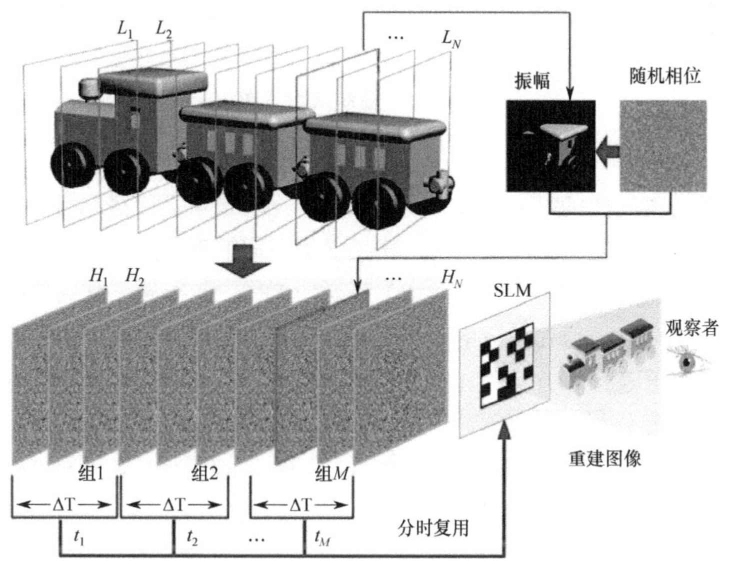

图 9-16　时分复用系统的角谱算法示意图

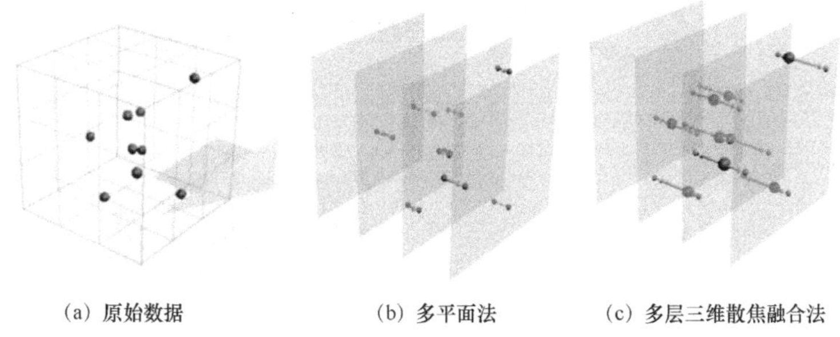

图 9-17　多层三维散焦融合法示意图

注：(a) 中小球为蓝色点源；(b) 中箭头始端为蓝色点源，末端为红色点源；(c) 中大球为蓝色点源，小球为红色点源。

分辨率，然后将计算 FFT 之后的结果复制到其他区域以组成高分辨率。如果数据传输的速度小于 FFT 的速度，此方法将收效甚微。虽然小尺寸的图像只能提供一部分场分布，但复制合成的全息图与原来的分辨率相同，因此视场没有损失。复制法示意图如图 9-18 所示。

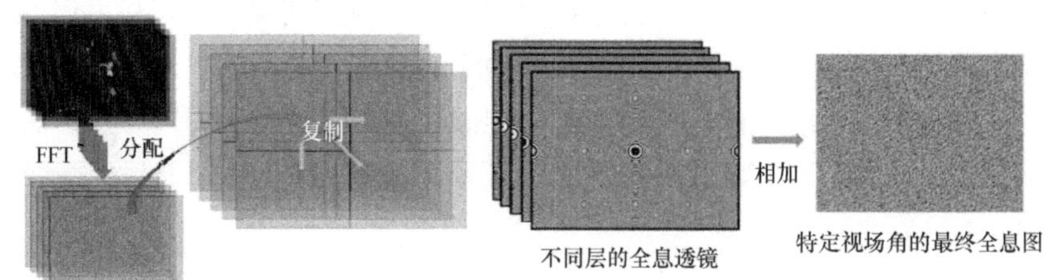

图 9-18　复制法示意图

还有一种基于非均匀采样的多平面全息计算方法。Chang 等人提出对于三维场景分割而成的每个平面，不采用如菲涅耳或角谱传播的标量衍射法，而是将不同深度上的图像集合在一张图像上不同的部分，对每个部分设置不同采样率并施加 FFT，即施加非均匀采样的 FFT，使得原三维场景中不同平面上的图像内容重建在相应的距离上，达到三维重建的效果。基于非均匀采样的多平面全息计算方法的计算和重建示意图如图 9-19 所示。这种方法相对于上述的多层分割法，仅需计算一次 FFT，计算速度大大加快，同时在采样点数和信息冗余上得到了一定的优化。

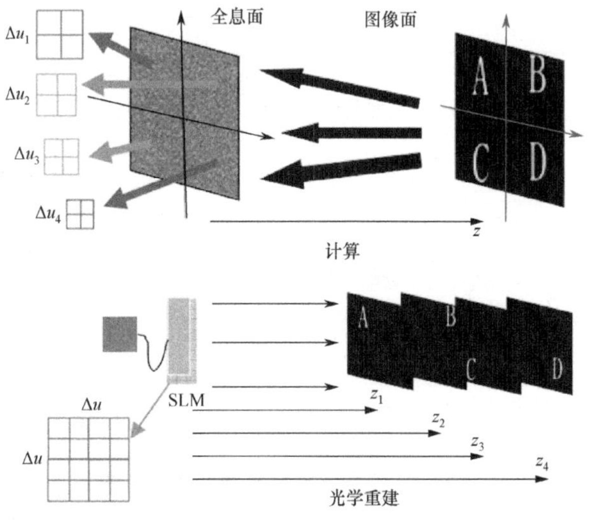

图 9-19　基于非均匀采样的多平面全息计算方法的计算和重建示意图

9.2.4 光场方法

光场的概念最早由 Gershun 在辐射度量学和光度学中提出，通过引入光场函数来描述光场。在数学上，光场代表了各个点从各个方向射来的光线强度集合。光场显示的两种机理如图 9-20 所示。除了从几何光学的角度看待光场［见图 9-20（a）］，从波动光学的理论上看，光场还可以看作一系列波前的集合，如图 9-20（b）所示。光场的波前重建也称作全息术。1967 年，Pole 首次将光线重建与全息术结合，提出了利用集成摄影技术记录的全息图，几乎在同时，McCrickerd 和 George 提出了立体全息法，利用不同位置狭缝获得的 2D 图片合成一张全息图。1969 年，基于多视点图片，DeBitetto 提出了立体全息的另一种技术。Cross 提出了一种圆柱形立体全息图，能够产生 360° 可见的 3D 图片，这种全息图被称作多路复用全息图。它的独特优点是可以利用一步法进行白光重建。1970 年，King 等人提出了计算机立体全息图的概念。由于计算运算能力和存储容量的限制，在当时计算机生成的图片序列仍需要被记录在感光胶卷上再合成全息图。20 世纪 80 年代末期，空间光调制器的出现使得计算立体全息图的过程能够完全在电脑中完成。Yatagai 提出了一种利用 2D 投影图片的傅里叶变换全息图阵列计算全息图的技术。Stein 提出了一种基于光线方法的计算机全息图方式，接下来的一些改进方式，如相位叠加型立体全息和集成全息，也在 20 世纪 90 年代被陆续被提出。

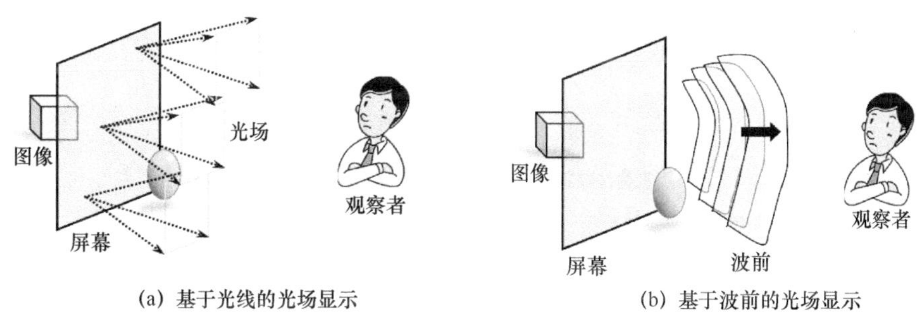

(a) 基于光线的光场显示　　(b) 基于波前的光场显示

图 9-20　光场显示的两种机理

光场全息的计算涉及两种投影几何关系，分别是透视投影几何和正交投影几何，两个投影几何关系如图 9-21 所示。图 9-21（a）为 N.T. Shaked 等人提出的透视投影几何示意图，投影线相交于透镜的主点。图 9-21（b）则为正交投影几何示意图，投影线是平行的。

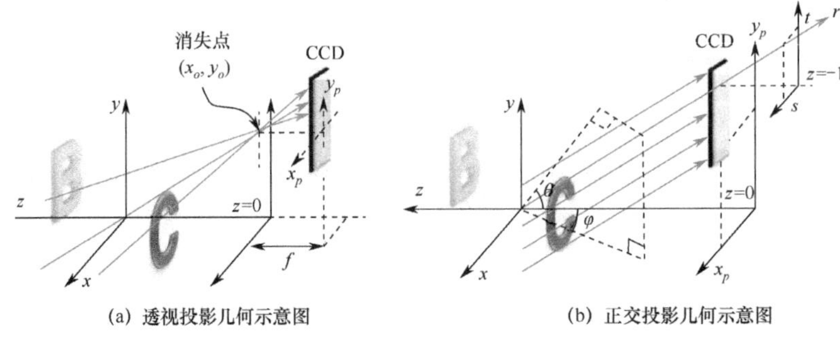

(a) 透视投影几何示意图　　(b) 正交投影几何示意图

图 9-21　获得 2D 投影图片涉及两个投影几何关系

基于这两种投影几何方式，我们可以获得两种 2D 投影图像阵列。这里每张 2D 投影图像也称为投影子图。将 3D 场景置于微透镜阵列前方一定距离 d_1，其中微透镜的焦距为 f_m，如图 9-22（a）所示。第一种情况下图像传感器位于微透镜阵列的成像位置 d_2 上，此时三者满足成像关系 $\frac{1}{d_1}+\frac{1}{d_2}=\frac{1}{f_m}$，通常情况下 d_1 远远大于 f_m，这也意味着 $d_2 \approx f_m$。在这种成像关系下得到的自然光场图像称为透视投影子图，如图 9-22（b）所示。

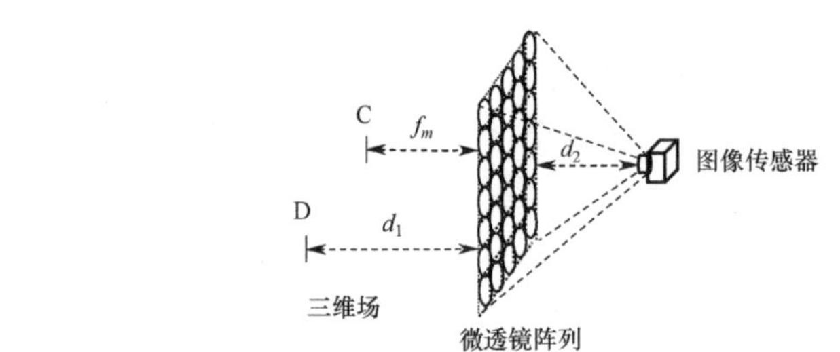

(a) 光场投影子图像采集示意图

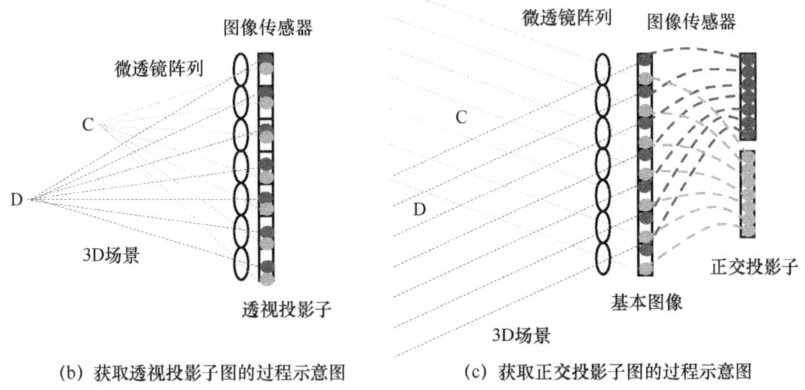

(b) 获取透视投影子图的过程示意图　　(c) 获取正交投影子图的过程示意图

图 9-22　光场图像的获取与转换

在第二种情况下，图像传感器位于微透镜阵列的焦点位置上，此时图像传感器记录了 3D 场景在各个角度方向上的基本图像。然后将每张基本图像相同位置的像素点集合起来形成一张正交投影图像，该图像即对应 3D 场景在相应视角方向上的一张正交投影子图，如图 9-22（c）所示。例如，红色像素集合起来形成的一张子图的投影角度，即视角方向为 $\arctan(s_1/l)=\arctan(s_1/f_m)$，同理，绿色像素集合起来形成的一张子图的投影角度为 $\arctan(s_2/l)=\arctan(s_2/f_m)$。

从获得子图的过程中可以看出，正交投影子图的分辨率等于基本图像的个数，即微透镜阵列的个数，而子图的视点个数等于每张基本图像的分辨率。由于微透镜阵列有限的视场角及傍轴近似，其能采集到的视角范围受到限制。由于微透镜阵列数量的限制，正交投影图像的分辨率也不高。低采样率也将限制场景的最大空间带宽。

获得全视差立体全息图的传统方法如下：待曝光的图片显示在 LCD 板上，激光照射图片后，产生的物光汇聚在全息图的一小块位置上。同一束激光分出的参考光从全息面的另一面射入，与物光发生干涉，记录下的全息图称为体反射全息图，它是 LCD 面板上图像的傅里叶变换图样。这张全息图称作全息元。在获得了一张全息元后，记录材料水平或者垂直方向上移动，完成下一次曝光，不断重复这个过程，直到完成整个 2D 图像阵列。利用光线几何理论生成 2D 图像阵列的方法如图 9-23（a）所示，根据投影几何关系利用光线技术的几何理论，也可以通过相机阵列扫描获得 2D 图像阵列，如图 9-23（b）所示。基本图像的必须足够小到观察者不能够感受到单元结构。全息图可以重建出经过全息面到视角范围内所有方向的光线。由于这是体反射性的全息图，可用白光照射进行重建，利用波长选择性重建出单色光图片。利用红绿蓝三色激光器也可打印出彩色全息图。

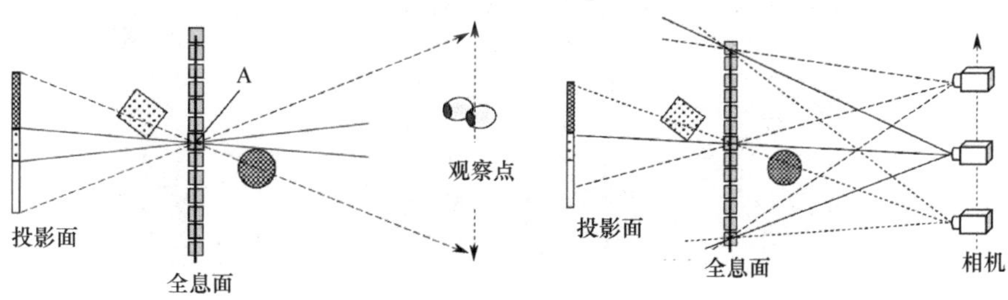

(a) 利用光线几何理论生成2D图像阵列　　(b) 利用相机阵列扫描获得2D图像阵列

图 9-23　传统立体全息图生成方法

与传统方法比较，计算机立体全息图生成方法将传统方法中物光和参考光的干涉过程，换成对 2D 图片的直接快速傅里叶变换，如图 9-24 所示。为了得到纯相位全息图，2016 年东南大学 Xia Xinyi 等研究人员提出还可以对投影子图施加随机相位或进行 GS 迭代。复振幅全息图编码为纯相位全息图的方式示意和光学重建结果如图 9-25 所示。

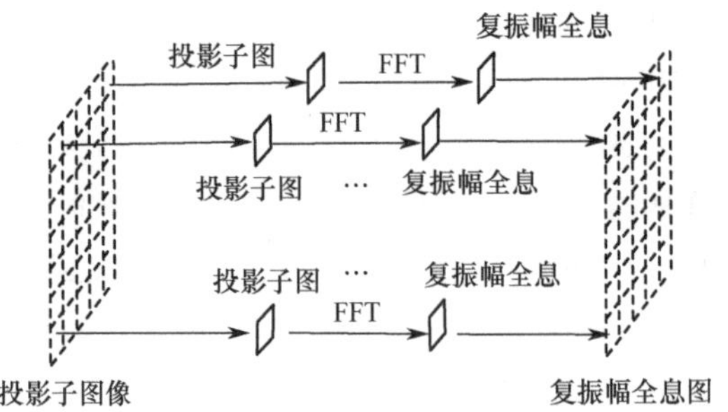

图 9-24 计算机立体全息图生成方法

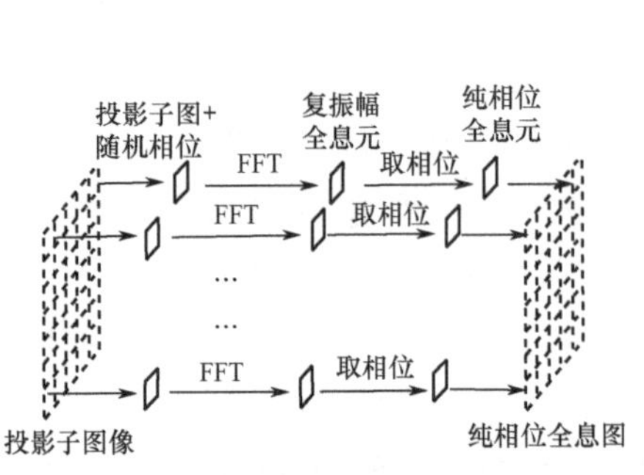

(a) 对每张子图加载随机相位后再取相位

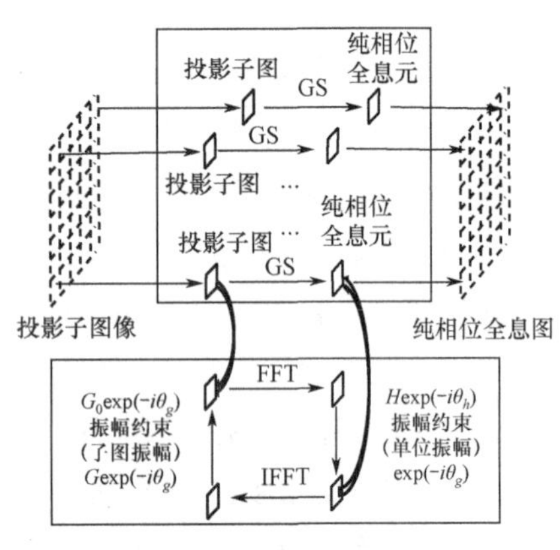

(b) 施加GS算法

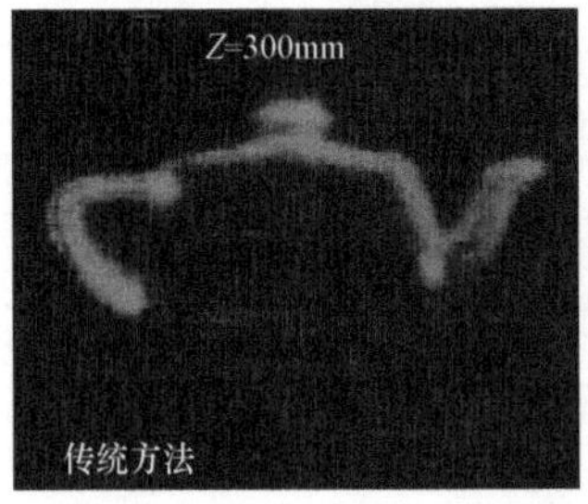

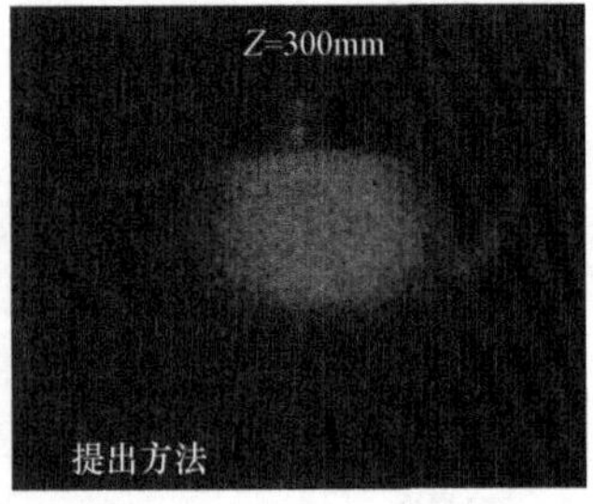

(c) 施加GS算法

图 9-25 复振幅全息图编码为纯相位全息图的方式示意和光学重建结果

Cao 等人将立体全息与多平面结合，通过多角度投影图像和深度图像得到该视角方向上的三维物体某部分的分层结果，并利用多平面的方式计算出相应的全息元，最后组成一张完整的全息图。这种方法结合了立体全息和多平面的优势，能够获得三维场景的全部深度线索，提供准确的空间信息和视点属性，同时降低了计算量，重建图像质量高。多平面立体全息法示意图如图 9-26 所示。

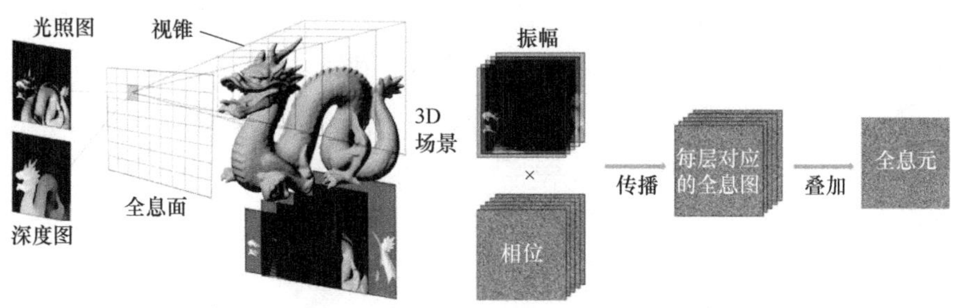

图 9-26　多平面立体全息法示意图

在该方法中，根据深度图像，通过对可视锥体进行切片，来计算每个全息元的逆菲涅耳衍射。由于 3D 场景的几何信息是忠实匹配的，因此切片图层可以为重建提供准确的深度线索。该算法与计算机图形渲染技术兼容，并且对于具有不同参数的全息图具有鲁棒性。当全息元等于 1mm 时，衍射计算的信噪比大于 39dB，传播距离大于 10mm。

9.3　全息 3D 显示器件

对动态全息 3D 显示来说，仅有快速算法还不能满足 3D 显示的需求，还需要具有较大时间、空间带宽的调制器件。首先，空间带宽决定了光学系统的信息容量。具体来说，它决定了重建图像的大小和衍射角。我们常常通过牺牲角度或图像分辨率等参数来换取其他，或通过倾斜入射的方法增加重建图像的衍射角度或大小。其次，调制器还需要具有较高的刷新率和较短的响应速度，这就意味着器件需要一个较大的时间带宽。最后，一个理想全息 3D 显示器还需要具有较高的衍射效率、较大的光谱带宽、较大的光阑孔径。

9.3.1　基于光调控的全息 3D 显示器件

光寻址的空间光调制器件根据寻址的方式、材料特性等可以分成多种不同的显示类型。早期的光寻址空间光调制器件利用光电材料对液晶材料分子偏转进行控制，是一种非相干光写入、相干光读取的器件。其中光电传感层和液晶层堆叠在 ITO 玻璃之间。光电传感器可以被视为一个光敏电阻，通过外加均匀时变电场，它将非相干光的强度图样转化为阻抗信号，从而控制液晶层的折射改变。这种特殊的结构使得光寻址空间光调制器具有大口径、高分辨率、低能耗等优势。与电寻址的空间光调制器相比，光寻址空间光调制器不具有像素结构，因此生成的图像没有死区带来的多级衍射，器件结构和假定的载体传输如图 9-27 所示。另外，孔径大小比电寻址大，非像素结构也意味着不需要印刷和后处理，材料涂覆和液晶装配已经非常成熟。光寻址空间光调制器的上述优点非常适合信号处理、光束整形和光操控。

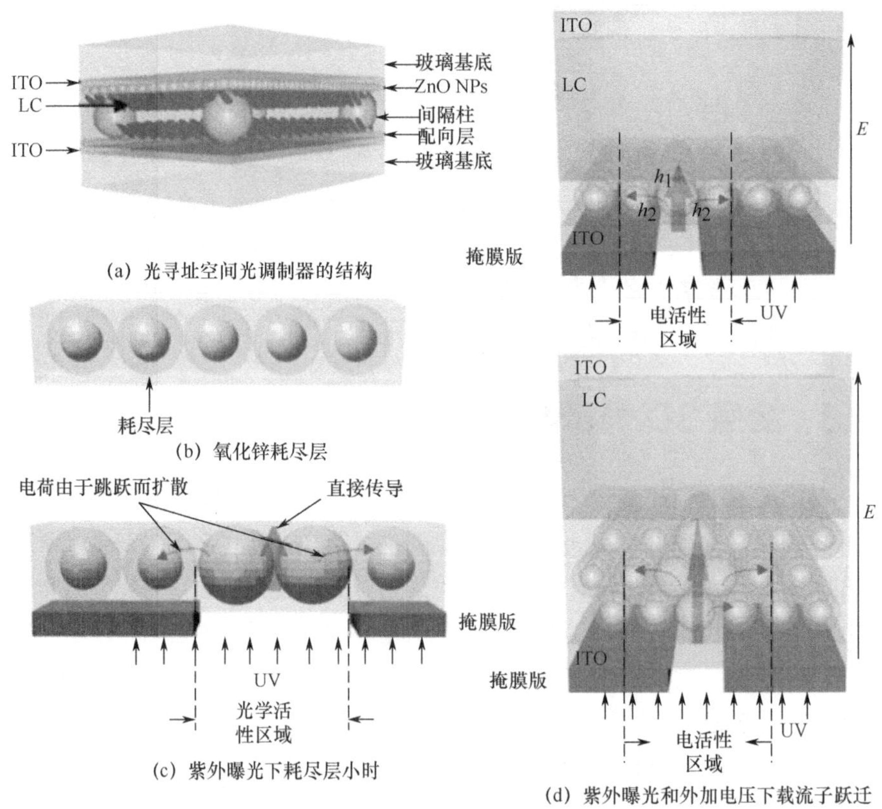

图 9-27　器件结构和假定的载体传输

对全息 3D 显示而言，光寻址空间光调制器经常与外加的小型光学

系统组合来增大衍射角。为在提高器件分辨率的同时不降低器件的灵敏度，研究者提出了很多方法，如用光敏聚合物和氧化锌代替传统的光电传感器。

2008 年，美国亚利桑那州立大学的研究人员提出了一种基于光折变聚合物的光调控全息 3D 显示系统。光折变材料具有一种特殊的性质就是折射系数的变化是可逆的，即输入的信息可擦写。这种新型材料响应时间较短，具有可反复擦出和记录的优点。3D 显示光学系统如图 9-28 所示，三维物体基元图像的全息图按序加载到 SLM 上，SLM 调制后的光波和参考光波形成基元全息图依次被光折变材料记录，然后由相关光再现三维像。该系统能够擦除和更新图像。其中，PBS 为偏振分光棱镜，SLM 为空间光调制器，$\lambda/2$ 为半波片，$\lambda/4$ 为四分之一波片。

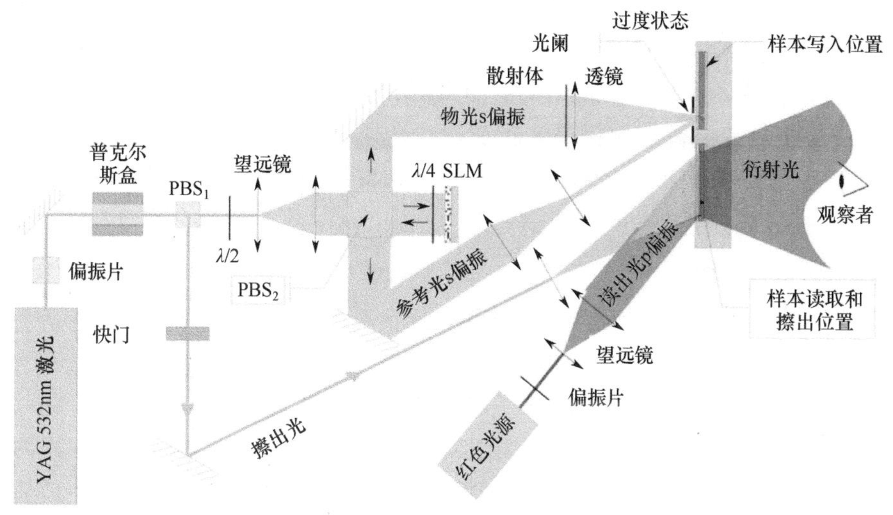

图 9-28　3D 显示光学系统

2010 年，美国亚利桑那州立大学的研究人员对光折变材料全息 3D 显示系统进行了改进，将三维成像与全息 3D 显示系统相结合。这种新的显示系统使用了与透镜阵列相耦合的全息光学元件，实现了多路的读写，同时脉冲激光取代了之前的连续激光，从而提高了写入速度；角分复用技术的使用实现了彩色图像的重建。该系统的读写速度达到了准实时的水平，每张图 2 秒，显示尺寸为 4 英寸×4 英寸，衍射效率虽然只有 0.5%，但在一般环境光条件下也足够观察。彩色全息重建结果如图 9-29 所示。

(a)

(b)

图 9-29　彩色全息重建结果

上海交通大学在快速响应全息材料领域进行了深入的研究。2016 年，上海交通大学的研究人员提出了光折变混合液晶材料，用于快速刷新的动态全息 3D 显示设备。混合液晶材料使用量子点（ZnS/InP）掺杂，其中液晶盒的一个内表面带有 ZnSe 层，液晶盒结构如图 9-30 所示。

这种混合设备充分提高光折变灵敏度至 2.2cm3/J，大于没有 ZnSe 层的 ZnS/InP 掺杂液晶设备的 300 倍。即使在光强约 0.8 mW/cm^2 的条件下，全息光栅的响应速度也可以达到几到几十毫秒。利用这种高光折变灵敏度且高速响应的设备，可以实现彩色动态全息视频播放。成像系统的装置图和重建结果如图 9-31 所示。其中，刷新速率为 25Hz 的动态二元图像由计算机生成并加载到一个振幅型 SLM 上。一个波长为 460nm 的半导体激光器经过扩束以后为系统提供参考光和物光，其偏振方向相同。参考光和物光的比值约为 1∶1，总体光强约为 1 mW/cm^2。

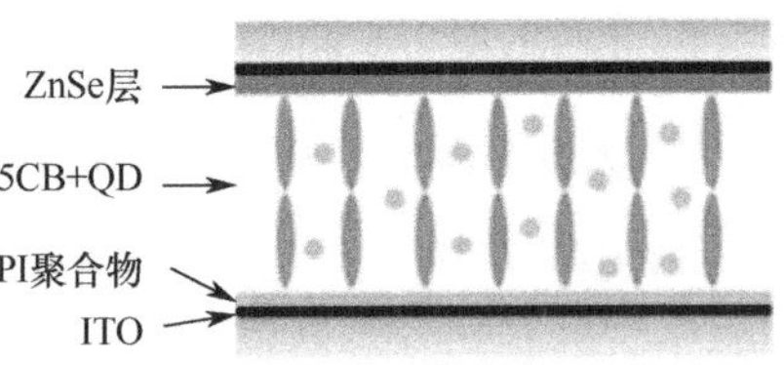

图 9-30　液晶盒结构

图 9-32（a）为对视频拍摄的一系列快照，液晶盒由三个不同波长 632.8nm、532nm 和 488nm 照射。与二进制图像相比，显示灰度图像意味着在每个全息图中记录的数据量更大，并且具有相同数量的像素。图 9-32（b）为加载一张“豹”的高清晰度图像至 SLM 的光学结果，所获得的衍射图像显示出相当好的灰度保真度。上述实验结果证明了半导体层与量子点掺杂液晶的组合是实现动态，彩色和高效全息 3D 显示的有效方法之一。

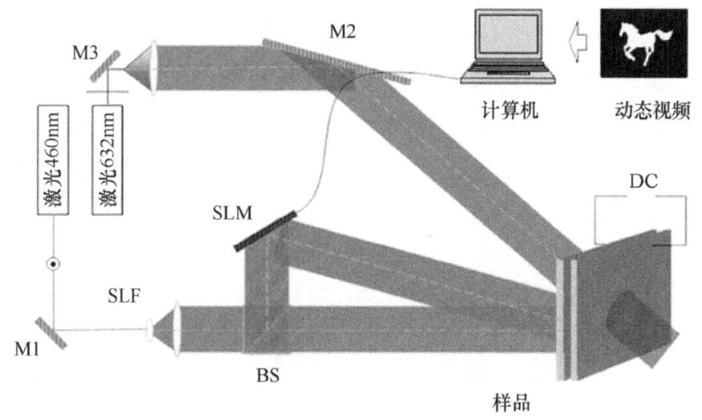

图 9-31　成像系统装置图和重建结果

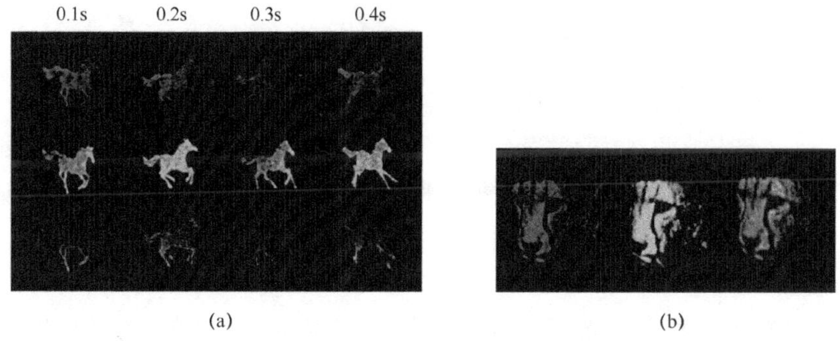

(a)　　(b)

图 9-32　632.8nm、532nm、488nm 三种波长的激光作为光源重建的全息视频的截图

9.3.2　基于电调控的全息 3D 显示器件

液晶分子具有双折射特性，在外加电场的作用下，液晶分子的光轴发生旋转，入射光的振幅、相位和偏振特性因此能够被调制。在电调制的空间光调制器中，液晶分子密封在一对平行电极组成的平板中，平板之间施加外加电场。向列型和铁电型液晶是两种广泛运用于液晶空间光调制器的液晶，两种形式的液晶分子排列方式不同，因此组成的空间光调制器也拥有不同的调制特性。目前相位型空间光调制器在全息和其他衍射型应用中得到了广泛的使用。

如图 9-33 所示，硅基液晶技术（Liquid Crystal on Silicon，LCoS）结合了液晶和硅基半导体（CMOS）两种制备技术。从顶部到底部分别是透明的 ITO 电极、顶部取向层、液晶分子、底部取向层、硅基背板。硅基背板上有一层反射材料，通常是铝，底部是驱动电极，用来施加电压。不同于 TFT 技

术，硅基液晶器件中的所有控制和驱动电路都是在背板下方的。反射式硅基液晶空间光调制器相较于透射式 TFT 空间光调制器拥有许多优势，最大的优点是占空比提升至 93%。由于其优良的光学特性和低廉的价格，LCoS 是未来全息 3D 显示系统的主流器件。

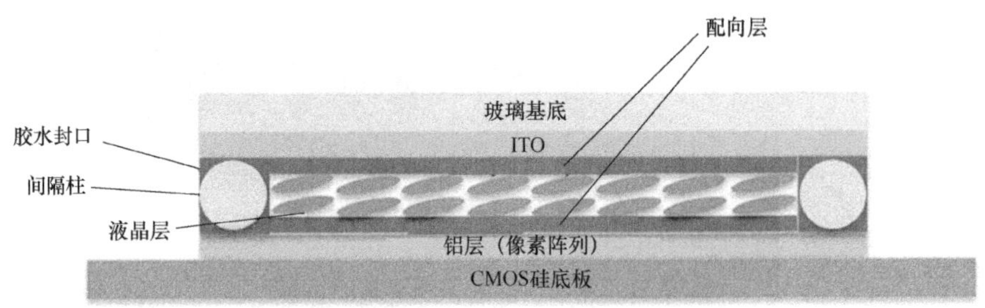

图 9-33　硅基液晶器件的结构

LCoS 空间光调制器要满足动态全息 3D 显示还需要解决好以下问题。

（1）复振幅调制。通过设计液晶分子的取向能够实现分别对相位或振幅调制的器件，但目前还没有能对振幅和相位同时调制的复振幅器件。研究者通过编码算法和空间滤波的方法来解决这个问题。同时，一些新的方法也在研制当中。

（2）响应时间。液晶器件的响应时间由液晶单元的厚度、分子黏度和排列方式决定。尤其是相位调制型空间光调制器，使用的液晶材料黏度大、响应时间长。尽管有一些方法来提升响应时间，如使用高压驱动，但是在动态全息 3D 显示仍然需要进一步提高响应时间，新型液晶材料或其他电光调制材料的研制迫在眉睫。

9.3.3　基于声光调制器的全息 3D 显示器件

声光调制器件是一种一维器件，声波改变了材料的张力进而改变了其介电系数，折射率就会由于声光效应产生变化。早在 20 世纪 90 年代，Onural 就提出了一种声光全息 3D 显示器件，晶体表面产生了时变的声波从而实现全息图案的调制。基于这种想法，Smalley 在 2006 年提出了一种波导扫描声光调制方法，用于提高原有方法的时间频谱带宽积。2013 年，Smalley 设计了一种基于各向异性漏模耦合的波导扫描方法。基于各向异性漏模耦合的波导扫描方法如图 9-34 所示。耦合器是一种在锂铌酸盐表面的质子交换通道波导，在输入耦合端口相反一端是叉指式换能器。另外，材料的高反射系数对比度和各向异性结构避免了全息重建中的共轭像。单通道各向异性波导调制器生成的全息图如图 9-35 所示。

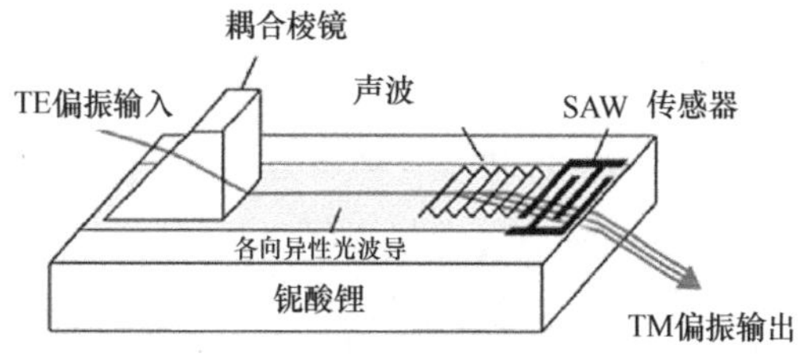

(a) 单通道各向异性波导调制和调制机理

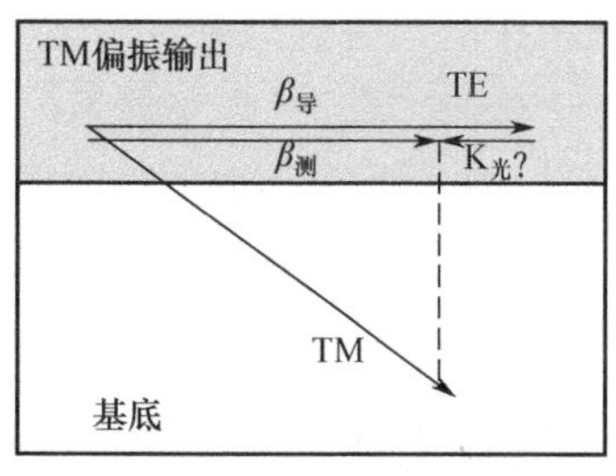

(b) 耦合模式的相位匹配条件

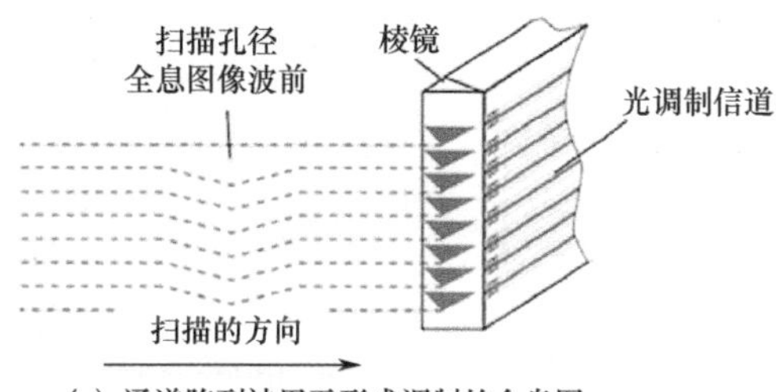

(c) 通道阵列被用于形成调制的全息图

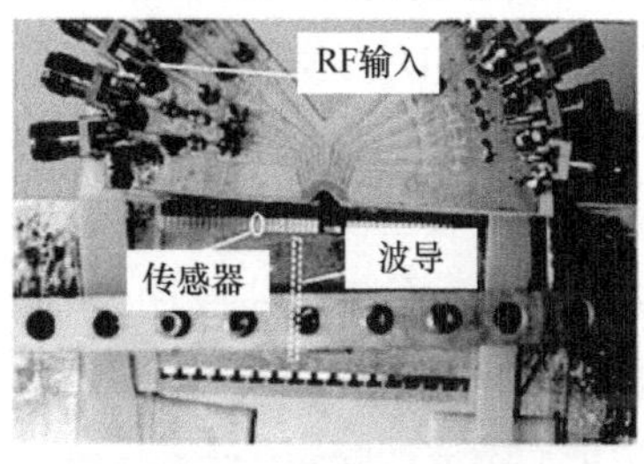

(d) 多通道各向异性波导调制器

图 9-34　基于各向异性漏模耦合的波导扫描方法

(a) 单色全息图

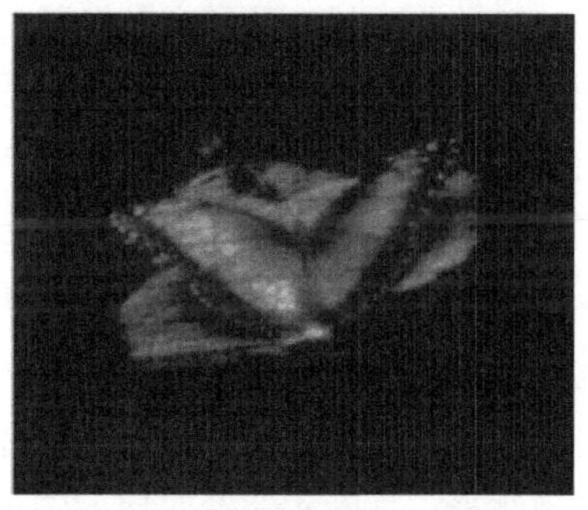

(b) 彩色全息图，同时叠加红绿蓝三种颜色

图 9-35　单通道各向异性波导调制器生成的全息图

麻省理工媒体实验室首次成功利用声光调制器件作为调制器件实现了三维全息动态显示。图像信号调制在射频信号源上，通过一个电压式转换器被转化为声波。声波通过一个二氧化碲晶体，对入射光有一个较长距离的作用。声光调制器件工作于布拉格模式而非拉曼拉曼奈斯衍射模式，并且有一个较高的衍射效率。在媒体实验室公布的第二代声光调制器中，将多波段的

布拉格器件功能化，从而通过并行结构增大系统的时间频带宽度。

9.3.4 全息 3D 显示的复振幅调制方法

虽然全息 3D 显示技术被认为是下一代理想的显示技术，但基于 CGH 的全息 3D 显示目前也面临着许多问题，最主要的是重建图像的质量不高和计算量大、计算速度慢。在成像质量这方面，使用激光相干光源造成的散斑噪声是影响成像质量的一大因素，使用 IFTA 方法计算的全息图重建结果如图 9-36 所示。

图 9-36 使用 IFTA 方法计算的全息图重建结果

全息 3D 显示的散斑噪声是由相干光源造成的。人眼观看到的散斑噪声又可以分为一次衍射噪声和二次衍射噪声。这里一次衍射噪声是指全息成像算法本身存在的计算噪声，二次衍射噪声指全息图像在不平整的衍射平面上散射后造成的噪声。对于二次衍射噪声可以通过震动屏幕、震动光源，或是时域噪声叠加的方法来消除。这里主要关注一次衍射噪声。

对计算全息而言，计算误差是导致一次衍射噪声的主要原因。计算全息图通常的结果是复振幅信息，为了在纯相位或纯振幅 SLM 进行全息重建，需要类似迭代的方法来对复振幅全息进行转化。以相位全息为例，其成像面的振幅通常是迭代优化的重点，而相位分布则是随机的，因此相距很近的像素之间会产生不可预估的相干增强或相干减弱的强度图样，产生人眼可观测的散斑噪声。尽管降低光源的相干性，或者说使用相干性较低的光源，如 LED 可以降低这种散斑噪声，但使用这类光源又会造成图像模糊的问题。所以考虑到激光在亮度和成像对比度的出色表现，相干性强的激光依然是全息 3D 显示使用最广泛的光源。时间平均法也能够在一定程度上抑制散斑噪声。所谓时间平均法就是利用 SLM 高速显示几张初始相位不同，但强度相同的 CGH，利用人眼的视觉暂留特性，降低散斑噪声的影响。时间平均法的缺点也是显而易见的：加大了全息 3D 显示的计算量，对器件的刷新速度有较高的要求。鉴于以上两点，虽然时间平均法可以提高重建质量，但却增加了实现实时动态全息 3D 显示的难度。

如果能够控制重建平面的相位，使其不再是随机的相位，那么像素之间随机的相干增强和减弱也将得到抑制。2015 年，东南大学的 Chang 提出了 GS 双约束算法（DCGS），该方法同时对相位和振幅进行约束，由于显示文字区域的相位是均匀分布的，因此相比较于传统 GS 算法，全息图的散斑噪声得到了有效的抑制。GS 双约束算法的示意图及实验结果如图 9-37 所示。

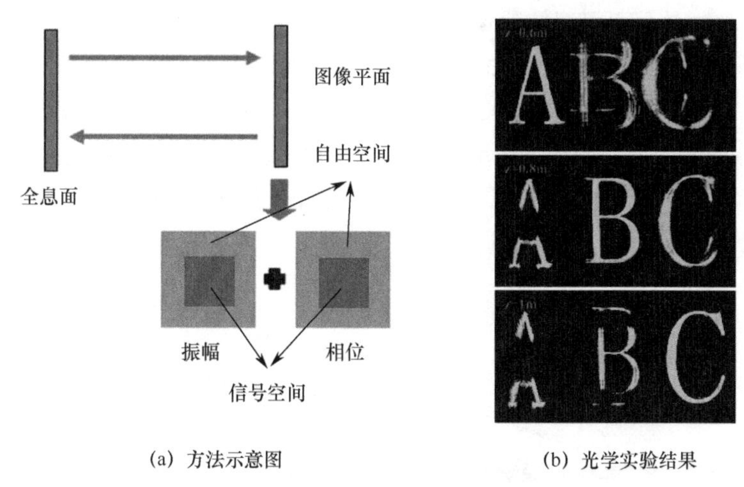

(a) 方法示意图　　(b) 光学实验结果

图 9-37　GS 双约束算法的示意图及实验结果

实现真正的光场调控，也就是振幅和相位的同时独立调制，我们称之为复振幅调制。复振幅调制不仅仅是全息 3D 显示领域重要的研究课题，在光信息处理、光操控领域、复振幅调制也具有十分广阔的应用前景和极高的研究价值。具体来说，复振幅调制在模式识别、光学加密、光束整形、光镊技术和光通信等领域都有所应用。然而，受限于器件的功能，目前普遍使用的 SLM 只能够调制相位或振幅，要实现复振幅调制依然存在一定的困难。为解决这一问题，科研工作者从器件和全息图编码两条主要的路径出发，提出了许多复振幅调制的方法。

1993 年，Jun Amako 提出了使用一个纯相位的液晶器件和一个纯振幅的液晶器件组合进行复振幅调制。1996 年，L. G. Neto 也利用将纯相位和纯振幅的液晶器件级联的方式实现了复振幅的调制。2012 年，A. Siemion 使用两个纯相位 SLM 和迭代优化的菲涅耳全息图进行复振幅光场的全息重建。这些方法的出发点都是用两个调制器件实现对振幅和相位的调制。然而，两个 SLM 无疑增加了系统的复杂度，同时两个器件精确到亚微米级的对齐也是工程化面临的挑战。相对而言，我们更希望能够使用一个 SLM 实现复振幅调制。这也是当前复振幅调制方法研究的主要趋势。

对单器件的复振幅调制而言，对全息图进行复振幅编码是当前比较常用的复振幅调制方式。值得注意的是，复振幅的编码方式不止一种，同时根据光学系统的不同，这些编码方式能够演变出更多的复振幅调制算法。目前应用比较多的复振幅编码方式主要分为两类，一种是基于级数展开的编码方式，另一种是基于双相位分解的编码方式。

基于级数展开的编码方式利用了傅里叶或贝塞尔级数展开式的特性，将振幅信息编码进相位信息中，再通过滤波，将目标复振幅重建信息过滤出来。1999 年，J.A. Davis 最早提出了这一方法。2013 年，Xin Li 等人将利用这种复振幅调制方法实现了无散斑的三维动态全息重建，实验光路及三维重建结果如图 9-38 和图 9-39 所示。

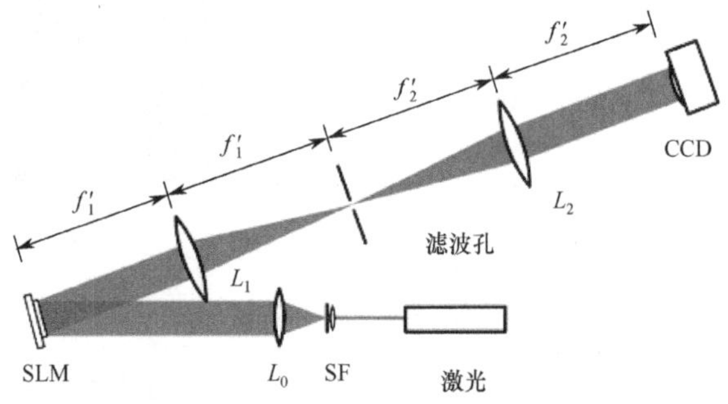

图 9-38 实验光路图

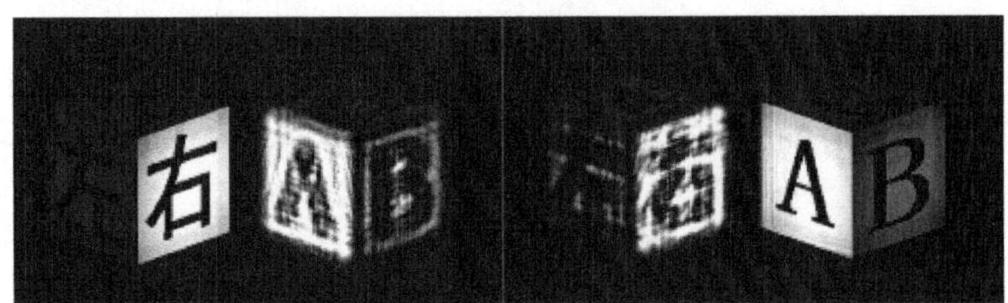

(a) 在前后两个平面的仿真重建

(b) 在先后两个平面的光学重建

图 9-39 三维重建结果

另一种方法是基于双相位分解的方法，将一个复振幅分解为两个模相等的相位信息的叠加。1978 年 C. Hsueh 提出了利用双相位分解的方法进行复振幅调制。近年，这种方法也得到了一定发展，针对这种方法主要探讨的问题是如何将两个分解后纯相位全息图叠加起来，使用多个 SLM 或牺牲一个 SLM 的像素是一种可行的方法。S. Reichelt 在其 2012 年的一篇论文中介绍了一种能够调制复振幅的 SLM，透射式复振幅调制 SLM 的结构如图 9-40 所示。

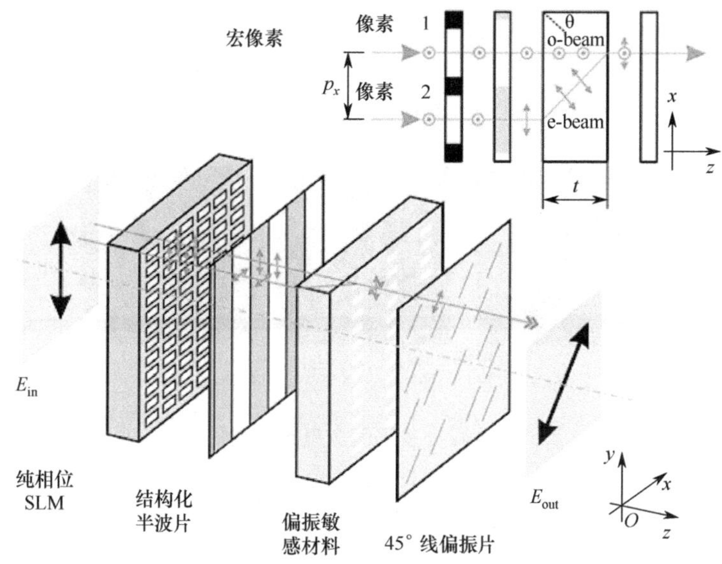

图 9-40 透射式复振幅调制 SLM 的结构

基本原理是，在器件中添加偏振光学元件，使得相邻像素的偏振态相垂直，经过偏振敏感元件之后将这两个像素相叠加。这其中也运用到了双相位的思想，其核心是任意一个向量都可以分解为模相等的两个向量。

2014 年，Omel 等人提出了一种棋盘格编码方式，通过在 4f 系统的频谱面滤波，将两个分解后的纯相位全息图叠加起来。值得一提的是这种方法不损失 SLM 的像素，即如果重建图像是 $M \times N$ 个像素的，则全息图也是 $M \times N$ 个像素的。2016 年，在这种方法的基础上，东南大学 Qi 等人提出了一种改进的系统，通过增加闪耀光栅，去除了原本方法中滤波引入的空间光调制器的零级杂光，大大提高了全息重建质量，实验结果如图 9-41 和图 9-42 所示。

(a) 使用闪耀光栅的棋盘格编码的结果

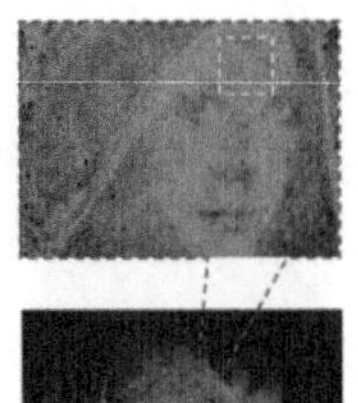
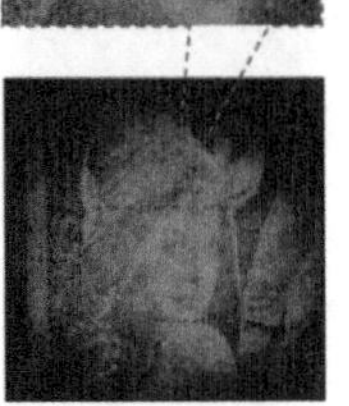
(b) 未使用闪耀光栅的棋盘格编码的结果

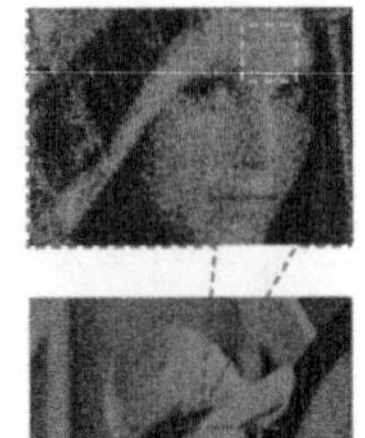

(c) IFTA方法的重建结果

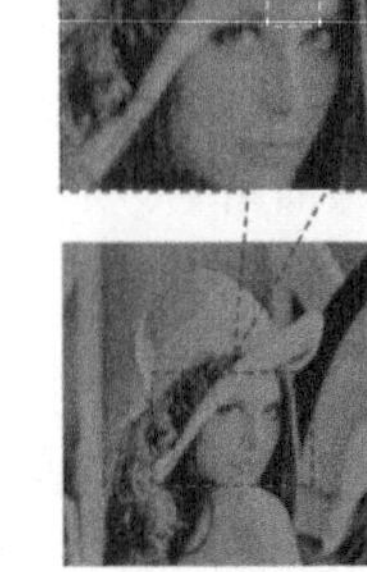
(d) IFTA方法经过时间平均后的重建结果（时序加载20张图）

图 9-41　全息重建结果

(a) d_1=0.1m

(b) d_2=0.15m

(c) d_3=0.2m

图 9-42　多平面全息重建结果

对比图 9-41（a）和图 9-41（c）、图 9-41（d），可以看到该方法能够有效抑制重建图像散斑，由于使用了复振幅调制的方法，能够同时调制图像的振幅和相位。与传统的只能重建目标振幅的 IFTA 相比，避免了在重建光场中由于相邻像素间的相干干涉产生的额外的强度图案，即散斑噪声，大大提高了图像质量。对比图 9-41（a）和图 9-41（b），可以看到添加闪耀光栅以后，器件的零级波和复振幅编码图像的零级同时也是需要滤出的频谱信息能够在频谱面分开。滤波时就可以在滤出所需频谱信息的同时滤除器件零级波，保证图像不被零级波遮盖，图像对比度大大增强。

该实验进一步验证了该编码方式重建复振幅的能力。与其他全息三维物体算法相结合，如结合点源法或多平面法，可以获得更好的三维物体重建质量。

2017 年，在上述方法的基础上，Chang 等人提出了一种无透镜的复振幅调制全息投影系统，在大大降低系统复杂度的同时，可以重建较大尺寸的图像，光学系统和光学重建结果如图 9-43 所示。

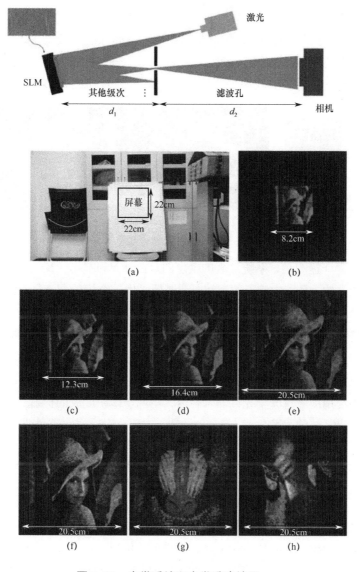

图 9-43　光学系统和光学重建结果

随着光学领域对复振幅调制技术的需求越来越迫切，国内外科研工作者对于复振幅调制的研究也越来越深入。另外，还有一些独立于上述两种编码方式的复振幅调制算法，如 A. Shibukawa 提出的基于随机相位板的复振幅调制算法和 Yijun Qi 提出的迭代改进方法，以及 Deniz Mengu 提出的利用频谱混叠进行复振幅调制的方法。

2017 年，SeeReal 公司基于全息光学元件和一个能够调制相位和振幅的空间光调制器，研发了一种大尺寸全彩色实时动态显示的全息 3D 显示系统。该全息 3D 显示系统的有效区域是 300mm×200mm。这种全息 3D 显示不同于利用双目视差形成三维景深效果的方法，不存在单眼聚焦与双目会聚的视觉冲突问题。相机聚焦在不同平面上记录的全息重建结果如图 9-44 所示。

图 9-44　相机聚焦在不同平面上记录的全息重建结果

值得一提的是，系统加载的全息图是由计算机显卡（Nvidia GTX 980）实时计算的。系统中使用的空间光调制器是由一个相位型液晶空间光调制器和一个振幅型液晶空间光调制器经过像素配准后组合而成的复振幅调制器件。这种空间光调制器大大提高了全息重建的效率，以往使用振幅型空间光调制器所能达到的效率只有约 1%，现在提高到了约 20%。该系统使用的全息重建方法是基于子全息图编码（SH Encoding）和跟踪视窗（Tracking VW）。系统中使用的全息光学元件非常轻薄，不同于体积庞大的折射光学系统，实现了全息系统的小型化。

本章参考文献

[1] D. Gabor. A new microscope principle [J]. Nature, 1948, 161: 777.

[2] Slinger C, Cameron C, Stanley M. Computer-generated holography as a generic display technology[J]. Computer, 2005, 38(8): 46-53.

[3] Mark E. Lucente. Interactive Computation of Holograms Using a Look-up Table[J]. Journal of Electronic Imaging, 1993, 2(1): 28-34.

[4] Matsushima K, Takai M. Recurrence formulas for fast creation of synthetic three-dimensional holograms[J]. Appl Opt, 2000, 39(35): 6587-6594.

[5] S.-C. Kim, J.-M. Kim, and E.-S. Kim. Effective memory reduction of the novel look-up table with one-dimensional sub-principle fringe patterns in computer-generated holograms[J]. Optics Express, 2012, 20: 12021-12034.

[6] Pan Y, Xu X, Solanki S, et al. Fast CGH computation using S-LUT on GPU[J]. Optics Express, 2009, 17(21): 18543-18555.

[7] J. Jia, Y. Wang, J. Liu, X. Li, Y. Pan, Z. Sun, B. Zhang, Q. Zhao, and W. Jiang. Reducing the memory usage for effective computer-generated hologram calculation using compressed look-up table in full-color holographic display[J]. Applied Optics, 2013, 52: 1404-1412.

[8] T. Shimobaba, N. Masuda, and T. Ito. Simple and fast calculation algorithm for computer-generated hologram with wavefront recording plane[J]. Optics Letters, 2009, 34:3133-3135.

[9] Pan Y, Wang Y, Liu J, et al. Fast polygon-based method for calculating computer-generated holograms in three-dimensional display[J]. Applied Optics, 2013, 52(1): A290.

[10] Ahrenberg L, Benzie P, Magnor M, et al. Computer generated holograms from three dimensional meshes using an analytic light transport model[J]. Applied Optics, 2008, 47(10): 1567.

[11] D. Im, E. Moon, Y. Park, D. Lee, J. Hahn, and H. Kim. Phase-regularized polygon computer-generated holograms[J]. Optics Letters, 2014, 39: 3642-3645.

[12] Liu Y Z, Dong J W, Pu Y Y, et al. Fraunhofer computer-generated hologram for diffused 3D scene in Fresnel region[J]. Optics Letters, 2011, 36(11): 2128-2130.

[13] Chang C, Xia J, Wu J, et al. Scaled diffraction calculation between tilted planes using nonuniform fast Fourier transform[J]. Optics Express, 2014, 22(14): 17331-17340.

[14] Sypek M, Kolodziejczyk A. Three-plane phase-only computer hologram generated with iterative Fresnel algorithm[J]. Optical Engineering, 2005, 44(12): 125805.

[15] Makowski M, Sypek M, Kolodziejczyk A, et al. Iterative design of multiplane holograms: experiments and applications[J]. Optical Engineering, 2007, 46(4): 045802.

[16] Zhao Y, Cao L, Zhang H, et al. Accurate calculation of computer-generated holograms using angular-spectrum layer-oriented method[J]. Optics Express, 2015, 23(20): 25440-25449.

[17] Yan Zhao, Liangcai Cao, Hao Zhang, Wei Tan, Shenghan Wu, Zheng Wang, Qiang Yang, and Guofan Jin. Time-division multiplexing holographic display using angular-spectrum layer-oriented method (Invited Paper)[J]. Chinese Optics Letters, 2016, 14: 010005.

[18] Chen J S, Chu D P. Improved layer-based method for rapid hologram generation and real-time interactive holographic display applications[J]. Optics Express, 2015, 23(14): 18143-18155.

[19] Chang C L, Xia J, Lei W. One step hologram calculation for multi-plane objects based on nonuniform sampling(Invited Paper)[J]. Chinese Optics Letters, 2014, 12(6):

91-94.

[20] Gershun A. The Light Field[J]. Studies in Applied Mathematics, 1939, 18(1-4): 51-151.

[21] Debitetto D J. Holographic Panoramic Stereograms Synthesized from White Light Recordings[J]. Appl Opt, 1969, 8(8): 1740-1741.

[22] Noll A M, Berry D H, King M C. A New Approach to Computer-Generated Holography[J]. Applied Optics, 1970, 9(2): 471-475.

[23] Yatagai T.Three-dimensional displays using computer-generated holograms[J].Optics Communications, 1974, 12(1): 43-45.

[24] Stein A D, Wang Z, Jr J S L. Computer-generated holograms: A simplified ray-tracing approach[J]. Computers in Physics, 1992, 6(4): 389-392.

[25] Shaked N T, Rosen J, Stern A. Integral holography: white-light single-shot hologram acquisition[J]. Optics Express, 2007, 15(9): 5754-5760.

[26] Xia X Y, Xia J. Phase-only stereoscopic hologram calculation based on Gerchberg–Saxton iterative algorithm[J]. Chinese Physics B, 2016, 25(9): 69-73.

[27] Zhang H, Zhao Y, Cao L, et al. Layered holographic stereogram based on inverse Fresnel diffraction[J]. Applied Optics, 2016, 55(3): A154.

[28] Shrestha P K, Chun Y T, Chu D. A high-resolution optically addressed spatial light modulator based on ZnO nanoparticles[J]. Light Science & Applications, 2015, 4(3): 259.

[29] Blanche P A, Tay S, Voorakaranam R, et al. An Updatable Holographic Display for 3D Visualization[J]. Journal of Display Technology, 2008, 4(4): 424-430.

[30] Blanche P A, Bablumian A, Voorakaranam R, et al. Holographic three-dimensional telepresence using large-area photorefractive polymer[J]. Nature, 2010, 468(7320): 80.

[31] Li X, Chen C P, Li Y, et al. Color holographic display based on azo-dye-doped liquid crystal (Invited Paper)[J]. Chinese Optics Letters, 2014, 12(6): 8-11.

[32] Li X, Li Y, Xiang Y, et al. Highly photorefractive hybrid liquid crystal device for a video-rate holographic display[J]. Optics Express, 2016, 24(8): 8824.

[33] Zhang Z, You Z, Chu D. Fundamentals of phase-only liquid crystal on silicon (LCOS) devices[J]. Light Science & Applications, 2014, 3(10): 213.

[34] Smalley D E, Smithwick Q Y, Jr B V, et al. Anisotropic leaky-mode modulator for holographic video displays[J]. Nature, 2013, 498(7454): 313-317.

[35] Chang C, Xia J, Yang L, et al. Speckle-suppressed phase-only holographic three-dimensional display based on double-constraint Gerchberg-Saxton algorithm[J]. Applied Optics, 2015, 54(23): 6994-7001.

[36] Amako J, Miura H, Sonehara T. Wave-front control using liquid-crystal devices[J].

Applied Optics, 1993, 32(23):4323.

[37] Neto L G, Roberge D, Sheng Y. Full-range, continuous, complex modulation by the use of two coupled-mode liquid-crystal televisions[J]. Applied Optics, 1996, 35(23): 4567-4576.

[38] Siemion A, Sypek M, Suszek J, et al. Diffuserless holographic projection working on twin spatial light modulators[J]. Optics Letters, 2012, 37(24): 5064-5066.

[39] Davis J A, Cottrell D M, Campos J, et al. Encoding amplitude information onto phase-only filters[J]. Applied Optics, 1999, 38(23): 5004-5013.

[40] Li X, Liu J, Jia J, et al. 3D dynamic holographic display by modulating complex amplitude experimentally[J]. Optics Express, 2013, 21(18): 20577.

[41] Hsueh C K, Sawchuk A A. Computer-generated double-phase holograms[J]. Applied Optics, 1978, 17(24): 3874-3883.

[42] Reichelt S, Häussler R, Fütterer G, et al. Full-range, complex spatial light modulator for real-time holography[J]. Optics Letters, 2012, 37(11): 1955-1957.

[43] Mendozayero O, Mínguezvega G, Lancis J. Encoding complex fields by using a phase-only optical element[J]. Optics Letters, 2014, 39(7): 1740-1743.

[44] Qi Y, Chang C, Xia J. Speckleless holographic display by complex modulation based on double-phase method[J]. Optics Express, 2016, 24(26): 30368.

[45] Chang C, Wu J, Xia J, et al. Speckle reduced lensless holographic projection from phase-only computer-generated hologram[J]. Optics Express, 2017, 25(6): 6568.

[46] Shibukawa A, Okamoto A, Takabayashi M, et al. Spatial cross modulation method using a random diffuser and phase-only spatial light modulator for constructing arbitrary complex fields[J]. Optics Express, 2014, 22(4): 3968-3982.

[47] QI Y J, Chang C L, Xia J. Accurate complex modulation by the iterative spatial cross-modulation method[J]. Chinese Optics Letters, 2017, 15(2): 30-34.

[48] Mengu D, Ulusoy E, Urey H. Non-iterative phase hologram computation for low speckle holographic image projection[J]. Optics Express, 2016, 24(5): 4462.

[49] Häussler R, Gritsai Y, Zschau E, et al. Large real-time holographic 3D displays: enabling components and results[J]. Appl Opt, 2017, 56(13): F45.

第10章

视错觉 3D 显示技术

视错觉是综合信息处理生理机制和心理认知的多层次过程，不同层次形成不同类型的视错觉，同时响应正常刺激的神经组织。运用视错觉原理，可以将自然和非自然、理性和非理性的事物与观念交织在一起，形成 3D 视觉效果。

10.1　视错觉 3D 显示原理

视错觉相关的探索源自人类视觉和认知信息处理机制存在疑问。视觉获得的信息一般与视觉世界的特性相符合，因为视觉系统的部分功能缺陷恰恰能为揭示该系统的组织方式提供某些有用的线索，大脑把由视觉景象的形状、颜色、运动等显著特征所提供的信息组合在一起，综合考虑所有这些不同视觉线索后提出最为合理的解释。

10.1.1　视错觉的成因与类型

心理学家认为视错觉是人观察物体基于经验主义或不当参考系形成的错误判断或感知，生理学家认为视错觉是由于人眼结构和人脑视觉分
让视觉产生某种主观意识或判断。

1．视错觉产生的原因

心理学家认为视错觉与人的知觉中的大小恒常性、形状恒常性、
球运动、连续性原则及知觉习惯、知觉定式有关。

视错觉的眼动理论认为：在知觉几何图形时，眼睛总在沿着图形
或线条做有规律的扫描运动。当人眼扫视图形的某些部分时，由于周

的影响，改变了眼动的方向和范围，造成取样的误差，因而产生各种知觉的错误。

视错觉恒常性误用理论认为：把用于产生三维场景的知觉恒常性错误地用在了二维图形的知觉中，是视错觉产生的原因。放在远近不同距离上的同一物体在视网膜上的视像大小不同，但由于知觉恒常性的作用，其大小知觉会保持相对不变。当环境信息提供了深度线索时，平面图形的不同部分远近距离显得不同，而同样大小的物体在视网膜上的投影大小相同，根据大小–距离不变假设，把主观上觉得更远的客体知觉为大些，而把主观上觉得更近的客体知觉为小些，从而形成视错觉。

神经抑制作用理论认为：当两个轮廓彼此接近时，网膜内的侧抑制过程改变了由轮廓所刺激的细胞活动，因而使神经兴奋分布的中心发生变化，结果引起几何形状和方向的视错觉。但该理论忽略了视错觉现象和神经中枢的融合机制的关系。

目前还没有一种理论可以全面地解释视错觉。

2．视错觉的类型

视感知的复杂性使认知在不同层次上形成不同种类的视错觉。按照错觉形成的不同现象和原因，主要分为尺寸错觉、细胞群错觉、轮廓错觉、不可能图形、扭曲错觉、运动错觉，具体信息如表 10-1 所示。早期的视错觉研究侧重于黑白色调的视错觉，随着计算机制图技术的发展，颜色错觉和运动错觉的研究成为焦点。颜色错觉、运动错觉和轮廓错觉发生的神经机制是由于视错觉与相应的真实错觉具有非常接近的神经活动，其神经关联具有重叠性，即视错觉发生的神经活动包含相应真实知觉发生的神经活动，而错觉神经在相同脑区做出更强烈的激活。

表 10-1　视错觉分类

分类	子类	例子
尺寸错觉	深度错觉	Ponzo 错觉及诸多变体
	—	Muller-Lyer 错觉、月亮错觉、正弦错觉、Zollner 错觉、Horizontal-vertical 错觉、Sander 错觉、Shepard 桌面错觉、Ehrenstein 错觉（1941 年）、Ebbinghaus 错觉等
细胞群错觉	视觉后效	颜色后效（正、负后像、McCollough 错觉等）、运动后效（瀑布错觉、螺旋后效、圆盘后效等）

续表

分类	子类	例子
细胞群错觉	侧抑制	Wertheimer-Koffka 环、Craik-O’Brien-Cornsweet 现象、Scintilltating 栅格错觉、棋盘错觉、Hermannn 栅格、调色盘错觉、Mach Band、White’s effect、Chevreul 错觉、Vasarely 错觉等明度对比变体
	填充视觉	Bach motion 错觉、Watercolor 错觉、Wave-linecolor 错觉
轮廓错觉	知觉模糊	墙角错觉、Necker cube 等
	伪装错觉	达尔马提亚狗、耶稣像等
	背景错觉	前景-背景错觉（图形背景错觉、定义性图像）及诸多变体
	主观轮廓	Kanizas 三角形、Ehrenstein 圆环及诸多变体
不可能图形	—	不可能三叉戟、不可能楼梯、不可能三角形、不可能房间等
扭曲错觉	—	Hering 错觉、Fraser 错觉、Zollner 错觉、Popple 错觉、Cafe Wall 错觉、Checkered 错觉、Poggen-dorf 错觉、七巧板错觉等
运动错觉	似动	循环蛇、辐条错觉、Ouchi 错觉、Ternus Display、Fraser-Wilcox 错觉、Sigma 错觉等
	—	Pinna-Brelstaff 错觉、Flash-Lag 错觉、Reverse phi 错觉、Kaleidoscope 错觉等

尺寸错觉（深度错觉）是指人们根据深度线索或环境信息等视觉规则对相同面积、长度和体积的物体得出不同认知的现象。如图 10-1 所示的缪勒-莱耶错觉（Müller-Lyer illusion），上下彼此贴近的两条线的中间线段是等长的，因为视网膜上相邻的神经团会相互抑制，结果轮廓发生了位移，加上箭头所起的透视作用，使箭头向外的线段看起来更长。如图 10-2 所示的艾宾浩斯错觉（Ebbinghaus illusion），中间的两个圆面积相等，但看起来左边的中间圆更大。还有月亮错觉（Moon illusion），月亮从天边升起的时候和在天顶的时候，月亮的实际大小相同，由于地平线上的月亮看起来比较远，显得更大一些。

图 10-1　缪勒-莱耶错觉

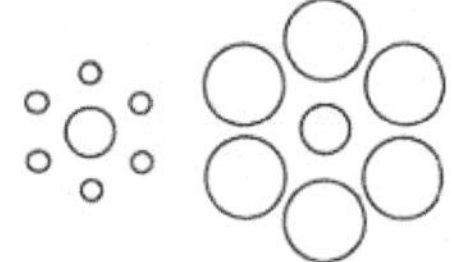

图 10-2　艾宾浩斯错觉

细胞群错觉是指因视觉神经上功能相似的神经元群或神经组织作用，对刺激的亮度、颜色、方向模式产生误解的现象，包括视觉后像、侧抑制、填

充视觉产生的一些错觉现象。如图 10-3 所示的弗雷泽错觉（Fraser illusion）是典型的细胞群错觉：同心圆背景上每个带有方向性的小单元格用来产生螺旋上升的知觉，带有方向性的小单元格分组聚合使螺旋路径明显。视皮层上“相似”细胞之间水平连接，细胞间相互影响，使视网膜上形成的连续的线由于方向性单元格而倾斜，造成错觉。

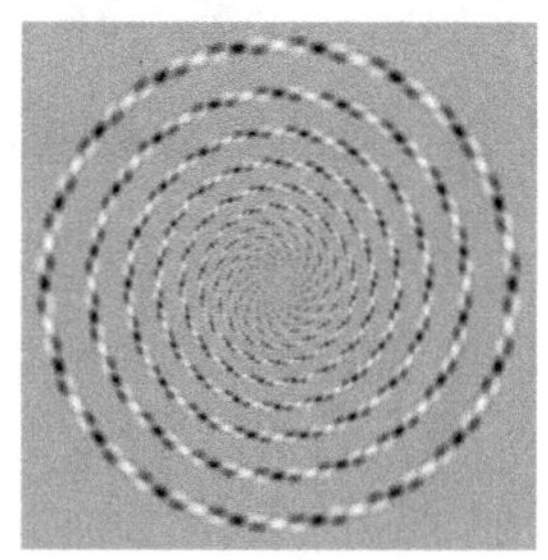

图 10-3　弗雷泽错觉

轮廓错觉专指人和动物对图像边缘梯度信息和环境认知出现错误的现象，包括知觉模糊、伪装错觉、背景错觉、主观轮廓等。图 10-4 列出了几种典型的轮廓错觉：Rubin 壶、Necker 立方体、飞鸟和游鱼的渐变、Kanizsa 三角形。

(a) Rubin壶

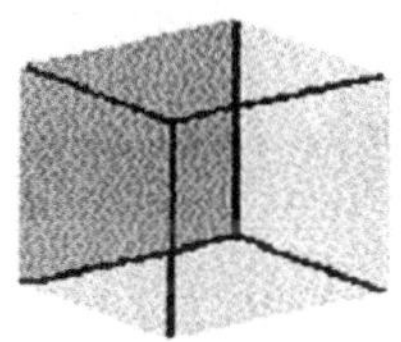

(b) Necker立方体

(c) 飞鸟和游鱼的渐变

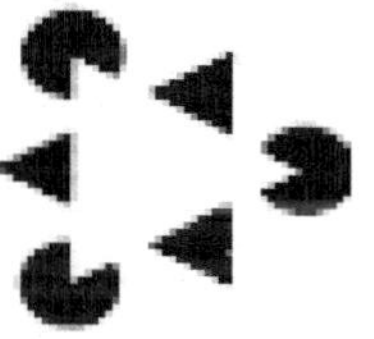

(d) Kanizsa三角形

图 10-4　几种典型的轮廓错觉

不可能图形是指局部平面结构理解合理却不能客观存在的图形，如不可能梯形、不可能三角形等。当观看一幅如图 10-5 所示的不可能三角形图像时，会首先观看局部区域，以形成一幅完整图像。三角形每一个顶角都产生透视，尽管三个顶角各自体现不同角度的三角形。将三个顶角合成一个整体，就产生了一个空间不可能图形。

运动错觉是指人结合环境线索对运动刺激判断出错误方向，或把静态感知为运动状态的错觉。如图 10-6 所示的旋转蛇，每个圆盘都在旋转，但被凝视时错觉消失。

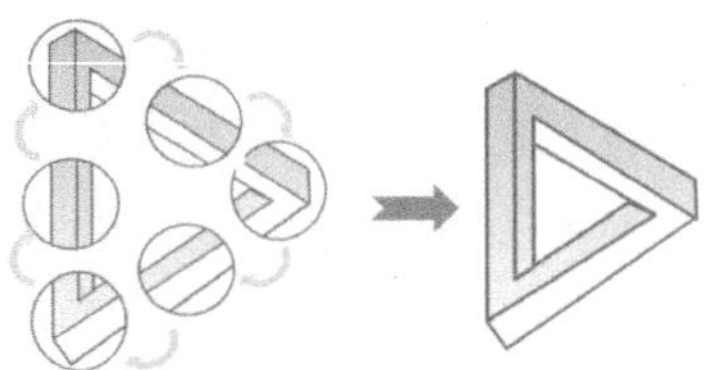

图 10-5　不可能三角形

图 10-6　旋转蛇部分效果

10.1.2　视错觉立体画与 3D 动画

立体图和立体画是视错觉的典型应用。视错觉 3D 显示的基础是立体画，以动画方式出现的视错觉图像需要结合多种表现形式。在一些不是基于双目视差原理的 3D 显示中，利用了视错觉原理以实现 3D 显示效果。

1．立体图

立体图的发展经历了早期立体图、随机点立体图、自动立体图等阶段。

19 世纪开始流行的立体图是一对双目视差图像。任何两张针对同一对象拍摄的照片，只要镜头之间隔开的距离与人眼的瞳距大致相同，都可以一起组成一对立体图。20 世纪 60 年代出现的随机点立体图是一对随机点阵图，与立体图最大的区别是，隐藏在图像中的对象不能通过正常的双眼视角观看到。每对随机点图片除中央一小块外，具有完全相同的随机点结构。中央一小块区域的结构也相同，只不过在水平方向上两者稍做了相反方向的移动。如图 10-7 所示，先创建一张呈现给左眼的随机点图形。右眼的刺激是通过复制第一张图形，水平地移动中间一小块区域，然后使用其他随机点填充间隙。当同时观看左右两张图像时，平行移动过的区域看起来会与其他点处于不同深度的平面上。当使用平行眼视角观察时，左眼视网膜和右眼视网膜受到的刺激也略有不同，形成双目视差，中央小块看起来便凸出在周围的背景上。

20 世纪 70 年代出现的自动立体图是单个图像，是基于“壁纸效果”的视错觉。可以通过平行眼或交叉眼，用两只眼睛分别盯着图案的一部分来观看这些包含重复图案的壁纸。如图 10-8 所示，壁纸效果会与随机点立体图组合，在水平方向生成一系列重复的图案，当这些图案在左右双眼中重合时，就会看到 3D 图像。间隔相同的一组点，通过平行眼视角识别到的深度相同，间隔越大位置感知越远。在图 10-9 中，由于圆圈的间距不同，所以通过平行眼视角识别到的圆圈会深浅不一，从而形成 3D 效果。重复图案之间的距离决定了立体图像的远近，通过改变这些图案的间隔，就会改变所生成 3D 图像的深度。

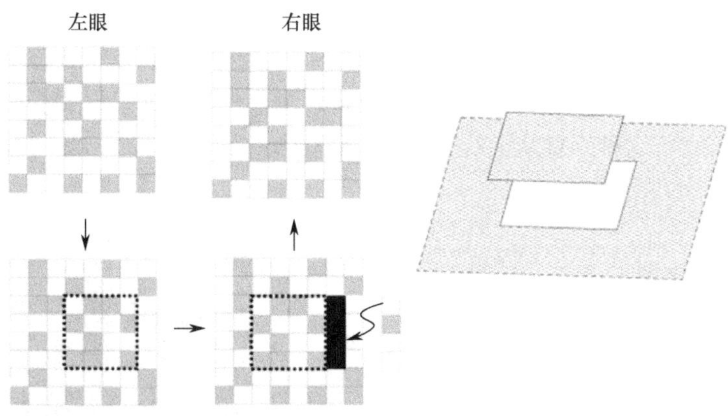

图 10-7　随机点立体图的构造原理

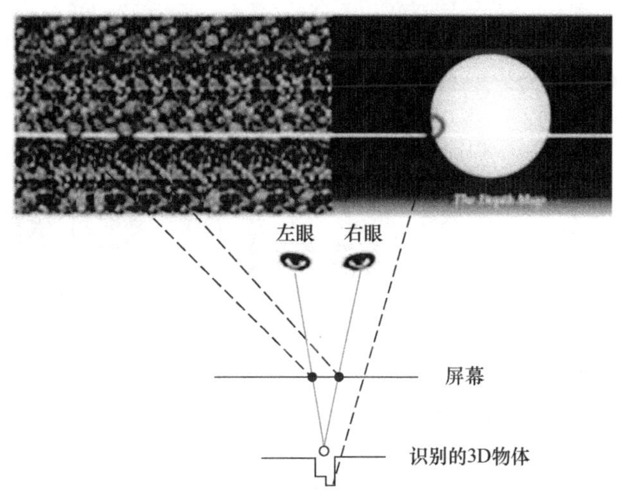

图 10-8　自动立体图的 3D 成像机理

2. 立体画

视错觉图像多以平面绘画的方式呈现，纸上立体图片与街头立体画是视错觉立体视觉的典型应用。这些立体图片和街头立体画，通过运用黑白色调的视错觉与色彩的前进和后退错觉等深度线索，营造出一种光与影的视觉感，从某些特定角度观看时，图画就像是立体存在的一般，与周围环境融为一体，形成 3D 效果，有一种身临奇境的妙感。不过，换个角度看，就恢复成一幅二维画面。

采用图 10-10 所示的立体图进行连续播放，可以实现 3D 显示效果。白线在正常的图片里，就是界限。白线作为图片的一部分，在手臂的位置从左边变换到右边前，图像被认为是在白线后方。当图中的手臂压过白线时，就会下意识地认为手臂超过了白线跳出画面。图像由远至近的运动也是一个重要深度线索，这种手臂从“后方”突然移动到白线“前方”的运动过程会让人感受到 3D 感知。

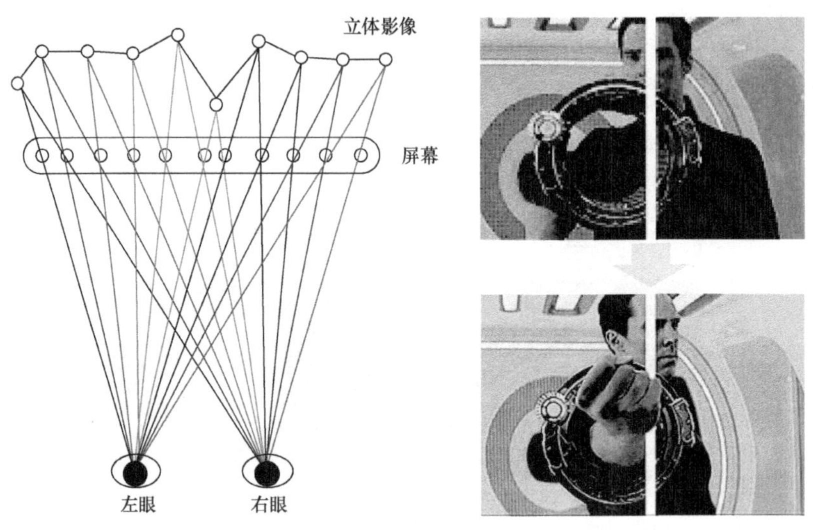

图 10-9　简单立体图形成原理　　图 10-10　用于视错觉 3D 显示的立体图

3. 视错觉 3D 动画

以动画方式出现的视错觉图像，受到时间限制，必须在短短几秒钟即产生错觉的视觉效应，这与静态的视错觉图像在判读过程中不受时间的限制有很大的差异。在连续性的画面中，若需要使观察者能清楚得到错觉概念转化图形的安排与传达的信息，所采用的错觉手法放弃需要长时间探索的多意图形类型，选择较单一，并且可以在短时间内判读及保持心理认知差异的特性，选择以光影融合、透视角度、拟态等为主要的表现手法。

视觉融合是复合意象图形最常用的手法，也与现实生活的错觉经验性质相近，主要是以两种以上不同的元素或不同的物质放在同一个视觉点上，通过相近的颜色，或符合自然逻辑的视觉与知觉的程序，形成有趣的错觉效果。在动画的应用上则较其他错觉手法容易判读，除让观看者不会在一开始就察

觉到错觉的铺垫外，在画面的安排引导下，当发现错觉图示呈现时，才有前后认知差异的感受。表现的类别分为相异物融合、模拟融合、生物的物质化、无生命物的活化等。

画面上的同质形状，如果其他条件相同，则在距离上邻近的东西，容易结成一群。画面内不同的图形，如果在性质上具有类似性，就会出现“群化”现象。视觉群化分为近接群化、类似群化两种形式。近接群化是指画面上同质的东西散落时，如果其他条件相同，则在距离上邻近的东西容易结成一群，造成连续性的混淆效果。类似群化是指对画面内不同的图形，若在性质上具有类似性的条件，利用图形的重复性与连续性，容易让画面产生群化的错觉效果。

矛盾现象错觉是利用人们的主观认知判断所观察到的画面，制作成在真实空间中不可能存在的图形，当发觉到自己主观上的把握与对象物之间产生冲突时，就会形成错觉感受。此外，对两个或两个以上的画面，在不同的位置及空间结合在一块时，因位置、大小比例、相似形状等因素，画面结合成一个有趣的新组合画面。

拟态在自然现象中常常看到，如伪装成一定形态的枯叶蝶，令人将其误以为是树枝上的枯叶。因此将伪装、模拟的这种特性应用在错觉的手法上，可以制造出以假乱真的效果。

通过对错觉图像及其表现手法的整理，挑选出适合动画创作的错觉表现手法及形式，可以制作出视错觉 3D 动画。

10.2　景深融合 3D 显示技术

景深融合 3D 显示（Depth Fused 3D Display，DFD）是利用视错觉原理形成空间幻象的 3D 显示技术。DFD 显示不需要戴眼镜，但需要堆叠两片液晶显示屏，体积大、成本高。

10.2.1　景深融合 3D 显示原理

景深融合 3D 显示技术不是模拟两眼视差来产生立体感，而是让图像真正具备前景与后景的差别，让观看者两眼视线的焦点自然落在图像位置并感受到景深。因此，观看时眼睛不容易疲劳。不过，受限于前后景重叠时的角度偏移不能太大，适合观看的视角范围有限。

1. DFD 显示的基本原理

景深融合 3D 显示将前后两块显示屏堆叠在一起，分别在前后两块显示屏上以不同亮度显示前景图像与后景图像，由实体的深浅差异来呈现出景深效果。如图 10-11 所示，用方块表示的前景图像与后景图像，在对应左右眼正中心的光路上完全重合时，观看者看到的不是前后两个图像，而是在景深方向上融合而成的一个图像。

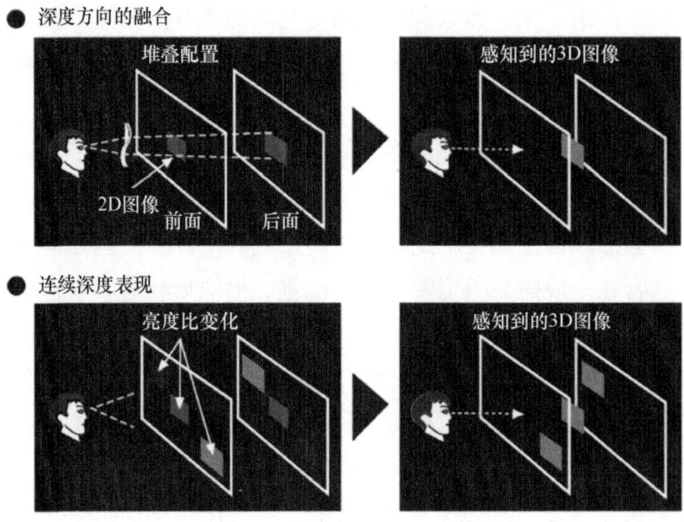

图 10-11　DFD 显示基本原理

图像在前后两块显示屏之间的具体位置，取决于前景图像与后景图像各自在前后两块显示屏上的亮度比。变化前景图像与后景图像的亮度比，可以感知图像的景深位置在前后两块显示屏之间的连续变化。在图 10-11 下方的两个图中，右下角的前景图像亮度比后景图像的亮度高，融合后的图像更靠近前面的显示屏；左上角的前景图像亮度比后景图像的亮度低，融合后的图像更靠近后面的显示屏；中间的前景图像亮度和后景图像的亮度相同，融合后的图像处在前后两块显示屏的中间。

2. 景深知觉模型

前景图像与后景图像如图 10-12（a）所示不完全重合时，对应左右眼的视网膜像如图 10-12（b）所示。其中，前景图像的边缘分别为 A 和 B，后景图像的边缘分别为 C 和 D。左右眼观察到的都是两重边缘：左眼图像的左侧

是 C_L 和 A_L，右侧是 D_L 和 B_L；右眼图像的左侧是 C_R 和 A_R，右侧是 D_R 和 B_R。左右眼图像的边缘顺序相同。右眼与左眼的边缘对应相对容易，通过两眼视差可以感觉到两个前后不同的物体。

前景图像与后景图像如图 10-12（c）所示完全重合时，对应左右眼的视网膜像如图 10-12（d）所示。左眼观看到的左右方向的边缘顺序，图像左侧为 C_L 和 A_L，右侧为 D_L 和 B_L；右眼观看到的左右方向的边缘顺序，图像左侧为 A_R 和 C_R，右侧为 B_R 和 D_R。左右眼看到的图像边缘顺序不同，右眼与左眼的边缘对应相对困难，无法通过两眼视差感觉到两个前后不同的物体，只能感觉到一个物体的图像。

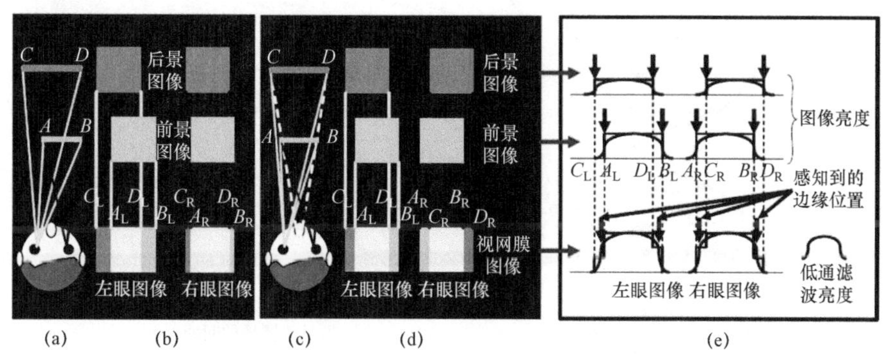

图 10-12　DFD 视错觉现象的知觉模型

景深融合为一个图像的景深位置，相应的知觉模型如图 10-12（e）所示。在人的视觉系统中，几个空间频率带分开处理。图 10-12（d）所示的前后景图像左右只对应一个边缘，属于低空间频率带对应的边缘。在图 10-12（e）中，给前后景图像和视网膜像做个低通滤波器，把亮度用曲线表示。曲线中斜率变化最大的地方（用箭头表示）被认知为图像的边缘。视网膜像的边缘靠近前后景图像中亮度较高图像的边缘。改变前后景图像的亮度比，视网膜像的边缘位置跟着改变，左右眼视差发生变化。因此，亮度比的连续变化，可以形成连续的景深表现。

左右眼看到的前后景图像边缘位置作为 DFD 视错觉现象的重要深度线索，在前后景图像制作时，可以等效视网膜像的内容分别在后景图像上显示边缘内容，在前景图像上显示所需的图像。

3．视点位置

基于 DFD 视错觉现象形成的视网膜像，基本定义如图 10-13 所示。人眼

（图中以右眼为例）观看前后景图像的轮廓时，感知到两重边缘。这是形成 DFD 视错觉现象的重要深度线索。从人眼视网膜上的点到前后景图像的两个边之间形成的角度称为视角，类似基于双目视差 3D 显示中的左右眼视差量。视角的单位为角度分（min. of arc）。观看者到前景图像的距离不同，前后景图像的相对重叠位置不同，前后两块显示屏的距离不同，人眼视网膜像中的前后景图像双重边缘宽度与图像宽度不同。

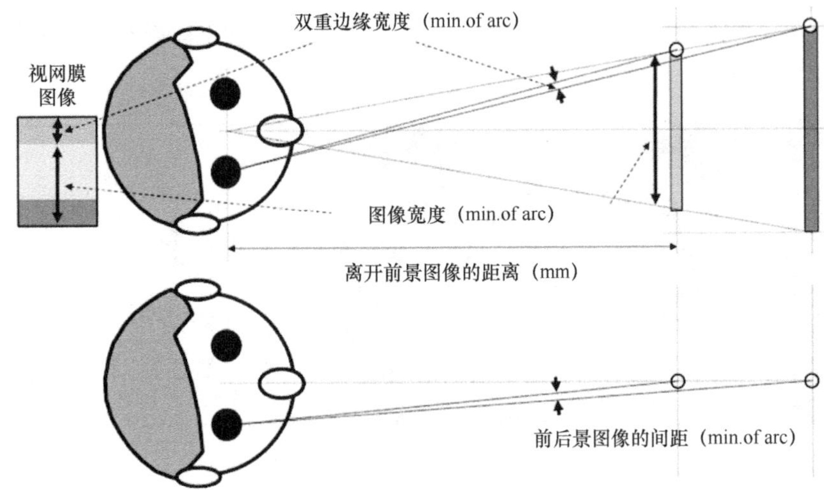

图 10-13　视网膜像与单位的定义

在图 10-14 中，通过水平方向移动前景图像，可以确认感知到的景深位置的变化趋势。其中，前后景图像的亮度比为 70%：30%。在图 10-14（a）中，视差角为 0 角度分，前后景图像融合后的位置靠近前面显示屏，处在前后两块显示屏间距 30%的位置上。如图 10-14（b）所示，随着前景图像右移，视差角处在 0～3 角度分时，前后景图像融合后的位置依然靠近前面显示屏，处在前后两块显示屏间距 30%的位置上。如图 10-14（d）所示，随着前景图像右移，视差角处在大于 3 角度分时，前后景图像融合后的位置基本固定在前面显示屏上。

通过垂直方向移动前景图像，也可以确认感知到的景深位置的变化趋势。与水平方向的变化原理一样，随着前景图像不断上移（或下移），视差角越来越大，当视差角大于某个角度分时，前后景图像融合后的位置基本固定在前面显示屏上。

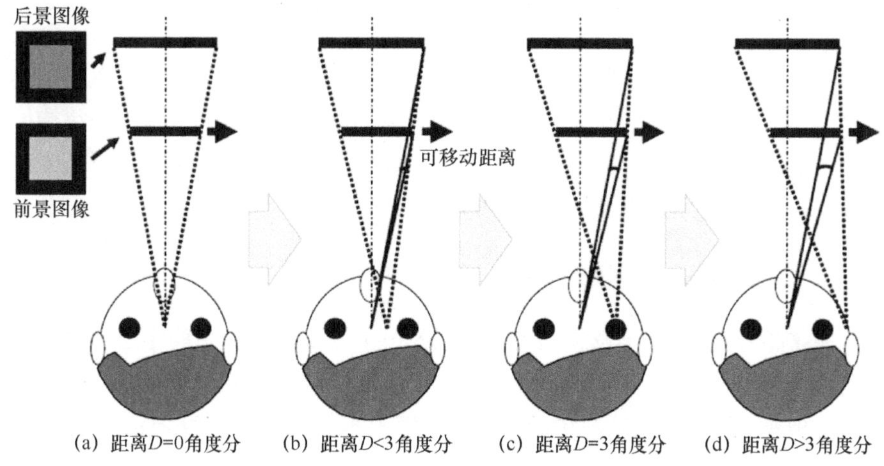

图 10-14　水平方向的视点位置

4．前后显示屏间距的融合范围

前后显示屏间距的融合范围就是根据图 10-12 所示的 DFD 视错觉现象的知觉模型，调节前后显示屏之间的距离直到 DFD 视错觉现象消失的范围。

左右眼中间点到前后显示屏之间，前后景图像准确重合形成 DFD 错觉现象，就是在视网膜像中存在前后景图像重叠的共同领域，视网膜像两端的边缘顺序在左右眼视网膜像的两侧反转。在增加前后显示屏间距这个变量后，景深融合的形成还取决于前后显示屏的距离。

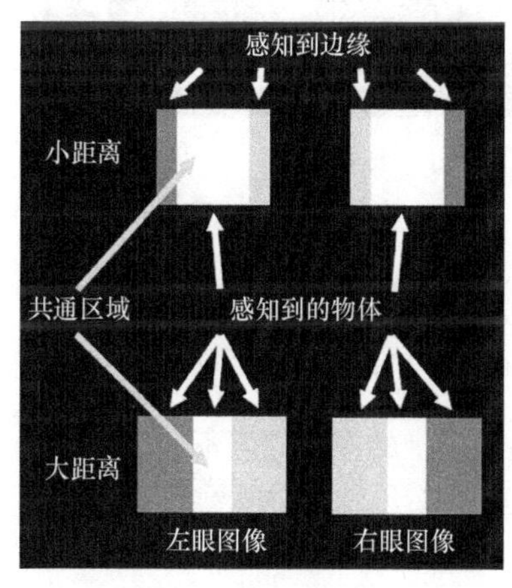

图 10-15　视网膜像的知觉模型

如图 10-15 所示，缩小前后显示屏的距离，DFD 视错觉现象导致的视网膜像的边缘幅度变小；增大前后显示屏的距离，DFD 视错觉现象导致的视网膜像的边缘幅度变大。如果边缘幅度小，视网膜像的左右两侧都有边缘，融合后形成一个像。随着边缘幅度的增大，视网膜像的两侧逐渐形成两个独立的图像，加上中间的共同部分，一共形成 3 个独立的图像，左、中、右三部分像融合后形成 3 个独立的图像，DFD 视错觉现象的融合效应消失。

10.2.2 亮度加法型景深融合 3D 显示技术

亮度加法型景深融合 3D 显示的图像，其亮度是后景图像亮度 X 与前景图像亮度 Y 之和。典型的亮度加法型景深融合 3D 显示是采用半反半透镜实现光学重合的 DFD 装置。为实现显示装置体积的小型化，又发展了偏光加法型多层液晶显示屏堆叠的 DFD 装置。

1. 使用半反半透镜的 DFD

传统的使用半反半透镜的 DFD 装置如图 10-16 所示，由两个显示器与一片半反半透镜构成。显示器的种类没有限制，性能参数相同的显示器都可以使用。但是，前面的显示器和后面的显示器到半反半透镜的距离 a 和 b 不同，$b-a$ 就是前后显示屏间距。所以，前景图像和后景图像融合后的图像一般处在半反半透镜与后面显示屏之间的位置上。

为拉大 3D 显示图像的景深，可以采用如图 10-17 所示的由多块显示屏堆叠而成的组合方式。通过多片半反半透镜的光学处理，实现融合图像在最前面显示屏与最后面显示屏之间不同位置上的存在。作为亮度加法型景深融合 3D 显示技术，图 10-17 所示的多面堆积结构不需要像双面堆积那样同时显示不同亮度的两幅图像，而是可以在其中的显示屏上显示或不显示某一图像。

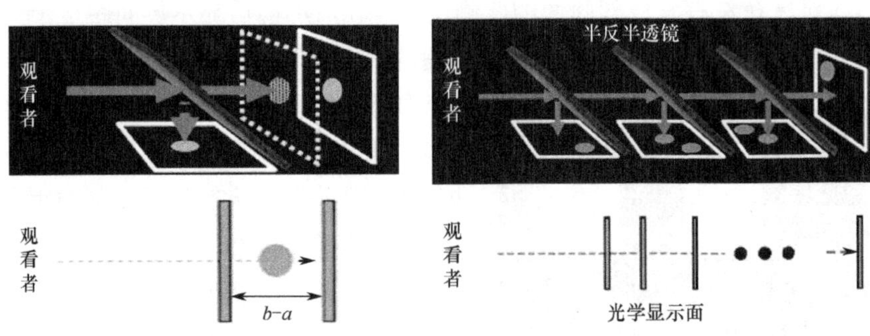

图 10-16 使用半反半透镜的 DFD 装置　　图 10-17 多面堆积结构

使用半反半透镜实现光学融合，两块显示屏上的图像亮度不会衰减，光利用效率高。但是，这种 DFD 装置的体积大，无法实现便携式。

2. 偏光加法型 DFD

偏光加法型 DFD 是用两片 LCD 液晶盒相隔一定距离堆叠而成，利用液

晶的偏光加法特性，在避免亮度衰减的同时，实现轻薄化显示。

如图 10-18 所示，在靠近背光源的后偏光片与靠近观看者的前偏光片之间，两片液晶盒间隔排列。只有前面液晶盒的偏光角变化时，只在前面液晶盒施加亮度。只有后面液晶盒的偏光角变化时，只在后面液晶盒施加亮度。前后两片液晶盒的偏光角都变化时，综合两者的偏光角变化程度，在液晶盒施加综合亮度。偏光角变化量的综合计算，前后两片 LCD 液晶盒的偏光角变化状态与亮度之间存在如下三种关系。

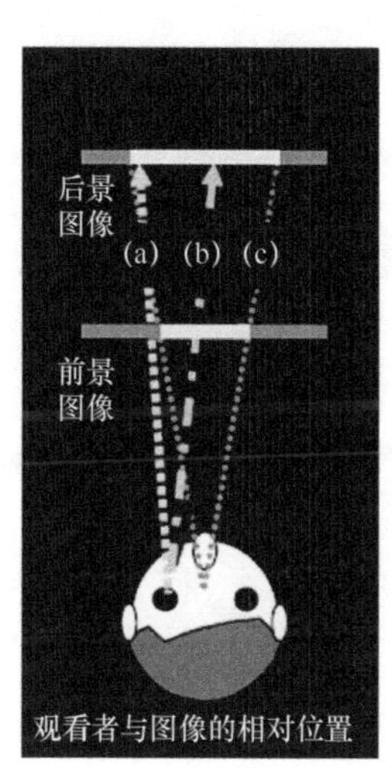

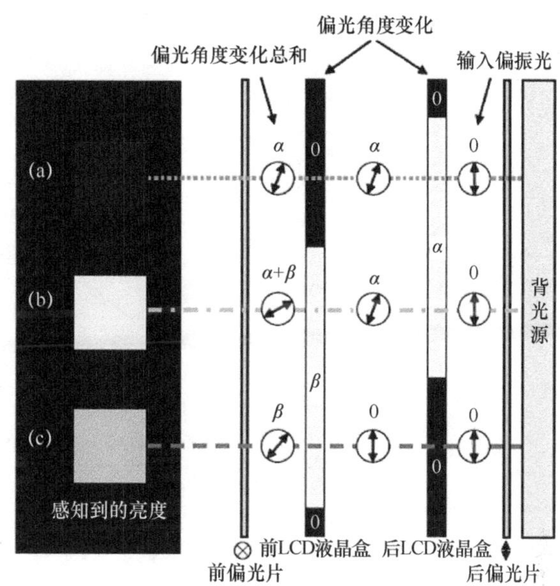

图 10-18　DFD 显示器的基本结构及其偏光角变化量的加法原理

（1）偏光角的变化量：后面液晶盒变化 α，前面液晶盒变化 0，即没有变化。如图 10-18（a）所示，综合计算前后两片液晶盒的偏光角变化量为 α，对应的整体亮度就是后面液晶盒的亮度 L_{1R}（$=\sin^2\alpha$）。

（2）偏光角的变化量：后面液晶盒没有变化，前面液晶盒变化 β。如图 10-18（c）所示，综合计算前后两片液晶盒的偏光角变化量为 β，对应的整体亮度就是后面液晶盒的亮度 L_{1F}（$=\sin^2\beta$）。

（3）偏光角的变化量：后面液晶盒变化 α，前面液晶盒变化 β。如图 10-18（b）所示，综合计算前后两片液晶盒的偏光角变化量，简记为 $\alpha+\beta$，对应的整体亮度就是后面液晶盒的亮度 L_2（$=\sin^2$（$\alpha+\beta$））。

彩色显示时，前后两片液晶盒都带有 RGB 彩色滤光片，两片液晶盒的彩色信息分别受到各自 LCD 液晶盒内的液晶分子的控制，即受到各自偏光角变化量的控制。

基于图 10-18 所示的 DFD 系统，测量整体亮度变化情况。测定时，后面液晶盒的亮度固定，前面液晶盒的亮度从最小增加至最大。前面液晶盒与后面液晶盒各自的亮度及整体亮度的关系如图 10-19 所示。对应后面液晶盒亮度 23%、47%和 82%的测量结果，分别用圆圈、方块和三角形表示。纵轴和横轴的最大亮度设定为 100%。前面液晶盒与后面液晶盒的亮度和用虚线表示。根据测量结果，前后液晶盒的偏光角变化量相加，近似为亮度相加。

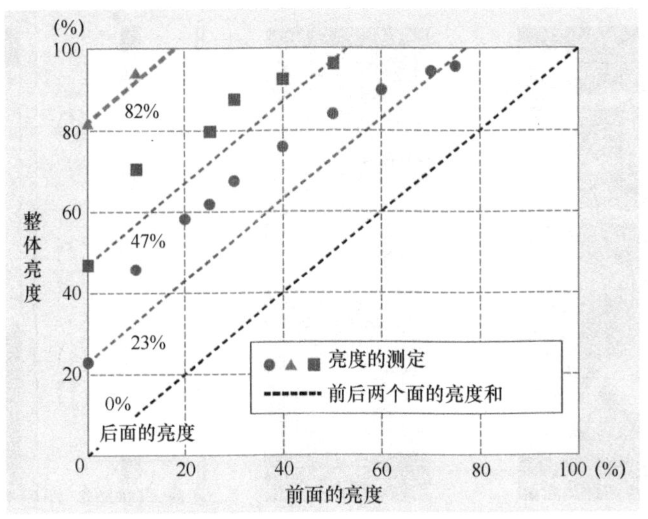

图 10-19　前面液晶盒与后面液晶盒各自的亮度及整体亮度的关系

不过，相比前后液晶盒的单纯亮度加法，中心附近往高亮度方向存在 15%的最大偏离。具体地，前面或后面液晶盒的亮度最小时，即 $\alpha=0$ 或 $\beta=0$ 时，以及亮度的和达到最大，即 $\alpha+\beta=90°$ 时，基本没有偏差。除此之外，基本上都存在偏差。对于图 10-18（a）～图 10-18（c）所示的 3 种情况，满足等式 $L_2=L_{1F}+L_{1R}$。在其他情况下，满足 $L_2 \neq L_{1F}+L_{1R}$。对应的就是在图 10-19 中存在的线性加法的偏离。

观看偏光加法型 DFD 时，从观察者左右眼中心点到前后液晶盒的图像保持重合。观察者和前面液晶盒的距离为 500mm，前后液晶盒的距离为 5mm。以上距离的设置，保证观看者单眼感知前后图像的边缘时，不容易看出前后图像边缘的偏移量。观看的结果是，景深方向的图像位置关系对应本来对象物的位置关系，但是景深感被压缩在 5mm 的间隔里。通过该实验可以明确：利用偏光角的变化量可以实现 DFD 显示时的景深表现。

10.2.3　亮度除法型景深融合 3D 显示技术

亮度除法型景深融合 3D 显示的图像，在背光源的前面依次放置后面显示屏和前面显示屏。显示屏一般采用具有光透过功能的 LCD 显示屏。DFD 显示的亮度是背光源亮度与后面显示屏透过率 $1/A$ 和前面显示屏的透过率 $1/B$ 的乘积，即背光源亮度的衰减为 $1/AB$。

1. LCD 堆叠的 DFD

两片 LCD 堆叠而成的 DFD 装置，景深方向的图像融合原理与亮度加法型 DFD 一样。调节前后显示屏的亮度（透过率）比，也可以在两块显示屏之间实现连续的景深表现。但是，亮度除法型 DFD 调节的是前后显示屏的透光量而不是发光量，所以显示亮度的最大值与最小值反转，感知到的图像景深位置与亮度加法型 DFD 相反。

如图 10-20 所示，左上角的方块图像，透过前显示屏的亮度高，透过后显示屏的亮度低，融合后的图像靠近后显示屏。右下角的方块图像，透过前显示屏的亮度低，透过后显示屏的亮度高，融合后的图像靠近前显示屏。中间的方块图像，透过前显示屏和后显示屏的亮度相同，融合后的图像处在前后显示屏之间的中间位置。

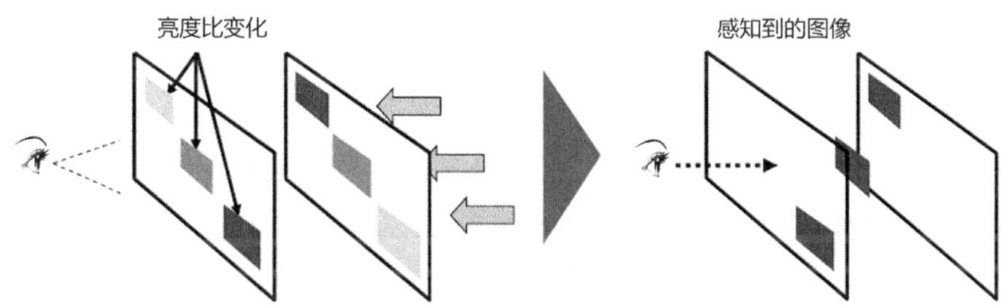

图 10-20　不同亮度比对应的连续景深表现

采用 LCD 堆叠的 DFD 显示技术，首先，把需要显示的 3D 图像分界后分别投射到前后两块显示屏上，图像的分解与分配需要保证让观看者看起来是重合的，前后两幅图像看起来融合为一幅图像。然后，为区分 3D 图像中各部分的前后位置关系，调节前后两面图像的亮度比。离观看者近的部分，在前面图像中亮度较高，在后面图像中亮度较低。离观看者远的部分，在前面图像中亮度较低，在后面图像中亮度较高。居于前后两面中间的部分，在前后两面图像中的亮度相差不大。在景深连续的图像，前后面图像上附加了连续性的亮度。这样，观看者就能看到景深连续的 3D 图像。

2. 投影型 DFD

亮度除法型景深融合 3D 显示还可以采用透明屏幕的投影型 DFD。

使用前后透明屏幕的投影型 DFD 的基本结构与工作原理如图 10-21 所示。前屏幕和后屏幕相隔一定的距离。前屏幕为反射型透明屏幕，用于放映前置投影仪投射的图像。后屏幕为透过型透明屏幕，用于显示后置投影仪投射的图像。因为前屏幕是透明屏幕，所以观看者能够同时看到前屏幕显示的图像，也能透过前屏幕看到后屏幕显示的图像。

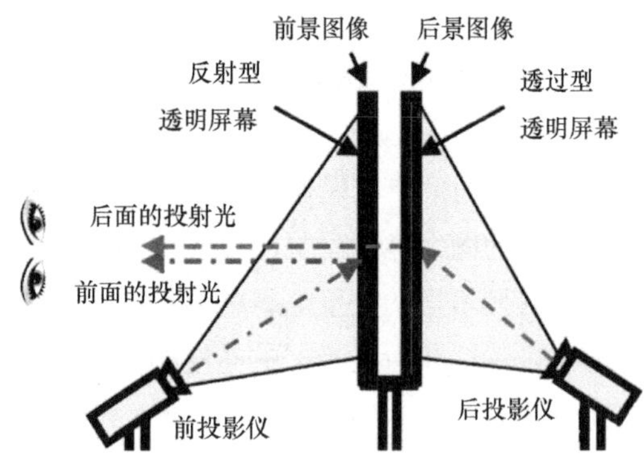

图 10-21　使用前后透明屏幕的投影型 DFD 的基本结构与工作原理

对于后置投影仪，投射出来的图像依次透过后屏幕和前屏幕，属于亮度除法型 DFD 的显示原理。但是，前屏幕和后屏幕都是单一透过率的透明屏幕，无法具体调节图像中具体的局部细节。所以，在投影型 DFD 中，还需要设置前置投影仪，通过在前屏幕上投射相应的图像，与后置投影仪的图像在具体细节上形成一定的亮度比，从而在前屏幕和后屏幕之间形成连续景深的图像。

可以把图 10-21 系统中的后屏幕改成如图 10-22 所示的 LCD 显示器。LCD 显示器背光源的光透过液晶屏后再次透过前屏幕，同时前置投影仪的图像投射到前屏幕上，与来自后置 LCD 的图像在具体细节上形成一定的亮度比，从而在前屏幕和 LCD 显示器之间形成连续景深的图像。

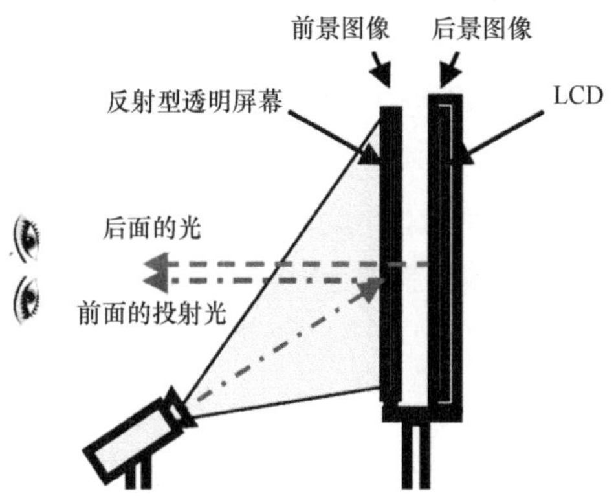

图 10-22　使用透明前屏幕和后置 LCD 的组合投影型 DFD 的基本结构与工作原理

10.3　基于 Pulfrich 效应的 3D 显示技术

基于 Pulfrich 效应的 3D 显示，片源制作简单，无色偏现象，但是视场对象没有横向运动就感觉不到 3D 效果。

1. 亮度差异引起的深度错觉

当两个不同画面同时呈现在两只眼前时，视觉系统通常会对一个画面注视较久，而抑制另外一个画面，并忽视其实质的信息。注视与忽视的两幅画面会在双眼间交替，这种在无法融合的双眼刺激间产生的知觉更替，导致某些刺激的特征几乎完全从知觉意识中消失的现象称为双眼竞争。当双眼间刺激电平的差异达到一定程度时，会产生立体空间失真，如飞行员在飞行中有时会感受到倾斜错觉。

在运动场景下双眼间亮度的差异会造成深度错觉。在图 10-23 中，左右两个黑白圆呈现强烈的亮度对比效果。晃动图中的黑白圆，可以看到圆在动。左右两个图形明暗对比不同，错觉的强度不同。出现这种现象的原因是人眼视觉信号处理的迟延。

图 10-23　亮度差异引起深度错觉的示意图

不只是低亮度，低对比度也会将视觉信号处理的时间增长。所以，两个圆的亮度与二维码背景的亮度各自要有区别。视觉系对“背景”移动的知觉和对“圆”移动的知觉之间会有一定的时间差。重要的是，在区分两者亮度的同时，还要降低整个图片的对比度，让图片明暗之间的对比更小一点。所以，如果图片很亮，错觉效果就不是很明显。周围环境亮度与视觉延迟之间的关系如图 10-24 所示。

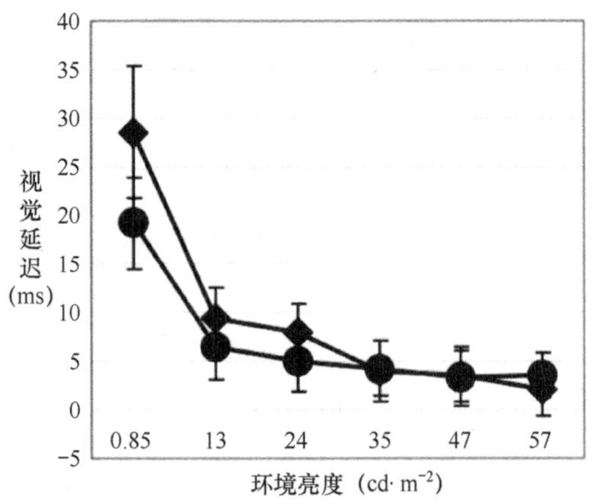

图 10-24　环境亮度与视觉延迟之间的关系

2. Pulfrich 效应

1922 年，德国的 Carl Pulfrich 发现，一只眼睛戴滤光片眼镜，另一只眼睛戴透明眼镜，观察单摆（或者钟摆）的运动时，小球不止左右摆动，还能自运动，在平面沿椭圆形轨道运动。如果右眼（左眼）戴滤光片眼镜，从上俯瞰时，摆球呈逆时针（顺时针）运动。这种效应称为 Pulfrich 效应。

Pulfrich 效应是由眼睛的知觉机构与大脑的神经结合造成的。Gregory 的视觉潜伏期假说认为：被过滤眼睛中的刺激亮度衰减，使该眼的视觉反应潜伏期延长大约几百分之一秒。因为我们的大脑视觉系统在处理暗刺激的时候会比处理亮刺激多花一点时间，所以暗的那只眼睛看到的钟摆会比亮的那只慢。滤光片眼镜的浓度越高，左右眼看到的图像亮度差越大，戴眼镜的眼睛看到的物体运动，延迟越明显。

形成 Pulfrich 效应的基础是左右双眼在观看同一图像时存在亮度差异，视场对象的横向运动由大脑解释为具有深度的组成部分。左眼和右眼同时接收 1 幅不同光强的图像，会错视为 2 幅不同的图像。如果这 2 幅图像的立体

摄影光学视差被感知到，人脑会把这 2 幅图像处理为一个有立体感效应的图像。光学视差越大，景深越大。光学视差的大小与被观察物体的移动速度、滤光片眼镜的浓度成正比。

如图 10-25（a）所示，摆球从左向右摆动，左眼通过滤光片看到的是摆球较暗的图像。其中，实心球是右眼在某一时刻看到的被照亮的图像，空心球是左眼在同一时刻看到的延缓图像，两个视线会聚在虚线球位置。这样，双眼视觉认知的摆球就出现在虚线球位置上，离实际距离稍远。在图 10-25（b）中，摆球从右向左摆动，用相同的推理方法可以获知，双眼视觉认知的摆球离实际距离稍近。当摆球来回摆动时，双眼视觉认知的摆球轨迹呈椭圆形。

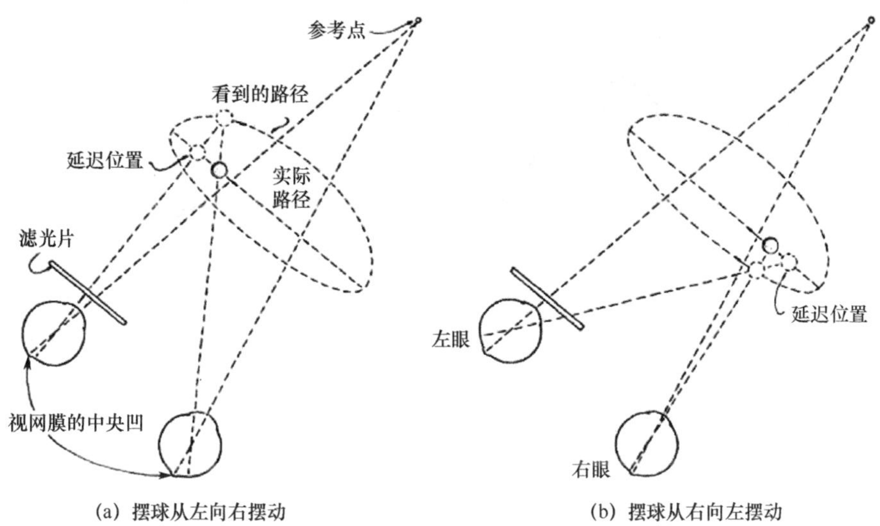

图 10-25　Pulfrich 效应的钟摆原理

3. Pulfrich 效应分析

基于 Pulfrich 效应的 3D 图像，景深 ΔD 满足以下关系式：

$$D + \Delta D = \frac{aD}{\Delta l + a} \tag{10-1}$$

式中，D 表示观察者到屏幕之间的视距离，a 表示双眼瞳距，Δl 表示双目视差（往里：$\Delta l<0$）。根据式（10-1）可以得出，物体移动速度与景深之间的关系，如图 10-26 所示。图中括号内的数字表示滤光片眼镜的浓度。从图中可以看出，3D 显示的入屏距离比出屏距离要大。

对于振幅 A、角频率 ω（$=2\pi f$）的单纯左右振动，对应时间 t 的位移 x，可以表示为

$$x=A\sin(\omega t) \tag{10-2}$$

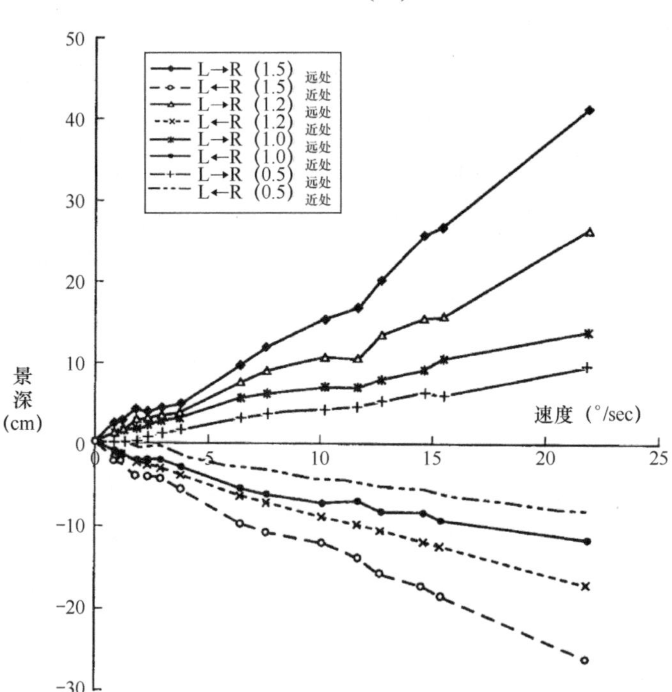

图 10-26　根据双目视差获得的物体移动速度与景深的关系

位移 x 对应时间 t 的微小变量可以表示为

$$\frac{\mathrm{d}x}{\mathrm{d}t}=A\omega\cos(\omega t) \tag{10-3}$$

综合式（10-2）和式（10-3），可得

$$\left(\frac{x}{A}\right)^2+\left(\frac{1}{A\omega}\cdot\frac{\mathrm{d}x}{\mathrm{d}t}\right)^2=1 \tag{10-4}$$

整理式（10-4），可得

$$x^2=A^2-\frac{1}{\omega^2}\cdot\left(\frac{\mathrm{d}x}{\mathrm{d}t}\right)^2 \tag{10-5}$$

根据图 10-26 所示的速度 $\mathrm{d}x/\mathrm{d}t$ 和景深的关系，结合式（10-5），可以求出位移 x 和景深的关系。在图 10-27 中，对于 A=10.9°，$f=\omega/2\pi=2/2\pi\approx0.3H$ 的单纯左右振动的物体，对应左眼佩戴各种浓度的滤光片眼镜时观看到的振动轨迹。对比图 10-26 和图 10-27，景深的变化趋势一致。

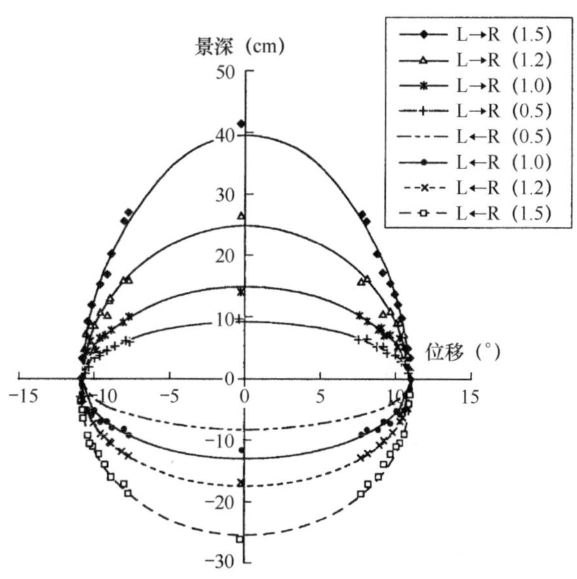

图 10-27　单纯左右振动合成的运动轨迹

本章参考文献

[1] 江口達彦, 水科晴樹, 陶山史朗. 積層多眼 DFD 表示方式において 3D 像を許容できる画質に改善するための視点数[J]. 信学技報, 2018, 117(411): 45-48.

[2] S. Suyama, S.Ohtsuka, H.Takada, et al. Apparent 3-D image perceived from luminance-modulated two 2-D image displayed at different depths[J]. Vision Research, 2004, 44: 785-793.

[3] H.Takada, S.Suyama, M.Date, et al. A Compact Depth-fused 3-D Display Using a Stack of Two LCDs[J]. NTT Technical Review, 2004, 2(8): 35-40.

[4] 高田英明, 陶山史朗, 伊達宗和，等. 前後 2 面の LCD を積層した小型 DFD ディスプレイ[J]. 映像情報メディア学会誌, 2004, 58(6): 807-810.

[5] M. F. Bear, B. W. Connors, M. A. Paradiso. Neuroscience[J]. Wolters Kluwer, 2016.

[6] Pulfrich C. Die Stereoskopie im Dienste der isochromen und heterochromen Photometrie[J]. Naturwissenschaften, 1922, 10(26): 569-574.

[7] 梁宁建. 心理学导论[M]. 上海: 上海教育出版社, 2011.

[8] 刘宏, 李哲媛, 许超. 视错觉现象的分类和研究进展[J]. 智能系统学报, 2011(1): 5-16.

[9] S.Suyama, H.Takada, S.Ohtsuka. A Direct-Vision 3-D Display using a New Depth fusing Perceptual Phenomenon in 2-D Displays with Different Depths[J]. Special

issue of IEICE transaction on Electronics, 2002, E85-C(11): 1911-1915.

[10] 細畠淳, 高尾康子, 不二門尚, 石榑康雄, 陶山史朗, 高田英明, 中沢憲二. 輝度変調型 3D ディスプレイによる立体映像負荷の視機能への影響[C]. 日本眼科医会 IT 眼症と環境因子研究班業績集, 2005: 109-113.

[11] S. Suyama, Y. Ishigure, H. Takada, K. Nakazawa, J. Hosohata, Y. Takao,T. Fujikado. Evaluation of Visual Fatigue in Viewing a Depth-fused3-D Display in Comparison with a 2-D Display[J]. NTT Technical Review, 2005, 3(12): 82-89.

[12] A.Anzai, I.Ohzawa, R.D.Freeman. Joint-encoding of motion and depth by visual cortical neurons: neural basis of the Pulfrich effect[J]. Nature Neuroscience, 2001, 4: 513-518.

[13] 江口達彦, 水科晴樹, 陶山史朗. 積層多眼 DFD 表示方式において 3D 像を許容できる画質に改善するための視点数[J]. 電子情報通信学会技術研究報告, 2018, 117(411): 45-48.

[14] 山本智大, 水科晴樹, 陶山史朗. Edge-based DFD 表示における上下方向の視域[J]. 電子情報通信学会技術研究報告, 2018, 117(411): 37-40.

[15] 江口達彦, 水科晴樹, 陶山史朗, 等. 積層多眼 DFD 表示方式における積層間隔を変化させたときの単眼奥行き知覚と動きの滑らかさへの影響[J]. 映像情報メディア学会技術報告, 2017, 41(2): 73-76.

[16] 井阪建, 藤代一成.L 字型表示面を用いた錯視による裸眼立体映像生成[J]. 映像情報メディア学会誌, 2016, 70(6): J142-J145.

[17] 船戸葉月, 宗宮智貴, 辻明典. DFD 表示方式の前後像で異なった空間周波数フィルタを用いた場合の奥行き知覚[J]. 電子情報通信学会技術研究報告, 2015, 114(407): 83-86.

[18] 綱川敦大, 宗宮智貴, 山本裕紹. 深い DFD(Depth-fused 3D)表示における奥行き知覚[J]. 電子情報通信学会技術研究報告, 2014, 113(408): 53-56.

[19] 西城良亮, 渡部修. DFD(Depth-Fused 3D)表示が持つ奥行き情報の分析[J]. 映像情報メディア学会誌, 2014, 68(4): J165-J168.

[20] Date Munekazu, Hisaki Tomoko, Takada Hideaki, et al. Luminance addition of a stack of multidomain liquid-crystal displays and capability for depth-fused three-dimensional display application[J].Applied Optics, 2005, 44(6): 898-905.

[21] Park Soon-gi, Kim Jin-Ho, Min Sung-Wook. Polarization distributed depth map for depth-fused three-dimensional display[J].Optics Express, 2011, 19(5): 4316-4323.

[22] 三瓶卓方, 下馬場朋禄, 角江崇, 等.スマートフォンと DFD 錯視現象を利用した小型 3D 画像表示装置の開発[J]. 映像情報メディア学会誌, 2017, 71(11): J269-J271.

[23] Ching-Yi Hsu, Yi-Pai Huang, Yu-Chen Chang, et al. Novel Depth-Fused Display

(DFD) System With Wide Viewing 3D Images[C]. 2008 3DTV Conference: The True Vision - Capture, Transmission and Display of 3D Video, 2008 s: 25-28.

[24] Park Soon-Gi, Jung Jae-Hyun, Jeong Youngmo, et al. Depth-fused display with improved viewing characteristics[J].Optics Express, 2013, 21(23): 28758-28770.

[25] 中津香奈, 森谷友昭, 高橋時市郎.錯視立体を用いたトーラス状不可能図形のアニメーション手法[J].画像電子学会誌, 2016, 45(3): 359-369.

[26] Lit, Alfred. Magnitude of the Pulfrich Stereophenomenon as a Function of Target Thickness[J].Journal of the Optical Society of America,1960, 50(4): 321-327.

[27] Diamond, ALeonard. Simultaneous Brightness Contrast and the Pulfrich Phenomenon[J]. Journal of the Optical Society of America, 1958, 48(12): 887-890.

[28] Kenneth Jacobs, Ronald Karpf. Active Pulfrich Spectacles[D]. The 2011 Annual Technical Conference & Exhibition, 2011: 1-9.

[29] 多屋頼典, 大橋康宏. Pulfrich 現象と両眼視標の融合[C]. 日本心理学会大会発表論文集, 2007.

[30] Nakamizo Sachio , Lei Chen. The Pulfrich Effect and Depth Constancy[J]. Japanese psychological research, 2000, 42(4): 251-256.

[31] Anzai A. Joint-encoding of motion and depth by visual cortical neurons : neural basis of the Pulfrich effect[J]. Nature Neurosci, 2001(4): 513-518.

第11章

VR/AR 中的 3D 显示技术

虚拟现实（Virtual Reality，VR）是以计算机技术与显示技术为核心，使用户通过视觉、听觉、触觉等感知系统体验到与真实环境高度近似的数字化虚拟环境。研究表明，人获取的信息 70%以上来自视觉，因此显示系统是 VR 最重要的感知通道。

11.1 虚拟现实中的 3D 显示技术

VR 显示技术的主要特点包括：①沉浸式视觉感受：视场角（FOV）足够大，像素密度（分辨率）足够高，特别是实现三维图像显示，可以使人沉浸在虚拟的三维环境中。②低延迟视觉感知：由于计算机处理技术和显示技术的限制，目前影响 VR 系统用户体验的一个系统级别的关键因素是“运动到光子延迟”，这个延迟包括传感器数据采集与处理、接口传输、三维计算，以及显示刷新的总时间延迟，一般要求小于 20ms。③人体工程学的舒适度：高对比度、高亮度及色彩均匀性；质量小，佩戴舒适。

11.1.1 虚拟现实显示技术的分类

虚拟现实显示设备分为投影式显示和头盔式显示两类。近年来，随着小型化移动终端设备的快速发展，头盔式虚拟现实显示技术逐步成为主流。

1. 投影式显示

CAVE（Cave Automatic Virtual Environment）显示系统是一种在多个平面投影的虚拟场景显示系统，可以容纳多个用户同时感受逼真的立体虚拟场景。CAVE 系统采用投影技术在多个不同方位的面上投影虚拟场景，通过计

算机融合技术，将彼此相连的多个面进行无缝的拼接显示，从而构成一个三维“洞穴”形状的立方体显示空间。如图 11-1 所示的基于投影的 CAVE 显示系统，其投影仪安装在投影显示屏的外部，能够将计算机生成的虚拟场景图像投影到三维平面的屏幕上。

如图 11-2 所示的基于三维空间立体显示的 CAVE 系统，其在用户的前、左、右、上、下方向显示了立体虚拟场景，使用户获得逼真的高临场感视觉感知，实现了虚拟环境的光学再现。

图 11-1 基于投影的 CAVE 显示系统

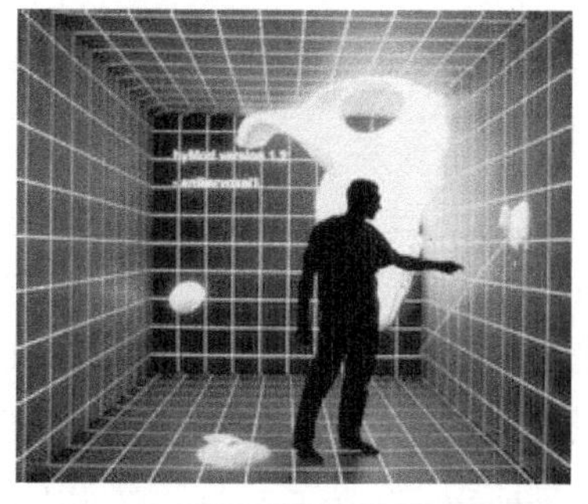

图 11-2 基于三维空间立体显示的 CAVE 系统

2. 头盔式显示

非透视式头盔显示系统（Head Mounted Display，HMD）是近几年快速发展的一种基于个人移动终端设备的虚拟现实技术。如图 11-3 所示，通过将显示器安装于头盔内部靠近眼睛的位置，可以实现大视场角的立体图像显示。基于高灵敏度的位置跟踪装置，实时检测头部的位置和方向，计算机根据头部位置和方向在显示器上动态刷新当前虚拟视点下的三维场景。

目前最具代表性的头戴式虚拟现实显示设备是 Oculus Rift。Oculus Rift 最初于 Kickstarter 集资，筹到了 240 万美元的经费。Rift 于 2016 年 3 月 28 日推出，成为第一个面向消费者的虚拟现实头盔显示设备。Oculus Rift 为“第一款真正专业的 PC 用 VR 头套”。Rift 的分辨率为每眼 1080 像素×1200 像素，更新率为 90Hz，具有宽广的视野。Rift 有集成的耳机，可提供立体声音效。Rift 具 6 个自由度的旋转与位置追踪技术。

如图 11-4 所示的 Google Cardboard 是一个低成本的虚拟现实方案。其由透镜、磁铁及魔术贴等组合而成，利用现有的智能手机提供虚拟场景实时计算、姿态感知和三维显示等功能。通过把加载软件的智能手机安装在此装置上，使用者通过透镜可以分别看立体影像，从而感知一个虚拟的三维场景。

此硬件在 2014 年 6 月召开的 Google I/O 大会上发表。

图 11-3 Oculus 虚拟现实头盔

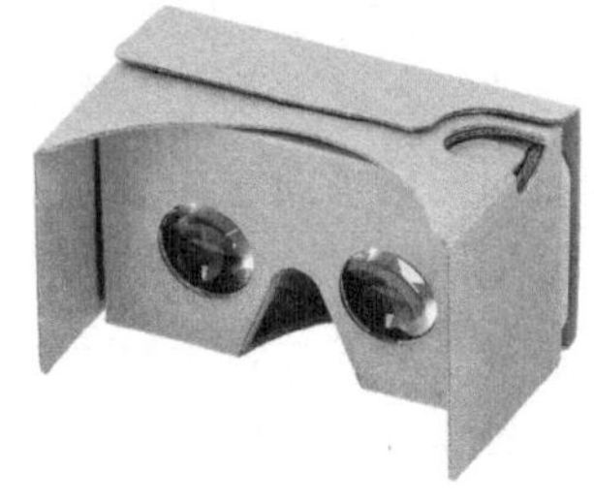

图 11-4 Google Cardboard

图 11-5 所示三星 Gear VR 是一个由三星电子与 Oculus VR 公司合作开发的产品。Gear VR 包含大视场角的透镜和定制的惯性测量单元（IMU），以 micro-USB 连接智能手机做位置跟踪。相比 Google Cardboard 依赖智能手机内部自带的惯性测量单元，这种 IMU 更准确，具有较低的延迟。三星 Gear VR 头戴式器件还包括在一侧的一个触摸板和回退按钮，以及一个接近传感器，探测何时带上头戴式器件。三星 Gear VR 在 2014 年 9 月发布，三星在发布消费者版本之前已经发布了 Gear VR 的两个创新者版本。

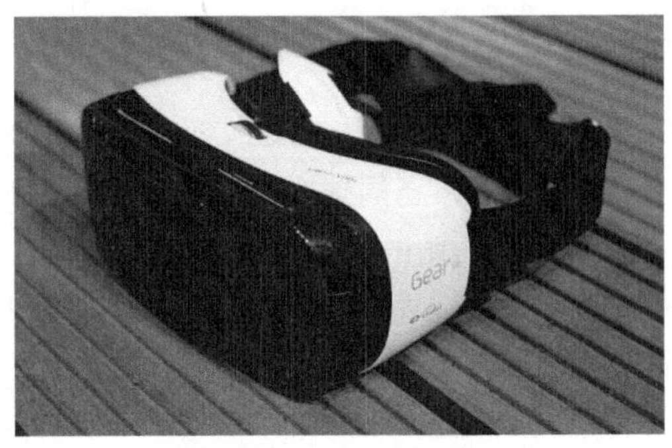

图 11-5 三星 Gear VR

11.1.2 虚拟现实中的三维显示技术

近年来，头戴式虚拟现实三维显示虽然发展迅速，但用户体验仍然存在一些问题。由于目前的虚拟现实显示主要通过双目视差的立体显示方式来获得三维立体视觉，这种立体显示方式与电影院的偏振立体眼镜类似，只提供了双目视差信息，单眼仍然需要聚焦在固定的显示屏幕上。因此长时间观看会产生立体视觉疲劳，导致眩晕。无立体视觉疲劳的虚拟现实显示技术是下一代产品研究的重点。具有代表性的技术包括以下几类。

1. 多层成像显示

2011 年，Gordon Wetzstein 等人提出了多层层析衰减算法，将打印的丙烯纸进行层叠，实现了有运动视差和双目视差的三维场景，如图 11-6 所示。他们证明，任意 4D 光场的对数值等于多层透过率图的拉动变换的负值。实际计算中，他们会利用最小二乘法结合层析技术中的迭代算法，不断优化，得出透过率的最优解。图中显示了 49 幅目标汽车图中的两幅平行投影原始结果和重构结果，可以看出最小二乘算法的重构性能很优异。

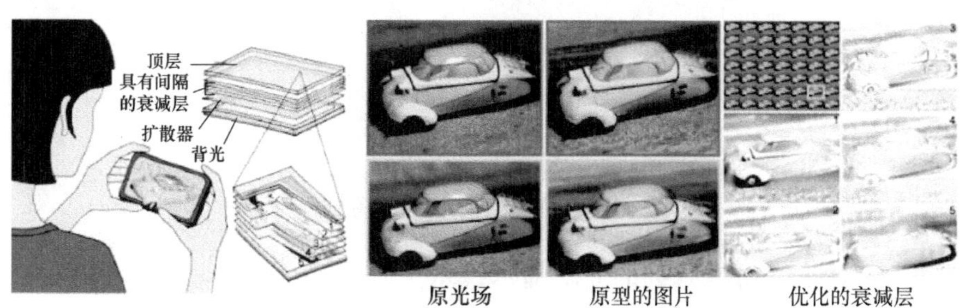

图 11-6　基于多层层析衰减算法的裸眼显示技术示意图

Andrew Maimone 等人于 2013 年提出了多液晶平面三维显示技术，如图 11-7 所示。多个 LCD 平面按照一定间距，摆放在近眼位置。实现了在近眼显示设备中，可以让人眼通过透明显示器聚焦到远大于物理显示层的物体上。通过改变 LCD 像素的透明度，实现了真实场景和虚拟场景的融合显示。其优点是视场角大，支持不同深度聚焦等。

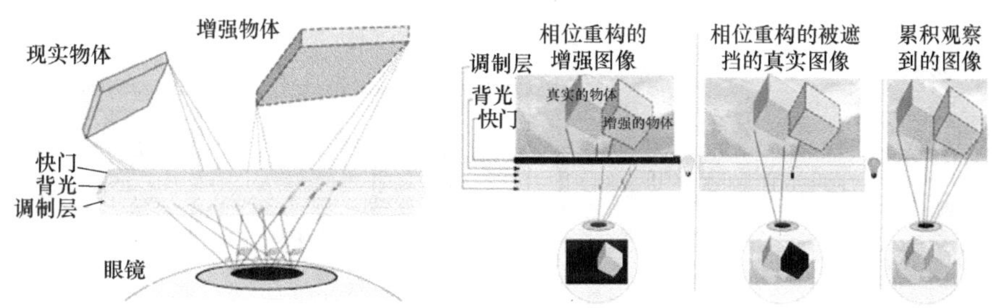

图 11-7　多液晶平面三维显示技术

为获取更加舒适、真实的虚拟现实三维显示，2015 年斯坦福大学的 Fu-Chun Huang 等人提出了通过对具有聚焦线索的近眼光场信息进行因式分解，获取浸没式光场显示的计算算法，且同时支持双目、单目深度聚焦。沉浸式的近眼光场显示如图 11-8 所示。该技术解决了视网膜模糊问题，提高了使用者的观看舒适度，且可以将光场相机拍摄的真实场景实时转化成 4D 光场的近目三维显示。

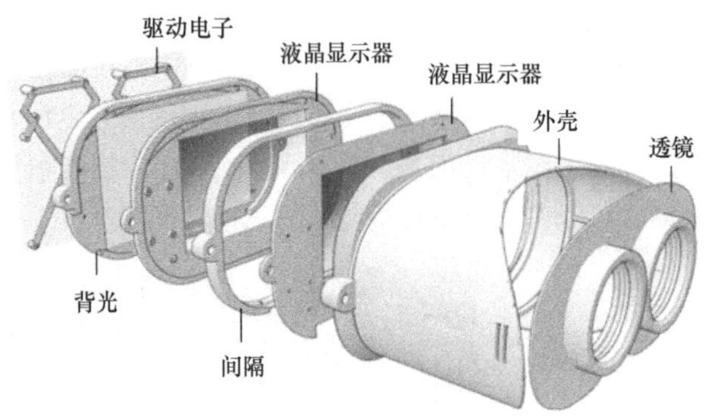

图 11-8　沉浸式的近眼光场显示

2．基于微透镜阵列的光场显示技术

集成成像三维显示技术采用微透镜阵列来实现光场的采集和再现，将微透镜阵列小型化，也可以实现基于集成成像的虚拟现实三维显示技术。

基于集成成像的微透镜阵列子图像可以采用四维的光场函数来描述，因此本质上，集成成像和光场显示是一个概念。Huang 于 2014 年提出了基于光场的裸眼显示器。该技术充分考虑人眼聚焦特性，结合微透镜阵列，提出的基于人眼的视觉像差和高阶像差算法，实现了人眼对非显示平面的清晰聚焦。基于光场的裸眼显示器与传统显示器的对比如图 11-9 所示。

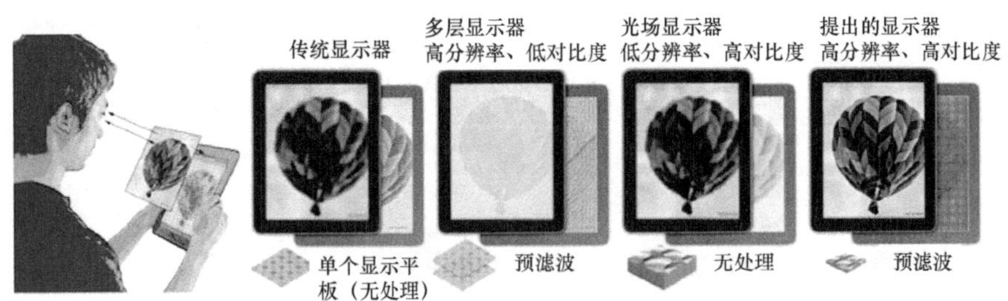

图 11-9　基于光场的裸眼显示器与传统显示器的对比

Douglas Lanman 和 David Luebke 在 2013 年提出了基于微透镜阵列的近眼光场显示器，建立了视场角、空间分辨率、景深、视网膜成像及波形参数之间的关系，并完成了基于 GPU 的实时渲染系统。微透镜阵列对图像分辨率影响较大，还需要针对近眼显示进行优化。头戴式近眼显示器及显示效果如图 11-10 所示。

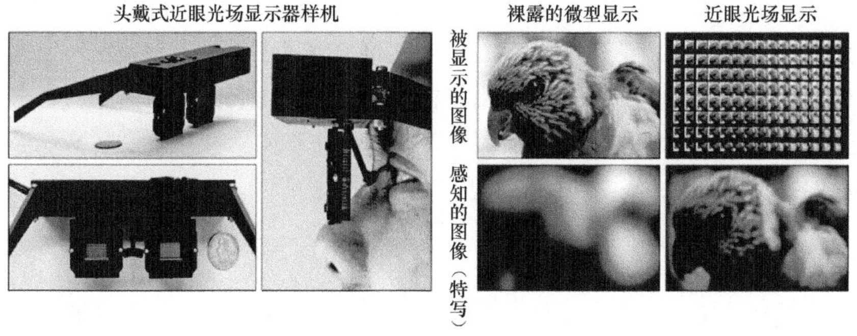

图 11-10　头戴式近眼显示器及显示效果

3. 基于波前相位补偿的光场显示

利用全息元件对波前进行相位补偿，可以实现对显示图像景深的调节。2017 年 Wei Cui 提出了一种光学映射近眼三维显示方法（Optical Mapping Near-eye，OMNI）。这种方法与多平面显示类似，通过将一个显示屏的不同部分映射到空间中的不同平面，同时设置这些部分的中心对齐，达到三维显示的效果。最后利用一个目镜，再将三维图像投射到人眼的视网膜上。OMNI 原理示意图如图 11-11 所示。

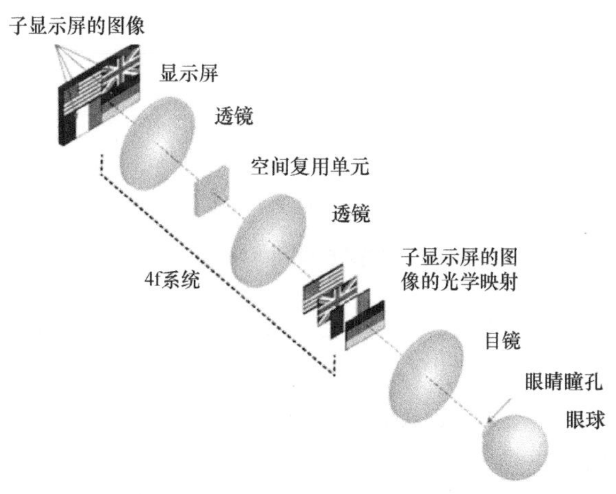

图 11-11　OMNI 原理示意图

如图 11-11 所示，显示屏加载了一幅高分辨的图像，图像由几幅子图组成。系统的核心部分是一个 4f 系统，4f 系统的频谱面是一个相位调制空间复用单元，充当离轴多焦点菲涅耳透镜。由于二次相位因子和倾斜相位因子的共同作用，显示屏的图片被映射到 4f 系统输出面的不同位置和不同深度。通过设定二次相位因子和倾斜相位因子，可以将子图移到光轴，在一定区域内产生期望的景深效果。文中使用了相位型空间光调制器作为相位调制空间复用单元，在不同子图对应的相位因子时采用了 GS 权重算法（Weighted Gerchberg–Saxton，WGS）。实验结果如图 11-12 所示。

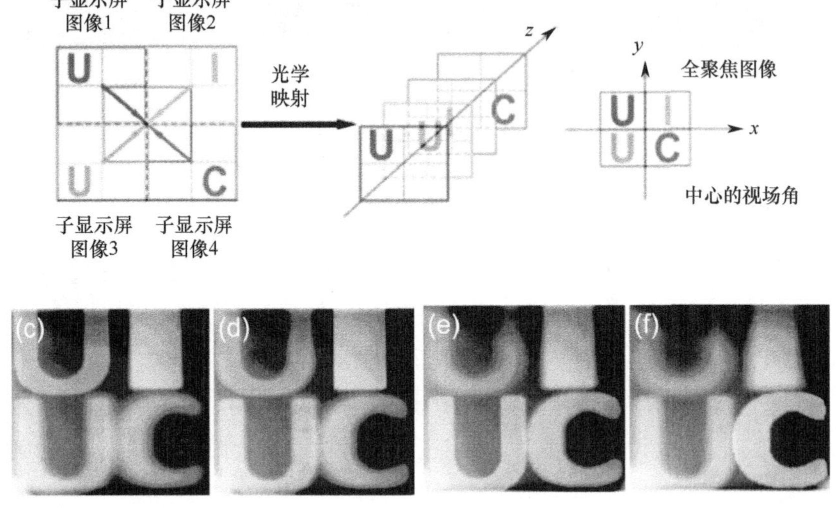

图 11-12　实验结果

该方法可以可以实现单目多个景深图像的显示，如图 11-12 中所示四个英文字母分别被聚焦成像在三维空间的不同平面上，因此避免了立体视觉中的双目会聚和单目聚焦的冲突。

4. 基于可编程自由曲面透镜的焦面显示

为缓解传统头戴式虚拟现实三维显示器的视觉辐辏调节冲突，在可变焦距和多焦点增加焦面的方法基础上，Oculus Research 在 2017 年提出了一种焦面显示（Focal Surface Display）技术。

如图 11-13 所示，该装置的主要光学元件包括用于显示高分辨率虚拟图像的 OLED 显示屏、分光棱镜、偏振片及一个纯相位的空间光调制器。空间光调制器作为一个可编程的自由曲面透镜，使得虚拟图像不同区域成像在不同的深度，缓解了视觉辐辏调节冲突。

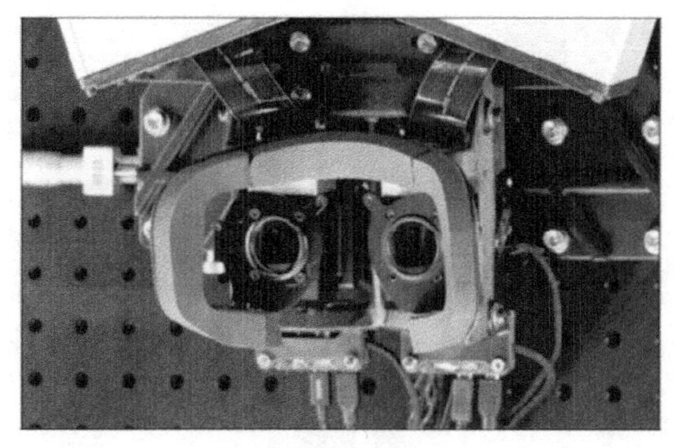

（a）装置模型

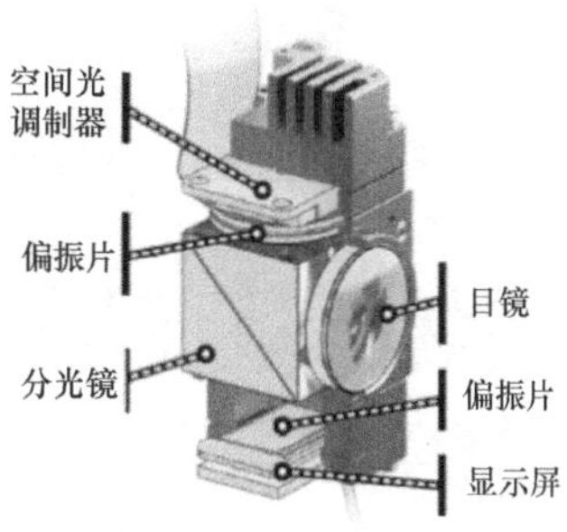

（b）装置剖面图

图 11-13　双目焦面显示装置模型和装置剖面图

图 11-14 对比了各种显示方法的深度图近似误差，第一行为视觉优化的焦距，范围为 0.0°～5.0°，缩写为“D”，固定焦点的显示方式将焦平面设置在 0.5D 处，其深度图近似误差最大，多焦点的显示方式在一定程度上减小了深度误差，尤其是当使用自适应性多焦点方式，但焦面显示的误差更小，且使用更少的时间多路复用。因此，这样的显示器可以支持更高分辨率的图像内容。

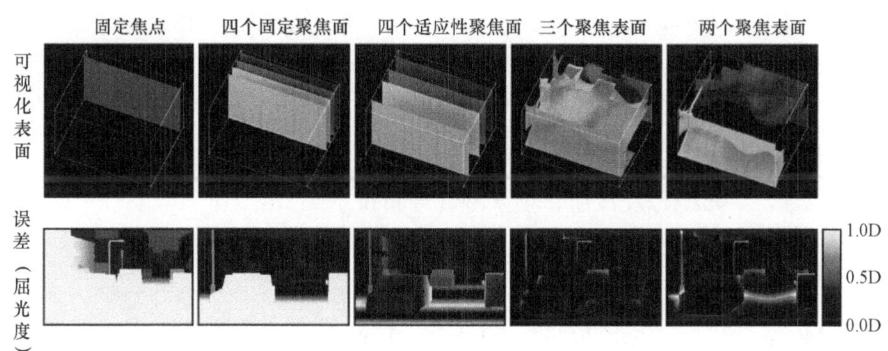

图 11-14　各种显示方法的深度图近似误差对比

对焦面显示的计算算法而言，输入数据为场景的深度图和焦堆栈（Focal Stack），输出信息为分时加载在空间光调制器上的 k 个面的相位 φ_1, …, φ_k 和相对应的 OLED 显示的彩色图片 C_1, …, C_k。焦面显示的实现主要分为以下三个步骤，首先通过优化算法将深度图分解为 k 个平滑的焦面，其次利用优化函数来近似这些焦面，最后优化彩色图像以再现目标焦点堆栈。焦面显示在不同深度处的显示结果、相位图及相应的彩色图片如图 11-15 所示。

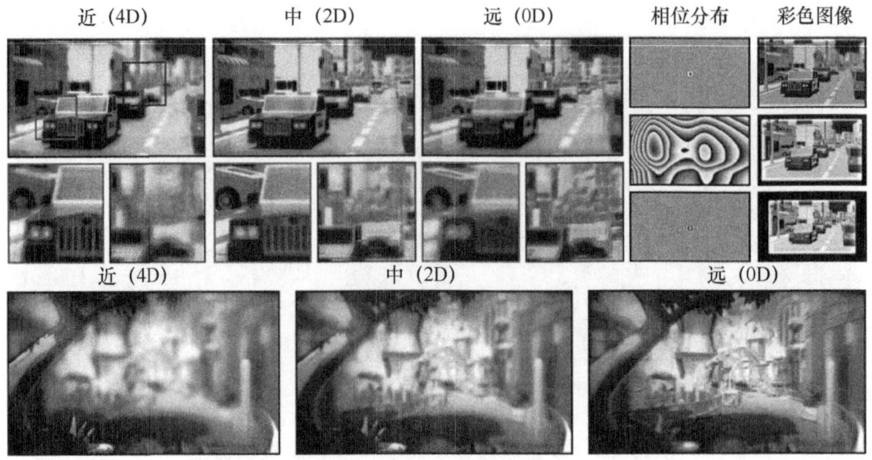

图 11-15 焦面显示在不同深度处的显示结果、相位图及相应的彩色图片

尽管这并不是视觉辐辏调节冲突的完美解决方案，但 Oculus 正将这个显示技术作为当今 VR 显示和理想显示的“中间地带”。

11.2 增强现实中的三维显示技术

增强现实（Augmented Reality，AR）是一种将虚拟世界信息融合到真实世界的新技术，通过计算机仿真技术及虚实融合的多感官感知技术，把在现实世界很难体验到的虚拟信息叠加到真实世界，从而达到超越现实的感官体验。增强现实技术包含了多媒体技术、三维建模、实时三维视频显示、多传感器融合、实时跟踪及注册、场景融合等新技术。

11.2.1 增强现实显示的分类

AR 显示设备诞生于 20 世纪 60 年代，Ivan Sutherland 发明的显示设备如图 11-16 所示。1990 年 T.Caudell 提出了“Augmented Reality”的概念，其完整的系统结构如图 11-17 所示。为了实现更为轻便的、可穿戴的 AR 显示，Dr. Mark Spitzer 1997 年设计出了一款眼镜式的显示设备，并于 2003 年发行了正式的商业产品。谷歌也在 2012 年发布了基于 Android 系统 AR 眼镜原型。AR 显示可以分为两种。一种是光学透视式增强现实显示装置，另一种是视频透视式增强现实显示装置。它们的主要区别在于人眼是否直接观看到外部真实环境，目前光学透视式是主流的技术方案。

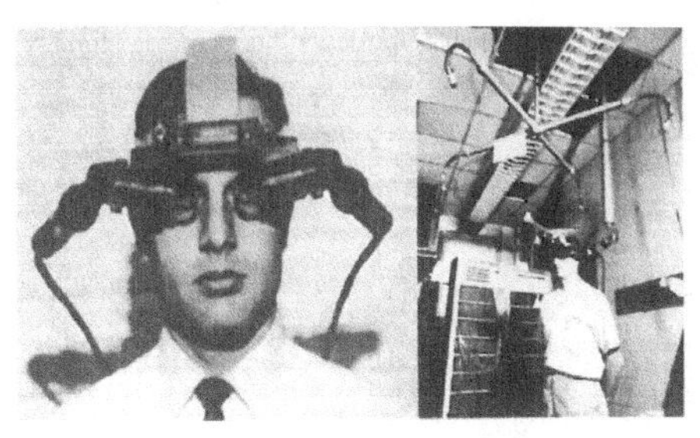

图 11-16　Ivan Sutherland 与他发明的显示设备

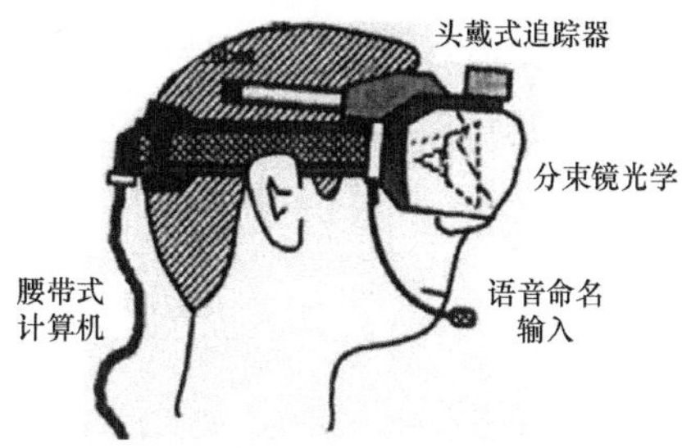

图 11-17　“Augmented Reality”系统结构

1. 光学式 AR

光学式 AR 是把光学成像装置放置在用户眼前，该成像装置可以是半透半反的棱镜，也可以是带有全息光学原件的波导结构。微显示芯片显示的图像经过成像装置投影到用户眼镜里。光学式 AR 是一种透明显示方式，即用户在看清周边正常场景的同时，可以看清楚显示的虚拟图像。另外，显示的虚拟图像与人眼所观看到的真实场景在三维空间的融合是当前的技术挑战之一。光学式 AR 最大的优点是没有遮挡用户对真实世界的观测。光学式 AR 的结构示意图如图 11-18 所示。

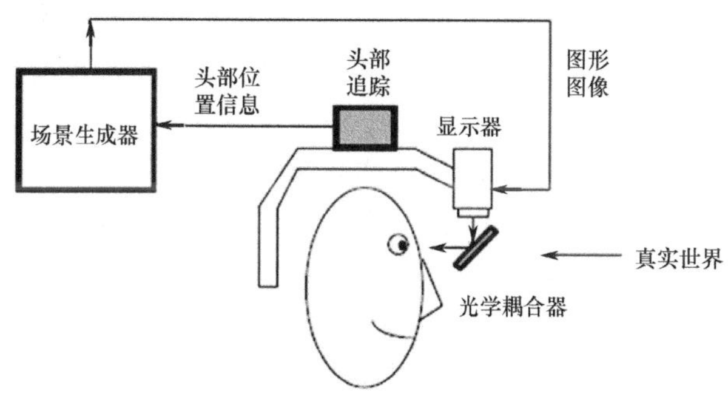

图 11-18　光学式 AR 的结构示意图

2. 视频式 AR

视频式 AR 将封闭式显示屏与两个视频摄像机结合在一起，视频摄像机为用户获取真实环境的信息，然后将真实环境图像与虚拟图像通过计算机融合和处理后显示给用户。视频式 AR 与 VR 显示方式有些类似，所不同的是同步采集了真实场景的实时信息，通过计算机图像处理算法，在实时拍摄的视频内容上叠加了虚拟图像。因此，相比光学式 AR，视频式 AR 更容易实现图像的虚实融合。但这种方式存在视场角小、图像失真、显示分辨率低等问题。视频式 AR 的结构示意图如图 11-19 所示。

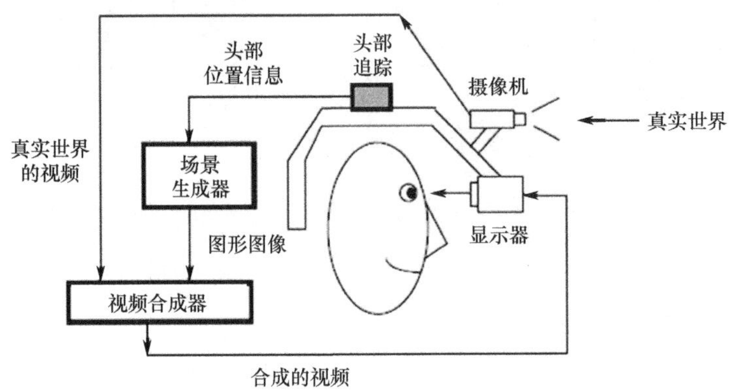

图 11-19 视频式 AR 的结构示意图

通过上面的比较可以看出，视频式 AR 显示属于沉浸式体验，与 VR 显示相似度较高，可以看作 VR 的一种增强现实升级版。光学式 AR 具有全视场、轻便化等优点，是目前增强现实显示技术发展的主流方向。

Google Glass 是近几年光学式 AR 发展的先驱。它采用微显示芯片作为虚拟显示屏，通过棱镜一方面将微显示芯片的图像投射到视网膜上，另一方面通过半透半反棱镜将真实现实场景展现在用户面前。但是 Google Glass 还不是真正的增强现实，它没有三维场景采集，没有三维建模与显示，更重要的是显示的图像与真实场景没有实现虚实融合。

微软的 HoloLens 则是当前最具有代表性的增强现实显示产品，它采用两片 LCoS 微显示芯片实现三维立体显示，采用彩色全息波导实现虚实融合成像，采用 Kinect 技术实现了人与虚拟三维物体的交互。

图 11-20 和图 11-21 所示是具有代表性的谷歌公司的智能眼镜产品和微软公司的 Hololens 产品。

图 11-20 谷歌公司的智能眼镜产品

图 11-21 微软公司的 Hololens 产品

11.2.2　增强现实显示技术面临的问题

与 VR 相比，AR 并没有离开真实世界，而是把虚拟的三维世界映射到真实的三维空间。AR 技术不仅与 VR 技术有相类似的应用领域，如数据模型的可视化、虚拟训练、娱乐与艺术等领域，而且由于其能够在真实环境的基础上提供更加丰富的信息，因此在医疗研究与解剖训练、精密仪器制造和维修、军用飞机导航、工程设计和远程机器人控制等领域，具有比 VR 技术更加明显的优势。

不过，当前增强现实显示技术还面临如下几个主要问题：①系统设备体积大、系统便携性低、用户体验差；②光学部件厚度大，显示图像的视场角小；③三维显示模式下，存在调焦和辐辏不一致问题，会引起人眼的立体视觉疲劳。

11.2.3　增强现实中的三维光场显示技术

在增强现实光场显示技术方面，一种技术路线是利用微透镜阵列或小孔实现集成成像的三维光场重建。如图 11-22 所示，集成成像是一种三维光场的采集与显示技术。集成成像通过光学元件，如透镜阵列，将三维空间信息转化为四维光场信息，从而实现三维采集与显示。这使得集成成像非常适合应用于增强现实三维显示。如图 11-22 所示，集成成像包括两个部分：图像采集和图像重建。在图像采集阶段，物体的光场信息通过一个透镜阵列和 CCD 捕获。微透镜阵列捕获的信息同时包含了三维物体的光强和光线的方向。被捕获的包含三维信息的图像被称为子图阵列。子图阵列也可以在计算机中直接通过计算完成。

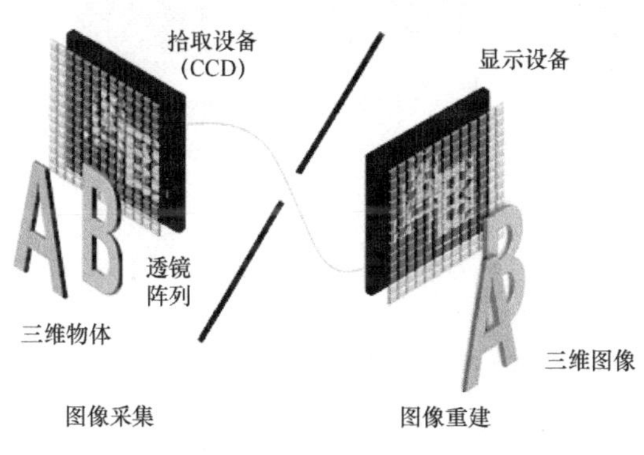

图 11-22　集成成像的拍摄和显示

在显示过程中，透镜阵列位于显示面板的前部，显示面板的光场经过透镜阵列折射，整个过程光线传播的方向与拍摄过程相反。透镜阵列在拍摄和显示过程中都十分关键，它保证了显示的三维物体光线方向与拍摄获取的角度方向相同。然而传统透镜阵列在增强现实透视系统中存在微型化制备困难等问题。

Hong Hua 等人于 2014 年发表的工作中，提出了基于集成成像的可透视的头盔显示器（OST-HMD）。如图 11-23 所示，他们的工作亮点在于将自由光学设计与微集成成像方法相结合，将虚拟物体通过光学元器件投射到人眼中，当人在观看面前的自然场景时，也同时能看到虚拟场景，且该虚拟场景也是三维立体的。

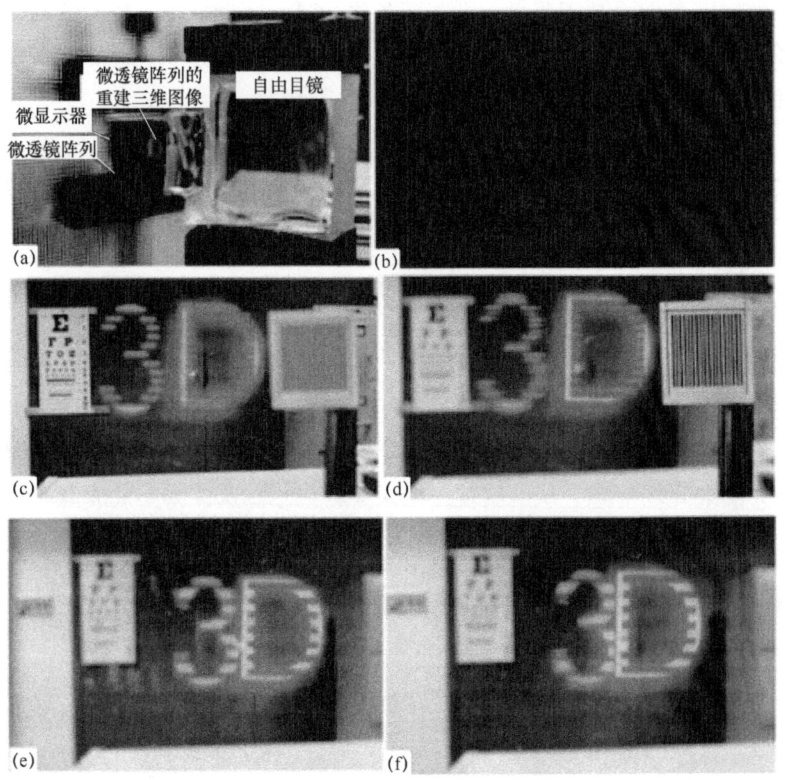

图 11-23　OST-HMD 头盔显示器

Andrew Maimone 等人于 2014 提出了基于点光源和小孔阵列的增强现实眼镜，光学结构和渲染算法简单成为其最大特点。他们提出对点光源和虚拟孔径进行重编码来达到扩大视角的目的。集成成像增强现实眼镜及观看效果如图 11-24 所示。

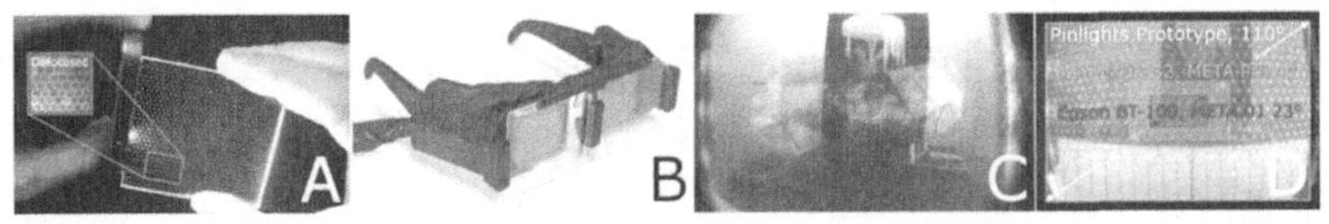

图 11-24　集成成像增强现实眼镜及观看效果

2016 年，Changwon Jang 等研究者提出了一种使用全息光学元件（HOE）的集成成像显示系统。他们在该系统中提出 HOE（全息光学元件）取代传统集成成像中使用的透镜阵列，这一点将在下一节中进行具体分析。HOE 由于具有透视和成像两种效果，从而使显示图像与真实场景实现融合。他们还研究了增强现实显示中特别重要的背景遮挡功能，如图 11-25 所示。

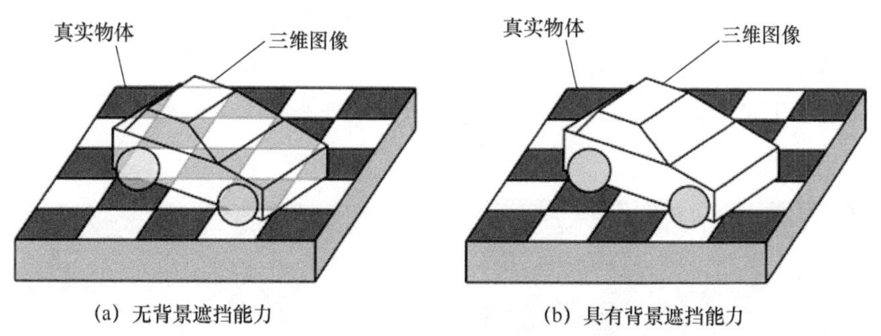

图 11-25 使用 HOE 的集成成像显示系统

2016 年，Yuta Yamaguchi 等研究人员，针对遮挡问题，提出了一种透视的集成成像显示系统。该集成成像显示系统由两个集成成像子系统组成，其中子图由一个集成成像子系统显示，用来生成三维图像，另一个集成成像子系统用于提供遮挡掩膜，选择性的遮挡背景图像。集成成像系统示意图和实验结果如图 11-26 所示。

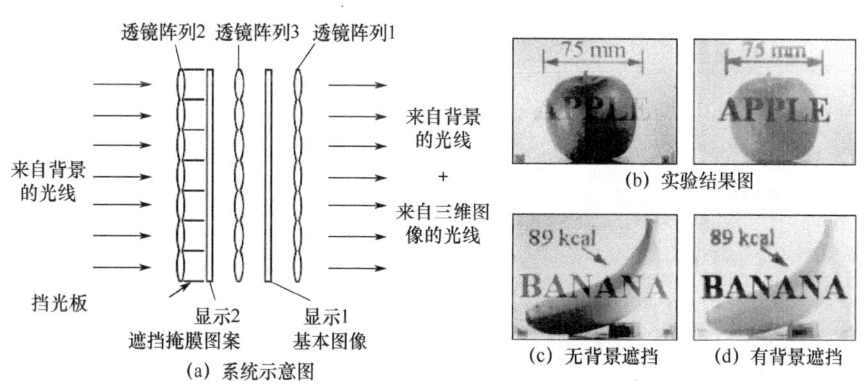

图 11-26 集成成像系统示意图和实验结果

由上述实验结果我们可以看出，在无背景遮挡的结果中，真实场景和显示结果会相互干扰，如色彩叠加，使得增强现实的显示质量有一定降低。而在有背景遮挡结果中，真实场景与显示结果没有干扰，显示结果更加清晰。

Magic Leap 公司提出的光场原理曾是该领域最具期待的技术方案。该公司早期的专利披露了一种基于扫描光纤的光场显示技术。如图 11-27 所示，RGB 光纤输入待显示的图像。但由于光纤扫描器件体积、扫描速度对分辨率的影响，以及光场数据量太大等问题，其体积过于庞大，很难产业化。

2018 年 Magic Leap 推出第一款产品“Magic Leap One”，如图 11-28 所示，其外形充满数字朋克色彩。但这次 Magic Leap 并没有采用光纤扫描光场显示技术(FSD)。其公开的介绍和专利显示其光场显示主要是通过被称为“光场芯片”的衍射波导来实现，以及多层衍射波导实现了多个景深平面的三维成像。

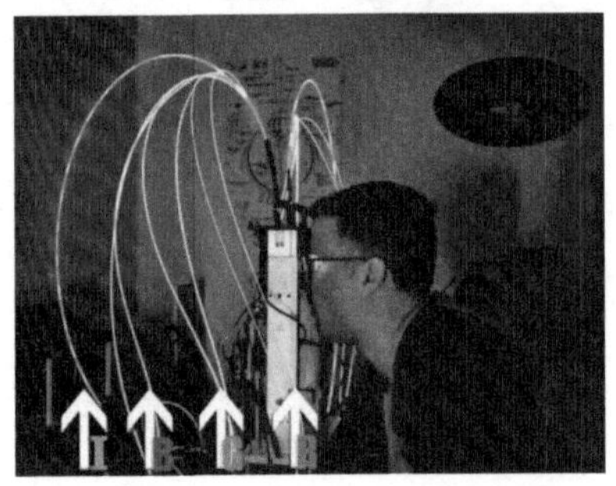

图 11-27　Magic Leap 光纤输入光场显示器

图 11-28　Magic Leap One 产品示意图

Magic Leap One 公开的部分专利技术如图 11-29 所示。该设备借助三层波导进行光场显示。波导表面包括多层镀膜、超表面或体全息波导等技术来

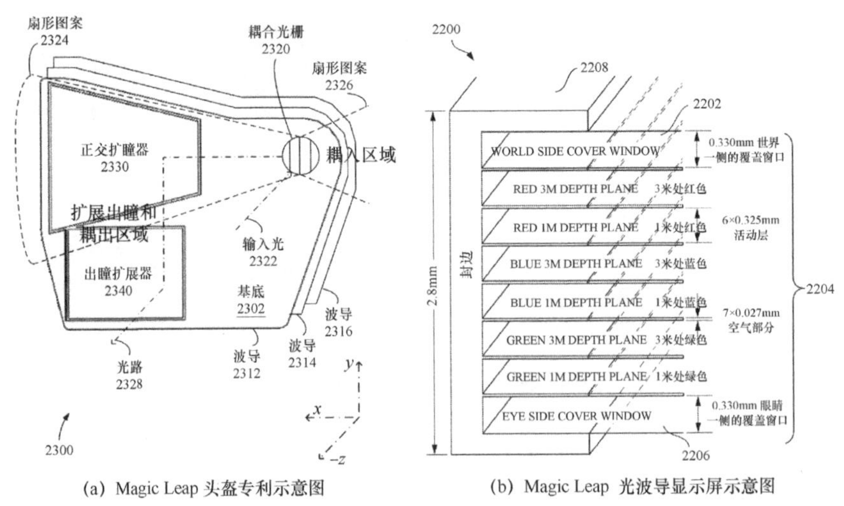

(a) Magic Leap 头盔专利示意图　　(b) Magic Leap 光波导显示屏示意图

图 11-29　Magic Leap One 公开的部分专利技术

对不同波段的光线进行处理，让三色的光线分别进入三层波导中。另外，这篇专利显示多层光波导不仅限于颜色分层，还会在不同层中显示不同距离的画面，实现深度感，也就是多平面的三维显示。

11.2.4　增强现实中的全息显示技术

近几年全息显示技术发展迅速，特别是相位型硅基液晶微显示芯片的成熟，动态全息显示已经越来越接近实用化。得益于硅基液晶微显示芯片的尺寸微型化，全息显示在增强现实领域将会是未来增强现实显示技术的一个亮点。

2011 年，东南大学夏军等提出了一种基于动态全息视网膜成像技术。他们提出直接在人眼视网膜上三维投影成像，从而实现增强现实三维全息显示。

图 11-30 为全息视网膜成像的光学系统示意图。如图所示，准直光源经过分光镜后射入纯相位空间光调制器。在空间光调制器的输出面，相位全息信息被调制到输出光波前上，而强度依然和入射时一样为均匀强度分布，经过相位调制的光通过一个透镜系统后到达人眼。空间光调制器与人眼的距离 d_1 和透镜与人眼的距离 d_2 满足透镜成像公式 $\frac{1}{d_1}+\frac{1}{d_2}=\frac{1}{f}$，其中 f 为透镜焦距。相位传播遵循菲涅耳衍射公式，因此人眼前方的光场分布在满足缩放关系的前提下，增加了一个二次相位因子。眼球角膜前的光场分布由下式给出：

$$U_{\mathrm{I}}(x,y)=C_0\mathrm{e}^{\left\{\mathrm{j}\frac{\pi(d_1+d_2)}{\lambda d_2^2}\left(x^2+y^2\right)\right\}}\mathrm{e}^{\left\{\mathrm{j}\varphi\left(-\frac{d_1}{d_2}x,-\frac{d_1}{d_2}y\right)\right\}}$$

式中，$U_{\mathrm{I}}(x,y)$ 为角膜前的光场分布，$\varphi(x,y)$ 为空间光调制器的相位，C_0 代表入射的均匀振幅。

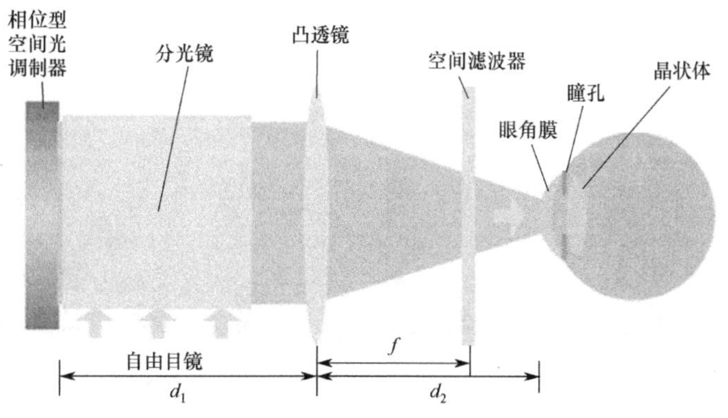

图 11-30　全息视网膜成像的光学系统示意图

在第 9 章介绍了多种三维全息成像算法，这里采用了一种比较简单的多平面全息成像算法。迭代算法示意图如 11-31 所示，人眼光学系统简化为一个单透镜系统，假设 O_1、O_2 为人眼前的两个图像平面，经过透镜分别成像于 P_1 和 P_2。P_1 和 P_2 的强度已知，通过多平面迭代算法得到角膜前的相位分布。O_0 平面的迭代初始值设定为随机相位，经过透镜传播到人眼的焦平面 P_0，这一段传播过程使用夫琅禾费衍射算法。从 P_0 平面光分别传播到 P_1 和 P_2 平面，由于 P_0 距离 P_1 和 P_2 很近，所以这一段过程使用角谱衍射算法。经过多次迭代的相位恢复算法得到了 O_0 处的全息相位图。由 O_0 处的相位，根据上面的公式便可以计算相位型空间光调制器上需要加载的相位分布。

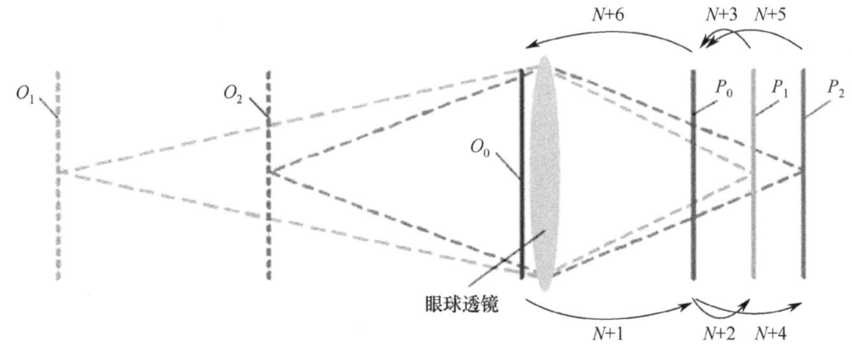

图 11-31　迭代算法示意图

增强现实全息视网膜显示实验结果如图 11-32 所示，该方法通过光学成像装置可以实现增强现实全息显示。图中当人眼聚焦在前景、后景等不同平面时，该平面所对应的真实物体被清晰成像。同样，全息显示字母“A、B、C”位于三维空间不同的平面上，当拍摄相机镜头变焦时成像平面的字母清晰成像，而另外两个平面的字母由于成像平面不在视网膜上而模糊。

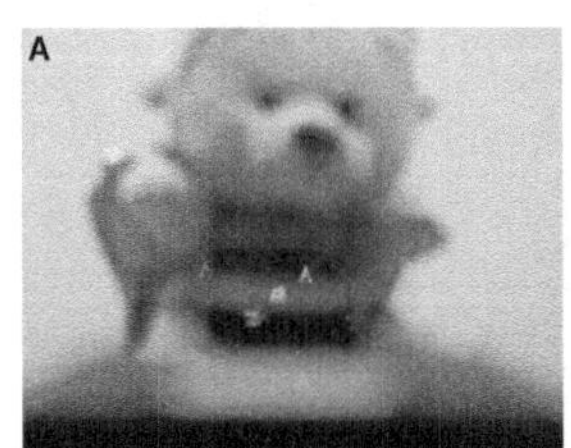

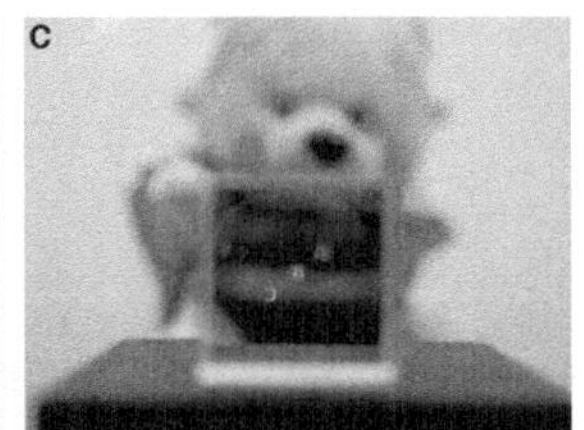

图 11-32　增强现实全息视网膜显示实验结果

相位全息图的光利用效率比较高，但存在计算效率低（通常需要采用迭

代算法）、显示图像的散斑噪声等问题。近年来研究者提出利用复振幅调制来消除散斑。利用均匀分布相位来消除由随机相位产生的散斑噪声。复振幅调制就是调制光场的复振幅，包括相位和振幅。复振幅调制避免了相位调制的迭代算法，因此也提高了全息显示的实时计算效率。

2016 年北京理工大学高乾坤等人将复振幅调制技术应用于单眼三维透视抬头显示设备，设计了一个全息抬头显示器。三维物体的波前调制由两个振幅型全息图实现，这两个振幅型全息图分别是复振幅的实部和虚部。通过耦合实部和虚部得到三维物体的复振幅全息图，从而重建高质量的三维物体。该器件可以实现实时的三维物体显示，同时由于采用的是全息的方法，不存在辐辏调节冲突的问题。该实验的光学系统示意图和器件示意图如图 11-33 所示，光学实验结果如图 11-34 所示。

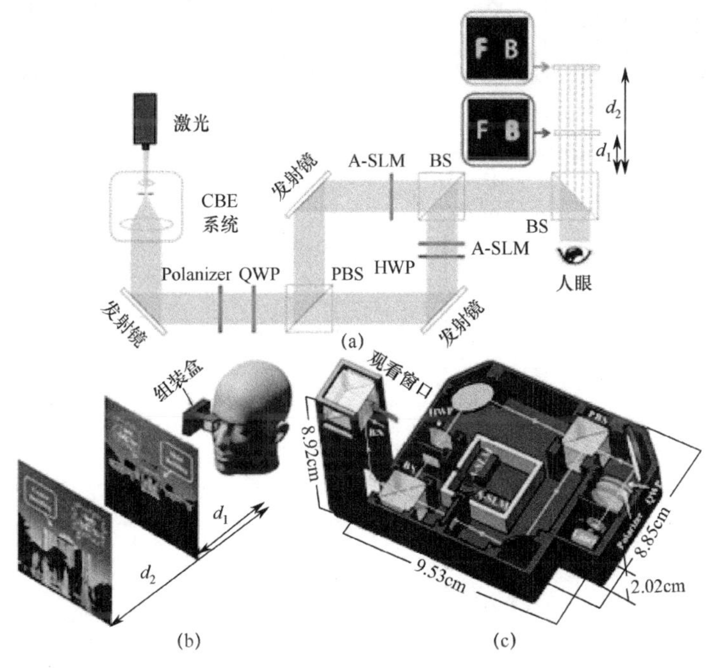

图 11-33　光学系统示意图和器件示意图

在该复振幅调制方法中值得一提的是，利用两个振幅型空间光调制器调制复振幅有两点不容忽视的要求：首先是实部和虚部必须是正数，因为振幅型空间光调制器无法表征负值；其次是该方法中，实部和虚部的相位差需要控制为 $\pi/2$，相位差越偏离 $\pi/2$，重建结果的质量越差。针对第一点，文中的解决方法是增加一个偏移矢量来保证实部和虚部非负，如下式所示。

$$\begin{aligned}A_s\exp(\mathrm{i}\theta_s)&=A\exp(\mathrm{i}\theta)+\sqrt{2}T\exp\left(\mathrm{i}\frac{\pi}{4}\right)\\&=A_r+\mathrm{i}A_i+T(1+i)\\&=A_{rs}+\mathrm{i}A_{is}\end{aligned}$$

式中，$T(1+i)$为偏移矢量，$A_{rs}+\mathrm{i}A_{is}$是偏移后的实部和虚部。图 11-35 所示的矢量示意图可以帮助我们更直观地理解。

(a) 聚焦在字母G

(b) 聚焦在字母F

图 11-34　光学实验结果图

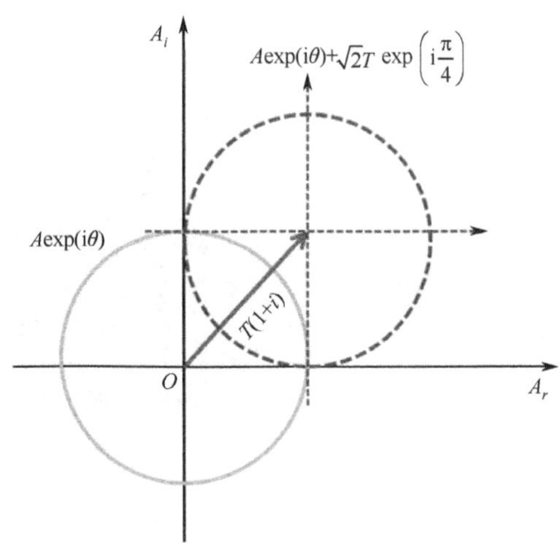

图 11-35　矢量示意图

2014 年，Omel 等人提出了一种棋盘格编码方式，通过在 4f 系统的频谱面滤波，将两个分解后的纯相位全息图叠加起来。编码公式如下：

$$\alpha(x,y)=M_1(x,y)\theta(x,y)+M_2(x,y)\vartheta(x,y)$$

其中，$M_1(x,y)$和$M_2(x,y)$为棋盘格图样，如图 11-36 所示。$\theta(x,y)=$

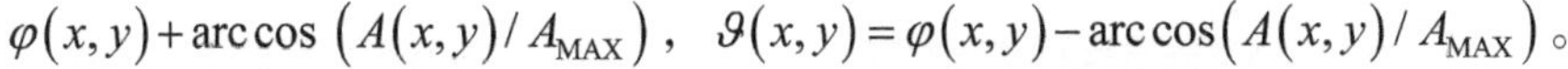

$\varphi(x,y)+\arccos\left(A(x,y)/A_{\mathrm{MAX}}\right)$，$\vartheta(x,y)=\varphi(x,y)-\arccos\left(A(x,y)/A_{\mathrm{MAX}}\right)$。

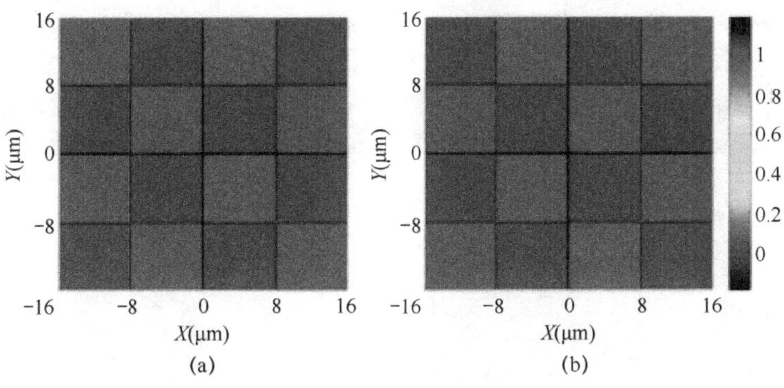

图 11-36　棋盘格图样

值得一提的是，这种方法不损失 SLM 的像素，即如果重建图像是 $M\times N$ 个像素的，则全息图也只需 $M\times N$ 个像素。2016 年，在这种方法的基础上，东南大学 Qi 等人提出了一种改进的系统，通过增加闪耀光栅，去除了原方法中滤波引入的空间光调制器的零级杂光，大大提高了全息重建质量，实验结果如图 11-37 所示。

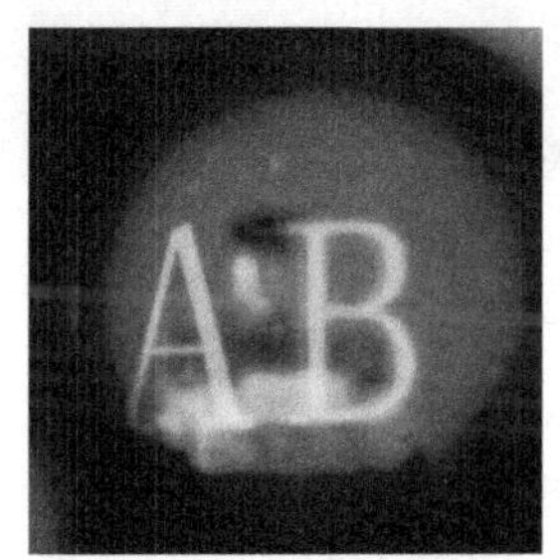

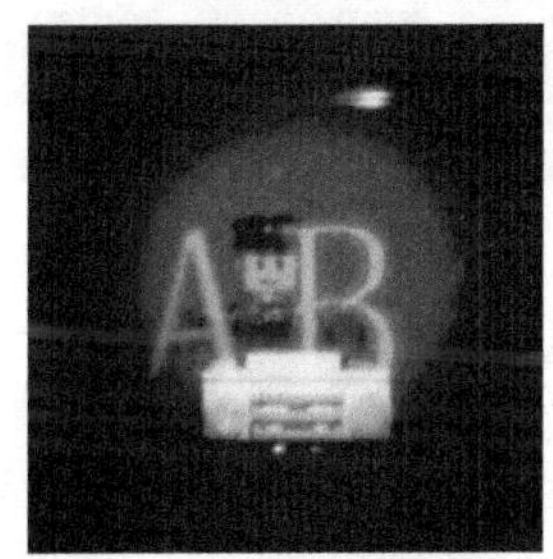

图 11-37　基于复振幅调制的增强现实全息显示结果

2017 年，Microsoft 公司的 Andrew Maimone 等人提出了一种用于虚拟现实和增强现实的全息近眼显示技术。该设备也采用了基于双相位的复振幅编码方式，与东南大学提出的方法类似，这种方法具有简单的光学成像结构。值得一提的是，该系统除实现了无散斑的全息重建，还对重建结果进行了相差校正，大幅提高了重建质量，其显示效果如图 11-38 所示。

同时，该显示系统也经过小型化优化像差校正，并且利用点光源增大了显示视角，视角可以高达 70°　。无像差校正与像差校正结果对比与分辨率测试如图 11-39 所示，利用全息光学元件进行优化的显示模型系统如图 11-40 所示。

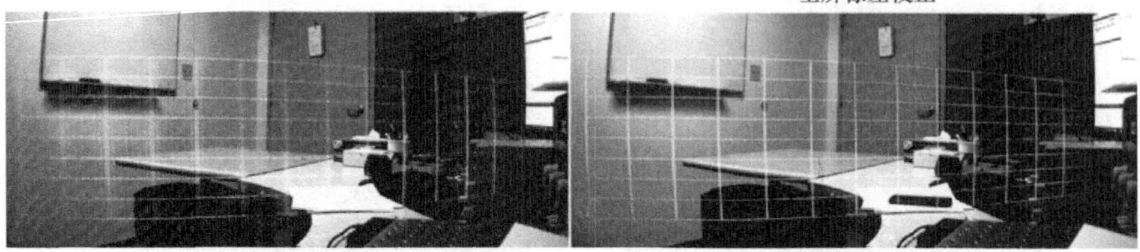

(a) 无矫正结果　　(b) 全屏矫正结果

(c) 跟踪光标位置矫正结果　　(d) 矫正后的彩色增强现实结果

图 11-38　增强现实显示系统显示效果

图 11-39　无像差校正与像差校正结果对比与分辨率测试

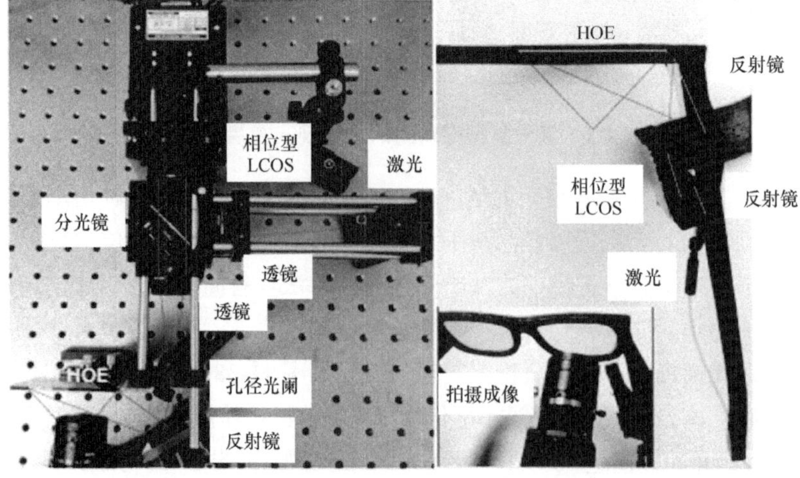

图 11-40　利用全息光学元件进行优化的显示模型系统

11.2.5　全息光学元件在增强现实中的应用

全息光学元件（Holographic Optical Element，HOE）是一种利用全息成像原理制备的光学元件，根据记录的波前不同，可以用来作为透镜、分光镜或衍射光栅，相对于传统的头盔显示系统中使用的平面光学组合结构，如 Google Glass 或自由曲面透镜组合结构，HOE 波导组合结构更便于实现显示设备的小型化。由于 HOE 可以用来代替光学系统中的一个或几个元件，缩小系统的体积，降低系统的复杂度，同时还具有一定波长和角度选择性，HOE 越来越多地被应用于增强现实显示系统中。

2016 年 NICT 的研究人员提出了一种利用 HOE 实现的投影式透视全息三维显示方法。由于显示器件有限的时间空间带宽，动态全息三维显示目前面临着显示大小和视场角的权衡取舍（参考空间带宽积理论）。针对这个问题，文献[18]中提出了一种投影式的全息三维显示，将数字化设计的 HOE（Digitally Designed Holographic Optical Element，DDHOE）和数字全息投影技术相结合，以此同时增加了显示大小和视场角。在实验中，全息图像相较于显示屏增大了一倍，投影至 DDHOE。由于显示的大小和视场角可以独立控制，该系统可以应用于三维显示领域特别是增强现实显示，如数字标识、车载抬头显示、智能眼镜和头盔显示。图 11-41 所示为传统计算全息显示系统和文献[18]中所示方法的系统示意图。

如图 11-41（a）为传统计算全息显示系统，Z_{min} 为最小观察距离，W 为成像大小，θ_{vis} 为视场大小，如上文所述，W 和 θ_{vis} 之间存在一个权衡，无法同时增大。图 11-41（b）为文献[18]中提出的方法，投影仪将图像投影至通过波前打印技术制作的 DDHOE。图像经过 DDHOE 反射后继续传播，汇聚到目标观测点，与传统方法不同，这里的 W 和 θ_{vis} 具有高自由度，即可以同时获得大图像和大视场角。

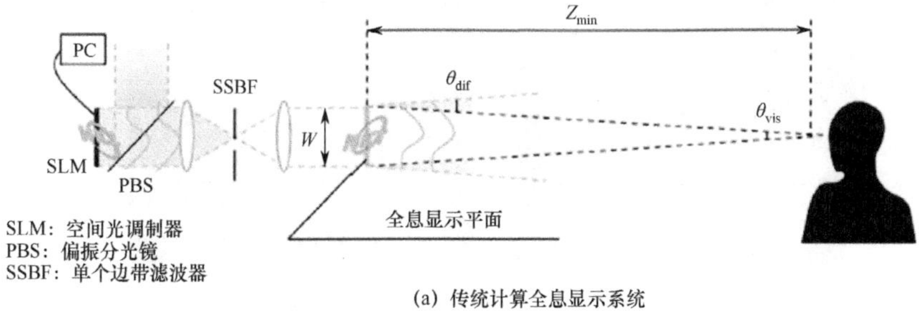

(a) 传统计算全息显示系统

图 11-41　传统计算全息显示系统和文献[18]中所示方法的系统示意图

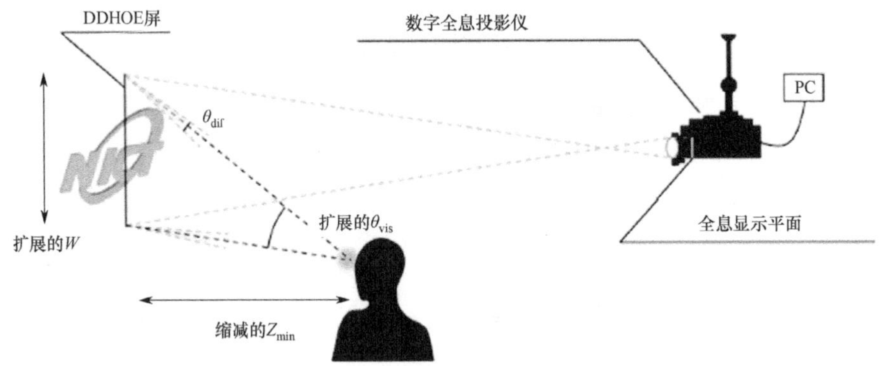

(b) 文献[18]中所提出的方法

图 11-41 传统计算全息显示系统和文献[18]中所示方法的系统示意图（续）

图 11-42 为文献[18]中所提方法的实验结果，图（a）通过人造烟雾，展示了 DDHOE 的光学表现，图(b)和图(c)分别为使用半反半透镜和 DDHOE 接收到投影图的效果。通过对比可以看到，仅使用半反半透镜虽然能实现增强现实的效果，但图像很小，无法观测，而使用 DDHOE 可以大幅提高图像尺寸。图（d）(e)(f）展示了聚焦在不同深度时获得的图像。

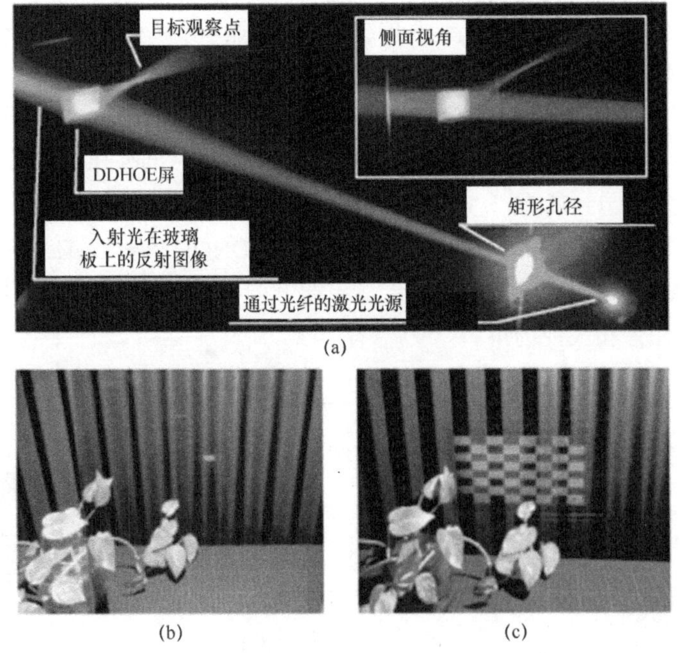

图 11-42 文献[18]中所提方法的实验结果

聚焦在1cm处
(d)

深度焦点图像
(e)

聚焦在5cm处
(f)

图 11-42　文献[18]中所提方法的实验结果（续）

该方法的技术关键在于 DDHOE 的制作，图 11-43 展示了 DDHOE 的设计和制作。

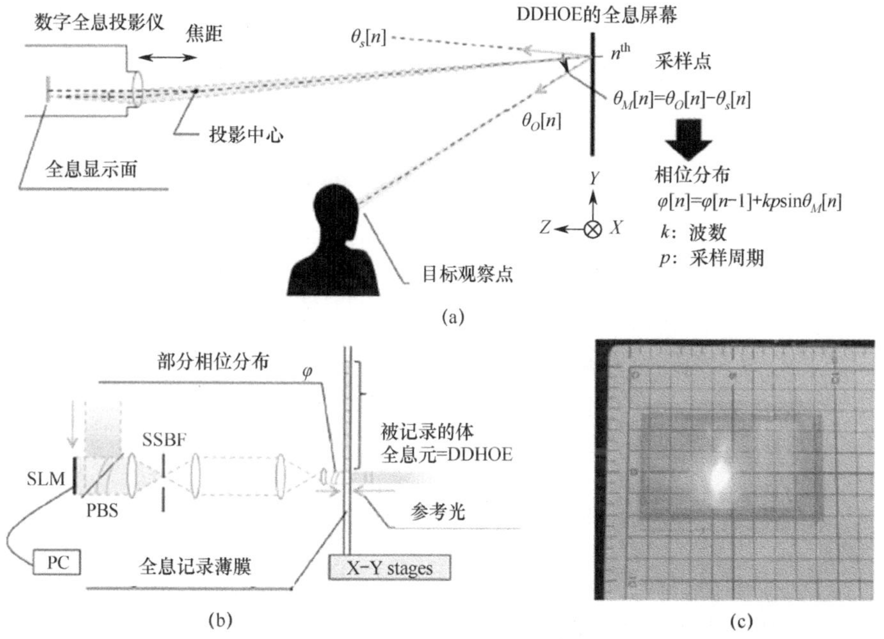

图 11-43　DDHOE 的设计和制作

如图 11-43 所示，（a）中给出了 DDHOE 的反射方程，即离散化的相位分布方程，方程中有两个关键参数，分别为目标观察区域角 $\theta_O[n]$ 和投影仪中心出发的镜面反射角 $\theta_s[n]$，从而得到离散化相位分布方程 $\varphi[n]=\varphi[n-1]+kp\sin\left(\theta_O[n]-\theta_s[n]\right)$。具体记录过程如图 11-43（b）所示，物光波前 φ 确定后利用空间光调制器时序写入聚合物全息记录薄膜上，得到需要的体全息器件。图 11-43（c）中给出的 DDHOE 屏幕的大小为 73.6mm× 41.4mm。

2016 年，Gang Li 等人提出了一种由空间光调制器和镜面（Mirror）加透镜（lens）HOE（MLHOE）组成的透视全息显示系统。通常在全息显示中，由于使用了反射式空间光调制器，需要在空间光调制器前放置分光棱镜。MLHOE 在系统中的作用是代替了分光棱镜和透镜，这使得光学系统大大简化，体积和质量也都大大减小。由于 HOE 对光的方向有选择性，即只有满足布拉格衍射条件的光线才能在 HOE 之中传播，那些来自现实世界不满足布拉格衍射条件的光会直接穿过 HOE 而不被调制。这种特性很好地满足了 AR 显示设备的要求，全息重建的图像能够很好地和现实场景融合。MLHOE 的原理示意图（HOE 的光学记录过程）如图 11-44 所示。

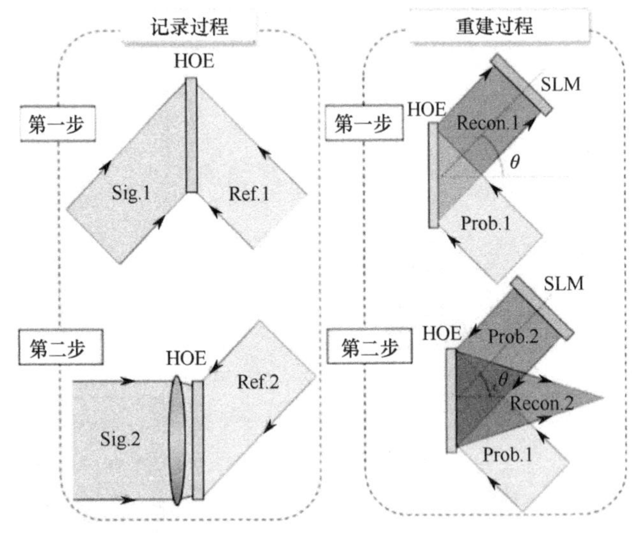

图 11-44　MLHOE 的原理示意图（HOE 的光学记录过程）

图 11-45 展示了文献[19]中所提方法用于增强现实全息显示的结果，可以看到 MLHOE 的作用是代替了反射镜和透镜。与传统的全息显示系统相比，上述系统更适合用于增强现实显示。更进一步，利用彩色 MLHOE 和高刷新速率的 SLM 有望真正实现实时彩色的增强现实全息显示系统。

2017 年，NVIDIA 公司提出了一种应用于近眼视网膜显示的交互式全息光场三维显示装置。该装置使用了 2015 年清华大学提出的全息图计算方法，该算法的主要计算流程为：首先得到不同视角方向的三维物体投影，针对每一个投影计算子全息图（Hogel），最后根据若干张子全息的视角来源方向拼接出一张整合的全息图。与传统的全息计算方法相比，这种方式能够更高效地表现三维物体的遮挡效果。缺点也是显而易见的，因为要计算若干张子图

的全息图，计算量较大，计算速度慢。NVIDIA 公司利用更高计算能力的 GPU，大大提高了计算速度，并实现了实时交互的三维显示效果。为了扩大视角，在光学系统方面，使用了球面波扩大视角。为进一步提高图像的重建质量，装置使用了一个纯相位的空间光调制器和一个振幅型的空间光调制器来近似实现复振幅调制。不同深度位置的全息图重建结果如图 11-46 所示。

(a) 傅里叶面

(b) MLHOE面

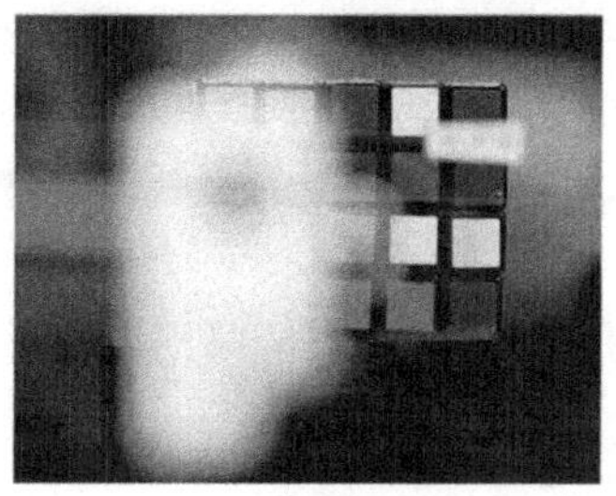

(c) 魔方面

(d) 相机设置为大景深模式

图 11-45　文献[19]中所提方法用于增强现实全息显示的结果

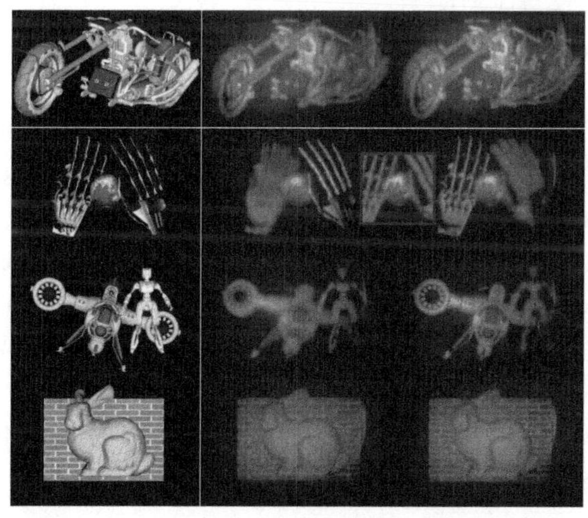

图 11-46　不同深度位置的全息图重建结果

如图 11-46 所示，利用全息光场方法，能够获得明显的景深效果，当相机聚焦在一个平面时，另一个平面的图像内容就变得模糊。

本章参考文献

[1] Wetzstein G, Lanman D, Heidrich W, et al. Layered 3D: Tomographic Image Synthesis for Attenuation-based Light Field and High Dynamic Range Displays[J]. ACM Transactions on Graphics, 2011, 30(4): 95.

[2] Maimone A, Fuchs H. Computational Augmented Reality Eyeglasses[C]. IEEE, 2013.

[3] Huang F-C, Chen K, Wetzstein G. The light field stereoscope: Immersive Computer Graphics via Factored Near-Eye Light Field Display with Focus Cues[J]. ACM Transactions on Graphics, 2015, 34(4): 60.

[4] Huang F-C, Wetzstein G, Barsky B A, et al. Eyeglasses-free display[J]. ACM Transactions on Graphics, 2014, 33(4): 1-12.

[5] Lanman D, Luebke D. Near-eye light field displays[J]. ACM Transactions on Graphics, 2013, 32(6): 1-10.

[6] Bianchi S, Leonardo R D. Real-time optical micro-manipulation using optimized holograms generated on the GPU[J]. Computer Physics Communications, 2010, 181(8): 1444-1448.

[7] Lanman D, Lanman D, Lanman D. Focal surface displays[M]. ACM, 2017: 1-14.

[8] Lippmann G M. Épreuves réversibles donnant la sensation du relief[J]. Journal De Physique, 1908, 7(1): 821-825.

[9] Hua H, Javidi B. A 3D integral imaging optical see-through head-mounted display[J]. Opt Express, 2014, 22(11): 13484-13491.

[10] Maimone A, Lanman D, Rathinavel K, et al. Pinlight Displays: Wide Field of View Augmented Reality Eyeglasses using Defocused Point Light Sources[J]. Acm Transactions on Graphics, 2014, 33(4): 1-11.

[11] Jang C, Lee C K, Jeong J, et al. Recent progress in see-through three-dimensional displays using holographic optical elements[J]. Applied Optics, 2016, 55(3): A71.

[12] Yamaguchi Y, Takaki Y. See-through integral imaging display with background occlusion capability[J]. Applied Optics, 2016, 55(3): 144.

[13] Xia J, Zhu W, Heynderickx I. 41.1: Three - dimensional Electro - holographic Retinal Display[J]. Sid Symposium Digest of Technical Papers, 2012, 42(1): 591-594.

[14] Gao Q, Liu J, Han J, et al. Monocular 3D see-through head-mounted display via

complex amplitude modulation[J]. Optics Express, 2016, 24(15): 17372.

[15] Mendoza-Yero O, Mínguez-Vega G, Lancis J. Encoding complex fields by using a phase-only optical element[J]. Optics letters, 2014, 39(7): 1740-1743.

[16] Qi Y, Chang C, Xia J. Speckleless holographic display by complex modulation based on double-phase method[J]. Optics Express, 2016, 24(26): 30368.

[17] Kollin J S, Kollin J S, Kollin J S. Holographic near-eye displays for virtual and augmented reality[M]. ACM, 2017: 1-16.

[18] Koki W, Po-Yuan H, Ryutaro O, et al. Projection-type see-through holographic three-dimensional display[J]. Nature Communications, 2016, 7.

[19] Li G, Lee D, Jeong Y, et al. Holographic display for see-through augmented reality using mirror-lens holographic optical element[J]. Optics Letters, 2016, 41(11): 2486.

[20] Shi L, Huang F C, Lopes W, et al. Near-eye light field holographic rendering with spherical waves for wide field of view interactive 3D computer graphics[J]. Acm Transactions on Graphics, 2017, 36(6): 1-17.

第12章

3D 显示画质与视疲劳

3D 视觉效果的好坏主要取决于整个系统重建双目视差的能力，包括 3D 图像源、人眼融合两个视差图像的难易程度及合成图像所产生的景深。这些并不能通过测量直接得到比较客观的数据，但其评价参数可以通过测量显示屏的光学特性来确定。具体的光学特性指标包括串扰、摩尔纹、逆视、视疲劳等。

12.1 串扰及其改善对策

3D 显示主要基于双目视差的深度线索，无论是 2 视点还是多视点 3D 显示系统，都是将 3D 子图像对分离，分别投向所对应的左右眼。若 3D 子图像被错误地送入另一只眼睛，便会产生串扰。绝大多数 3D 显示系统都存在串扰，导致对比度、立体感、立体深度分辨率、观看舒适度、图像融合能力等的降低。串扰可能发生在 3D 图像获取、存储、传输、显示、分离等阶段，其中显示和分离阶段是串扰引入最主要的环节。不同的 3D 显示技术，产生串扰的原因不同。

12.1.1 眼镜式 3D 显示的串扰定义

串扰随着图像对比度及图像视差的增大而增大。此外，图形内容吸引注意力的程度、图像的运动模糊程度、图像的尺寸大小等图像因素也影响串扰的程度。在不同时期针对不同类型的 3D 显示器，串扰的计算方法不同。具体衡量串扰的严重程度，需要对串扰进行数学定义。不同的定义得出的串扰数据是不一样的。串扰的数学定义主要包括以下几种。

1. 黑白串扰

最简单的串扰定义公示为

$$C(\%) = \frac{L}{S} \times 100 \qquad (12\text{-}1)$$

如图 12-1 所示，L 表示预定光路上来自非预定通道的漏光，S 表示预定光路上正常图像的光量。评价串扰时，一般会在对应左右眼的位置上各设置一台亮度测量仪，分别测量预定光路为全黑画面，非预定光路为全白画面时的漏光量 L；预定光路为全白画面，非预定光路为全黑画面时的正常光量 S。

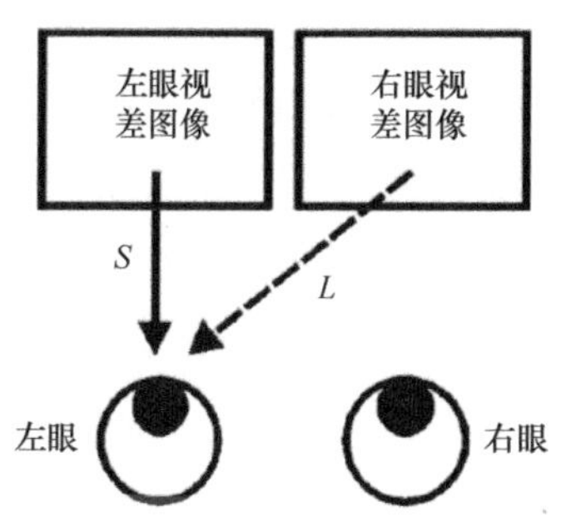

图 12-1　S 与 L 的示意图

对应左眼或右眼的预定光路上，都会有来自非预定光路的漏光，所以可以分别定义左眼串扰 C_{L} 和右眼串扰 C_{R}：

$$C_{\mathrm{L}} = \frac{L_{\mathrm{LKW}}}{L_{\mathrm{LWK}}}, \quad C_{\mathrm{R}} = \frac{L_{\mathrm{RKW}}}{L_{\mathrm{RWK}}} \qquad (12\text{-}2)$$

如图 12-2 所示，L_{LKW} 表示左眼预定光路为全黑画面，右眼预定光路为全白画面时在左眼位置测量到的光量；L_{LWK} 表示左眼预定光路为全白画面，右眼预定光路为全黑画面时在左眼位置测量到的光量；L_{RWK} 表示右眼预定光路为全白画面，左眼预定光路为全黑画面时在右眼位置测量到的光量；L_{RKW} 表示右眼预定光路为全黑画面，左眼预定光路为全白画面时在右眼位置测量到的光量。

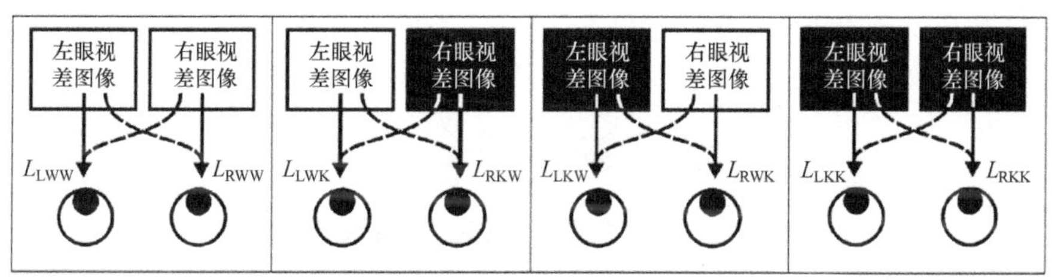

图 12-2　L_{LKW}、L_{LWK}、L_{RWK}、L_{RKW} 的示意图

在式（12-1）和式（12-2）中，设定全黑画面没有任何漏光，这种串扰的定义只适用于主动发光显示器件。考虑到 LCD 等非主动发光显示器件全黑画面原有的漏光量 L_{B}，以及左右眼预定光路都为全黑画面时在左眼（右眼）位置测量到的光量 L_{LKK}（L_{RKK}），式（12-1）和式（12-2）可修正为

$$C(\%)=\frac{L-L_{\rm B}}{S-L_{\rm B}}\times 100 \tag{12-3}$$

$$C_{\rm L}=\frac{L_{\rm LKW}-L_{\rm LKK}}{L_{\rm LWK}-L_{\rm LKK}},\quad C_{\rm R}=\frac{L_{\rm RKW}-L_{\rm RKK}}{L_{\rm RWK}-L_{\rm RKK}} \tag{12-4}$$

在以上的串扰定义中，使用全黑画面与全白画面是因为最大的干扰一般发生在左右眼视差图像亮度对比最大的时候。

2. 系统串扰和观看串扰

系统串扰是指从另一只眼睛中意外泄漏图像的程度，仅由显示器决定，与图像内容无关。观看串扰是指观众感知到的串扰，包括左右眼图像对比度的影响（间接视差效果），取决于内容。如图 12-3 所示，以左眼为例分别定义系统串扰和观看串扰为

$$C_{\rm SL}=\frac{\beta_2}{\alpha_1} \tag{12-5}$$

$$C_{\rm VL}=\frac{B\beta_2}{A\alpha_1} \tag{12-6}$$

式中，α_1 表示左眼位置观察到的左眼图像的百分比部分，β_2 表示右眼图像漏到左眼位置的百分比。反之亦然。A 表示左眼图像中某一点的亮度，B 表示右眼图像中同一对应点（屏幕上相同的 x、y 位置）的亮度。

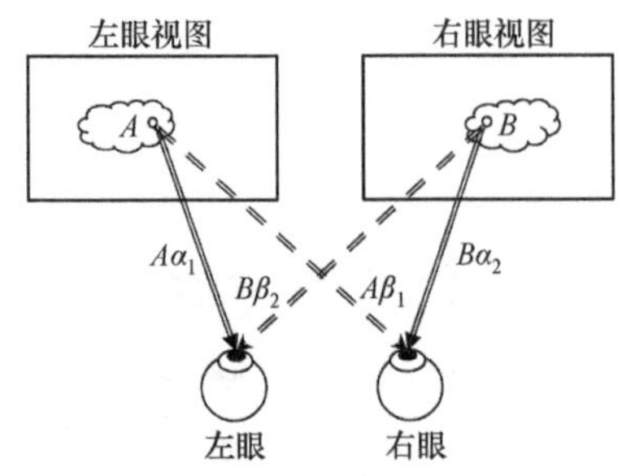

图 12-3　系统串扰和观看串扰的定义示意图

式（12-5）的系统串扰也没有考虑全黑画面时的漏光问题。但是，基本原理与前面提供的串扰定义有很大的不同。变量 α_1 和 β_2 本质上是传递函数（Transfer Functions），表征视差图像从显示屏穿过眼镜等分光元件到达人眼的整个系统的光学性能，因此称之为系统串扰。而“黑白对比串扰率”是以观察者为中心或输出亮度为中心，仅基于观察者位置上的亮度测量。为计算系统性能变量 α_1 和 β_2，光源和输出亮度都需要测量，但有些显示器不能直

接测量光源亮度，如光栅 3D 显示。

考虑全黑画面时的漏光问题，采用图 12-2 所示的参数定义，左右眼的系统串扰可以修正为

$$\mathrm{SCT_L}=\frac{L_{\mathrm{LKW}}-L_{\mathrm{LKK}}}{L_{\mathrm{LWK}}-L_{\mathrm{LKK}}}\text{，}\quad \mathrm{SCT_R}=\frac{L_{\mathrm{RKW}}-L_{\mathrm{RKK}}}{L_{\mathrm{RWK}}-L_{\mathrm{RKK}}} \tag{12-7}$$

3. 灰阶串扰

大部分 3D 显示的串扰是线性可叠加的，所以黑白串扰或改进后的系统串扰利用简单的百分比数据可以表达 3D 显示的总体串扰。但像快门眼镜式 3D 显示系统，串扰不具备线性或可叠加性，相应地需要使用灰阶（Gray-to-Gray，G2G）串扰进行评价。本质上，灰阶串扰是所有灰阶组合下的一个串扰矩阵，在串扰线性可叠加的 3D 显示器中，串扰矩阵中的所有值应该相同；而在串扰非线性的 3D 显示器中，串扰矩阵中的数值不同。

Shestak、Jung、Pan 等在 2010 年先后提出了三个灰阶串扰的定义：

$$\mathrm{CT}(i,k)=\frac{L_{i,k}-L_{i,i}}{L_{k,k}-L_{i,i}}\text{，}\quad \mathrm{CT}(i,k)=\left|\frac{L_{i,k}-L_{i,i}}{L_{k,i}-L_{i,i}}\right|\text{，}\quad \mathrm{CT}(i,k)=\frac{\left|L_{i,k}-L_{i,i}\right|}{L_{k,k}-L_{i,i}} \tag{12-8}$$

式中，CT(i,k)表示测试通道灰阶为 i，非测试通道灰阶为 k 时的串扰。$L_{i,k}$ 是当测试通道灰阶为 i，非测试通道灰阶为 k 时，从测试通道测量的亮度值。这三个定义的共同点是选择了同一个参考亮度 $L_{i,i}$（非测试通道灰阶与测试通道灰阶值相同时），并将亮度差（$L_{i,k}-L_{i,i}$）作为计算式的分子。这三个定义的不同点是绝对值的使用，以及分母的选择。

考虑到显示器的亮度校正及 Gamma 特性可能对串扰评价带来的影响，在 IEC TC110，WG6（3D）提案中提出了一种基于 Gamma 矫正的灰阶串扰定义：

$$\mathrm{CT}(i,k)=\frac{L_{i,k}^{1/\gamma}-L_{i,i}^{1/\gamma}}{(L_{255,255}-L_{0,0})^{1/\gamma}} \tag{12-9}$$

其中，具体数值以 8bits 显示器为例，255 为 8bits 显示系统的最大灰阶。Gamma 值（γ）根据被测显示系统的测量结果确定，一般介于 2.2～2.5。

随着研究的深入，灰阶串扰定义与人眼感知的相关性越来越受到重视，一些与人眼相关的灰阶串扰计算方法陆续出现。Teunissen 等提出了基于恰可觉察差（Just Noticable Difference，JND）的灰阶串扰计算方法：

$$\mathrm{CT}(i,k)=\left|\mathrm{JND.Index}_{i,k}-\mathrm{JND.Index}_{i,i}\right| \tag{12-10}$$

式中，以目标亮度与参考亮度对应的 JND 指数的差作为衡量串扰程度的数值，JND 指数是介于 0～1023 的整数。JND 指数的获取是基于韦伯定律（Weber's Law，$L/L = C$）的视觉感知实验，因此，该评价方法基于韦伯定律。韦伯定律是反映心理量和物理量之间关系的定律，定律表明同一刺激差别量必须达到一定的比例，才能引起心理感觉的差别。

为简化基于 JND 指数的串扰评价方法，Van Parys 等提出了利用明度差异来评价串扰可见程度的方法：

$$\mathrm{CT}(i,k)=\mathrm{sgn}(k-i)\bullet\mathrm{rnd}(L^{*}_{i,k}-L^{*}_{i,i}) \tag{12-11}$$

式中，sgn 函数返回参数的正负符号，rnd 函数按照四舍五入的方法对参数进行取整。

同样考虑人眼，Kim 等利用人眼感知的明度（Lightness）代替客观测量的亮度（Luminance）提出了基于明度的灰阶串扰计算方法：

$$\mathrm{CT}(i,k)=\left|\frac{L^{*}_{i,k}-L^{*}_{i,i}}{L_{255,255}}\right| \tag{12-12}$$

式中，L^*为亮度，L 为明度，明度与亮度之间的关系如下：

$$L^{*}=116\times\left(\frac{L}{L_W}\right)^{1/3}-16;\ L^{*}=\left(\frac{29^3}{27}\right)\times\frac{L}{L_W},\mathrm{when}\frac{L}{L_W}\leqslant\left(\frac{24}{116}\right)^3 \tag{12-13}$$

式中，L_W为显示系统显示全白图像时的亮度，也就是最大亮度。

以上列举的这些灰阶串扰的计算和评价方法有以下几个共同点：①串扰以左右视图灰阶组合的矩阵形式出现，如表 12-1 所示；②计算串扰的亮度矩阵一致，亮度矩阵通过测试通道测量而得；③将目标与参考值的差异（亮度差异、明度差异、JND 指数差异）作为重要参数，以亮度差异为例，目标亮度与参考亮度的差异（$L_{i,k}$−$L_{i,i}$）构成计算式的重要部分；④参考值对应的灰阶组合一致，以亮度为例，参考亮度选择非测试通道与测试通道灰阶值相同时从测试通道测量得到亮度。

表 12-1　左右视图灰阶组合的矩阵形式

灰阶	观看通道 i					
	Lum./CT	0	64	128	192	255
未观看通道 k	0	*	*	*	*	*
	64	*	*	*	*	*
	128	*	*	*	*	*
	192	*	*	*	*	*
	255	*	*	*	*	*

截至目前，灰阶串扰的评价方法尚未达成一致，客观串扰评价结果与主观串扰感知的相关性也没有权威的比较。客观的灰阶串扰评价结果与主观串扰感知结果的一致性受到越来越多的重视，这也将成为衡量各个灰阶串扰评价方法优劣的重要标准。

12.1.2　自由立体显示的串扰定义

根据两视图眼镜式 3D 显示的串扰概念，2 视点及多视点自由立体显示技术同样可以定义串扰及其评价方法。

1．自由立体显示的串扰

自由立体显示的串扰定义为非目标视图的漏光，其串扰的计算根据水平方向上亮度分布进行，需要分别测量单视图[$L_j(\theta)$]及全黑图像[$L_K(\theta)$]时亮度随着水平视角的分布。Jarvenpaa 等提出的多视点串扰计算式如下：

$$\mathrm{CT}_i(\theta)=\frac{\sum\limits_{j=1}^{\#\_\mathrm{of}\_\mathrm{views}}\left[L_j(\theta)-L_K(\theta)\right]-\left[L_i(\theta)-L_K(\theta)\right]}{L_i(\theta)-L_K(\theta)}=\frac{\sum\limits_{j=1}^{\#\_\mathrm{of}\_\mathrm{views}}\left[L_j(\theta)-L_K(\theta)\right]}{L_i(\theta)-L_K(\theta)}-1 \tag{12-14}$$

对于两视图自由立体显示，串扰的评价公式可以简化为

$$\mathrm{CT}_i(\theta)=\frac{L_R(\theta)-L_K(\theta)}{L_L(\theta)-L_K(\theta)};\mathrm{CT}_R(\theta)=\frac{L_L(\theta)-L_K(\theta)}{L_R(\theta)-L_K(\theta)} \tag{12-15}$$

自由立体显示的串扰随着观看角度的变化而变化，如果要用特定的值来评价，这个特定的值一定要明确定义，Woodgate 等利用在视图中心测量的方法，Jarvenpaa 等更为明确地指出串扰最小的位置就是视图的中心位置。串扰最小值对应的各个视图的视角 θ_i 可以从串扰曲线中获得，如图 12-4 所示是 2 视点自由立体显示的串扰曲线，对应左右视图的最小串扰位置为 θ_1 和 θ_2。自由立体显示的整体串扰定义为各个视图最小串扰的平均值。

自由立体显示的串扰形成有两个主要因素：①不同视图发出的光在观看位置有重叠，每个视图的光分布范围没有足够窄；②每个视图从整个显示屏发出的光没有集中到一个位置。根据这两个不同的原因，Lee 等分别定义了点串扰 C_p 和空间串扰 C_s 的概念。点串扰由第一个因素引起，同样根据亮度随着角度的分布计算，并定义为其中的最小值，如式（12-16）所示。

$$C_{\mathrm{p\,min}}=\left[\frac{L_{\mathrm{all}}-L_i}{L_i}\times 100\%\right]_{\min} \tag{12-16}$$

其中，L_i为第 i 视图的亮度，L_{all}为所有视图的亮度和。

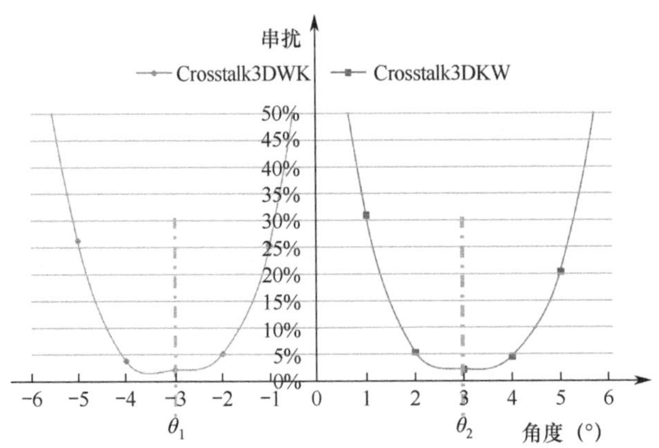

图 12-4　2 视点自由立体显示的串扰曲线

点串扰以及 Jarvenpaa 等提出的串扰计算是基于点亮度计测量的亮度随视角分布的亮度曲线，而空间串扰的计算是基于面亮度计（CCD LMD）的测量结果。图 12-5 给出了点亮度计和面亮度计的测量示意图。空间串扰反映了引起自由立体显示串扰的两个原因。如图 12-6 所示，面亮度计放置在最佳观测距离 OVD 处，沿着主视图的方向测量每个视图的面亮度分布，再根据式（12-17）的方法计算与坐标位置相关的空间串扰，这些位置相关空间串扰的平均值即为最终的空间串扰。

$$C_s = \text{average}\left[\frac{L_{\text{others}}(a,b)}{L_{\text{main}}(a,b)}\right]_{(a,b)=(1,1)}^{(a,b)=(x,y)} \times 100\% \tag{12-17}$$

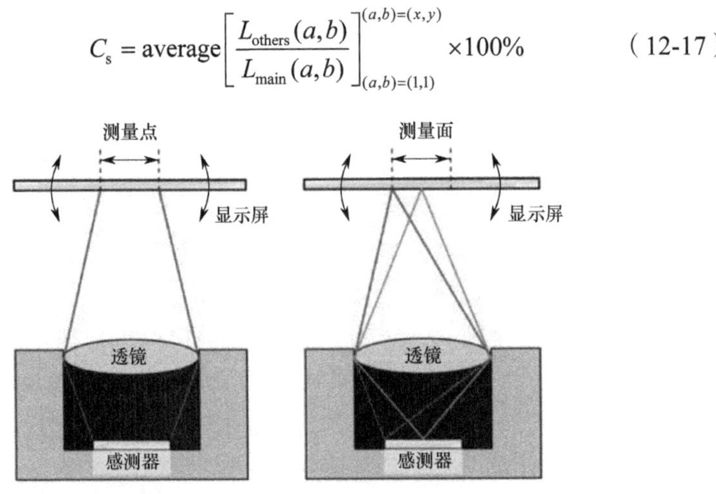

图 12-5　点亮度计和面亮度计的测量示意图

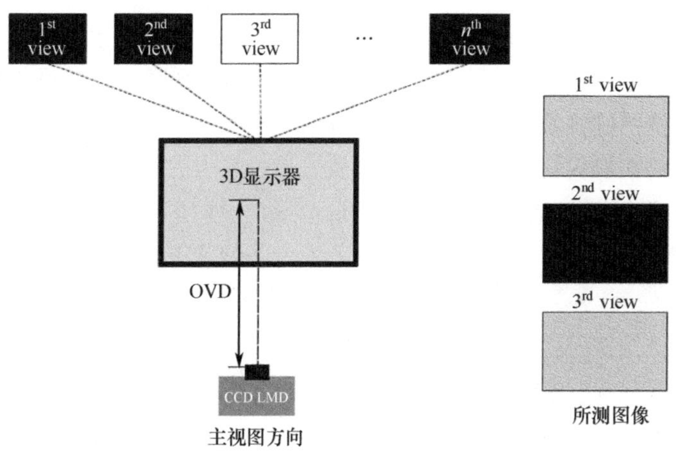

图 12-6　自由立体显示的空间串扰测量示意图

式（12-17）中，$L_{\text{others}}(a,b)=\sum_{i=1}^{n}\left[L_i(a,b)\right]$，$n$ 表示视点数，（x,y）表示亮度测量装置的分辨率。测量图像的分辨率最低为 100 像素×100 像素，其中主视图为距离显示屏垂直方向最近的视图。

除点串扰和空间串扰外，Liu 等还提出了一种平面串扰的概念。点串扰是针对屏幕某一特定点测量计算的，而平面串扰就是显示平面上所有测量点的点串扰平均值。

2. OVD 测量方法

测量空间串扰时要求面亮度计放置在最佳观测距离 OVD，而最佳观测距离的测量和计算方法有三种：利用两眼瞳孔距离 IPD 计算、视图匹配方法、感知方法。

两眼瞳孔之间的距离 IPD 通常在 63～65mm。如图 12-7 所示，在 2 视点或多视点自由立体显示中，当观看者面对显示屏观看 3D 图像时，毗邻的两视图光线分别投射到左右眼，而 IPD 值相对固定（图例中为 63mm），则根据两视图之间的夹角 θ 及近似的几何关系，利用式（12-18）可以算出 OVD。视图之间的夹角可以根据亮度随着角度的分布曲线计算而得，为两视图亮度曲线峰值之间的夹角。

$$\text{OVD}_{\text{IPD}}=\frac{\text{IPD}}{2\times\tan\dfrac{\theta}{2}}\tag{12-18}$$

利用视图匹配方法计算 OVD 如图 12-8 所示，选择了相距 0.8 倍屏幕宽度（W）的两个对称点，并在两点处分别测量同一视图（n_{th} 视图）的亮度分布，同一视图的光线应该相交于最佳观看距离处。在自由立体显示中，为使到达人眼的图像内容不变形或扭曲，从显示器发出的同一视图的光线必须集中到一个点上。OVD 的计算方法如下：

$$\mathrm{OVD}_{\mathrm{matched\_view}} = \frac{0.8 \times W}{\tan\theta_{i1} - \tan\theta_{i2}} \tag{12-19}$$

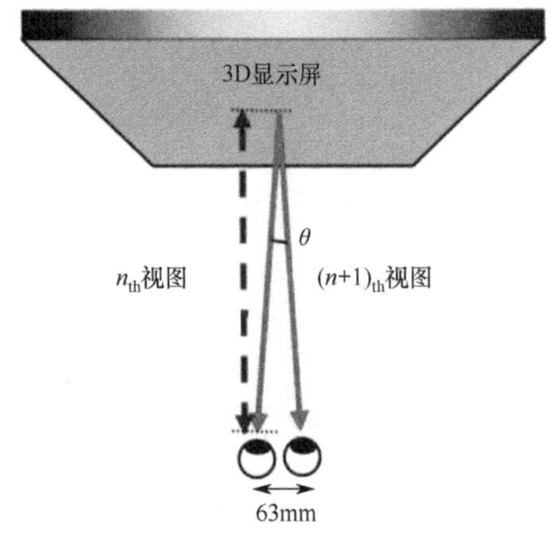

图 12-7　利用 IPD 计算 OVD

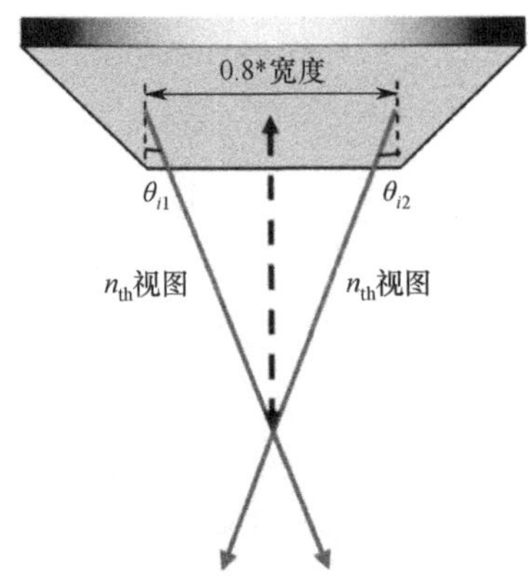

图 12-8　利用视图匹配方法计算 OVD

当上述两种 OVD 计算结果不一致时，人眼通常能在两个 OVD 之间的某一位置观察到最佳的 3D 效果，这与透镜的结构等因素有关。因此，从观看者的角度出发，最精确的 OVD 计算方法是通过测量显示器的屏幕均匀性得到的，屏幕均匀性最好的那个测量点到显示屏的距离即为感知方法计算的 OVD，如图 12-9 所示。屏幕均匀性由屏幕中心点的亮度与周边 8 点平均值的差异决定，差异越小屏幕均匀性越好。

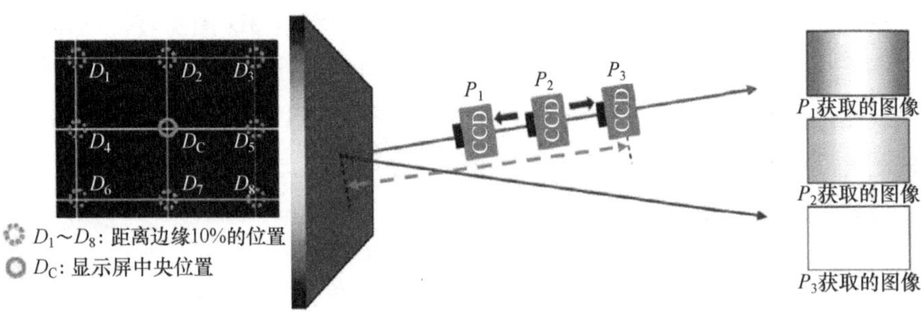

图 12-9　利用感知法测量 OVD

12.1.3　串扰的改善对策

主动快门式 3D 显示通过时间分段的方法依次投射左右眼视差图像，所以显示器和眼镜的响应速度不同步、液晶眼镜的漏光是产生串扰的主要原因。偏光式 3D 显示技术通过空间分块间隔显示的方法产生左右眼视差图像，左右视图的光线分别形成不同偏光状态时容易引入串扰。自由立体显示技术在空间特定位置产生左右视图，观看位置的不同对串扰感受有绝对的影响。对不同 3D 显示技术串扰产生机理的深入分析有利于立体显示技术串扰的评价及串扰的降低和消除。

1. 图像处理方法

对于快门式 3D 显示技术，液晶显示模式的改变及背光调制技术的应用往往伴随着生产成本的提高及其他问题的引入，如闪烁感的增强和亮度的降低。采用图像处理方法来降低和减小串扰，没有上述这些问题。

如图 12-10 所示，串扰现象被认为是从另一视图传来的噪声信号与原有信号叠加后的结果。由于串扰的存在，输出图像与目标图像不一致，因此要利用数字处理的方法对图像输入进行修正，使输出图像与目标图像一致，达到串扰消除的目的。输入信号的修正如下：

$$R_i' = \frac{R_i - L_i \times a\%}{1 - a\%b\%},\quad L_i' = \frac{L_i - R_i \times b\%}{1 - a\%b\%} \tag{12-20}$$

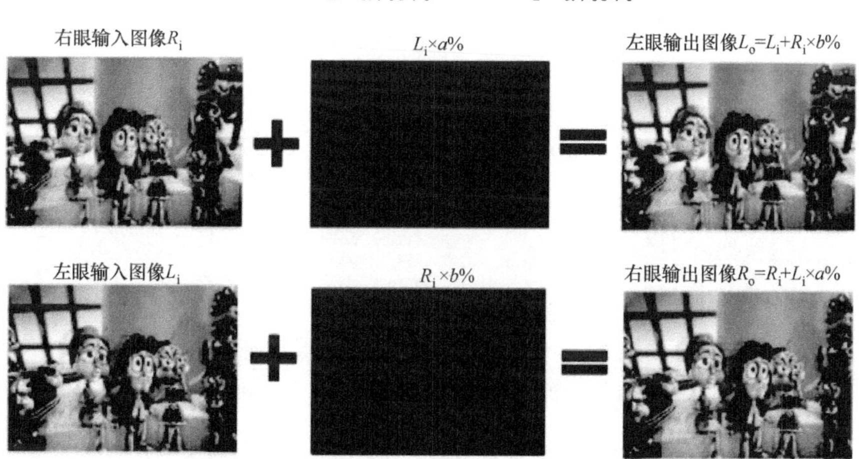

图 12-10　两视图的串扰原理（Chang 等）

这种方法将其他视图的漏光完全看作不需要的“干扰”信号，并利用修正输入图像的方法加以去除，有一定的串扰消除效果，但在实际操作过程中忽略了双眼视图的相互作用，导致串扰消除效果并不理想。而且，这种方法的应用会降低 3D 显示图像的亮度。

2. 过驱动技术

对于主动式偏光 3D 显示等采用 LCD 显示屏的 3D 显示技术，利用过驱动技术提高液晶的响应速度，可以改善 3D 显示的串扰。

如图 12-11 所示，如果 LCD 没有使用过驱动技术，左右视图不同灰阶之间相互转换时，由于液晶的响应慢，亮度不能及时地达到目标值。使用过驱动技术后，左右视图不同灰阶之间相互转换时，亮度都可以在一帧时间内达到目标值。由于液晶响应速度的提升，串扰效果可以得到明显的改善。

如图 12-11 所示，测量了非测试通道不同灰阶等级下，测试通道亮度随着灰阶的变化，也就是不同非测试通道灰阶等级下测试通道的 Gamma 曲线，结果表明，在没有使用过驱动技术时，非测试通道对测试通道 Gamma 的影响很大，Gamma 曲线的分散程度可以体现出串扰的严重程度，Gamma 曲线分散程度越大，串扰越大。应用过驱动技术后，不同非测试通道灰阶下的 Gamma 曲线明显收拢，尤其在中间灰阶时趋于一致，而在极高灰阶和极低灰阶时，Gamma 曲线并不能收拢，这是由于过驱动方法应用的局限性，在极高或极低灰阶时没有更高或更低的灰阶来进行过驱动。过驱动技术的关键是确定过驱动的灰度等级以达到最佳的串扰消除效果。

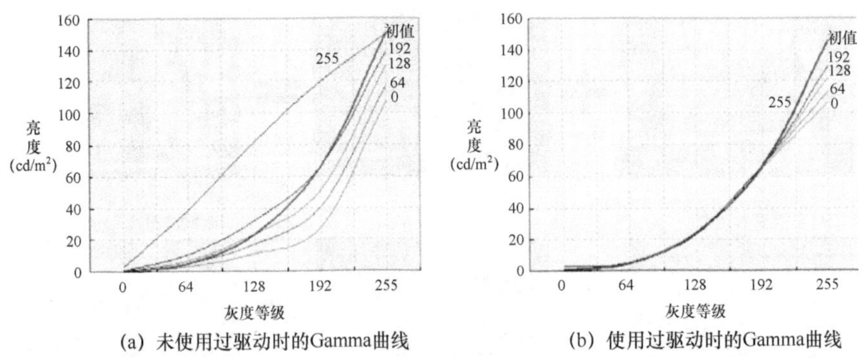

图 12-11 过驱动技术应用效果比较（Jung 等）

根据亮度矩阵（不同灰阶组合）绘制的不同非测试通道灰阶下的 Gamma 曲线，反映了 3D 显示器的串扰特性。灰阶串扰的评价方法就是对串扰亮度

矩阵中的数据进行组合计算得到一个串扰评价指数矩阵，计算所用到的数据及组合计算的方法区分了不同的灰阶串扰评价方法。串扰的测量和评价都是单通道（单个视图）独立进行，非测试通道的不同灰阶对测试通道的所测亮度影响越大，串扰越明显，即图 12-11（a）的串扰要比图 12-11（b）的串扰现象严重得多。完全消除串扰时，不同非测试通道灰度对应的 Gamma 曲线应该完全重合。

3. 双视差光栅技术

对于光栅 3D 显示技术，光栅用于分光，也用于控光。无论是视差光栅式还是柱透镜光栅式自由立体显示，投射到空间的不同视图或多或少都有交叉，不同位置的交叉程度不同，最佳观看位置处的视图交叉最小，串扰也最小，偏离最佳观看位置越远，串扰越大，有时甚至出现左右视图颠倒的现象。其中的视差光栅通过遮挡非测试通道的光线，以达到减少干扰的目的，采用双视差光栅结构，通过合理的设计可以消除串扰。

为表示观看者水平方向移动时看到的像素范围，设定上下视差光栅的像素开口宽度分别为 Q_2 和 Q_1，LCD 显示屏的像素开口宽度为 C，结合图 4-9 的参数设定，可以得到以下关系式：

$$Q_1/g_1=Q_2/g_2=E/d \tag{12-21}$$

$$d/g_2=2p(d-g_2)/b_2g_2=4eb_2 \tag{12-22}$$

$$E=4eQ_2/b_2 \tag{12-23}$$

当 $e=E$ 时，就没有黑暗领域、串扰领域。相应地获得如下关系式：

$$Q_2/b_2=1/2=Q_1/b_1 \tag{12-24}$$

图 12-12（a）给出了观看者右眼移动时，所看到的无串扰 3D 显示的 LCD 显示屏像素的样子。在位置Ⅴ，只能看到很小一部分右眼用像素。从位置Ⅴ到位置Ⅵ之间，能看到的右眼用像素范围逐渐缩小为 0，经过部分遮光区域后，开始慢慢看到一小部分左眼用像素。在位置Ⅵ，可以看到很小一部分左眼用像素。可见，右眼在移动过程中，不能同时看到左眼用像素和右眼用像素，这样就避免了左眼视差图像与右眼视差图像混合导致的串扰现象。

图 12-12（b）以水平方向像素开口率 65%为例，给出了右眼在水平方向移动时，对应各个位置的亮度变化情况。采用双视差光栅，亮度变化部分的倾斜度增加 2 倍，在最佳观看位置附近还存在一个亮度不变的区域。在传统视差光栅 3D 显示中，不能形成立体视觉的串扰区域，对应双视差光栅时可

以看到立体视觉。在传统的视差光栅与视差背光技术中，改善串扰就要牺牲开口率，影响显示亮度。

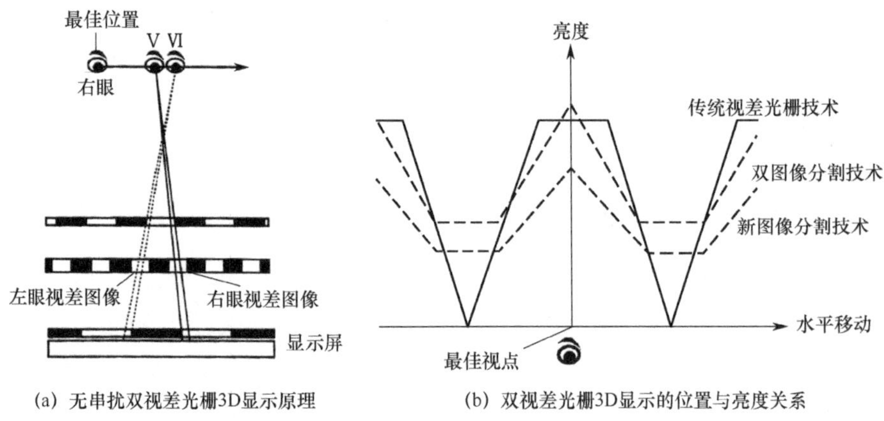

(a) 无串扰双视差光栅3D显示原理　　(b) 双视差光栅3D显示的位置与亮度关系

图 12-12　无串扰双视差光栅技术

4. 集成成像的串扰改善对策

在集成成像的记录过程中，物体被采集的光线经过记录微透镜折射分光后，会在相邻透镜元下的成像区边界相互重叠。重叠的图像元在显示再现时无法正确分离，从而引起串扰。对于小尺寸透镜元，衍射也是引起相邻图像元之间串扰的原因。集成成像显示的视区多，不同视区在空间相互交叠，当观看者超出观看主视区后会看到跳变的串扰图像或重复的图像。

改善串扰的根本对策是在记录微透镜的透镜元与成像面，以及再现微透镜的透镜元与显示屏之间的边界进行限定，超出限定区域的图像元部分予以舍弃。在微透镜阵列和图像阵列中间采用光学栅栏，将每个图像元隔离起来，有效避免串扰。

实时跟踪观看者的位置，在垂直方向和水平方向同步平移图像元阵列，使观看者始终处于最佳观看主视区，可以消除串扰。

12.2　摩尔纹及其改善对策

摩尔纹（Moire）是两条线或两个物体之间以恒定的角度和频率发生干涉的视觉结果，当人眼无法分辨这两组线或两个物体时，只能看到干涉的花纹，这种光学现象中的花纹就是摩尔纹。光栅 3D 显示技术的一个比较重要

的问题是摩尔纹。采用视差光栅或透镜阵列的自由立体显示技术，摩尔纹无法避免，但可以改善。

12.2.1　光栅 3D 显示的摩尔纹形成机理

光栅 3D 显示装置由显示屏和光栅两层组成，当这两层包含定期重复的平行线时，光栅周期结构和显示屏的周期结构就会产生干涉，从而形成摩尔纹，严重影响观看时的立体视觉效果。

1. 摩尔纹的基本现象

为方便研究，把显示屏上的 BM 或 RGB 简化为单一方向的周期性结构。如图 12-13 所示，竖条纹代表显示屏的 BM 结构，节距为 a；斜条纹代表光栅结构，节距为 b。条状光栅成像的规律为沿光栅主轴方向物像不存在放大关系，只有垂直于主轴方向才存在放大关系。BM 与光栅的夹角为 θ，相交的平行四边形为 $ABCD$，其通过光栅所成的像为 $A'B'C'D'$，像与光栅的 4 个交点为 E、F、G、H。通过光栅看到的摩尔纹实际上是由多个 $EFGH$ 组成的周期性明暗结构。$EFGH$ 的形状与分布规律随 θ、a、b 变化而变化，直接影响摩尔纹的走向角度 φ 及节距 ω。

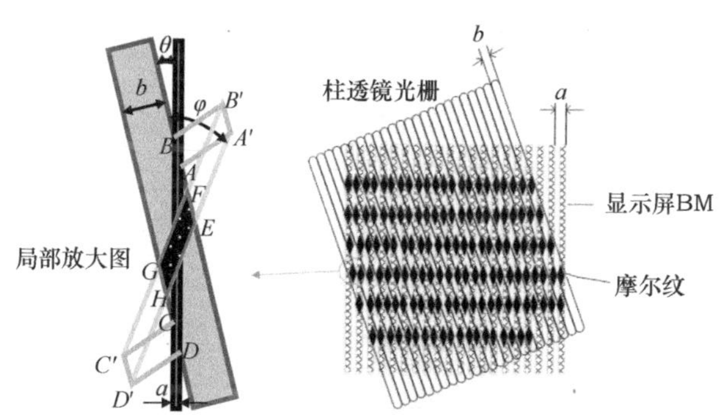

图 12-13　摩尔纹形成机理示意图

当 a 与 b 比值在不同范围内时，摩尔纹将沿着不同的节点连线方向。一般情况下，近似满足如下关系：

$$\varphi = \arctan\left(\frac{b}{na\sin\theta} - \frac{1}{\tan\theta}\right) \tag{12-25}$$

$$\omega = \frac{ab}{\sqrt{n^2a^2 + b^2 - 2nab\cos\theta}} \tag{12-26}$$

式中，n 取最接近 b/a 的整数值。在 3D 显示器中，b/a 表示视点数。当 n=1 时，类似双视点狭缝光栅立体显示器在显示黑白测试画面时的情况，此时黑色条纹的周期等于光栅周期。

2．影响摩尔纹的关键因素

基于竖直光栅的多视点自由立体显示由于光栅周期接近于像素宽度的整数倍，所以容易出现摩尔纹。为有效降低摩尔纹的影响，一般将光栅按照一定的角度倾斜放置。在 3D 显示系统中，BM 的节距 a、BM 与光栅走向的夹角 θ、观察距离 L 等都对摩尔纹的走向和节距有很大的影响。

假定光栅节距 b 及其与 BM 夹角 θ 为定值，通过观察摩尔纹的走向角度 φ 与 BM 节距之间的关系，可以判断 BM 的节距对摩尔纹的影响。一般情况下，夹角 θ 在 0°～1° 内，摩尔纹的走向角度 φ 从−90° 变化到 0° ，摩尔纹节距由无穷大变为很小，摩尔纹对 θ 非常敏感，但随着 θ 角度的增大，φ 与 ω 的变化趋于平缓。

一般情况下，式（12-25）和式（12-26）的计算结果与实际摩尔纹符合较好，但当 θ 在某一小角度附近且 b/a 接近整数时，计算值与实际差别较大。在上述条件下摩尔纹的走向、节距会随着观察距离的变化而发生较大变化。整体趋势是观察距离逐渐变远，摩尔纹的节距逐渐变大。取 b/a = 1 的情况。设人眼透过透镜所看到的像的节距为 a，则

$$a=\frac{b(L+d)}{L} \tag{12-27}$$

式中，d 表示 BM 到光栅的距离，L 表示人眼到光栅的距离。将 a 的表达式代入（12-25）和式（12-26），得

$$\varphi=\arctan\left[\frac{L}{(L+d)\sin\theta}+\frac{1}{\tan\theta}\right] \tag{12-28}$$

$$\omega=\frac{b}{\sqrt{\left[\frac{L}{L+d}-\cos\theta\right]^2+\sin\theta^2}} \tag{12-29}$$

式（12-28）表示摩尔纹的走向角度随观察距离变化的关系，式（12-29）表示摩尔纹节距随观察距离变化的关系。从关系式中可以看出，观察距离越远，摩尔纹的节距越大，摩尔纹走向由竖直趋向水平。不同的 θ 其变化幅度不同，对于摩尔纹的节距，夹角 θ 越小，变化幅度越大。对摩尔纹的走向，θ 越大变化幅度越大，θ 越小变化幅度越小。当 θ 趋近于 0 时，摩尔纹走向基本不随观察距离变化，与实际摩尔纹的变化规律相同。

3．摩尔纹的应用

摩尔纹作为客观存在的现象，可以用来测算 3D 显示器中的光栅参数。

对一台基于柱透镜光栅的自由立体显示器的透镜参数进行测量，实验中向显示器输入间距一定的平行绿线，可以观察到明显的摩尔纹（见图 12-14）。规定输入平行线沿竖直方向时为 0°，顺时针旋转角度为正，逆时针旋转角度为负。本实验中测试的显示屏其柱透镜为相对于竖直方向顺时针偏转一定角度放置，因此，测试中输入的平行斜线角度均为正值。

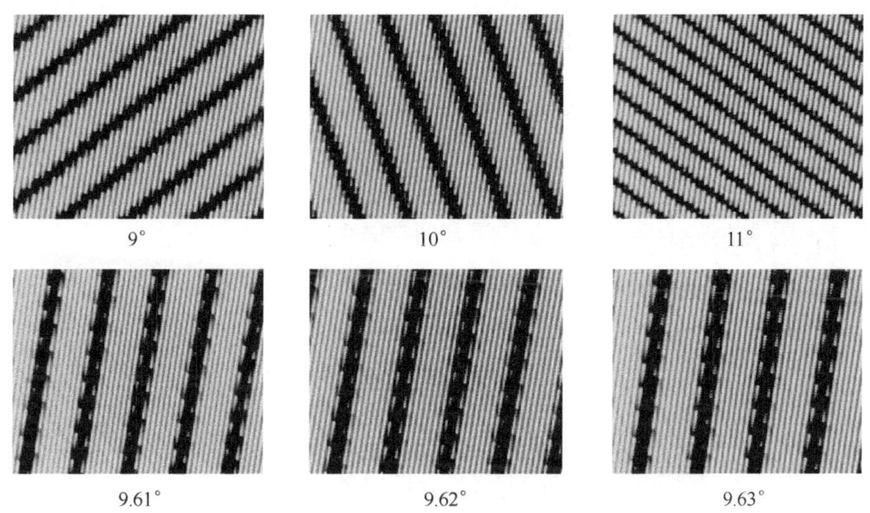

图 12-14　实拍不同倾斜角度输入平行线对应的摩尔纹

首先以 1° 为间隔从 0° 到 15° 输入斜线进行观察，摩尔纹的节距与走向均变化明显，图 12-14 第一行给出了 9°、10°、11° 的实拍图。摩尔纹在 10° 时节距最大，未出现条纹走向与斜线相同的情形，则柱透镜倾角在 10° 附近。以 0.1° 为间隔从 9° 到 11° 输入斜线进行观察，该范围内摩尔纹节距变化幅度小，肉眼较难分辨其变化，但条纹走向变化明显，斜线角度为 9.6° 时摩尔纹走向与斜线方向接近。以 0.01° 为间隔从 9.5° 到 9.7° 输入斜线进行观察，图 12-14 第二行给出了 9.61°、9.62°、9.63° 的实拍图，斜线为 9.62° 时，摩尔纹的走向与斜线方向一致，则柱透镜的倾斜角度为 9.62°。

将测量结果与透镜参数的设计值进行对比，当直接使用透镜的设计值作为参数进行图像合成，在显示器上往往无法观看到清晰的立体图像，而使用测量值作为参数后可以观看到正确的立体图像，说明测量得到的值是正确的。透镜光栅的倾斜角度α的值往往有一定差异，取α=9.62° 可以观看到正确的立体图像。

12.2.2 摩尔纹的分类与对策

在 3D 显示系统中，像素发出的周期性分布的光场与显示屏前方周期性分布的光栅结构相互干涉，形成摩尔纹。人眼通过光栅看到的黑色矩阵 BM 形成的像，就是黑白摩尔纹；人眼通过光栅看到的条状 RGB 形成的像，就是彩色摩尔纹。

1．彩色摩尔纹的对策

LCD 与透镜阵列组合引起的摩尔纹机理如图 12-15 所示，透镜的焦点位置和光源位置（对应 LCD 上的彩色滤光片位置）一致，在视距离 L 的位置观看集成成像显示装置，通过透镜的采样像素间隔（采样周期）d_l，透镜节距 p_1，透镜的焦点距离 f，满足以下几何学关系：

$$d_l=p_1(L+f)/L \tag{12-30}$$

把摩尔纹周期定义为像素节距 d_p，获得以下计算式：

$$d_m=1/(1/d_p-1/d_l) \tag{12-31}$$

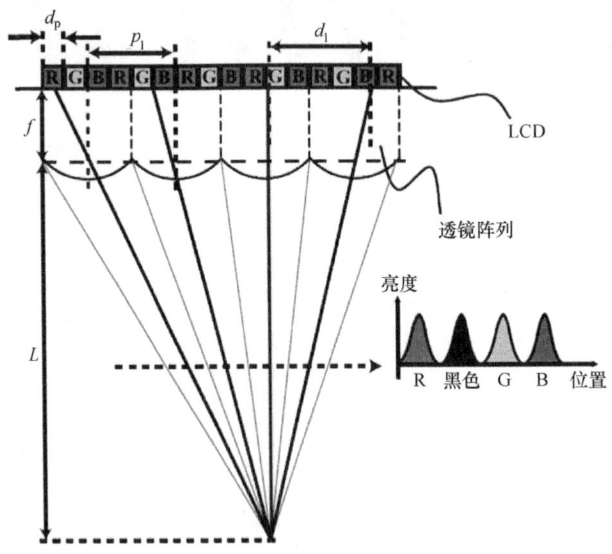

图 12-15　LCD 与透镜阵列组合引起的摩尔纹机理

可能出现的更大间隔的摩尔纹，取决于像素间隔采样周期 i 和透镜节距

采样周期 j。i 和 j 取正负的整数，可以获得以下间隔的摩尔纹：

$$d_m(i,j)=1/|i/d_p-j/d_l| \tag{12-32}$$

通常，为有效利用像素及防止亮度下降，透镜节距设计为像素节距的整数倍。

集成成像显示一般是在 LCD 上贴合透镜阵列。对应 PDP 表述的光线空间的摩尔纹分析方法如图 12-16 所示。在不同的观看位置上，对应视线的切面不同。近距离观看的位置 *A* 所对应的视线切面色图案较密，远距离观看的位置 *B* 所对应的视线切面色图案较疏。观看距离（视距离）无限远时，切面直线与 *s* 轴平行。因为观看距离不是固定的，相应的视线切面是任意的，所以彩色摩尔纹很难有解决对策。

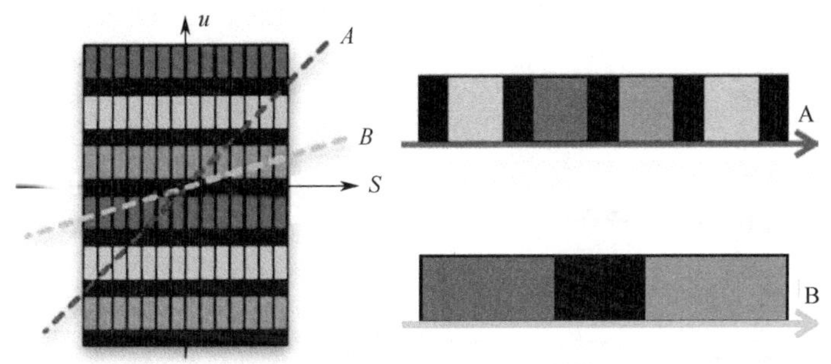

图 12-16　光线空间的摩尔纹分析

改善彩色摩尔纹的根本方法是在每个透镜单位下面设计同一种颜色的子像素，同时透镜单元呈三角形配置以确保 RGB 三色之间的距离相等，如图 12-17 所示。基于该方法，在设计映像显示领域内，无论从哪个视点位置观看，每个透镜都对应一种固定的颜色，从而增强了立体影像的定位感。

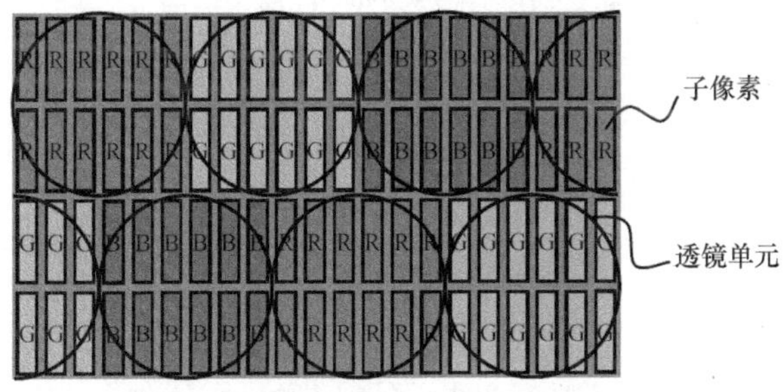

图 12-17　改善彩色摩尔纹的 CF 与透镜配置示意图

2．亮度摩尔纹的对策

黑色矩阵 BM 引起的黑白摩尔纹也称亮度摩尔纹。亮度摩尔纹的一般对策是散焦技术。摩尔纹频率非常低，在超过图像显示领域宽度的区域，可以把摩尔纹的位置从设计图像显示领域挪开一点。采用优化设计后的双视差光栅技术，可以消除亮度摩尔纹。

图 12-18（a）给出了观看者右眼移动时，所看到的无摩尔纹 3D 显示的 LCD 显示屏像素的样子。在位置Ⅱ，右眼用像素开始缺失，同时左眼用像素开始出现。从位置Ⅱ到位置Ⅳ，缺少多少右眼用像素面积，就同时会增加多少左眼用像素面积。所以，右眼能够看到的像素开口总面积不变，即亮度不变，右眼感觉不到摩尔纹。

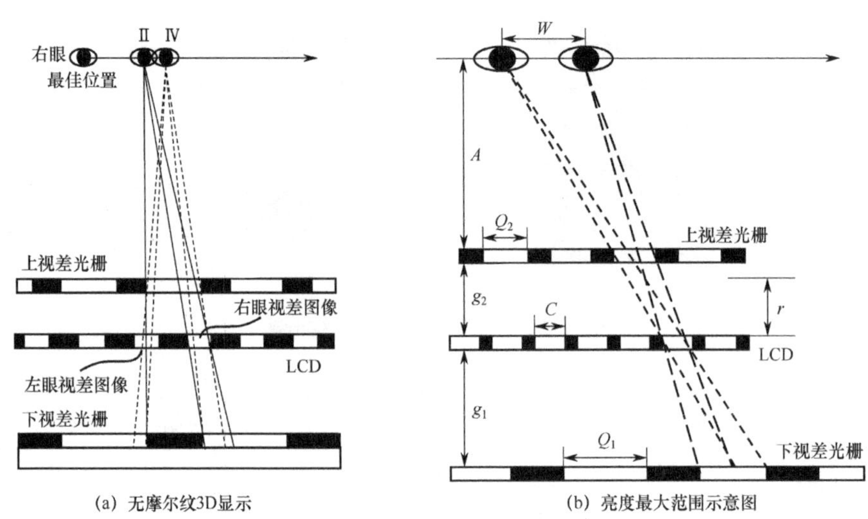

图 12-18　无摩尔纹 3D 显示原理

结合图 12-18（b），首先求出能看到的画面最大亮度区域，即像素开口部整体可见的区域 W，可以得到如下关系式：

$$Q_1/(g_1+r)=C/r \tag{12-33}$$

$$W/(A+g_2-r)=Q_1/(g_1+r) \tag{12-34}$$

结合以上两个公式，可得

$$W=\{(A+g_2)Q_1-(A+g_2+g_1)C\}/g_1 \tag{12-35}$$

串扰区域 s 用 $e-E$ 表示，e 是观看者水平方向移动时看到的像素范围，E 是左右眼间距。结合式（4-16）~式（4-18）和式（12-21）~式（12-23），根

据几何光学原理，可得

$$W=e-EC/p \tag{12-36}$$

为了保持画面亮度不变，消除摩尔纹，像素减少的观看面积可以用相邻像素加以弥补。因此，亮度变化区域和串扰区域最好一致，则需要满足以下关系式：

$$(e-E)/2=s \tag{12-37}$$

结合式（12-23）和式（12-37），可得

$$Q_2/b_2=Q_1/b_1=(2p+C)/4p \tag{12-38}$$

这时，为了避免来自两相邻像素的光导致无法形成立体视觉，必须满足关系（$2p+C$）$/4p<(2p-C)/2p$。整理以上关系式，可得

$$C/p<2/3 \tag{12-39}$$

图 12-19 给出了无摩尔纹视差光栅 3D 显示的位置与亮度关系。图中，右眼在水平方向移动时，水平方向的像素开口率为 65%。根据图示，双视差光栅与视差光栅、视差背光的串扰区域大小基本相同。但是，双视差光栅技术的亮度均一，不会出现摩尔纹。为消除摩尔纹，视差光栅和视差背光技术需要提高开口率，但会引起串扰加重。

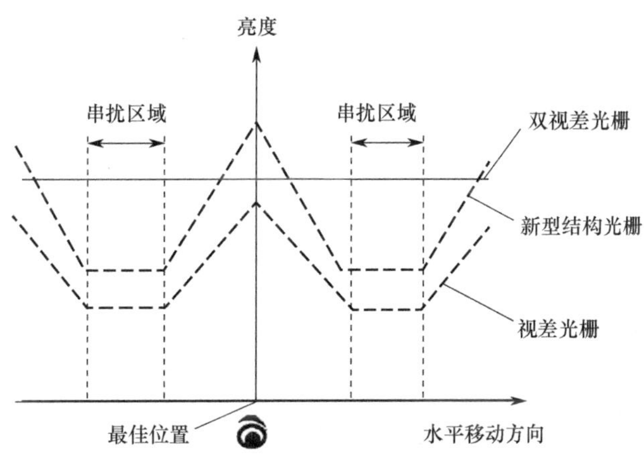

图 12-19　无摩尔纹视差光栅 3D 显示的位置与亮度关系

3. 其他对策

为有效降低摩尔纹的影响，除以上方法及通过光栅层倾斜放置的改进措施外，光栅材料本身参数的选取也会产生影响。主要参数有以下几项。

（1）光栅线数。指每英寸光栅板内所包含的光栅线数，用 LPI 表示。LPI

值大的光栅板，适合用来做小尺寸近距离观看的 3D 显示器，LPI 值小的光栅板，适合用来做大尺寸远距离观看的 3D 显示器。

（2）光栅板的透射率。一般而言，光栅板的透射率越高，其透明度也就越好，观看立体图像的视觉效果也就越好。

（3）光栅板的折射率。一般来说，在其他参数固定时，光栅板的折射率越高，视角越大。

12.3 逆视及其改善对策

自由立体显示的右眼用图像被左眼看到，左眼用图像被右眼看到的现象，称为逆视。逆视现象无法完全根除，但可以改善，基本对策有多视点与超多视点技术、人眼跟踪技术等。

12.3.1 逆视的形成与改善

自由立体显示需要在观看空间事先形成对应左右眼视差图像的视点，如果左眼或右眼不能进入指定的视点区域，就会形成逆视。所以，自由立体显示的观看范围是一定的，不能在显示屏幕前面实现全视角。

1. 逆视与视点数的关系

当观看者移动一定距离，使左眼进入右眼视区，右眼进入左眼视区时，大脑接收到的是相反的深度信息，无法融合为立体图像，从而造成逆视（反视）图像，无 3D 效果。逆视区又称为死区（Dead Zone）。在图 12-20 中，对于 2 视点方式，观看者的位置稍有偏移就会出现逆视现象，逆视的概率达到 50%，相应地出现正视的概率只有 50%。所以，2 视点 3D 显示没有运动视差，观看范围窄。

如图 12-21 所示，对于 5 视点方式，视点 1 和 2 配对、视点 2 和 3 配对、视点 3 和 4 配对、视点 4 和 5 配对，都可以获得正常的立体视觉效果。而视点 5 和 1 配对时，立体信息颠倒，从而造成逆视。在空间中形成的 1、2、3、4、5 视区，当人眼落在 5 和 4、4 和 3、3 和 2、2 和 1 之间时，都有 3D 效果，只有在 1 和 5 之间时无 3D 效果，所以即使偏离最佳观看位置，仍有约 75%的屏幕可形成立体视觉。即屏幕内仍有约 75%为正视区域，因此容易获得立体视觉。

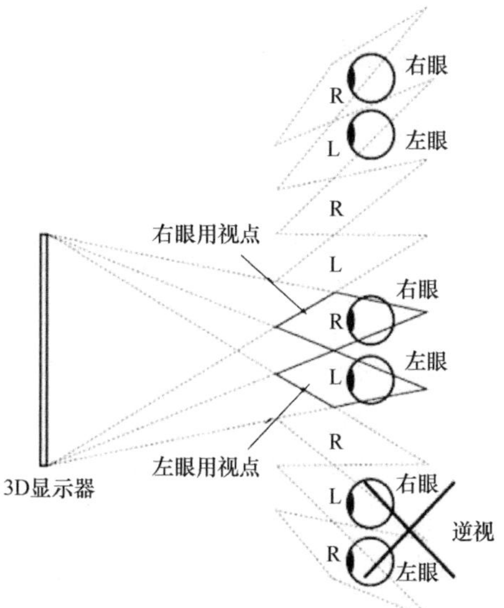

图 12-20 逆视状态

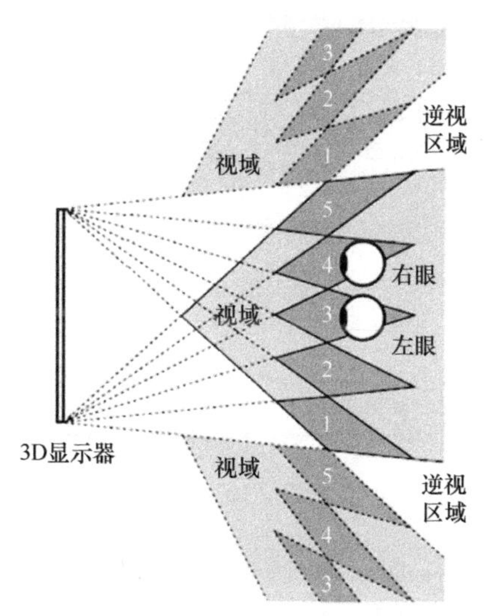

图 12-21 多视点视差光栅 3D 显示的正视与逆视

由于显示屏的物理分辨率固定，多视点技术虽然可以扩大观看范围，但 3D 图像的分辨率会下降。具体的 3D 图像分辨率选择与观看范围、观看位置、显示屏尺寸等因素有关。例如，站在 3m 处，左右 30° 范围内观看 42 寸的画面时，要从任何地方都能看到自然的立体影像，需要至少 20 个视点，即显示数据必须达到普通 2D 图像的 20 倍，3D 分辨率将下降至少 1/20。

2. 视点数与 3D 视觉效果

左右双眼的瞳距一般在 65mm 左右，传统的多视点技术以略低于 65mm 的视差图像宽度来设计。增加视点数量可以减小视差图像的宽度，扩大 3D 显示的视角，实现更顺畅的立体视觉。

图 12-22 以 4 视点为例，在离开适看距离的位置上，右眼分别看到 1 视点、2 视点、3 视点的视差图像。左眼看到的是 2 视点、3 视点、4 视点的视差图像。左右眼的视差图像融合后，形成立体图像和二维图像混合的现象。视点图像 1 和 2 具有立体的两眼视差信息，表现为正视。不过，其下一区域是 2 和 2 的图像，只能看到二维图像。然后看到的是 2 和 3，为立体图像，接着是 3 和 3，又是二维图像，而其旁边是 3 和 4，又变成了三维图像。在 3D 视图中混入 2D 视图的状态容易出现不适感。

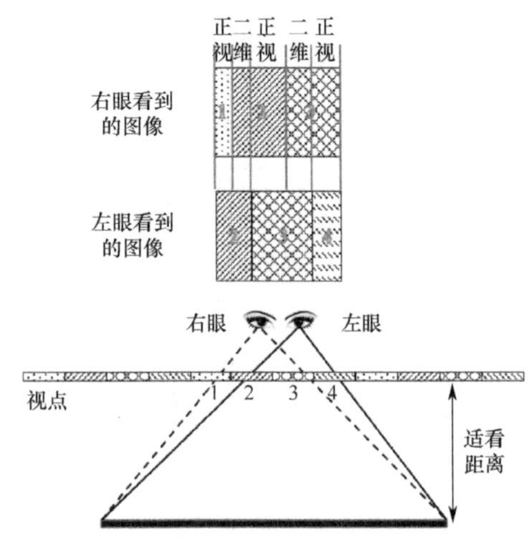

图 12-22　4 视点观看效果

图 12-23 所示的设计通过 8 视点增加一倍的视点数量，将视差图像宽度减半，从原来的 62mm 减小到 31mm。这时，右眼看到的是 2～6 视点的条纹图像，左眼看到的是 3～8 视点的条纹图像。将视点宽度减小一半后，屏幕内就变成了 2 与 3 配对、2 与 4 配对、3 与 4 配对……，消除了二维图像的区域，从而实现了如图 12-23 所示的整个屏幕内形成正视图像，因此可大幅降低不适感。虽然偏离适看距离 2 倍以上时，也会像上述一样出现可看到二维图像的区域，但是，如果在适看距离的 1 倍距离之内防止产生二维图像区域的话，就可解决问题。

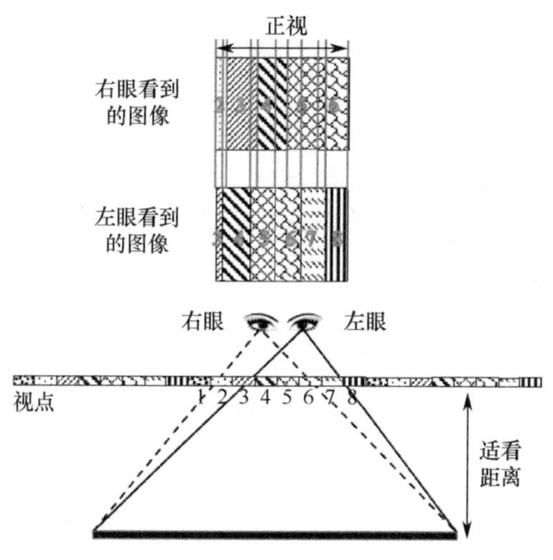

图 12-23　8 视点观看效果

12.3.2　超多视点 3D 显示技术

基于双目视差原理的多视点 3D 显示，n 个视点对应连续的左右眼视差图像。视点数越多，连续的立体视区域越大，相应的逆视区就越小。

1. 超多视点 3D 显示概述

根据环境光亮度的不同，瞳孔直径的大小变化范围在 2～8mm，一般取平均值 4mm。超多视点 3D 显示的视点间隔小于眼睛的瞳孔直径。通过立体图像某一点的 2 条以上的光线，同时进入某一只眼睛的瞳孔。如图 12-24（a）所示，因为一个瞳孔至少对应两个视点，两条光线通过 3D 图像中的一点，通过瞳孔的调节后同时进入瞳孔，聚焦在视网膜的同一个点上。因此，眼睛可以根据辐辏感知的深度信息，聚焦在那个点上。如图 12-24（b）所示，如果眼睛聚焦在显示屏幕上，通过 3D 图像中某一点的光线不能在视网膜上收敛为一个点。所以，超多视点 3D 显示技术诱发的眼球调节反应，使眼睛可以专注于 3D 图像。

超多视点技术可以拉大 3D 图像的景深（Depth of Field，DOF）效果。景深是摄影技术中的术语，表示当焦距对准某一点时，焦平面前后图像仍然清晰的范围。将背景拍得很模糊，称之为小景深。把背景拍摄得和拍摄对象一样清晰，称之为大景深。景深范围取决于透镜的直径：透镜直径变小，景深变大。

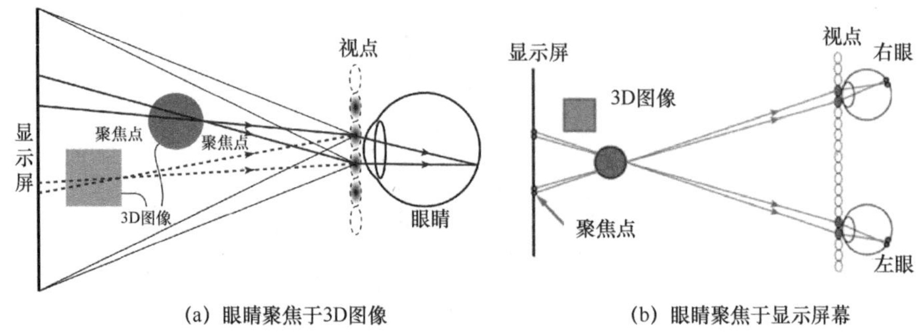

(a) 眼睛聚焦于3D图像　　(b) 眼睛聚焦于显示屏幕

图 12-24　超多视点 3D 显示的眼球调节

如图 12-25 所示，在观看多视点 3D 显示屏幕时，某个视点的光场只有对应瞳孔直径部分的光线进入眼睛，所以多视点 DOF 取决于眼睛的瞳孔直径。在观看超多视点 3D 显示屏幕时，从显示屏幕上发出的光线具有非常高的指向性，在空间上形成密集的视点。因为显示屏幕上的光线发散范围小于瞳孔直径，这个光线发散范围实际上起到了瞳孔直径的效果。等效瞳孔直径变小，拉大了 DOF 范围。当 3D 图像显示在这个被拉大的 DOF 范围内时，眼睛就会自觉地聚焦在 3D 图像上，从而防止调节辐辏冲突。

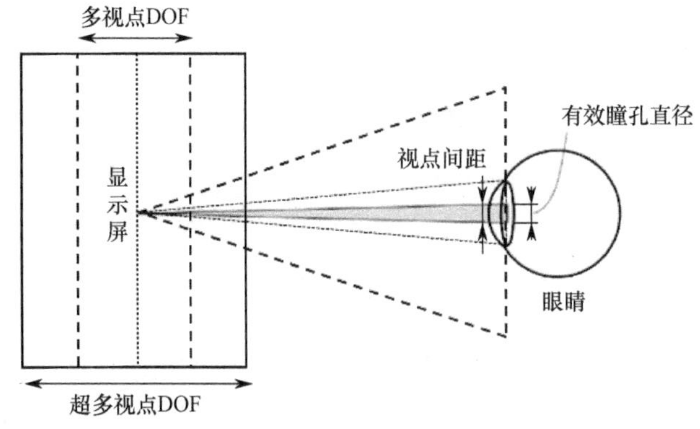

图 12-25　观看 3D 显示时的眼睛聚焦深度

2. 增加视点数的效果分析

在超多视点 3D 显示中，由于视点的间距小于瞳孔直径，视网膜成像随着眼球运动平滑地变化。因此，超多视点 3D 显示可以提供平滑的、连续的运动视差。所以，观看 3D 显示时，左右眼进入正视区域的概率大幅提升，左右眼进入逆视区域的概率大幅降低。

基于双目视差原理的多视点 3D 显示，存在聚焦与辐辏不一致的问题。如果 3D 图像的再现位置落在 DOF 范围内，那么与双眼辐辏连动的辐辏性调节使聚焦点位置与 3D 图像的位置一致。如果 3D 图像的再现位置落在 DOF 范围外，为了获得清晰的视觉，视觉机能会尽可能地让聚焦点位置留在 DOF 范围内，使辐辏与聚焦的不一致性增大，加重视疲劳。

在 3D 显示的 DOF 范围内，存在一个观看 3D 图像的调节响应与观看实际物体的聚焦响应一致的线性区间。超多视点技术扩大了 3D 显示的 DOF 范围，可以扩大这个线性区间。所以，超多视点技术可以改善辐辏与聚焦不一致性的问题。设定观看实际物体、超多视点 3D 图像、2 视点 3D 图像时的视标距离，即双眼到视标的距离从 462mm 增加到 857mm，相应的聚焦响应变化 1.0*D*（Diopter），相应的辐辏变化 1.0MA（Meter Angle）。如图 12-26 所示，根据观看测试的统计结果可以看出，视点数越多，辐辏与聚焦之间的一致性越好。其中，观看 2 视点 3D 图像时，采用有意水准 1%统计聚焦与辐辏变化量之间的差，有意差用 $p<0.01$ 表示。

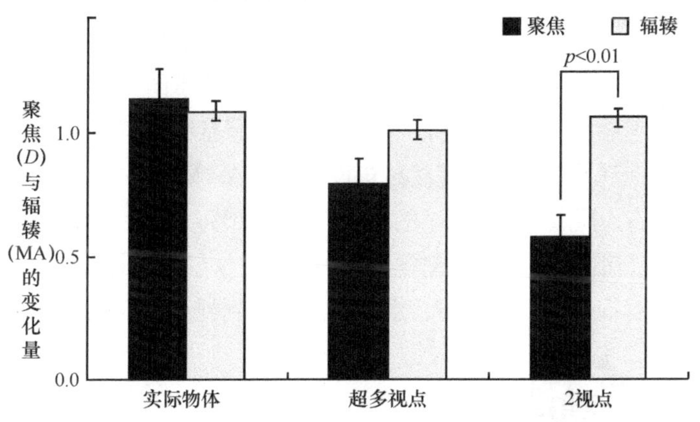

图 12-26　视标距离变化 1.0*D* 时的聚焦与辐辏的变化量

如图 12-27 所示，视点数越多，连续的立体视区域越大，相应的逆视区就越小。因为左右视差图像经视差光栅分离后，经过一定距离才能完整分离，所以 3D 显示有一个最佳观看距离。实际上，由于光会扩散，有时会因为未完全分离而产生串扰，最终表现为叠影。距离显示屏幕过近或过远，看到的都是左右视点的光路混叠后的模糊图像，无法形成立体视觉。即使在最佳观看距离上，也可能受到串扰的影响，所以实际的立体视区分布更为复杂。死区现象是视场分离 3D 技术的基本原理造成的，无法消除，但可以减少。

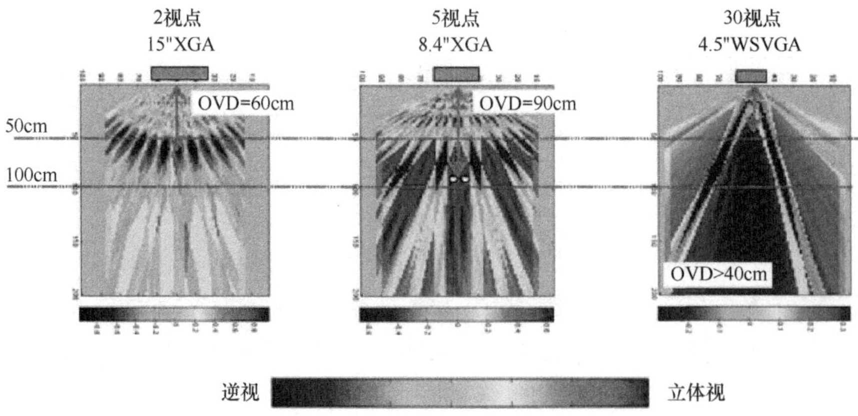

图 12-27　不同视点数对应的正视（立体视）与逆视区域（根据 Docomo 资料整理）

3．超多视点应用分析

图 12-28（a）所示为 28 视点柱透镜自由立体显示器的视场分布图，28 视点屏的左右眼视点之间有 3 个视点的间隔。这样的设计使得相邻视点在水平方向的距离变小了，使邻近视点图像间的相互影响变大。图 12-28（b）所示为测试的 28 视点显示器单一视点的亮度组成示意图，在某一视点最佳观看位置处，观看者除了接收到该视点的图像还将接收到其他视点的图像，将某一视点最佳观看位置处的亮度总量设为 100%，视点 6 本身对总亮度的贡献为 22%左右，视点 5 与视点 7 的贡献均接近 20%，视点 4 与视点 8 的贡献均约为 13%，显然视点 5，6，7 对视点 6 的亮度贡献在数值上是相当的。这样，观看者在观看视点 6 的图像时，也能明显观看到视点 5 与视点 7 的图像。

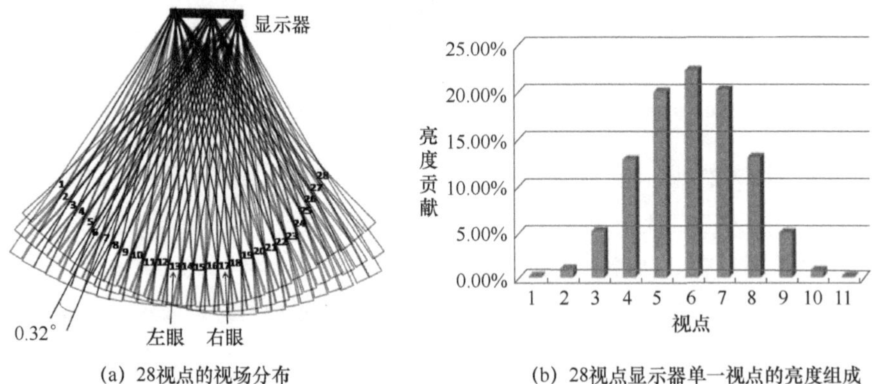

(a) 28视点的视场分布　　(b) 28视点显示器单一视点的亮度组成

图 12-28　28 视点显示器

理论上，相邻视点图像间是存在视差的，因此视点 5 与视点 7 的图像将会对视点 6 的图像造成负面影响。但在实际情况中，对于 28 视点屏，视点 6 与视点 10 的图像之间的视差量是双眼接收立体图像所需的正常视差量，视点 6 与视点 7 的图像间的视差量约为其 1/4，因此相邻视差图像间的负面影响并不严重。

实际上，在左右眼视点之间设置中间视点的设计相比于传统的直接将相邻视点作为左右眼视点的设计是有优势的。一方面，由于相邻视点之间的水平距离变小了，观看者在水平方向移动时能感受到更为连续的运动视差。另一方面，当视点数增加，相邻视点之间的间距变小之后，调节与辐辏冲突可能得到改善。当相邻视点足够近，它们的视差图像在最佳观看位置处所成像的间距可能小于人眼瞳孔直径，导致能够同时有两幅或两幅以上的视差图像的光线进入单眼瞳孔，人眼能够像观看真实空间场景一样融合立体图像而不会感受到调节与辐辏冲突。

12.3.3　人眼跟踪式 3D 显示技术

人眼跟踪技术也叫头部追踪技术，通过跟踪观看者左右眼的移动而及时切换左右眼视差图像，确保左眼始终看到左眼视差图像，右眼始终看到右眼视差图像，从而解决观看区域受限的问题。由于存在显示屏刷新率和分辨率的局限，人眼跟踪式 3D 显示技术一般针对单个观看者。

1. 人眼跟踪技术的基本原理

人眼跟踪式 3D 显示系统包括 3D 显示器、人眼跟踪器、人眼坐标反馈模块、视差图像动态调整模块。人眼跟踪式 3D 显示的基本原理是：由系统自带的摄像头和人眼追踪软件获取观看者眼睛的空间位置坐标，然后把坐标送给人眼坐标反馈模块，视差图像动态调整模块通过图像算法运算调整视差图像的像素排列，生成新的符合该位置的 3D 图像。如果观看者眼睛位置移动，则重复上述操作。

远程、非浸入式眼睛跟踪最常用的运动技术是瞳孔中心角膜反射（Pupil Centre Corneal Reflection，PCCR）。首先，用光源照亮眼睛，引起高度可见的反射及照相机捕捉眼睛的图像，这些图像显示这些反射；然后，由照相机拍摄的图像用于识别光源在角膜（闪烁）和瞳孔上的反射；接着，计算由角膜和瞳孔反射之间的角度所形成的矢量；最后，该矢量的方向与反射的其他几何特征相结合，用于计算注视方向。人眼跟踪器包括位于显示屏上的人眼跟踪器和头部可穿戴人眼跟踪器，如图 12-29 所示。人眼跟踪器包括（红外）照明器、摄像机（照相机）及包含图像检测、3D 眼睛模型和注视映射算法的处理单元。

基于显示屏的人眼跟踪器，照明器在左右双眼分别形成一个近红外线的图案，这个图案及观看者眼睛的高分辨率图像被照相机抓拍到后，图像处理算法在观看者眼睛和反射图案中找到特定的细节。基于这些细节，使用先进的图像处理算法和眼睛的生理 3D 模型来估计眼睛在空间中的位置和高精度的注视点。头部可穿戴人眼跟踪器使用场景照相机记录观看者在显示屏上看到的 3D 显示场景。（红外）照明器使用近红外照明来创建受检者眼睛的角膜和瞳孔上的反射图案，并且使用图像传感器（人眼照相机）捕获眼睛和反射图案的图像。

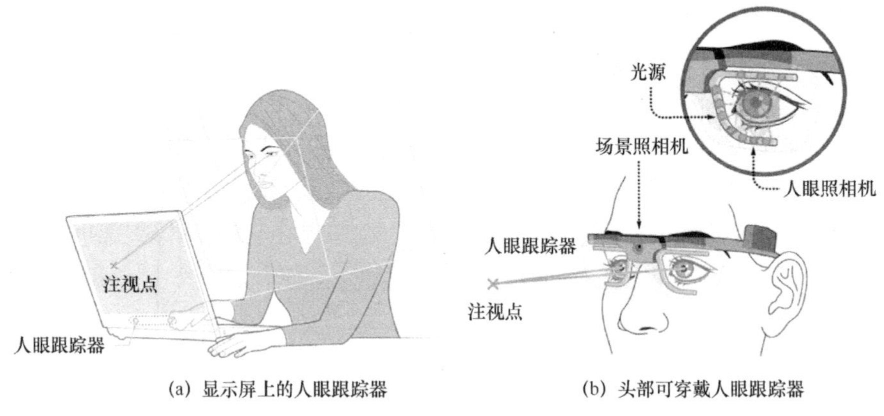

(a) 显示屏上的人眼跟踪器　　(b) 头部可穿戴人眼跟踪器

图 12-29　人眼跟踪器

人眼跟踪器估计出眼睛在空间中的位置和高精度的注视点后，建立以显示屏中心和摄像头位置为坐标原点的两个坐标系，并标定两个坐标系的关系。利用摄像头跟踪人眼移动时，通过获取并转换出人眼在摄像头坐标系中的坐标，再进一步转换到显示屏中心坐标系中，前后需要经过两次坐标系的转换。由于摄像头拍摄到的是二维图像，还需转换到三维坐标系中，确定人眼在三维坐标系中 x、y 和 z 轴方向的变化。此外，还需要标定相机图像中的人眼坐标与屏幕坐标的转换关系数据，以屏幕中心和以相机位置分别为坐标原点的两坐标系之间的关系，屏幕坐标与柱透镜光路分布和排图参数之间的关系。因此，基于人眼位置的移动，现有技术提供的技术方案在进行自由立

体显示内容的排图时，需标定的参数较多。

2. 人眼跟踪式 3D 显示的效果

人眼跟踪式 3D 显示技术把实时人眼视觉追踪系统与自由立体显示相结合，消除了自由立体显示中的死区现象。一般，人眼跟踪式 3D 显示系统中的 3D 显示器为 2 视点结构，无论输入的显示内容是多视点视差图像，还是 2 视点视差图像，在显示器上显示的内容都是两幅视差图像。

人眼跟踪式 3D 显示中的多视点与 2 视点显示效果如图 12-30 所示。如果输入的显示内容是多视点视差图像，可以获得平滑的运动视差。当人眼跟踪器检测到观看者在显示屏前的某个视区时，观众的位置将确定图像相应的显示视角。当观众的眼睛移动到另一个视区时，新视角的图像被输入到相同的视区，从而体验到运动视差。当观众的眼睛继续移动，并最终越过视区边界时，新视角的图像左右颠倒，并且实时反映在显示屏上。采用人眼跟踪式 3D 显示技术，在保持 2 视点图像分辨率的同时，实现了平滑运动视差。

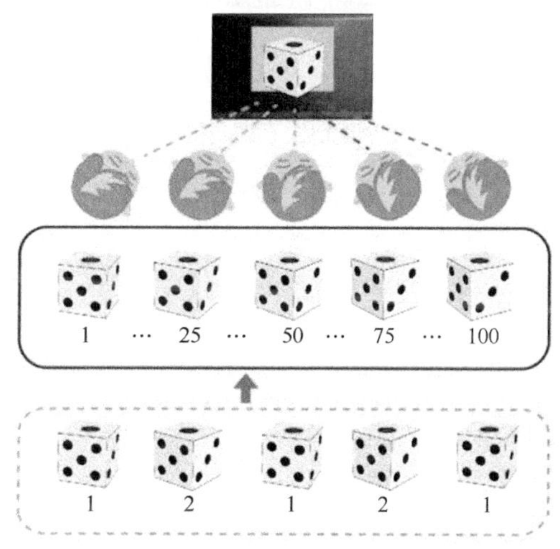

图 12-30　人眼跟踪式 3D 显示中的多视点与 2 视点显示效果

输入多视点视差图像，需要处理巨量的图像信息。在一些应用场合，只需要实现双目立体显示效果，3D 显示内容只需要传输与处理两个视差图像，数据运算量少，3D 图像的分辨率高。人眼跟踪器的摄像头张角越大，3D 观看区域越大，一般可以做到 70° 以上。相比而言，传统 2 视点自由立体显示的 3D 观看区域只有 3° 左右。采用人眼跟踪式 3D 显示技术，可调节的 3D

观看距离明显增大。

12.4 视疲劳及其改善对策

对于视差式 3D 显示技术，如果视差在允许的融合范围内，人脑就可以把左右眼视差图像相融合，在观看者脑中形成一幅具有纵深立体感的 3D 影像。但无论使用哪种视差式立体显示技术，都不可避免地存在视疲劳问题。3D 显示视疲劳的影响因素可以归纳为生理、心理、视差图像对、显示设备 4 种因素。针对这些影响因素提出对策，可以改善视疲劳。

12.4.1 生理与心理因素对视疲劳的影响

生理因素包括辐辏与调节不一致、双眼视差、运动视差等具体因素。生理因素对视疲劳的影响是原理性的，具有一定的不可避免性，只能通过 3D 显示参数的最优化来减弱视疲劳。在生理方面，辐辏和调节不一致是产生视疲劳的主要原因，而心理因素造成的视疲劳通过片刻休息就可得到缓解。

1. 观看动态立体图像时辐辏和调节

如图 12-31 所示，空间点 A 对应视差图像对 A_L 和 A_R，空间点 B 对应视差图像对 B_L 和 B_R，空间点 C 对应视差图像对 $C_L(C_R)$。显然，点 A 在显示屏内，即正水平位差；点 B 在显示屏外，即负水平位差；点 C 在显示屏上，即零水平位差。可计算出，立体深度 T、水平位差的方向和尺度 s（正水平位差时，s 取正值；负水平位差时，s 取负值），焦点调节距离（观察距离）d、瞳孔距离 e 有如下关系：

$$T=\frac{sd}{e-s} \tag{12-40}$$

疲劳程度用 G 表示，由于疲劳是由辐辏 D 和调节 d 的矛盾引起的，这个矛盾可以用$|d-D|$来表示，即 T^+或 T^-。则 G 可以表示为

$$G=f(|d-D|)=K_1T \tag{12-41}$$

理论上，双眼观看 3D 图像时，调节固定在显示屏上，疲劳程度 G 随立体深度 T 而变化。如图 12-32 所示，当 T 未处于融合范围之内时，出现复视现象，疲劳程度 G 大大增加。当 T 处于融合范围之内，越接近于 0，疲劳程度越小。

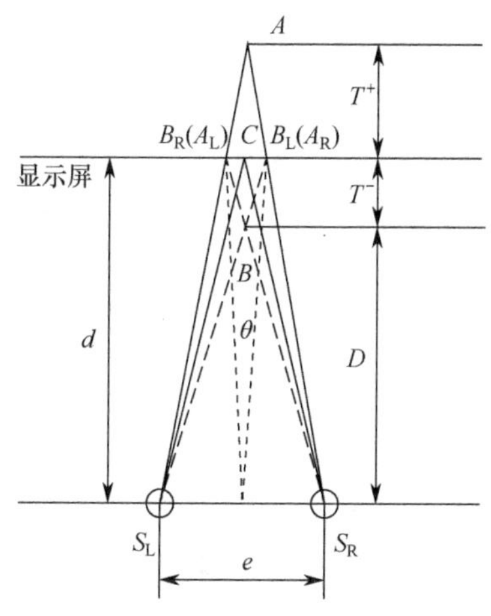

图 12-31　3D 显示原理

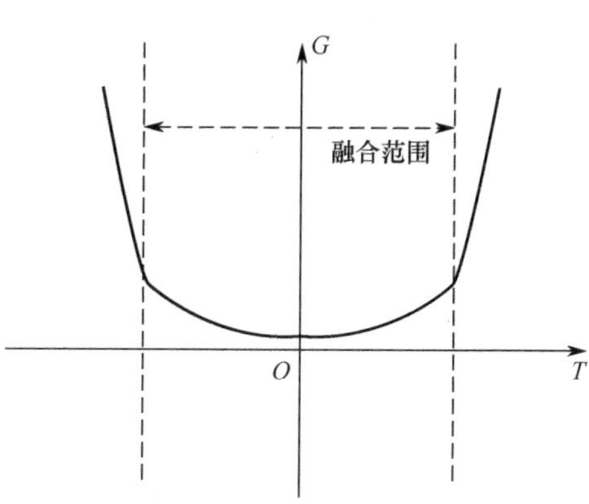

图 12-32　疲劳程度与立体深度关系图

据相关研究，在滞留时间小于 2s 的情况下，双眼能融合的位差对人眼的张角 θ（见图 12-31）为−27′～24′。根据式（12-40），左右眼图片上的对应点在显示屏上所形成的理想位差尺度 s 应该在 $-d/95$～$d/105$，T 的范围即辐辏的最大理想融合范围为

$$\left[\frac{-d^2/95}{65+d/95},\frac{d^2/105}{65-d/105}\right] \tag{12-42}$$

其中，d 取正数，观看者可以舒适地将立体图片对融合成为一幅具有深度感的立体图像。

2．观看动态立体图像时辐辏和调节

不同条件下调节与辐辏变化如图 12-33 所示。图 12-33（a）测试的是双眼从 C 点的实物移到 B 点的实物时，调节与辐辏的变化情况。从图 12-33（a）中调节和辐辏的曲线走势可以看出，看 C 点时，调节较小，辐辏较小；看 B 点时，调节较大，辐辏较大。调节与辐辏的变化一致。

图 12-33（b）测试的是双眼从 C 点移到一个视线交点为 B 点的虚拟物体时，调节与辐辏的变化情况。由 C 点到 B 点时，辐辏发生相应的变化，但调节曲线却产生了波动，其变化过程先是按照观看 B 处物体那样达到较大的调节幅度，随后减小，最后稳定于某一个中间值。这个中间值所对应的视距介于 B 和 C 之间，而且当视线再次转为观看 C 处物体时，调节还发生了不应有的较大幅度的波动，这可能与违背正常视觉生理的立体视的特异性有关。由

图 12-33（b）明显看出调节与辐辏的不一致。当观看立体影像时，这种不一致性更加明显，实时变化的调节和辐辏变化势必快速地产生视疲劳。设定图像的深度变化率为 ΔT，动态立体图像产生的视疲劳 G 可表达为

$$G = K_2 \Delta T \tag{12-43}$$

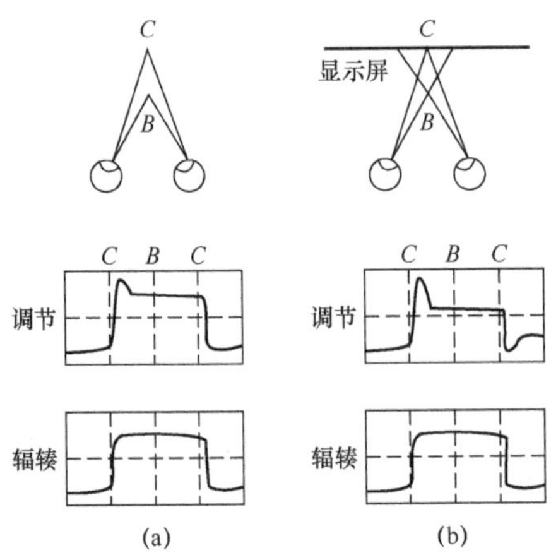

图 12-33　不同条件下调节与辐辏变化

3．过大的视差和视差不连续变化

双眼视差过大或者视差随时间不连续变化，都很容易造成视疲劳。如果视差太大，需要晶状体更加超负荷地不断平衡调节与辐辏之间存在的差异，从而加重视疲劳程度。如果视差在图像可融合范围外，左右眼分别看到的带有视差信息的图像在大脑里融合成一幅不清晰的串扰图像，导致视疲劳。在具体的视差式 3D 显示中，交叉视比同侧视更容易诱发视疲劳。因为交叉视产生的物体跃出屏幕，3D 影像不断涌入眼前所造成的视觉冲击是产生视疲劳的一个主要因素。因此，在摄制或用软件制作体视图像时，应使用两眼水平视差计算系统计算视差量，避免过大的两眼视差及两眼视差的不连续变化。

如图 12-34 所示，两眼的水平角视差为

$$\Delta\theta = \theta_R - \theta_L = \alpha_A - \alpha_B = \frac{e}{D} - \frac{e}{D+\Delta D} = \frac{\Delta D \cdot e}{D(D+\Delta D)} \tag{12-44}$$

当 $\Delta D << D$ 时

$$\Delta\theta \approx \frac{\Delta D \cdot e}{D^2} \tag{12-45}$$

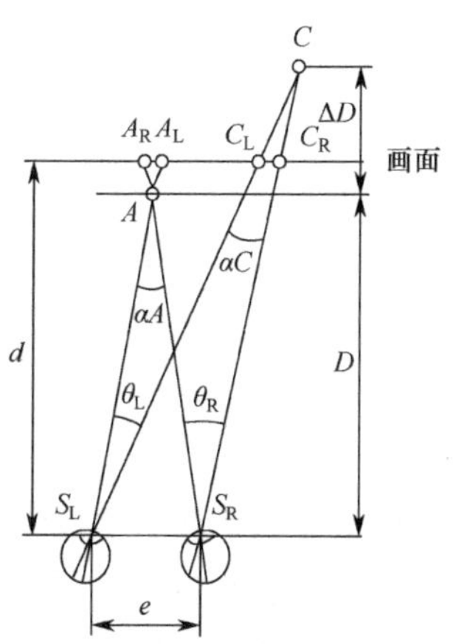

图 12-34　两眼视差

水平角视差的大小与辐辏距离 D 的平方成反比，当 D 变小时，角视差会急剧增加。因此，在生理和心理上，深度的大小、深度的变化率、过大的视差、视差的不连续变化都会引起视疲劳。视疲劳因子可以表示为

$$G = K_1T + K_2\Delta T + K_3\Delta\theta = K_1T + K_2\Delta T + K_3\frac{\Delta D \cdot e}{D^2} \tag{12-46}$$

$$\Delta D = \Delta T \tag{12-47}$$

$$G = K_1T + \Delta T\left(K_2 + K_3\frac{e}{D^2}\right) \tag{12-48}$$

在式（12-48）中，负视差时，$D=d-T$；正视差时，$D=d+T$。K_1、K_2、K_3 均大于或等于 0。对于同等的视差，正视差产生的视疲劳程度小于负视差产生的视疲劳。

4．运动视差

运动视差分为主动运动视差和从动运动视差。主动运动视差是在观看画面时，观看者主动移动视点导致图像发生改变而引发的视差。从动运动视差是由所观看的画面中物体的运动而引发的视差。一般，离眼睛越近的物体运动速度越快，离眼睛越远的物体运动速度越慢。但在视觉上，心理作用往往会影响生理反应。有的时候我们会感觉到运动最快的物体反而离自己最远。实际上，纹理梯度和透视对运动视差也有紧密的联系。这说明心理作用有时候是非常重要的，也说明了视差信息是图像的重要深度线索。

5．心理因素

心理因素特指在观看利用人眼视觉特性和心理意识而形成的图像错视

原理下的 3D 影像时，产生的视疲劳因素。心理因素具有个体差异性。

运用人眼立体视觉的单眼线索，形成了另一类 3D 影像的显示方式，即利用物体间相互的遮盖重叠，错视变化；物体的常规大小印象；物体的颜色及轮廓的清晰度、模糊程度；光影分布、集合线及灭点等的几何透视关系等视觉心理因素，引导观看者对影像产生立体错视，诱导人脑进行视觉加工后而产生虚拟的立体视显示。虽然这种立体视不是真实的立体表现，但仍具有立体效果。

在这种方式下产生的 3D 影像由于完全依靠的是视觉系统及大脑的融像功能，因而非常容易造成视觉负担而产生视疲劳。这种情况下所有产生的视疲劳主要是用眼机能的一些障碍，通常在停止观看或休息片刻后都能得到缓解和恢复。

12.4.2 3D 图像对视疲劳的影响

3D 图像对视疲劳的影响属于内容问题，可以有效解决。

1. 3D 图像对因素

为实现 3D 图像的良好显示，必须做到左、右眼分别看到左、右图像。除左右眼分像外，还必须考虑一定的视差范围，权衡好视疲劳与 3D 效果之间的关系。3D 图像相关的疲劳因子包括视差类型及大小（垂直视差和视差超过融合范围）、双眼融合延迟时间（延迟时间超过 40ms）、图像对尺寸差（尺寸不一致）、图像对噪声（颜色、亮度等不一致）。这些疲劳因子会导致双眼竞争。

3D 图像的视差图像对涉及匹配问题，除保证左右眼自身视差图像的显示质量，如分辨率、色彩、亮度外，还要综合考虑左右眼对应的影像匹配度。避免由于诸如拍摄不同步或图像制作参数不一致等导致的图像对尺寸不一致、分辨率大小不一致等图像质量问题，从而加重视疲劳。这些都将直接影响双眼在观看时的融合时间及观看的舒适度。

两眼融合时间对视疲劳的产生也有一定的影响。研究表明，双眼要注视的图形越大，则允许两眼融合的延迟时间越短，两眼必须在一定时间范围内完成像点的融合，否则会影响后续影像的跟进，累积则增加了两眼的负担。另外，两眼图像的水平位差越大，容许的留给双眼融像的时间越长。此外，交叉视比同侧视容许延迟的融合时间长。但上述提到的延迟融合时间均有一定的限定范围，即[30ms,50ms]。倘若超出这个范围，轻则不能融像，重则导

致双眼竞争，从而产生视疲劳。

垂直视差与水平视差是视差的两种基本类型。水平视差是人眼能够感知立体视觉的最主要的生理因素，而垂直视差不但不能对人眼感知立体影像提供帮助，反而会有一定的反作用，产生不适感而造成视疲劳。在立体影像的实际拍摄中存在两种相机阵列方式，即平行式和汇聚式。无论采取哪种方式拍摄，都应该尽量避免发生垂直视差。上述两种方式中，汇聚式相机阵列更容易产生垂直视差。

研究表明视差越大，抗干扰能力越低。25%的噪声的立体图像对，有 23%的儿童不能识别，55%的成人不能识别，因此应尽量减少图像噪声。

因此，与立体图像对匹配的疲劳因子包括立体图像对的视差 s、尺寸比（左右视图尺寸比）j、噪声 n，融合延迟时间 t 等因素，可表示为

$$G = kM = k(s, j, n, t, \cdots) \tag{12-49}$$

2．3D 图像运动模糊对串扰感知的影响

3D 显示的动态图像质量是 3D 图像质量评价的重要指标。不同于平面显示，3D 显示在动态图像方面存在特有的空间纵向运动、不同景深物体的运动等。人眼从空间感知的 3D 图像由 3D 显示器在显示平面上显示的左右眼视差图像构成，3D 图像的运动方向与左右眼视差图像的运动方向及左右眼视差图像的相对位置相关。3D 图像水平运动时，左右眼视差图像运动方向相同，立体图像纵向运动时，左右眼视差图像运动方向相反。3D 运动图像的感知建立在 3D 图像感知的基础之上，视觉机制的冲突由于图像位置的变化而不断重复，加剧视疲劳。

3D 图像的运动模糊与左右视图的运动模糊直接相关，单纯从几何角度分析时，出屏成像和入屏成像存在很大差别。在图 12-35 中，呈现同一运动速度的 3D 图像时，出屏成像和入屏成像分别可以由式（12-50）和式（12-51）表示：

$$\frac{\mathrm{d}}{\mathrm{d}t}D_{\mathrm{F}} = \frac{L_{\mathrm{F}}}{L_{\mathrm{F}} - Z_{\mathrm{F}}}\frac{\mathrm{d}}{\mathrm{d}t}d_{\mathrm{F}} \tag{12-50}$$

$$\frac{\mathrm{d}}{\mathrm{d}t}D_{\mathrm{B}} = \frac{L_{\mathrm{B}}}{L_{\mathrm{B}} + Z_{\mathrm{B}}}\frac{\mathrm{d}}{\mathrm{d}t}d_{\mathrm{B}} \tag{12-51}$$

式中，D_{F} 表示显示器上左右眼视差图像的运动距离，d_{F} 表示人眼感知到的 3D 图像的运动距离，L_{F} 和 Z_{F} 分别表示人眼与显示屏的垂直距离和立体图像的景深（3D 图像与显示屏的垂直距离）。以上参数中下标 F 表示屏前成像，

下标 B 表示屏后成像。

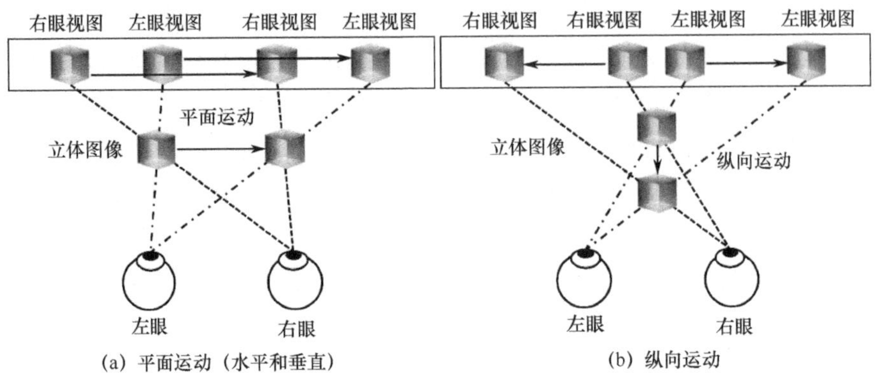

图 12-35　立体显示中图像的纵向运动

两个式子中的运动距离对时间 t 求导数，就是对应的运动速度。如图 12-36（a）所示，屏前成像时，显示的左右视图的运动速度总是大于 3D 图像的运动速度，而且随着 3D 图像景深的增大，速度比迅速增大。如图 12-36（b）所示，屏后成像时，显示的左右运动视差图像的运动速度总是小于 3D 图像的运动速度，而且随着 3D 图像景深的增大，速度比逐渐降低。在 3D 图像运动速度相同时，屏前成像的左右眼视差图像运动速度要比屏后成像的左右眼视差图像运动速度大得多，左右眼视差图像的运动速度越大运动模糊就越明显。在左右眼视差图像存在视差的情况下，由于左右眼视差图像的不完全分离，串扰现象不可避免。这种情况下的运动立体图像的运动模糊将变得异常复杂，可能存在多个边缘模糊（重影）的情况。

3D 显示中，运动模糊和串扰的形成机制不同，但在对图像质量的影响上存在相互作用，最终都会影响视疲劳。

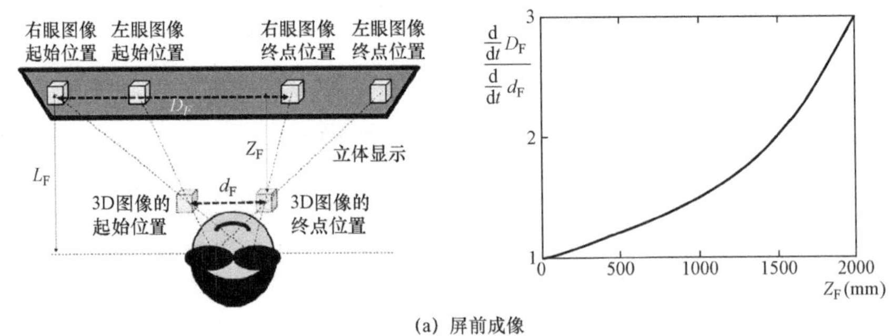

(a) 屏前成像

图 12-36　立体显示成像方法

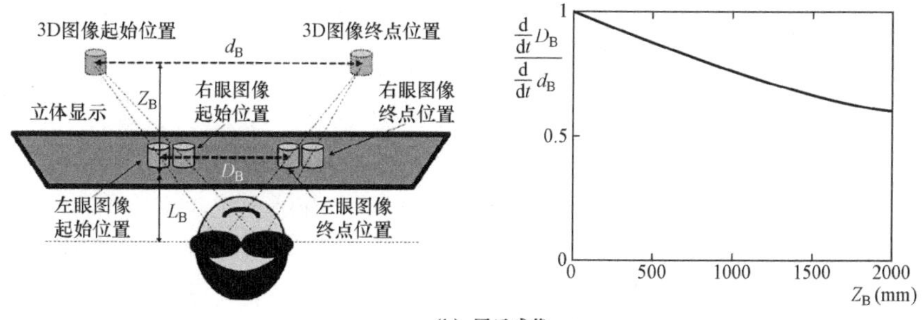

(b) 屏后成像

图 12-36　立体显示成像方法（续）

12.4.3　显示设备对视疲劳的影响

显示设备对视疲劳的影响属于硬件问题，可以有效解决。

在眼镜式 3D 显示中，主动式快门眼镜若快门开闭时间过长，容易造成忽隐忽现的闪烁问题，对眼睛造成伤害。红绿互补色眼镜由于其滤光后存在色彩缺失及伴有漏光现象，长期观看造成视疲劳，对眼睛造成伤害。偏振光眼镜易造成忽隐忽现的闪烁。

光栅式 3D 显示器引起观看者视疲劳的主要原因是串扰与摩尔纹。如图 12-37 所示为光栅式 3D 显示设备的光学结构示意图，e 为瞳孔间距，光栅隙缝宽度为 a，间距为 b，共有 m 条缝隙，显示屏单列像素为 c，光栅板与显示屏之间的距离为 l。

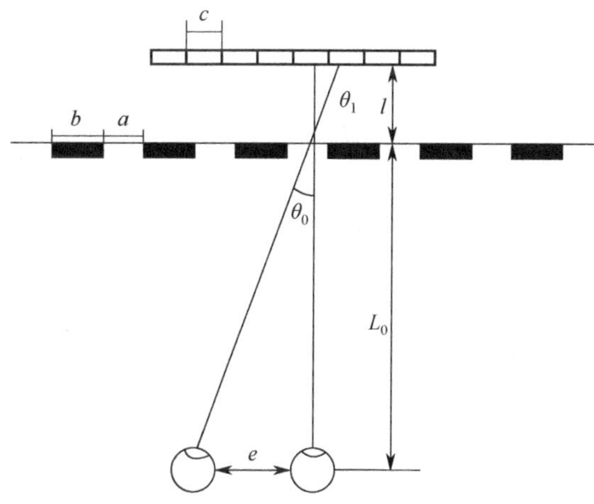

图 12-37　光栅式 3D 显示设备的光学结构示意图

设定视疲劳程度 G 与重影度 r 正相关，即重影度 r 越大，疲劳程度 G 越大，重影度 r 越小，疲劳程度 G 越小。

定位重影度 r 为

$$r=\frac{f_{\mathrm{L}}(x,L)+f_{\mathrm{R}}(x,L)}{f_{\mathrm{L}}(x,L)}=1+\frac{f_{\mathrm{R}}(x,L)}{f_{\mathrm{L}}(x,L)} \tag{12-52}$$

式中，$f_{\mathrm{L}}(x,L)$，$f_{\mathrm{R}}(x,L)$分别表示左右眼随 x，L 的变化所看到奇数像素列和偶数像素列。r 的值越接近于 1，效果越好，即视疲劳程度 G 越低。

L_0 为最佳观测距离，可由下列公式算出：

$$n_1\sin\theta_1=n_0\sin\theta_0 \tag{12-53}$$

$$n_1\frac{c}{\sqrt{c^2+l^2}}=n_1\frac{e}{\sqrt{L_0^2+e^2}} \tag{12-54}$$

式中，e 为瞳孔距离，玻璃的折射率 n_1=1.5，空气的折射率 n_0=1。显然，l 决定了最佳观察距离 L_0。在实际的结构配置中，配置参数 l 是以玻璃厚度来体现的，u,v 分别表示可视区域的左右和前后尺寸。

$$u=\frac{(b-a)c}{b+a-2c} \tag{12-55}$$

$$v=\frac{2kl(b-a)c}{[m(b+a-2c)]^2-(c-a)^2} \tag{12-56}$$

由式（12-52）～式（12-56）可知，要使疲劳程度 G 减少，即 r 趋于 1，L 接近于 L_0，x 位于可视区域内，且在一定程度上增大可视区域，等同于减小了重影度 r，减小疲劳程度 G。又因为 L 可由 b、a、c、l、k、m 确定，故疲劳程度表示为

$$G=g(x,L)=h(b,a,c,l,k,m) \tag{12-57}$$

对于式（12-57）中的各种参数，有下列关系：$a+b\approx 2c$，$b>a$ 为立体显示器的关键参数，决定了视带与人眼瞳距的匹配关系，也决定了立体视区的尺寸。l 主要决定了人的观看距离；a 决定了显示屏的亮度，a 越小，亮度越低，可视区域越大。因此，一般来说，显示亮度和立体视觉性很难兼得。

12.4.4 视疲劳的评价与缓解措施

视疲劳的影响可归纳为三个方面：①视觉功效上的变化，包括以视觉为主的作业数量和质量的下降、变异性的增加及大脑或眼睛各部分活动在有时间限制前提下协调性的变化，统称为“客观性疲劳”。②观看者生理上的变化或损害，被称为“生理疲劳”。③观看者主观上的心理影响或意识体验，

被称为“主观性疲劳”。三者互相影响，没有特别统一的界定规范。根据视疲劳的影响因子，相应地提出一系列改善措施。

1. 视疲劳的影响与评价

3D 影像的视疲劳评价分为主观评价和客观评价。

视疲劳的主观评价是根据受试者在观看 3D 影像后所做的问卷得到的。通过问卷调查，统计得到受试者对所看 3D 影像的平均主观得分，并由此判定 3D 影像视疲劳的程度。视疲劳的主观评价一般包括五个步骤：选定符合条件的受试者、训练受试者、设定实验环境、统计和处理实验数据、分析数据 。统计和处理实验数据是主观评价视疲劳的重要环节。问卷包含 3D 影像视疲劳四个方面的子因素，即视疲劳症状、眼部症状、视觉功能性下降和视疲劳的心理症状。受试者根据观影后的主观感受对每个视疲劳子因素打分。视疲劳评价标度量如表 12-2 所示。统计时去掉不合理的实验分数，并对每位受试者的评分进行归一化处理，以减少主观偏见和个人差异对实验的影响。

表 12-2　视疲劳评价标度量

评分	子因素症状的明显程序	视疲劳程度	评分	子因素症状的明显程序	视疲劳程度
1	症状难以忍受	极度视疲劳	4	症状轻微地能够感受到	一些视疲劳
2	症状很强烈	高度视疲劳	5	症状完全感受不到	没有视疲劳
3	症状很明显	严重视疲劳			

视疲劳的客观评价一般通过测定特定的参数来判断立体影像视疲劳的疲劳程度。如测量受试者的瞳孔收缩时间、融合幅度、焦点调节等。如今应用较为广泛的是用照相机测瞳孔直径的方法来评判立体影像视疲劳。测量瞳孔直径时的环境照明不能过强，否则环境亮度会使瞳孔收缩变小；也不能太弱，否则不利于拍摄记录瞳孔直径。在用瞳孔直径客观评价立体影像视疲劳的过程中，需要测量观影前和观影后的瞳孔直径，并比较其数值。视疲劳将使得瞳孔直径变大，一般可以把 0.4mm 作为临界值。当瞳孔直径的增加小于 0.4mm 时，就可以认为观影者保持一个较舒适的状态。当瞳孔直径的增加大于 0.4mm 时，就认为观影者出现了视疲劳，应当休息或对立体影片进行调整。

2. 缓解视疲劳的措施

减轻视疲劳最好的方法是在发生辐辏和调节机能低下时前去休息。一般

情况下，连续观察 15 分钟后，焦点调节的应答开始变得低下。30 分钟后，焦点调节时间增加。60 分钟后，近视的调节不能持续，这时开始出现眼疲劳，伴随着眼睛疼、眼睛干涩、眼睛沉等症状。因此，连续观察的时间最好不超过 15 分钟。

把辐辏与焦点调节的不一致限定在一定范围内。当立体影像的双眼视差量超过一定的融合范围时，观察者可能会看到重像，或者不能合像，而当立体影像的双眼视差小于一定的融合范围时，形成不了立体影像，也是没有意义的。要减小辐辏和焦点调节不一致的矛盾需要限定辐辏距离在允许的范围内进行调节，即辐辏距离 D 的值要有一定的限制，不能超出辐辏和焦点调节不一致允许的范围。

采用视疲劳相对最低的交叉视最大水平位差取值范围。当两同名像点为交叉视时，一般左右眼图像的水平位差的值在 0～300mm 范围内，物体的融像点处于屏幕前方不同距离上，交叉视左右眼图像水平位差越大，物体的融像点距离人眼越近，即辐辏距离越小。当两眼图像的水平位差距离被控制在[93.75mm，103.125mm]范围内时，能够取得立体感相对最强烈与视疲劳相对最低的平衡。当水平位差距离从 93.75mm 向 103.125mm 变化时，立体感与视疲劳两者之间存在一定的数量变化关系。

3D 影像的根本仍然是一个图像对的显示，因此图像的质量对于观看时视疲劳的产生和控制也起到了非常重要的作用。尤其是涉及成对的左右眼视差图像，除自身影像的显示质量，如分辨率、色彩、亮度外，还要综合考虑左右眼对应的影像的匹配度。因此还要兼顾两段影像的尺寸一致、分辨率大小一致、垂直和水平视差类型相对应、视差大小相一致。这些都将直接影响到双眼在观看时的融合时间及观看的舒适度。

在制作左右眼图像时，可以重点凸显画面中最重要的、最具有立体表现力的、吸引人眼球的部分，而逐渐减弱次要的、对于立体显示没有太大意义或立体感表现不强的部分。尽量减少观看者出现辐辏与焦点调节不一致矛盾的次数和时间，一方面可以增强立体效果，带给观看者更壮观的视觉冲击效果，另一方面也能减轻视觉疲劳感受，也降低了图像处理的技术难度。

当跃出屏幕的立体画面呈运动状态，尤其是高速冲出画面时，观看者往往做出比较强烈的反应，如闪躲、猛颤等动作。由此形成的心理感觉是速度快的物体离自己特别近，产生害怕或闪躲的反应，而相对速度慢的物体感觉离自己较远，由此产生一定的心理反应。研究表明，视觉心理的变化是会对视觉生

理产生或多或少的影响。因此在制作立体影像时，如何控制立体影像中移动物体的速度感是能对视疲劳起到一定缓解作用的切入点。

3D 影像的制作中物像纷繁复杂，有近景有远景，有单个物像的凸显，也有宏大场景的铺陈，对于每一个镜头，视差类型的选择对立体效果的表现和视疲劳的缓解都有比较重要的影响。由于同侧视与交叉视对于物体融像点的影响不同，同侧视产生的是内陷于屏幕之内，可以无限延伸的视觉效果，而交叉视产生的是跃出屏幕之外，极限的融像位置存在于人眼前。因此，在制作立体影像时，实际场景部分视差类型的选择就非常重要。例如，在表现全景的宏大场面时，最好选用同侧视。此时能够将场景不断延伸，增强立体效果，同时由于人眼往远处调节，属于睫状肌相对放松的状态，视疲劳感较弱。倘若此时选用交叉视，不但整体的立体效果不强，更会加重双眼的调节负担，极易造成视疲劳。

3D 影像终归是运用人眼功能进行视觉作业，因此周围环境因素对观看时视疲劳的影响不容忽略。因此，如室内光线条件，观看屏幕的大小，观看距离等客观因素的控制也是减缓视疲劳的有效措施。

本章参考文献

[1] Chao-Chung Cheng, Chung-Te Li, Liang-Gee Chen. A novel 2D-to-3D conversion system using edge information[J]. IEEE Transactions on Consumer Electronics, 2010, 56(3): 1739-1745.

[2] W N. Lie, C Y. Chen, W C. Chen. 2D to 3D video conversion with key-frame depth propagation and trilateral filtering[J]. Electronics Letters, 2011, 47(5): 319-321.

[3] Ting-Chung Poon. Digital Holography and Three-Dimensional Display: Principles and Applications[M]. Springer, 2010.

[4] E. Goulanian and A. F. Zerrouk.Apparatus and system for reproducing 3-dimensional images[P].Pat.no. 7, 944, 465, 2011.

[5] L. Bogaert, Y.Meuret, S. Roelandt, A. Avci, H. De Smet, and H. Thienpont. Demonstration of a multiview projection display using decentered microlens arrays[J]. Opt. Express,2010, 18: 26092-26106.

[6] 阪本邦夫，木村理恵子. 解像度劣化のないパララックスバリア方式立体表示の一手法[J]. 映像情報メディア学会誌, 2005, 59(1): 155-157.

[7] Gaudreau J E. Full-resolution autostereoscopic display using an all-electronic tracking/steering system[J]. 2012, 8288(9): 65.

[8] Akşit Kaan, Niaki Amir Hossein Ghanbari, Ulusoy Erdem, et.al. Super stereoscopy

technique for comfortable and realistic 3D displays[J]. Optics Letters, 2014, 39(24): 6903-6906.

[9] Paul V. Johnson, Jared AQ. Parnell, Joohwan Kim, et al. Dynamic lens and monovision 3D displays to improve viewer comfort[J]. Optics Express, 2016, 24(11): 11808-11827.

[10] 掛谷英紀, 張勁. 時分割型パララックスバリア式裸眼立体映像表示装置[P].特開 2015-125407, 2015.

[11] 陈怡鹏. 3D 显示液晶光栅的研制与测试[D]. 成都: 电子科技大学, 2013.

[12] Luo J Y, Wang Q H, Zhao W X, et al. Autostereoscopic three-dimensional display based on two parallax barriers[J]. Appl Opt, 2011, 50(18): 2911-2915.

[13] Lee B, Choi H, Kim J, et al. Status and Prospects of Autostereoscopic 3D Display Technologies[C].Lasers and Electro-Optics Society, 2007. Meeting of the IEEE. IEEE, 2007: 354-355.

[14] Liou J C, Lee K, Huang J F. Low Crosstalk Multi-View Tracking 3-D Display of Synchro-Signal LED Scanning Backlight System[J]. Journal of Display Technology, 2011, 7(8): 411-419.

[15] Taewan Kim, Sanghoon Lee, Alan Conrad Bovik. Transfer Function Model of Physiological Mechanisms Underlying Temporal Visual Discomfort Experienced When Viewing Stereoscopic 3D Images[J]. IEEE Transactions on Image Processing, 2015, 24(11): 4335-4347.

[16] Jiheng Wang, Abdul Rehman, Kai Zeng, et al. Quality Prediction of Asymmetrically Distorted Stereoscopic 3D Images[J]. IEEE Transactions on Image Processing, 2015, 24(11): 3400-3414.

[17] Heeseok Oh, Jongyoo Kim, Jinwoo Kim, et al. Enhancement of Visual Comfort and Sense of Presence on Stereoscopic 3D Images[J]. IEEE Transactions on Image Processing, 2017, 26(8): 3789-3801.

[18] Sotirios Delis, Ioannis Mademlis, Nikos Nikolaidis, et al. Automatic Detection of 3D Quality Defects in Stereoscopic Videos Using Binocular Disparity[J]. IEEE Transactions on Circuits and Systems for Video Technology, 2017, 27(5): 977-991.

[19] Jincheol Park, Heeseok Oh, Sanghoon Lee, et al. 3D Visual Discomfort Predictor: Analysis of Disparity and Neural Activity Statistics[J]. IEEE Transactions on Image Processing, 2015, 24(3): 1101-1114.

[20] Menglin Zeng, Alan E. Robinson, Truong Q. Nguyen. Modeling, Prediction, and Reduction of 3D Crosstalk in Circular Polarized Stereoscopic LCDs[J]. IEEE Transactions on Image Processing, 2015 , 24(12): 5516-5530.

[21] Heeseok Oh, Sanghoon Lee, Alan Conrad Bovik. Stereoscopic 3D Visual Discomfort Prediction: A Dynamic Accommodation and Vergence Interaction Model[J]. IEEE

Transactions on Image Processing, 2016, 25(2): 615-629.

[22] Bochao Zou, Yue Liu, Mei Guo, et al. EEG-Based Assessment of Stereoscopic 3D Visual Fatigue Caused by Vergence-Accommodation Conflict[J]. Journal of Display Technology, 2015, 11(12): 1076-1083.

[23] Heeseok Oh, Sewoong Ahn, Sanghoon Lee, et al. Deep Visual Discomfort Predictor for Stereoscopic 3D Images[J]. IEEE Transactions on Image Processing, 2018, 27(11): 5420-5432.

[24] Raymond Phan, Dimitrios Androutsos. Robust Semi-Automatic Depth Map Generation in Unconstrained Images and Video Sequences for 2D to Stereoscopic 3D Conversion[J]. IEEE Transactions on Multimedia, 2014, 16(1): 122-136.

[25] Cheolkon Jung, Shuai Wang. Visual comfort assessment in stereoscopic 3D images using salient object disparity[J]. Electronics Letters, 2015, 51(6): 482-484.

[26] Joo Dong Yun, Youngshin Kwak, Seungjoon Yang. Evaluation of Perceptual Resolution and Crosstalk in Stereoscopic Displays[J]. Journal of Display Technology, 2013, 9(2): 106-111.

[27] Jincheol Park, Sanghoon Lee, Alan Conrad Bovik. 3D Visual Discomfort Prediction: Vergence, Foveation, and the Physiological Optics of Accommodation[J]. IEEE Journal of Selected Topics in Signal Processing, 2014, 8(3): 415-427.

[28] Heeseok Oh, Sanghoon Lee, Alan Conrad Bovik. Stereoscopic 3D Visual Discomfort Prediction: A Dynamic Accommodation and Vergence Interaction Model[J]. IEEE Transactions on Image Processing, 2016, 25(2): 615-629.

[29] Heeseok Oh, Sewoong Ahn, Sanghoon Lee, et al. Deep Visual Discomfort Predictor for Stereoscopic 3D Images[J]. IEEE Transactions on Image Processing, 2018, 27(11): 5420-5432.

[30] Yong Ju Jung, Hosik Sohn, Seong-il Lee, et al. Visual comfort improvement in stereoscopic 3D displays using perceptually plausible assessment metric of visual comfort[J]. IEEE Transactions on Consumer Electronics, 2014, 60(1): 1-9.

[31] Seong-il Lee, Yong Ju Jung, Hosik Sohn, et al. Effect of Stimulus Width on the Perceived Visual Discomfort in Viewing Stereoscopic 3-D-TV[J]. IEEE Transactions on Broadcasting, 2013, 59(4): 580-590.

[32] Zhencheng Fan, Sen Zhang, Yitong Weng, et al. 3D Quantitative Evaluation System for Autostereoscopic Display[J]. Journal of Display Technology, 2016, 12(10): 1185-1196.

[33] Taewan Kim, Jongyoo Kim, SeongYong Kim, et al. Perceptual Crosstalk Prediction on Autostereoscopic 3D Display[J]. IEEE Transactions on Circuits and Systems for Video Technology, 2017, 27(7): 1450-1463.

[34] Sawada Shimpei, Ueda Yukio, Kakeya Hideki. Reduction of moiré for coarse integral

volumetric imaging[J]. Applied Optics, 2014, 53(27): 6268-6273.

[35] Fan Zhencheng, Zhang Sen, Weng Yitong, et al. 3D Quantitative Evaluation System for Autostereoscopic Display[J]. Journal of Display Technology, 2016, 12(10): 1185-1196.

[36] 望月信哉, 佐藤宏樹, 助川慧吾, 等. 3D ディスプレイと 3D 映像を連動させたときの輻輳眼球運動と調節の測定[J]. 電子情報通信学会技術研究報告, 2017,117(35): 9-14.

[37] Lee J, Jung C, Kim C, et al. Content-based pseudo-scopic view detection [J]. Journal of Signal Processing Systems, 2012, 68(2): 261-271.

[38] Yasuhiro Takaki, Nichiyo Nago. Multi-projection of lenticular displays to construct a multi-view display[J]. Optics Express, 2010: 8824-8835.

[39] B.-W. Lee, I.-H. Ji, S. M. Han, S.-D. Sung, K.-S. Shin, J.-D. Lee, B. H. Kim, B. H. Berkeley, and S. Kim. Novel simultaneous emission driving scheme for crosstalk-free 3D AMOLED TV[J]. SID Int. Symp. Digest Tech. Papers, 2010, 41: 758-761.

[40] D. Fattal, Z. Peng, T. Tran, S. Vo, M. Fiorentino, J. Brug, and R. G. Beausoleil. A multi-directional backlight for a wide-angle glasses-free three-dimensional display[J]. Nature, 2013, 495: 348-351.

[41] Feng Shao, Qiuping Jiang, Randi Fu, et al. Optimizing visual comfort for stereoscopic 3D display based on color-plus-depth signals[J]. Optics Express, 2016, 24(11): 11640-11653.

[42] T Shibata, T Kawai, et al. Stereoscopic 3-D display with optical correction for the reduction of the discrepancy between accommodation and convergence[J]. Journal of the Society for Information Display, 2012, 13 (8): 665-671.

[43] 高木純希, 石井拳, 高木康博.フルパララックス型超多眼表示に対する調節応答の測定[J]. 映情学技報, 2016, 40.10(0): 25-28.

[44] G.K. Hung. Quantitative analysis of the accommodative convergence to accommodation ratio: linear and nonlinear static models[J]. IEEE Transactions on Biomedical Engineering, 1997, 44(4): 306-316.

[45] Yong Ju Jung, Dongchan Kim, Hosik Sohn, et al. Towards a Physiology-Based Measure of Visual Discomfort: Brain Activity Measurement While Viewing Stereoscopic Images With Different Screen Disparities[J]. Journal of Display Technology, 2015, 11(9): 730-743.

[46] Zou Bochao, Liu Yue, Guo Mei, et al. EEG-Based Assessment of Stereoscopic 3D Visual Fatigue Caused by Vergence- Accommodation Conflict[J]. Journal of Display Technology, 2015, 11(12): 1076-1083.

[47] 柴田隆史.3D ディスプレイと調節[J]. あたらしい眼科, 2014, 31(5): 679-686.

[48] Chih-Hung Ting, Ching-Yi Hsu, Che-Hsuan Yang, Yi-Pai Huang, et al. Multi-User

3D Film on Directional Sequential Backlight System[J]. SID Symposium Digest, 2011,34(3).

[49] J. C. Schultz and M. J. Sykora. Directional backlight with reduced Crosstalk[P]. Pat.no. 2011/0285927 A1, 2010.

[50] Choi H J. A time-sequential multiview autostereoscopic display without resolution loss using a multi-directional backlight unit and an LCD panel[J]. Proceedings of SPIE - The International Society for Optical Engineering, 2012, 8288: 64.

[51] Lv Guo-Jiao, Zhao Bai-Chuan, Wu Fei, et al. Autostereoscopic 3D display with high brightness and low crosstalk[J]. Applied Optics, 2017, 56(10): 2792-2795.

[52] Johnson Paul V., Parnell Jared AQ., Kim Joohwan, et al. Dynamic lens and monovision 3D displays to improve viewer comfort[J]. Optics Express, 2016, 24(11): 11808-11827.

[53] Park J, Oh H, Lee S, et al. 3D visual discomfort predictor: analysis of horizontal disparity and neural activity statistics[J]. IEEE Transactions on Image Processing, 2015, 24(3):1101-1114.

[54] Oh H, Lee S, Bovik A C. Stereoscopic 3D Visual Discomfort Prediction: A Dynamic Accommodation and Vergence Interaction Model[J]. IEEE Transactions on Image Processing, 2015, 25(2):615-629.

[55] Lambooij M , Ijsselsteijn W , Fortuin M , et al. Visual Discomfort and Visual Fatigue of Stereoscopic Displays: A Review[J]. Journal of Imaging Science and Technology, 2009, 53(3):030201.

[56] Urvoy M , Barkowsky M , Callet P L . How visual fatigue and discomfort impact 3D-TV quality of experience: a comprehensive review of technological, psychophysical, and psychological factors[J]. annals of telecommunications - annales des télécommunications, 2013, 68(11-12):641-655.

[57] Woods A J. Crosstalk in stereoscopic displays: a review[J]. Journal of Electronic Imaging, 2013, 21(4):040902,1-21.

[58] Huang K C , Yuan J C , Tsai C H , et al. How crosstalk affects stereopsis in stereoscopic displays[C]. Stereoscopic Displays & Applications. 2003.

[59] Xing L , You J , Ebrahimi T , et al. Assessment of Stereoscopic Crosstalk Perception[J]. IEEE Transactions on Multimedia, 2012, 14(2):326-337.

[60] Yano S, Emoto M , Mitsuhashi T . Two factors in visual fatigue caused by stereoscopic HDTV images[J]. Displays, 2004, 25(4):141-150.

[61] Lee B , Park G , Jung J H , et al. Color moiré pattern simulation and analysis in three-dimensional integral imaging for finding the moiré-reduced tilted angle of a lens array[J]. Applied Optics, 2009, 48(11):2178-2187.

[62] Saveljev V V. Characteristics of Moiré Spectra in Autostereoscopic

Three-Dimensional Displays[J]. Journal of Display Technology, 2011, 7(5):259-266.

[63] Li D, Zang D, Qiao X, et al. 3D Synthesis and Crosstalk Reduction for Lenticular Autostereoscopic Displays[J]. Journal of Display Technology, 2015, 11(11):939-946.

[64] Lee J , Kim J , Koo G , et al. Analysis and Reduction of Crosstalk in the Liquid Lenticular Lens Array[J]. IEEE Photonics Journal, 2017(99): 2900108.

[65] Hoffman D M , Girshick A R , Akeley K , et al. Vergence-accommodation conflicts hinder visual performance and cause visual fatigue[J]. Journal of Vision, 2008, 8(3): 1-30, 33.

[66] Oka S , Sugita T , Naganuma T , et al. 29.3: Crosstalk Reduction of 3D LCDs based on Analysis of LC Graded-Index (GRIN) Lens Factors[J]. SID Symposium Digest of Technical Papers, 2012, 43(1):387-390.

[67] Kasano M , Ichihashi K , Asai Y , et al. 51.3: Design for Reducing Autostereoscopic Display Crosstalk using a Liquid Crystal Gradient - index Lens[C]. Sid Symposium Digest of Technical Papers, 2014.

[68] Fan H, Wang X, Liang S, et al. Quantitative measurement of global crosstalk for 3D display[J]. Journal of the Society for Information Display, 2016, 24(5):323-329.

[69] Saveljev V , Kim S K . Probability of the moiré effect in barrier and lenticular autostereoscopic 3D displays[J]. Optics Express, 2015, 23(20):25597-25607.

[70] Saveljev V, Kim S K, Kim J. Moiré effect in displays: a tutorial[J]. Optical Engineering, 2018, 57(3): 030803-1-17.

[71] Byun S J , Byun S Y , Lee J , et al. An efficient simulation and analysis method of moiré patterns in display systems[J]. Optics Express, 2014, 22(3):3128-3136.

[72] Saveljev V, Kim S K. Probability of the moiré effect in barrier and lenticular autostereoscopic 3D displays[J]. Optics Express, 2015, 23(20):25597.

[73] 夏振平. 立体显示技术中的串扰和动态图像质量研究[D]. 南京：东南大学，2013.